复杂城市环境下综合交通枢纽成套技术研究丛书

复杂城市环境下综合交通枢纽超大深基坑开挖支挡及临近既有高层建筑变形控制研究

朱 颖 李正川 ◎ 总主编

刘贵应 刘 懿 姜清辉 吕雄杰 曾中林 石志龙 ◎ 著

何 川 ◎ 主审

西南交通大学出版社
·成都·

图书在版编目（CIP）数据

复杂城市环境下综合交通枢纽超大深基坑开挖支挡及临近既有高层建筑变形控制研究 / 朱颖，李正川总主编；刘贵应等著. —成都：西南交通大学出版社，2021.9
（复杂城市环境下综合交通枢纽成套技术研究丛书）
ISBN 978-7-5643-8133-2

Ⅰ. ①复… Ⅱ. ①朱… ②李… ③刘… Ⅲ. ①城市交通运输 – 交通工程 – 深基坑支护 – 影响 – 高层建筑 – 变形 – 研究 Ⅳ. ①U12②TU46

中国版本图书馆 CIP 数据核字（2021）第 136631 号

复杂城市环境下综合交通枢纽成套技术研究丛书
Fuza Chengshi Huanjing Xia Zonghe Jiaotong Shuniu
Chaoda Shenjikeng Kaiwa Zhidang ji Linjin Jiyou Gaoceng Jianzhu Bianxing Kongzhi Yanjiu

复杂城市环境下综合交通枢纽
超大深基坑开挖支挡及临近既有高层建筑变形控制研究

朱　颖　　李正川　◎总主编	策划编辑／黄庆斌　周　杨	
刘贵应　刘　懿　姜清辉　◎著	责任编辑／王同晓	
吕雄杰　曾中林　石志龙	封面设计／吴　兵	

西南交通大学出版社出版发行
（四川省成都市金牛区二环路北一段 111 号西南交通大学创新大厦 21 楼　610031）
发行部电话：028-87600564　　028-87600533
网址：http://www.xnjdcbs.com
印刷：成都市金雅迪彩色印刷有限公司

成品尺寸　170 mm×230 mm
印张　25.5　　字数　484 千
版次　2021 年 9 月第 1 版　　印次　2021 年 9 月第 1 次

书号　ISBN 978-7-5643-8133-2
定价　208.00 元

图书如有印装质量问题　本社负责退换
版权所有　盗版必究　举报电话：028-87600562

复杂城市环境下综合交通枢纽成套技术研究丛书

编委会

主　任　朱　颖

副主任　李正川　　李方宇

编　委　（按姓氏笔画排序）

王明年	毛晓汶	邓建国	石志龙
卢俊宇	吕雄杰	刘贵应	刘晓华
刘　懿	李小珍	李青国	李　航
李爱群	何　川	张万斌	张冬奇
张奇瑞	陈俊敏	林程保	易　兵
郑志明	郑金磊	郑波涛	赵　勇
姜清辉	姚建波	夏臣芝	徐道东
陶思宇	曹林卫	彭小兵	程　娜
曾中林	曾得峰	赖良驹	廖龙涛

前言

近年来,我国城镇化进程持续加快,轨道交通基础设施建设方兴未艾,原本位于城市边缘的铁路站场逐渐进入到城市中心或繁华区域,而传统铁路站场设计难以满足新的城市功能和景观需求。积极开发城市地下空间,遵循"立体交通、便捷换乘、综合布局、完善配套"的理念建设现代化综合交通枢纽是铁路站场建设的新潮流。

为了适应重庆市建设国家特大城市的需求,加快城市建设的步伐,沙坪坝区政府通过对铁路沙坪坝站的改造,建成了以成渝客专沙坪坝站为中心,铁路上盖城市广场为两翼的沙坪坝站交通枢纽。该枢纽是集高铁站场、城市轨道交通、公路对外交通、城市公共交通、城市社会停车为一体的现代综合换乘枢纽,是典型的大型城市地下空间。工程自下而上分5层,即轨道交通9号线沙坪坝站层、进出站共享大厅层、站东路下穿隧道层、物业开发层、地面交通层。工程形成的基坑最大深度约44 m,基坑宽度近 60 m,长度约 1 000 m,属于国内外罕见的超深超大基坑。同时,基坑位于沙坪坝区的核心商业区,有多栋30层左右高楼环绕四周。基坑工程的科学设计、精细施工、监测反馈对工程安全、经济、高效建设具有重要意义。

本书作者以沙坪坝站交通枢纽结合改造工程为依托，针对基坑深度大、地面建筑物密集、结构形式复杂及工期紧等问题，采用产、学、研相结合的攻关方式，研究了建筑密集区深大基坑支护设计，临近建筑群深基坑安全施工技术，城市深基坑安全监控、动态反馈与预警预报一体化技术，为工程的高效施工和临近建筑物的安全提供了技术支撑，取得了显著的社会效益和经济效益。

　　本书是在重庆市应用开发计划项目"复杂城市环境下综合交通枢纽成套技术研究"子课题"复杂城市环境下综合交通枢纽超大深基坑开挖支挡及临近既有高层建筑变形控制研究"的研究成果基础上撰写而成。本书成稿过程中得到了重庆城市综合交通枢纽开发投资有限公司、中铁二院重庆勘察设计研究院有限责任公司领导的大力支持。

　　由于作者水平有限，书中难免存在不妥之处，恳请读者批评指正！

著　者

2021 年 6 月

目录

第1章 绪 论

1.1 立项依据 ……………………………………………………………001
1.2 国内外研究现状及存在的问题 ………………………………………004
1.3 主要研究内容 …………………………………………………………012
1.4 总体技术路线与实施方案 ……………………………………………012

第2章 基坑工程地质条件及围护结构设计方案

2.1 基坑工程地质条件 ……………………………………………………014
2.2 基坑支护设计方案 ……………………………………………………016

第3章 深基坑物理模型试验

3.1 研究范围与地质模型概化 ……………………………………………022
3.2 相似理论与相似材料配比 ……………………………………………025
3.3 模型试验装置与测试系统 ……………………………………………034
3.4 基坑开挖变形机理分析 ………………………………………………045
3.5 基坑开挖对临近建筑物的影响分析 …………………………………061
3.6 地面超载破坏模式与机理分析 ………………………………………067
3.7 小 结 …………………………………………………………………081

第4章 深基坑围护方案二维数值模拟分析

4.1 数值计算原理 …………………………………………………………083

4.2 计算剖面及计算参数……087
4.3 计算参数……089
4.4 计算荷载……090
4.5 计算模型……091
4.6 剖面 Y6 北侧分析……095
4.7 剖面 Y6 南侧分析……103
4.8 剖面 Y18 分析……112
4.9 剖面 Y20 分析……122
4.10 剖面 Y21 分析……131
4.11 剖面 Y27 分析……140
4.12 小结……149

第 5 章 深基坑围护方案三维数值模拟分析

5.1 三维有限元模型……150
5.2 计算参数与计算荷载……155
5.3 三维有限元计算成果分析……156

第 6 章 基坑爆破施工对岩体及临近结构的扰动机制

6.1 爆破振动反复扰动作用对边坡软弱结构面的影响……183
6.2 爆破开挖扰动对临近高层建筑的影响……199
6.3 爆破应力波对圆形隧道的影响……206
6.4 爆破应力波对直墙拱形隧道的影响……216
6.5 爆破开挖对临近地铁隧道的影响……223
6.6 小结……229

第 7 章 深基坑总体开挖方案优化

7.1 "鱼骨"形施工导槽高效减振开挖方法……231
7.2 总体开挖方案优化设计……237
7.3 小结……243

第 8 章　临近高层建筑开挖爆破技术优化

- 8.1　总体爆破方案设计 ············· 244
- 8.2　开挖爆破扰动特征 ············· 247
- 8.3　爆破振动速度控制标准优化 ········· 263
- 8.4　基坑建基面损伤控制技术 ·········· 281
- 8.5　爆破根底与粉尘控制技术 ·········· 295
- 8.6　小　结 ··················· 298

第 9 章　沙坪坝基坑监测设计与监测成果分析

- 9.1　基坑场地条件与周边环境 ·········· 300
- 9.2　基坑监测设计原则与依据 ·········· 301
- 9.3　监测方案与监测内容 ············ 303
- 9.4　监测数据处理与预测分析 ·········· 313
- 9.5　基坑监测成果分析 ············· 330
- 9.6　基坑开挖对临近高层建筑影响分析 ······ 338

第 10 章　基坑开挖多目标全过程反演分析

- 10.1　反分析方法综述 ·············· 343
- 10.2　多目标优化问题 ·············· 344
- 10.3　多目标全过程动态反分析方法 ······· 345
- 10.4　沙坪坝基坑开挖反演分析 ········· 350
- 10.5　小　结 ·················· 364

第 11 章　超大深基坑监测信息管理与预警预报系统

- 11.1　软件平台运行界面 ············ 366
- 11.2　软件平台开发工具 ············ 369
- 11.3　软件平台的总体设计 ··········· 371
- 11.4　软件平台功能与应用 ··········· 375

参考文献

第 1 章

绪 论

1.1 立项依据

1.1.1 项目背景

根据重庆市都市区的发展形态和重庆市新一轮总体规划，沙坪坝区将发展成为重庆市重要的商业中心，沙坪坝车站位于沙坪坝区的城市中心区——三峡广场的南侧。三峡广场是沙坪坝区城市中心区的核心，以"文化氛围"为特色的商业已经成熟。

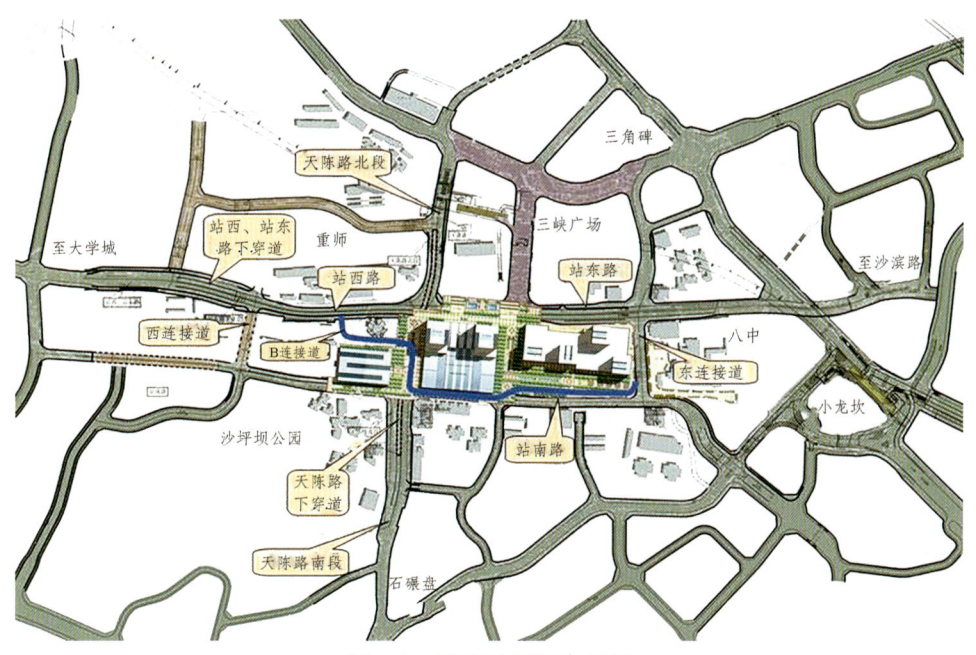

图 1-1 项目总平面布置图

沙坪坝火车站及铁路区域由于建设年代久远且处在城市用地非常紧张的山地城市中心区等种种原因，不仅在城市功能、城市环境、城市空间、建筑形态等方面与城市中心区不协调，而且铁路线路及站场的存在严重阻碍了中心区城市空间的拓展，制约了城市中心区核心功能的释放，影响沙坪坝区社会经济的进一步发展。

随着成渝高铁的引入，沙坪坝站作为该线进入重庆的一个重要车站，除了担任重要的交通功能之外，还扮演着重庆城市门户的重要角色。沙坪坝火车站所处地区有三条轨道交通，即轨道交通一号线、九号线和环线，是重庆市沙坪坝片区的综合交通枢纽。

为了适应重庆市快速城市化，建设特大城市的发展需求，加快城市建设的步伐，沙坪坝区政府提出了沙坪坝站改造项目。该工程北靠沙坪坝区城市中心区——三峡广场，南接石碾盘、小龙坎片区，西南侧紧邻沙坪坝公园，如图1-1所示。项目用地北接站东路、站西路等城市干道，天陈路从用地中部上跨沙坪坝火车站站场。本项目的实施，可充分利用紧邻三峡广场的区位优势和现有的交通条件，打造集高铁站场、城市轨道交通、公路对外交通、城市公共交通、城市社会停车为一体的现代综合换乘枢纽，实现"零距离"换乘，方便出行，解决城市交通拥堵等问题，通过适当物业开发，提升城市形象，对重庆市建设现代化大都市有着极其重要的意义。

目前，国内城市化建设飞速发展，城市范围不断扩大，原本在城市边缘的铁路站场已经进入到城市中心的繁华区域，铁路对两侧城区形成阻隔，一定程度上制约了城市的发展，对铁路上盖并尝试物业开发，对有效解决城市交通、快速疏散铁路客流、完善功能配套、提高环境质量、提升城市形象等都有着极其重要的作用。因此，在本项目的设计和施工过程中进行经验总结和研究，再将其成果在国内其他城市进行推广和运用，对我国城市建设有着极其重要的意义。

沙坪坝车站交通枢纽改造主体工程位于地下（图1-2），从下至上分5层：轨道交通9号线沙坪坝站层、进出站共享大厅层、站东路下穿隧道层、物业开发层、地面交通层。基坑最大深度约44.6 m，基坑宽度为125 m，长度约540 m，属于超深超大基坑。

拟建场地自然坡度一般约5°~10°，地面高程245~260 m，构造简单，未见断层。上部填土和黏性土厚度0~10 m，下部岩层为上沙溪庙组砂、泥岩，倾角变化不大，平缓（5°~15°），全风化带厚0~5 m，强风化带厚4~8 m，地下水不发育。项目所在区域基本处于稳定状态，但施工中可能遇到人工填土、泥质岩边坡风化剥落，且泥岩夹砂岩具一定膨胀性、地下水腐蚀性等地质问题。因此，应采取安全、可行的支挡措施防止坑壁失稳。

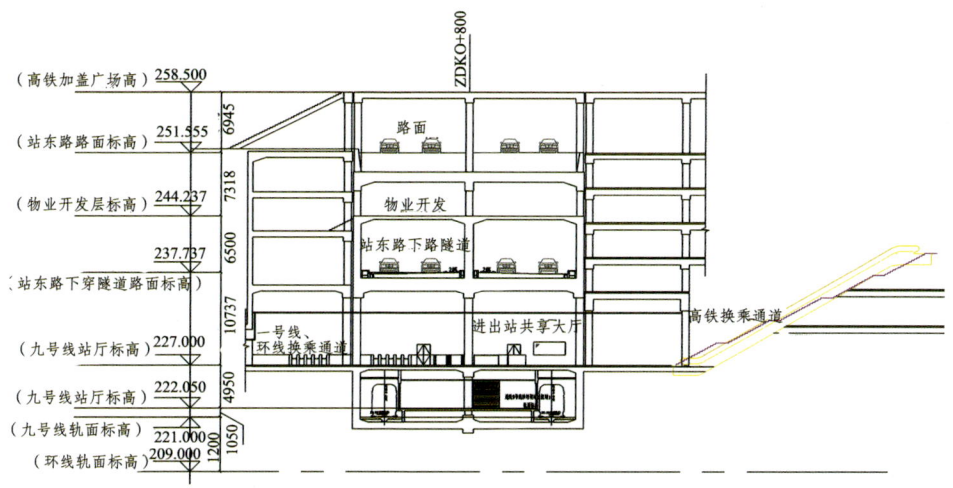

图 1-2　交通枢纽地下空间布置图

基坑周边位于沙坪坝商业区，临近有多栋 30 层左右高楼，环境复杂。且该项目在城市建筑密集区，深基坑的开挖往往引起基坑周围土体的变形位移，对临近建筑物造成不同程度的影响和损害，因此，确保基坑工程的安全稳定及既有临近高层建筑的安全就显得极其重要了。

1.1.2　研究意义

随着高层建筑地下室、地铁等的发展，地下空间不断得到利用，相应的基坑工程也不断向超大、超深的方向发展。例如，首都国家大剧院的基坑最大深度为 32.5 m；上海世博会场地下变电站的基坑深度为 34 m；深圳平安金融中心共有地下五层地下室，基坑最大深度为 33.8 m；江苏润扬长江大桥北锚碇的基坑深度为 48 m 等。对于深度 15 m 以内的基坑，国内外目前已积累较丰富的设计和施工经验，理论也较为成熟，国内现有的基坑规范一般也适用。而 15 m 以上的超深基坑工程目前在设计理论和经验方面相对欠缺，且有超深基坑失事的重大事故发生，例如 1996 年上海广东路的整体塌陷，1997 年广东珠海祖国广场塌方事故，2003 年上海市 4 号轨道交通基坑坍塌，2008 年杭州风情大道地铁基坑坍塌等，都曾给国家、城市和人民带来巨大灾难和损失。

因此，本书的研究将在提高超深基坑工程的安全度，降低工程风险的基础上，形成城市深基坑处理技术，可在其他相似工程中广泛采用，同时也可促进超大超深基坑的设计和施工理论的发展。

1.2 国内外研究现状及存在的问题

1.2.1 国外研究现状

1. 基坑变形稳定性评价和设计优化

自20世纪30年代以来，国外众多学者运用室内模型试验对深基坑做了大量研究。当时，Terzaghi等就已经开始采用模型试验方法对基坑工程进行研究，他们采用的是砂土模型材料对不同支护条件下的土压力变化规律进行研究，自此之后，模型试验就开始逐步被众多学者采用来研究基坑工程。1986年，Bolton通过基坑模型试验分析了基坑开挖过程中支护结构变形、土体位移以及孔隙水压力变化等规律。1988年，Bolton等通过相关试验研究了基坑开挖失稳前地墙变形，提出可动土体强度概念。1998年，Richards等在超固结黏土地基上开展离心模型试验研究了具有两道支撑的挡墙结构内力变形。2003年，Yun G. J.等利用室内模型试验研究了土体性质、土与墙接触面对侧墙以及地表沉降的影响。2006年，Leung等开展多组对比试验，研究了采用稳定和非稳定挡墙的基坑背后临近单桩、群桩受开挖的影响。2016年，Zhou等采用相似理论的原理，对基坑开挖过程中双排桩的变形进行了大型物理模型试验研究。

基坑工程的数值模拟研究在国外最先开始于20世纪中期，1969年，Peck等研究得出基坑开挖卸载中预估挖方稳定性与支护结构的支撑总应力法，该理论自提出以来，经多次修改完善沿用至今。1970年，Lame认为影响基坑安全稳定的主要因素为基坑规模（尺寸与深度）、基坑土的性质、地下水条件、基坑施工周期、支护结构体系、施工工序、临近建筑物和动荷载。1990年，Bowles研究开挖卸载中地表沉降，并提出估算方法，Clough研究施工开挖卸载过程中土体位移变化和边墙位移变化以及在开挖不同工况与地应力损失下位移变化，Holtz R.D.通过有限元模拟，研究得出浅基坑的应力分布情况。1994年，Puoofs通过有限元模拟，对支护结构中桩体变形与土体变形关系进行了研究。1996年，Boone根据对比大量的实测数据与实际工程经验，研究出基坑变形对临近建筑影响定量的计算方法。2004年，Hamdy等利用三维有限元法，考虑建立折损，模拟了矩形基坑开挖卸载后印象基坑变形的因素。2005年，Zdravkovic等利用有限元软件，分析了挡土墙在基坑开挖过程中的作用。2013年，Likitlersuang S等通过建立不同本构的有限元模型对曼谷地铁的基坑开挖变形进行了研究，采用PLAXIS v.9软件中MCM、SSM、HSM以及HSS四种模型进行模拟，并将有限元模拟与现场数据进行了比较。2015年，Jardine等开发有限元低塑性黏土非线性应力应变本构模型，并利用该模型得到了基坑开挖中土体和桩体受力情况，进一步分析基坑的稳定性；Zhou等利用 Pastermak 模型探讨了基坑开挖对临近构筑物纵向变形的影响因素。2017年，Malcki Y S 和 Khazaei J 通过建立蠕变本构模型对基坑开挖变形进行了二维和三维数值模拟研究。结果表明，在数值塑性分析中，建立的以软土蠕变为本构的 SSC 模型更接近实际变形行为；二维模拟的坑底隆起、墙体水平位移要大于三维模型，此外在排水条件下的水平位移值也大于不排水条件；利用 OCR 应力比和 POP 应力差，研究了应力路径对坑底隆起及墙体变形的影响。

2. 基坑开挖施工及支护技术

合理的开挖方式及支护方法对于基坑工程的安全性和经济性影响重大。国外学者较早地探讨了基坑的开挖方式和支护方法，并取得了一些有益成果：

自 20 世纪 40 年代开始，Terzaghi（1997）和 Peck（1969）等人开始研究基坑开挖过程中的岩土力学问题并提出一套计算方法，而后 Bjerruin（1956）通过对大量实际基坑工程施工过程研究发现，基坑开挖会引起基坑底部土体隆起，并提出一系列有关坑底计算理论。1981 年，Mana 等对大量基坑工程案例进行研究，发现水平支撑刚度对基坑变形有较大影响，但他所分析的支撑主要指当时条件下的临时支撑，其刚度较小。1996 年，Hashash 通过有限元分析表明，只有当基坑的开挖深度达到极限开挖深度时，围护墙的插入深度才会对墙体的侧移产生较小的影响，否则围护结构的插入深度对围护结构侧移的影响可以忽略。2003 年，Anthony 采用有限元方法研究了钢悬臂式支护墙的性状，表明土体侧压力的分布与土体和支护墙的移动有密切关系，只有在支护墙的三分之二处，作用在支护墙体上的侧压力才接近主动土压力。2004 年，Roboski 通过有限元参数分析指出，增大围护墙刚度会增大基坑角部效应对围护墙变形的影响。2008 年，Smethurst 等分析了在基坑施工过程中，设置预留土堤对基坑变形的控制作用。一方面预留土堤本身对围护墙提供一定的抗侧压力，另一方面土堤自重可增大坑底之下土体所受竖向压力，从而提高了坑底之下土体的抗侧刚度。2009 年，Kung 等统计分析了中国台湾地区的 26 个基坑工程变形实测数据得出，采用逆作法施工的基坑最大墙体侧移是采用顺作法的 1.28 倍，同时指出采用逆作法施工的基坑围护结构侧移较大的原因是水平支撑结构混凝土的收缩。2019 年，Anthony T.C.对于具有不同的开挖方式、墙体与土体性质的软土深基坑进行了非线性有限元模拟，研究表明：相比于排桩，基底隆起的安全系数随地连墙入土深度的增加而增加。通过对软黏土空间变异性的可靠性分析，提出了关于空间平均效应以及土壤性质变异系数对基坑可靠指标的影响。

3. 基坑变形监测与预测预警

近些年来，随着基坑开挖深度，开挖范围的增大，基坑监测成为保证基坑安全稳定性的重要举措。先进的监测仪器与技术、数据管理与分析等也大量运用于工程实践。

许多发达国家对基坑工程的风险管理已经逐步规范化、标准化和自动化，美国、加拿大等国家根据实际需求建立了风险管理应用系统。2004 年，Wilkins 等使用由监测机器人和一系列的传感器组成的基坑自动监控系统，对矿山深基坑的高边坡进行了监测。该系统利用传感器进行实时数据采集，通过 GPRS 实时获取基坑的监测情况，并且根据边坡位移变化速率和边坡位移变化阈值进行预警。2005 年，Ldwig 等使用无线测斜仪器检测系统对 RenoReTRAC 地区的铁路基坑施工现场的重要建筑进行实时监控。无线测斜仪器具备数据存储功能，将检测的数据传输到计算机系统进行存储，方便进行更复杂的数据表处理、绘图、打印等工作。2015 年，Hashash 等利用激光扫描建模系统对基坑工程施工现场进行扫描建模，实现了自动化建模、图形图像处理及模型渲染等功能。该系统能够实现施工现场的实时监控、自动扫描、空间成像等。

随基坑的发展与地下空间开发，基坑变形预测成为重要的工程研究问题。目前常用的变形预测方法主要有：经验公式法、数值模拟法、数学模型法。工程经验得出的经验公式在基坑预测中应用较多，但由于地区之间的差异性和主观性较强使得经验方法不能大范围的推广；基坑工程的数值模拟尤其是有限元计算在基坑中应用较多，无论在基坑变形二维还是三维计算都取得良好的应用前景，但岩土体本身具有多相、非均质、各向异性等特点，使得有限元模型中参数难以符合实际。数学模型方法主要从实际监测数据入手，对于数据本身进行处理，结合工程地质和开挖时序等工程信息，赋予其变化过程中的物理意义，揭示基坑变形规律，并保证基坑的安全稳定性。关于基坑变形预测数学模型方法国外研究成果如下：

1990 年，Pitt 创造了神经元模型，并把神经元模型转化为数学模型，开启了神经网络模型。1995 年，Goh 分别将神经网络用于基坑变形预测。1996 年，Lee 不断对支持向量机进行研究，其理论也逐渐地成熟。可以较为有效地对基坑变形进行预测，支持向量机被人们广泛地应用。1999 年，Suykens 和 Vandewalle 在支持向量机的基础上提出了最小二乘支持向量机。1987 年，Farmer 等提出了混沌时间序列智能预测方法；2002 年，Su 等在此基础上，将该方法运用到基坑工程开挖变形预测上，并取得良好的预测效果。2007 年，Kung 通过现场监测数据和有限元软件分析了大量的从软土到中硬土基坑开挖变形数据，提出一种简化的半经验模型来预测基坑开挖引起的最大墙体变形、最大地表沉降和地表沉降曲线。2015 年，W.I.C 等设计并开发了基于 BIM 的深基坑监测系统，所有监测数据集成在 BIM 模型中，各单位可以及时地掌握监测信息。

1.2.2 国内研究现状

1. 基坑变形稳定性评价和设计优化

尽管国外学者对物理模型试验研究较早，但随着我国基础建设的发展，国内学者在此基础上，对深基坑物理模型试验进行了深入研究，取得了丰富的成果：

2004 年，孙铁成等采用室内模型试验研究深基坑中复合土钉支护工作机理。2008 年，夏华宗等设计并制作了一套室内模型试验系统，模拟了基坑在开挖过程中土钉拉力、钢管桩弯矩、土压力以及桩顶位移等变化规律。2009 年，田静成采用模型试验对有无临近建筑物的基坑开挖变形机理进行研究。2013 年，李术才等研发了透明可视化的准三维平面应力和平面应变的新型流固耦合模型试验系统，张定邦采用该试验对露天超高陡边坡与地下采场的稳定性及潜在的变形破坏机理进行了研究。2014 年，董洪国以粉质黏土和粉质砂土中的深基坑土钉支护为研究对象，通过自主设计的物理模型试验系统，对土钉作用机理及土钉墙的工作特性进行研究。2017 年，李智以北京某基坑为原型通过理论设计、模型试验、数值模拟研究了钢管基坑支护的位移、应力、变形对基坑稳定性的影响，同时，对钢管桩代替钻孔灌注桩的可行性进行了研究。

近些年来，数值方法在国内发展迅速，并引入到深基坑变形和稳定性分析中，取得了大量成果，为深基坑施工的安全提供了巨大支持。1989 年，侯学渊等在分析开挖卸载变形规律，系统研究深度与地表沉降的关联，并得出地表沉降的经验公式。1993 年，孙钧等基于有限元建立的基坑竖直模型，研究了基坑开挖的时空效应对土体变形的影响，总结了地表沉降及临近建筑物受开挖的影响变化规律。1998 年，俞建霖等运用有限单元法系统研究地表沉降的关键因素，并得出其最大沉降的变形规律，同时分析支护区宽度和深度与基坑变形的关系。2002 年，杨天鸿等应用岩石破坏软件研究了基坑开挖卸载过程中，围岩和地表变形从裂纹产生、扩展、贯通、破坏的过程。2005 年，曾远等采用有限元软件 ANSYS 分析开挖对临近地铁站影响。得出影响因素有车站距离、土的性质和源头变形大小，并提出控制沉降变形的应对措施。2012 年，胡斌等以武汉地铁二号线名都站深基坑工程为研究对象，采用有限元数值分析方法，借助 Midas/GTS 建立了三维工程地质仿真计算模型，计算得出了不同施工工序条件下基坑围护结构同一断面对应的基坑围护桩的位移云图和变形曲线；郑刚等应用 Plaxis 3D 软件分析了基坑开挖对临近不同楼层建筑物的影响。同时分析考虑建筑物位置与基坑存在夹角时，建筑物的扭曲变形与开挖基坑变角度的关系。2013 年，李佳宇、陈晨通过 FLAC3D（Fast Larangian Analysis of Continua，连续介质快速拉格朗日分析方法）软件数值计算，对基坑坑角部位建筑物被开挖影响的变形特性进行了相关的研究。2014 年，宋广等针对基坑数值分析，对土体的本构模型选取进行了相关研究。2016 年，陈昆等通过 ABAQUS 软件分别模拟原状土参数和强度折减后卸荷参数基坑开挖影响土体变形，这种考虑土体卸荷效应方法，模拟值比较符合工程实际。2017 年，程聪设计了一种基础变形控制结构，并且采用数值模拟，对结构的力学特性以及影响因素进行了分析研究；夏祥忠以长沙某项目的深基坑开挖工程实例为研究背景，选用有限元软件 ABAQUS 建立三维数值计算模型来模拟和分析基坑工程开挖对临界既有刚性支挡结构的影响；宋伟以实际工程为背景，对环形内支撑深基坑开挖引起的变形及对既有建筑物影响进行了相关研究；李浩等通过现场试验，研究了围护桩侧向位移的分布特征及基坑变形的空间效应。

2. 基坑开挖施工及支护技术

岩质基坑的变形主要由岩体内部软弱结构面控制，与一般土质基坑变形有着明显的区别，因此，在开挖方式和支护方法上也不能按照传统土质基坑设计方法来选取。如何分析此种基坑的稳定性，进行较为合理的开挖和支护方式显得尤为重要。针对这种问题，国内学者开展了深入研究，但成果依然较少。

2004 年，张黎明等结合有限元模拟软件，对某大型花岗岩深基坑边坡进行了新型预应力锚索支护设计，该加固方法安全可靠，并且相对于传统方法降低了 30% 的成本。2007 年，雷建海针对贵州岩溶地区层状岩质基坑失稳破坏特征，提出了 4 种常用的支护结构（预应力锚索支护、喷射混凝土支护、灌浆加固、抗滑桩支护），并根据这些支护结构特点，初步提出了各支护结构设计理论及方法。2008 年，何志宇结合数值模拟和现场基坑监测，提出了采用中心岛式开挖方式来控制基坑施工对周围环境的影响。2009 年，刘红军对青岛地区某土岩结合基坑，针对特殊地层，结合基坑的开挖深度，采用了吊脚桩加锚索支护体系，局部放坡和钢管桩预支护的形式，并取得了良好的效果。2010 年，张启军等通过青岛颐慧园 30 m 深基坑工程，针对各段岩质边坡的不同性质及周边环境，采取相应的支护设计方案，兼顾支护的安全性与经济性，为城区岩石边坡支护设计与施工技术的应用积累了宝贵的经验；刘涛和刘红军分析了青岛地区土岩组合基坑的 2 种破坏形式，并根据岩石的产状、性质以及破坏程度的不同，对基坑岩块沿不同结构面滑动时的稳定性进行了计算。2011 年，王中达以南溪长江大桥北岸重力式锚碇软岩深基坑爆破开挖工程为背景，采用现场试验、数理统计和数值模拟等方法进行软岩深基坑爆破开挖的边坡稳定分析研究，从动、静力学角度分析了多种工况下深基坑高边坡的稳定性；朱志华等以青岛地铁李村站深基坑为例，论述了"上部土层、下部岩层"的深基坑支护方式，得出土层桩锚与岩层喷锚相结合的支护方式。2012年，刘小丽和李白利用数值模拟方法，对岩石基坑中的微型钢管桩-喷锚联合支护的作用机制进行了分析，得出对于岩层中较厚的强风化岩层设置微型钢管桩，且结合预应力锚索拉力，可以有效地控制基坑的变形，而对于性质较好的中风化和未风化岩层中，微型钢管桩对于基坑的作用比较小，可以考虑不用设置。2013年，肖俊华等对某一岩质深基坑，采用复合土钉支护方案，以及针对施工中的边坡危岩处理、土钉击入问题、地表裂缝等难点问题，提出了相应的处理对策。现场变形监测结果表明该支护方案实用可行；孙建波总结了目前基坑开挖采用的主要开挖方式（分层开挖、分块土方开挖、岛式土方开挖和盆式土方开挖），并阐述了每种开挖方式的优点和缺点，同时介绍了每种开挖方式抑制变形的原理。2014年，王宏分析了肋板式锚杆挡土墙在城市岩质深基坑工程开挖全过程的位移、应力、塑性应变进行分析，得出了肋板式锚杆挡土墙可有效地改善岩质基坑应力状态，减小变形；马军峰针对具体工程实例，详细阐述了顺向岩层的深基坑边坡支护工程的施工技术。2015年，欧阳萌以夜郎河特大双线特路桥主拱墩基础开挖基坑为例，进行数值分析计算，比较不同开挖方式对计算结果的影响，结合现场观测数据，得到基坑以及整个边坡的位移和塑性区发展，指出盆式开挖并注浆加固软弱夹层为最佳的开挖方式。2016年，宋享桦针对济南市区岩质基坑的支护技术，分析了支护设计时所需要考虑的因素，并提出了有效的支护措施。2019年，孙明刚等通过 MADIAS 软件针对双排桩加斜撑支护的深基坑开挖进行了仿真计算，结果表明该软件能较好地模拟基坑变形情况。

3. 基坑变形监测与预测预警

近些年来，随着国内基坑开挖深度、开挖范围的增大，为了保证基坑开挖的安全，基坑监测技术及管理系统在国内得到较大的发展。1999年，胡友健等在基坑监测信息管理的基础上，对基坑监测反馈分析、险情预报与变形预测等方面进行研究，并改善灰色系统理论预测模型，开发了监测预警系统。2003年，贾明涛等以南方某大型水电站岩质边坡为工程案例，基于三维可视化技术，编制以数据库管理为核心的监测管理系统软件，将监测网络分析与工程地质图联系起来。为研究水电站边坡稳定性，提供有效的监测工程应用技术工具。2008年，吴振君等基于 GIS 图形可视化技术，开发出可将地质勘察设计、施工、监测、临近建筑物等信息资料存储处理、查询分析、预警预测等分布式基坑自动化信息平台系统。2013 年，周二众等基于 Leica TPS1200＋测量机器人技术，采用程序设计语言

VB6.0 和数据库 SQL2005，采用 GeoCO 接口和无线传输模式实现监测数据的自动化更新，数据处理包括小波分析与降噪处理，编制一套操作简单、功能强大的动态化监测系统，在实际工程案例中使用并达到预期效果。2016 年，孙愿平等采用面向对象的 Visual C++程序语言，研究出基坑三维变形数据采集处理一体化系统，具有数据采集传输整理、结果输出、变形趋势预测等功能；陈诚提出了建立集深基坑监测数据信息管理、预测预警、数据编辑查询、可视化于一体的深基坑监测信息管理系统，实现了基坑工程的信息化施工；付秋平针对我国基坑项目监测中面临的问题与实际需求，综合利用 SuperMap 技术、Ajax 异步动态刷新技术、SMTP 邮件发送协议和 HTTP 协议，构建基坑项目管理系统。

变形预测对基坑动态信息化施工具有重要意义。基于数学分析的预测方法主要有：统计分析法、时间序列预测法、模糊数学预测法、灰色系统预测法及智能算法预测法，其中智能算法预测法包括 BP 神经网络、支持向量机、小波分析等智能算法。统计分析方法基于数学统计、概率论等将监测数据进行处理，包括多元回归分析、逐步回归分析、非线性回归分析、一次指数平滑分析等方法；时序分析方法忽略系统的内在因果关系,以过去的数据变化规律来预测未来变化。1982年，邓聚龙将灰色系统引入岩土工程变形预测中，在基坑、边坡与大坝等实际工程中取得较高的应用价值。1999 年，杨志强等在紫阳县城滑坡中，运用线性一阶单序列动态模型，研究滑坡的趋势预测和关键点的位移反演，提出了研究滑坡变形过程的分析方法。2004 年，高玮和冯夏庭针对滑坡变形逐增的特点，运用灰色系统将变形趋势值提出，综合了基于免疫进化规划的新型进化神经网络模型，提出了逼近位移偏差预测新方法，在新滩滑坡实际工程应用较好。2011 年，李恒凯和刘传立对于传统 GM（1，1）模型应用中的适应能力和精度等问题，提出从多角度改进并将改进模型与传统模型集成为模型库，运用灰色系统评价方法对预测模型库进行评估，在盘古山钨矿中进行实际的预测方法检验。2016 年，郭江等针对后期监测模型精度低的问题，提出了灰色新陈代谢 GM（1，1）模型，在巴达高速公路实际滑坡工程预测中体现出较高的应用价值。BP 神经网络是在 1986 年由 Rumelhart 和 McCelland 提出，目前在岩土工程变形预测中应用较广泛。1999年，徐卫亚等在研究三峡工程永久船闸高边坡监测资料的基础上，运用 BP 神经网络建立起岩体变形预测模型。2005 年，刘晓等综合 BP 神经网络和时间序列分析方法，利用 BP 神经网络对于非平稳时序趋势项的提取处理，使边坡位移变为平稳时序，再进行 ARMA 时序分析。以滚动预测的方法，提出了一种新的联合预测模型，并在隔河岩水电站和水布垭水电站中的岩体边坡预测上得到应用。2012年，程壮等以堆石坝监测数据为基础，将竖向位移分解为瞬间沉降变形和流变变形两个部分，利用 BP 神经网络逐渐增加样本数，多次训练预测模型，并进行力学参数和流变参数二次反演,在反演的基础上进行预测,预测效果较好,可为实际工程提供参考。2015 年,李彦杰等以基于遗传算法对 BP 神经网络阈值与初始权重进行优化,在宁波某地铁基坑中建立连续墙土体位移预测模型,具有较好的泛化能力。支持向量机(SVM)产生于 20 世纪 90 年代,在岩土工程变形预测应用中具有很强的可行性。2003 年,赵洪波等基于遗传算法优化参数,建立起福宁高速公路八尺门滑坡变形预测模型,具有精度高和时效性强的特点。2008 年,王新洲等基于小波变换,将变形时间序列根据频率分解成不同分量。以各分量特征建立不同支持向量机模型,再对不同结果重构成预测结果。该方法具有精度高、泛化能力强等优点。2011 年,马文涛综合了小波变换和最小二乘法支持向量机(GALSSVM),在丹巴滑坡中预测具有较高的精度。2016 年,胡军等在研究隧道围岩变形,提出文化鱼群算法(CAAF)选取支持向量机参数,根据围岩变形监测数据建立起时间序列支持向量机预测模型,该模型具有计算速度快、精度高等优点;2016 年,于玲等运用灰色理论,依据监测数据建立 GM(1,1)模型对某基坑桩顶水平位移进行了预测。结果表明基于灰色理论的预测模型可提高预测精度,预测结果符合工程实际,具有一定的参考价值。2017 年,王丽芬针对高精度的预测基坑变形量,提出了基于小波变换的 LSSVM-ARMA 模型,实现基坑变形时间序列滚动预测;王娟提出了 GM(1,1)、支持向量机和 BP 神经网络模型对基坑的变形进行单项预测,并建立了基坑的定权和非定权组合预测模型;李远禧利用 SAAS 软件设计的深基坑智能监测系统,将传感器数据通过 ZigBee 传输技术上传至云平台,同时还结合互联网技术实现数据的自动采集与短信报警,使基坑监测工作更高效、更准确。2019 年,刘琼等基于 BIM 技术,结合 Autodesk Revit 软件实现了深基坑的可视化监测,取得了一定的经济效益。

1.2.3 研究现状分析

1. 基坑变形稳定性评价和设计优化

综合国内外的研究情况,关于深基坑物理模型试验和数值模拟的研究已有大量的成果。但对岩质基坑开挖引起的变形以及既有建筑物影响仍然存在一定的不足,岩质基坑理论与工程实践存在部分脱节,由于工程本身及周围环境的复杂性,一般土质基坑的计算方法难以直接应用于较复杂的岩质基坑工程。因此,开展岩质超大深基坑物理模型试验和数值模拟方面的研究具有重要意义。

2. 基坑开挖施工及支护技术

国内外关于土质基坑开挖及支护方面的研究成果丰硕,但针对岩质基坑开挖和支护控制变形的研究较少。与一般土质基坑变形有着明显区别的是，岩质基坑的变形主要由岩体内部结构面控制，在开挖方式和支护方法上也不能按照传统土质基坑设计方法来选取，而是以人工爆破开挖为主。如何分析此种基坑的稳定性，且如何较为合理地选择开挖和支护方式显得尤为重要。针对这类问题，国外学者开展了一些研究，但成果较少。因此，研究岩质基坑开挖及支护方法对于保证基坑施工的稳定性十分重要，这将为以后类似工程提供有益参考。

3. 基坑变形监测与预测预警

综合国内外研究成果，关于基坑监测技术及管理系统的开发已经取得了较为丰硕的成果，为沙坪坝监测系统的开发打下了坚实的基础。关于基坑变形预测预警方面，随着非线性科学研究和计算机技术的进步，岩土工程中的预测，出现了许多的智能算法。智能算法众多，各种算法综合运用是研究变形预测趋势，尤其是在智能算法的参数优化。但是，实际的工程差别很大，某一种优化算法对于特定的工程适用，并且预测精度主观因素较大。众多的优化算法虽精度较高，但是算法程序和操作难以被理解，在岩土工程监测中难以应用。实际工程的监测数据是动态化的，变形量的影响因素众多，预测预警模型应根据监测数据更新不断的优化模型，进行及时反馈，实现基坑开挖稳定性的动态预测预警。

1.3　主要研究内容

本项目以沙坪坝车站交通枢纽工程为依托，针对建筑基坑深度大、地面建筑物密集、结构形式复杂及工期紧等工程问题，采用产、学、研相结合的攻关方式，开展自主研发与集成创新，形成建筑密集区深大基坑支护理论，临近建筑群岩质深基坑安全施工技术，城市深基坑安全监控、动态反馈与预警预报一体化技术，为保证沙坪坝站交通枢纽工程的高效施工和临近构筑物的安全提供强有力的技术支撑。研究成果不仅有利于解决本项目基坑工程设计和施工过程中的科学问题和关键技术难题，而且对重庆城区复杂条件下的类似基坑工程提供借鉴和指导，取得显著的社会与经济效益。

1.4　总体技术路线与实施方案

本项目以沙坪坝站深基坑工程为依托，围绕基坑及临近建筑物安全控制这一关键技术难题，拟采用现场调研、资料收集、数值分析、现场测试、反演分析、设计优化和软件开发等技术手段，并遵循"地质结构概化→物理模型试验和数值模拟→减震爆破开挖方法与精细化控制爆破技术→基坑及临近建筑物静、动力稳定性评价→监测反馈分析→安全预警系统"的研究思路开展研究工作，具体的技术路线和研究方案如图 1-3 所示。

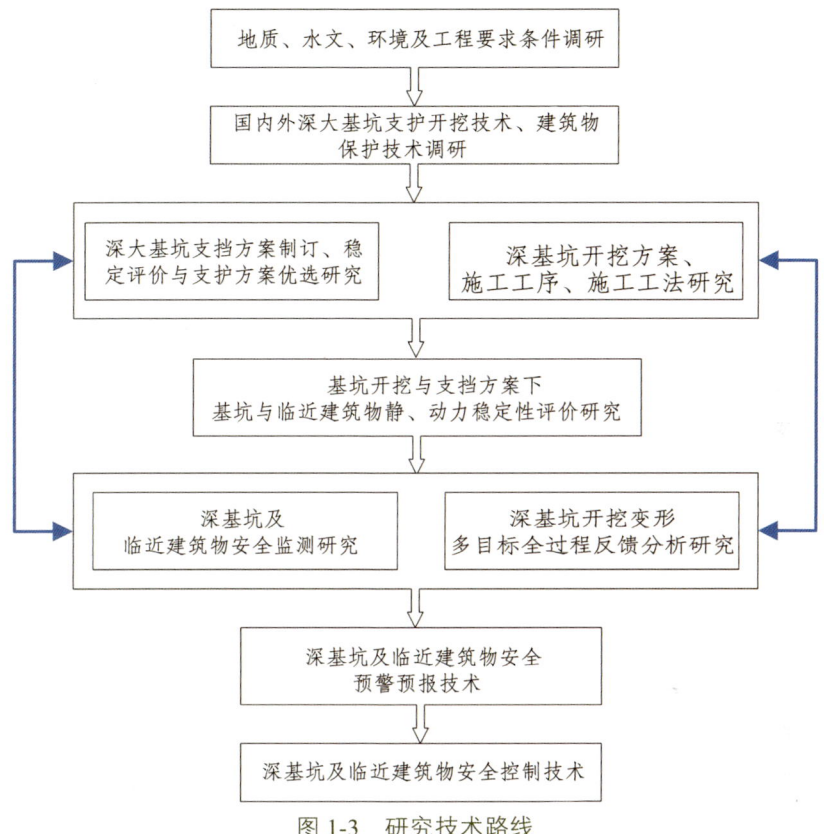

图 1-3 研究技术路线

第 2 章

基坑工程地质条件及围护结构设计方案

2.1 基坑工程地质条件

2.1.1 地形地貌

沙坪坝铁路枢纽改造工程位于重庆市沙坪坝区三峡广场附近闹市区，属低丘地貌单元，整个场地较平坦，地形坡角多为 8°～13°，局部地段边坡坡度达 90°，均已支挡。勘察区最高点位于场地东南侧原铁路隧道洞口，高程约 258.50 m；最低点位于场地西南侧拟建站南路起点附近，高程约为 235.80 m，场地最大高差 35 m。综上，该场地地形地貌较简单。

2.1.2 地层岩性

根据钻探揭露，沙坪坝铁路枢纽综合改造工程地层从新至老依次为第四系全新统人工填土（Q_4^{ml}）、坡残积层（Q_4^{el+dl}），下伏侏罗系中统沙溪庙组（J_2s）粉砂岩、泥岩及砂岩，分述如下：

（1）人工填土（Q_4^{ml}）。

人工填土（Q_4^{ml}）分布于整个场地地表，揭露厚度为 0.50 m（TCK5）～15.1 m（ZNL1）。在原沙坪坝火车站表层部分为修建站台的混凝土，部分为原铁路路基填土，杂色，根据钻探，密实度为中密。根据现场调查，部分稍密，稍湿，回填时间约 33 年，成分为泥岩、砂岩、灰岩质碎石及混凝土等，碎石含量约 50%～60%，粒径 2～20 cm，充填部分为粉质黏土；其余大部分区域为人工建筑所形成填土，为褐色，中密，主要由砂、泥岩粉质黏土组成，碎石粒径 5～10 cm，含量约 30%～40%，次棱角状，部分为抛填，部分夯填土，回填时间约 10 年。

（2）残坡积层（Q_4^{el+dl}）。

残坡积层（Q_4^{el+dl}）局部的分布于勘察人工填土层之下，分布不连续、无规律，揭露厚度为 0.60 m（GCK56）~ 4.5 m（ZNK73）。

粉质黏土：黄色、褐色等，稍湿，韧性中等，干强度中等，全部为可塑状，切面有光泽，无摇震反应，局部夹少量砂、泥岩质碎石及角砾。

（3）侏罗系中统沙溪庙组（J_2s）。

侏罗系中统沙溪庙组（J_2s）分布于勘察区内填土及粉质黏土之下，该层分布连续稳定，岩性为泥岩和砂岩，该层顶部局部区域有强风化粉砂岩分布。

粉砂岩：灰黄色，细粒结构，中—厚层状构造钙质胶结，主要成分为长石和石英，岩芯均很破碎，呈块状、短柱状，强度低，手捏易碎，均为强风化带，揭露厚度为 0.20 ~ 10.0 m。局部不均匀的分布于场区内人工填土之下，地表未见出露。

泥岩：紫红色，泥质结构，中厚层状构造，含砂质成分，偶含灰绿色钙质团块，含砂质成分，分布于整个场地，该层厚度未钻穿。

砂岩：灰褐色、灰绿色，细—中粒结构，中厚—厚层状构造，主要成分为石英和长石，钙质胶结，含泥质成分，分布于整个场地，该层厚度未钻穿。

整个场地砂、泥岩为互层关系，局部砂、泥岩呈透镜状。

2.1.3　地质构造

改造工程位于沙坪坝背斜南东翼，岩层呈单斜状产出，由于整个场地未见基岩出露，在场地外重庆师范大学外冲沟处（离场地约 1 km）测得岩层产状为：150°∠10°（N60°E/10°SE）。

根据场地附近基岩露头量测统计，砂岩中岩体构造节理裂隙较发育，主要发育有 2 组：

① 组产状 263°∠78°（N7°W78°SW），裂面平直，裂缝张开，宽 0.2 ~ 6.5 cm，间距 1.5 ~ 2.8 米/条，有少量岩屑充填，结合一般，属硬性结构面。

② 组产状 350°∠83°（N80°E/83°NW），平直，裂隙宽 0.3 ~ 5.4 cm，间距 0.7 ~ 2.1 米/条，有少量岩屑充填，结合一般，属硬性结构面。

2.1.4　气温、水文地质条件

1. 气温条件

沙坪坝铁路枢纽综合改造工程位于亚热带季风气候区域，多年平均气温 18.3 ℃；夏季日极端最高气温 44.2 ℃（2006 年 8 月 23 日），冬季极端最低气温为 – 3.1 ℃（1975 年 12 月 15 日）；月平均气温最高是 8 月份，平均气温高达 28.5 ℃；最低是 1 月，平均气温 7.2 ℃；多年平均相对湿度为 80%。区内大气降水形式以降雨为主，偶见冰雹及降雪，多年平均降雨量 1 107.1 mm。雨量集中分布在 5—10 月，降雨量为 873.4 mm，占全年降雨量的 75%。又以 7—8 月最为集中，日降雨量普遍大于 50 mm，最大时降雨量 63.5 mm，最大日降雨量 203.6 mm，占雨季的 55%。大雨、暴雨多出现在 7—8 月。

2. 水文条件

地表水以沟水为主，勘察场区内排水系统较完善，勘察期间未见地表水体。

地下水有第四系孔隙水及基岩裂隙水两类。因覆土多为填土，孔隙较大，透水性较好，有利于排泄，孔隙水不发育。段内基岩以泥岩、砂岩互层为主，泥岩隔水性较好，基岩裂隙水不发育，水量甚微。砂岩段构造裂隙较发育，裂隙水相对较丰富，根据现场水位观测，地下水位高程约为 235.00 m（勘察期为雨季，较冬季施工路基孔水位有所提高）。地下水无侵蚀性。

2.2 基坑支护设计方案

通过对国内外类似工程的广泛调研，重点调查重庆市域内类似工程条件的深基坑支护案例，遴选基本符合依托工程的基坑支挡方案。根据初步设计成果，本基坑边坡主要支护结构类型以板肋式锚杆挡墙为主，具体为：

（1）建筑基坑南侧与沙坪坝站站台北侧之间的基坑边坡支护采用板肋式锚杆挡土墙 + 衡重式挡土墙。

（2）建筑基坑北侧与三峡广场南侧之间的基坑边坡支护采用板肋式挡土墙。

（3）建筑基坑东侧与重庆八中西侧之间的基坑边坡支护采用桩板式挡土墙。

（4）建筑基坑西侧与翁达平安大厦东侧之间的基坑边坡支护采用桩板式挡土墙 + 衡重式挡土墙。

（5）地铁风井标高在 218.90 m 以下采用内支撑支护方案，标高在 218.9 m 以上采用板肋式锚杆挡土墙支护。其他基坑边坡采用板肋式锚杆挡土墙、喷锚网等支护。

基坑开挖平面布置如图 2-1 所示。根据场地地质条件、基坑开挖深度以及周边环境条件，初步确定了 9 个剖面共 10 个典型支护断面，分别为 6 剖面北侧边墙、6 剖面南侧边墙、8 剖面南侧边墙、9 剖面南侧边墙、14 剖面北侧边墙、15 剖面北侧边墙、18 剖面北侧边墙、20 剖面南侧边墙、21 剖面北侧边墙、27 剖面北侧边墙。这 9 个剖面的工程地质剖面其相应的计算参数如图 2-2 ~ 图 2-12 及表 2-1 所示。

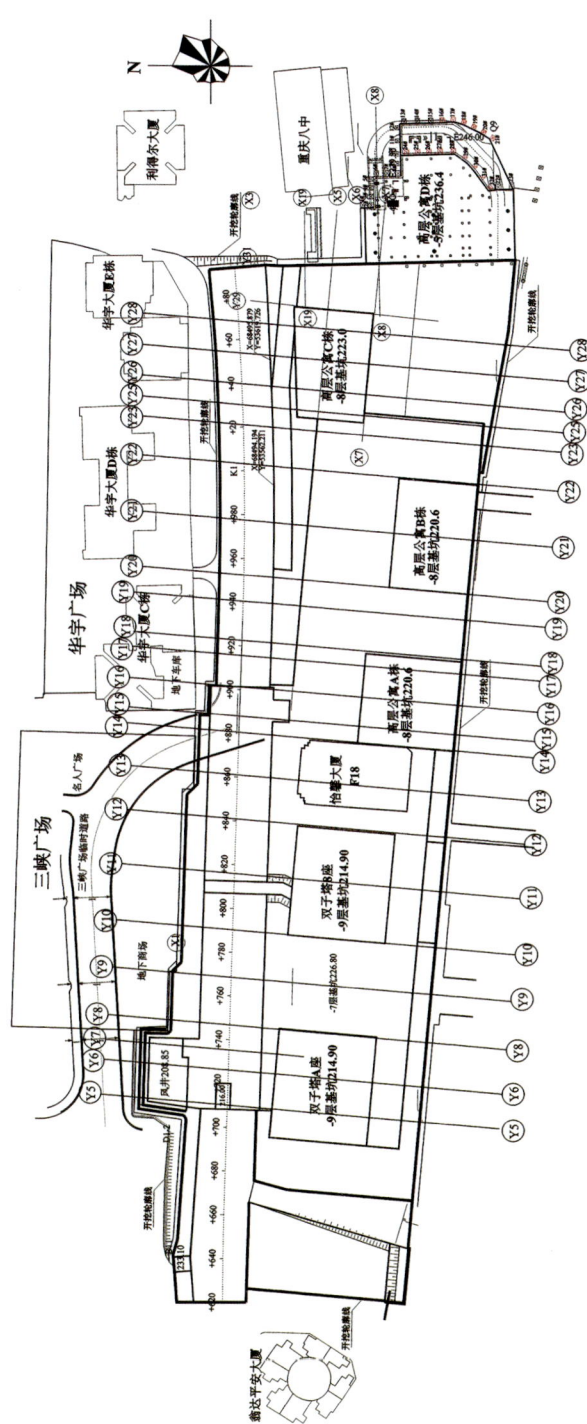

图 2-1 沙坪坝基坑平面示意

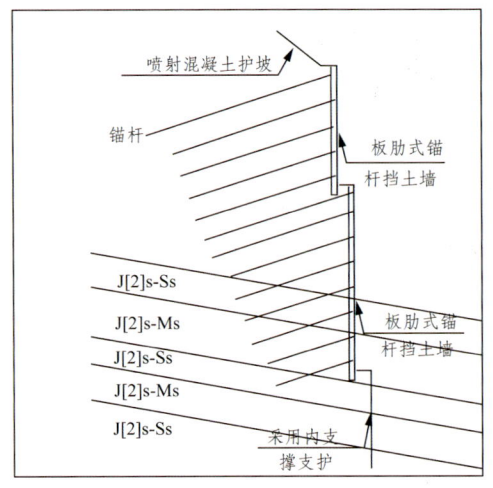

图 2-2 剖面 6 北侧边墙开挖图及支护图　　图 2-3 剖面 6 南侧边墙开挖图及支护图

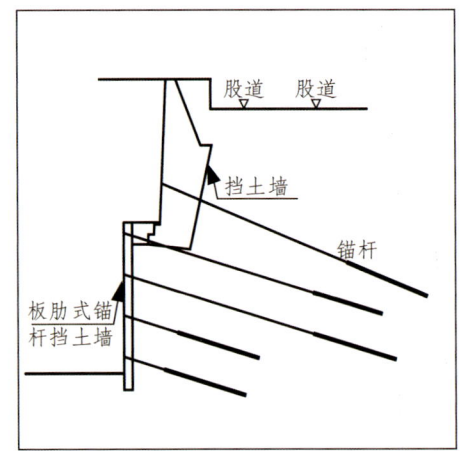 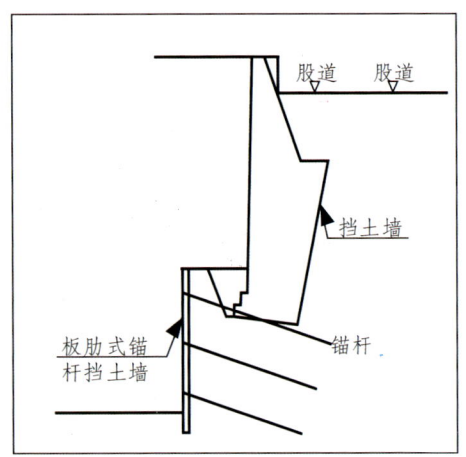

图 2-4 剖面 8 南侧边墙开挖图及支护图　　图 2-5 剖面 9 南侧边墙开挖图及支护图

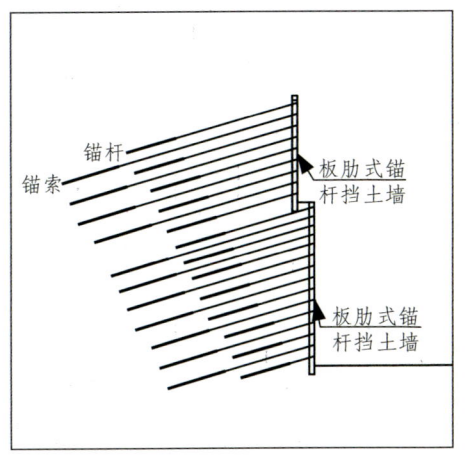
图 2-6　剖面 14 北侧边墙开挖图及支护图

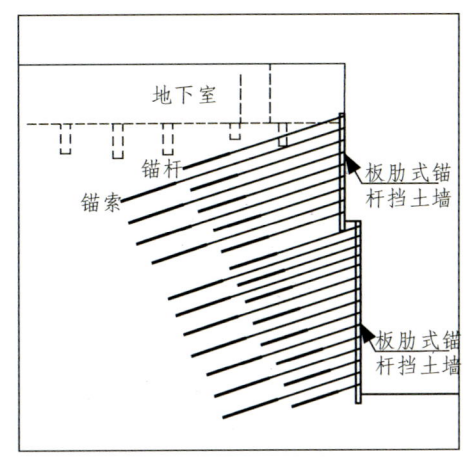
图 2-7　剖面 15 北侧边墙开挖图及支护图

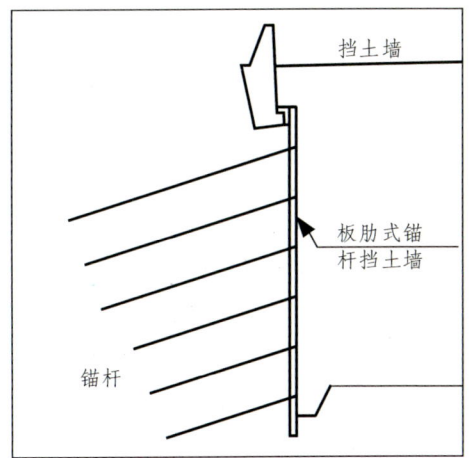
图 2-8　剖面 18 北侧边墙开挖图及支护图

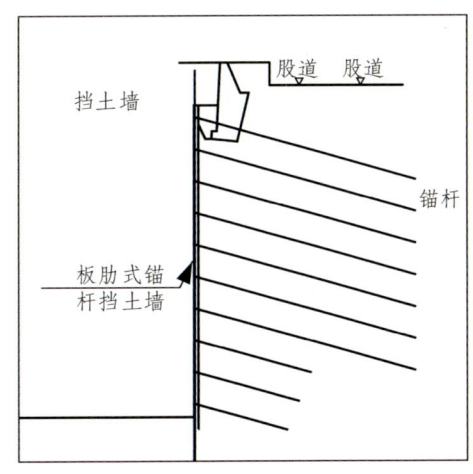
图 2-9　剖面 20 南侧边墙开挖图及支护图

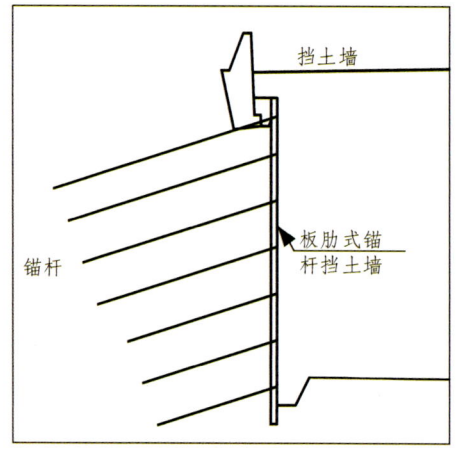
图 2-10　剖面 21 北侧边墙开挖图及支护图

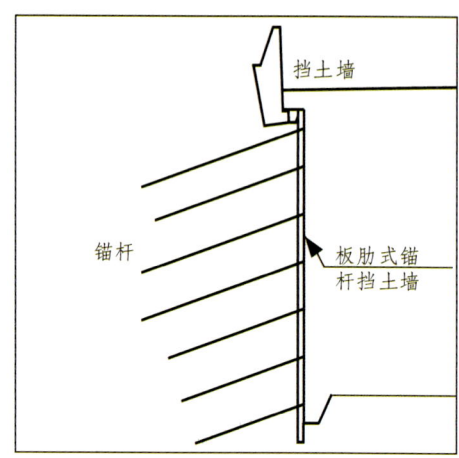
图 2-11　剖面 27 北侧边墙开挖图及支护图

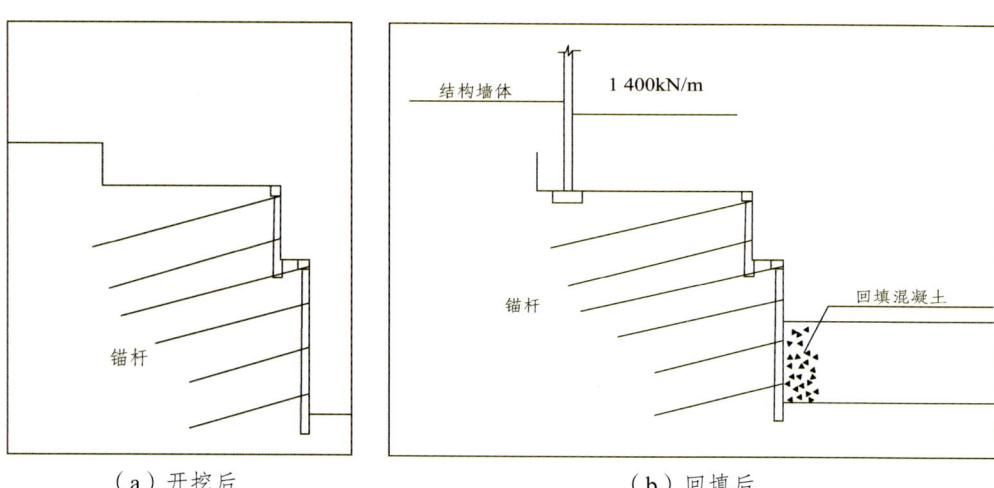
（a）开挖后　　　　　　　　　　　（b）回填后

图 2-12　高程公寓基坑（剖面 27）开挖图及支护图

表 2-1 支护措施表

剖面号	支护措施	锚杆层编号	锚杆根数	剖面号	支护措施	锚杆层编号	锚杆根数
6（北侧）	EL249.55～EL237.55 板肋式锚杆挡墙	1～5	5	15（北侧）	EL248.41～EL237.16 板肋式锚杆挡墙	1～9	锚索:7 锚杆:7
6（北侧）	EL237.55～EL218.80 板肋式锚杆挡墙	6～13	5	15（北侧）	EL237.16～EL219.16 板肋式锚杆挡墙	10～24	锚索:7 锚杆:7
6（南侧）	EL248.63～EL242.30 重力式挡土墙	1	6	18（北侧）	EL253.80～EL249.55 重力式挡土墙		
6（南侧）	EL242.30～EL230.80 板肋式锚杆挡墙	2～6	6	18（北侧）	EL249.55～EL234.05	1～6	4
8（南侧）	EL248.62～EL239.95 重力式挡土墙	1	5	20（南侧）	EL248.41～EL245.00 重力式挡土墙 5		
8（南侧）	EL239.95～EL230.80 板肋式锚杆挡墙	2～5	5	20（南侧）	EL245.00～EL220.60 板肋式锚杆挡墙	1～10	5
9（南侧）	EL248.59～EL242.30 重力式挡土墙			21（北侧）	EL255.08～EL250.80 重力式挡土墙 3/6	1～2	3
9（南侧）	EL242.30～EL230.80 板肋式锚杆挡墙	1～3	5	21（北侧）	EL250.80～EL234.30 板肋式锚杆挡墙	3～7	6
14（北侧）	EL248.93～EL237.14 板肋式锚杆挡墙	1～9	锚索:7 锚杆:5	27（北侧）	EL256.42～EL252.77 重力式挡土墙 3/6		
14（北侧）	EL237.14～EL219.14 板肋式锚杆挡墙	10～24	锚索:7 锚杆:5	27（北侧）	EL252.77～EL236.27 板肋式锚杆挡墙	1～2	3
				27（北侧）		3～7	6

注：在剖面图中，锚杆层从上往下编号。

第 3 章

深基坑物理模型试验

3.1 研究范围与地质模型概化

3.1.1 研究范围

沙坪坝铁路枢纽综合改造工程是原中国铁路总公司与重庆市共同决定实施的示范性工程，是重庆市政府"十二五"期间的重点建设项目，对保障铁路运营安全、提升铁路旅客服务质量、改善城市面貌、打造沙坪坝综合交通枢纽具有十分重要的意义。沙坪坝铁路综合交通枢纽是重庆市政府布局的四个特大换乘枢纽站之一，将接入渝蓉高铁，重庆轨道交通环线、1号线、9号线。改造完成后，将形成一个"高速铁路＋重庆轨道交通＋公交＋出租"的四位一体特大换乘枢纽站，地面将形成新的城市商业步行街区，通过广场连接重庆轨道交通两个换乘站，分别是环线、1号线、9号线三线换乘车站沙坪坝站，1号线、9号线两线换乘站小龙坎站。基坑开挖平面示意如图 3-1 所示。

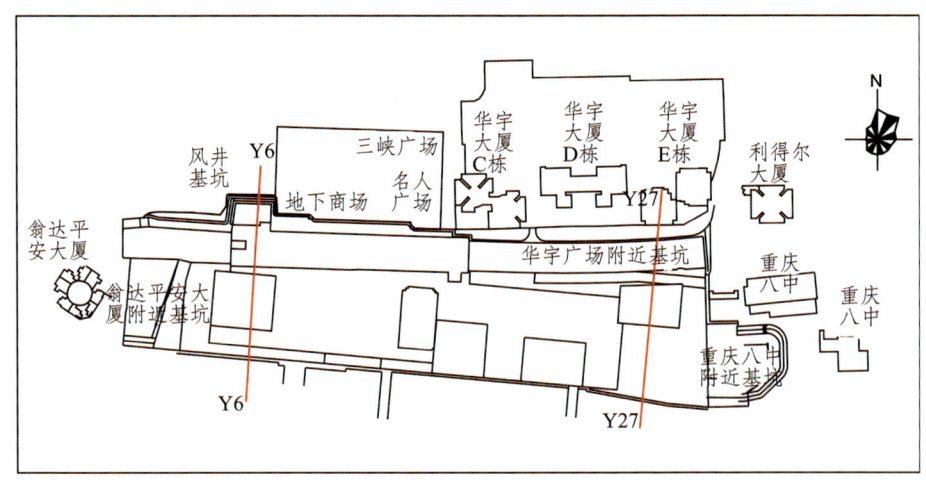

图 3-1 沙坪坝基坑平面示意图

3.1.2 地质模型概化

地质条件的复杂性以及岩体特征的多样性，致使其地质特征难于在模型试验中进行完整的模拟，因此，在对工程地层岩性及地质构造充分分析、保证试验结果真实可靠的基础上，对地质模型进行概化处理。地质模型的概化是进行物理模型试验的重要环节，是相似材料的研制及模型试验成败的关键。必须对地质特征深入分析和抽象化处理以建立合理的地质概化模型。

针对沙坪坝铁路枢纽深基坑的工程地质条件，在综合考虑物理模型与工程实际情况相似程度和复杂程度的基础上，对一些较为复杂的地质条件作如下处理：基坑工程范围较大，存在多种不同的岩性岩体及土体，即使在比较相近的区域也可能出现不同的岩体，考虑重要工程部位及工程中较为普遍的岩体，以使试验模型的结构简单合理。

由于本基坑工程开挖长度远大于开挖宽度，可以按照平面应变问题进行分析，即假设基坑宽度方向的变形不受长度方向变形的影响，采用二维分析结果对基坑工程进行研究。选取试验地质剖面的主要依据有：① 剖面的工程地质条件相对于整个基坑工程要具有代表性；② 尽可能选择开挖深度大、开挖条件复杂的剖面；③ 建筑物距离基坑比较近的剖面。

通过对沙坪坝铁路枢纽工程平面（图3-1）的对比分析，选取开挖深度最大的 Y6 剖面以及距离临近高层最近的 Y27 剖面为典型断面进行研究，见图 3-2。Y6 剖面为基坑风井位置，开挖深度达 44 m，开挖宽度为 54 m，Y27 剖面开挖深度为 33 m，开挖宽度为 57 m，而临近 Y27 剖面的华宇 E 栋距基坑仅 12 m，建筑物高度约 90 m。通过研究资料可知研究范围地层主要以砂岩和泥岩为主，地层表面有少量填土及粉质黏土，对本模型试验影响极小，因此，概化地质模型地层只选取砂岩与泥岩两种岩体进行研究，相应岩体物理力学参数见表 3-1。

基坑整体模型的范围如果取得过大会造成人力、物力不必要的浪费，如果取得过小则会影响基坑变形机理的研究，其范围的确定要遵循由基坑开挖造成的扰动不影响模型边界，即模型边界在基坑开挖过程中始终保持初始应力状态。已有研究指出，基坑的模拟深度取 2~4 倍开挖深度，模拟宽度取 3~5 倍开挖深度较为合理。本书通过采用 FLAC3D 软件取不同模拟范围进行对比研究发现，当基坑的模拟深度取约 3 倍开挖深度，模拟宽度取约 4.5 倍开挖深度时，应力的扰动几乎对边界没有影响。考虑到基坑附近存在建筑物，在保证不受边界扰动影响的前提下，综合工程条件及试验条件，本书模拟范围如表 3-2 所示。

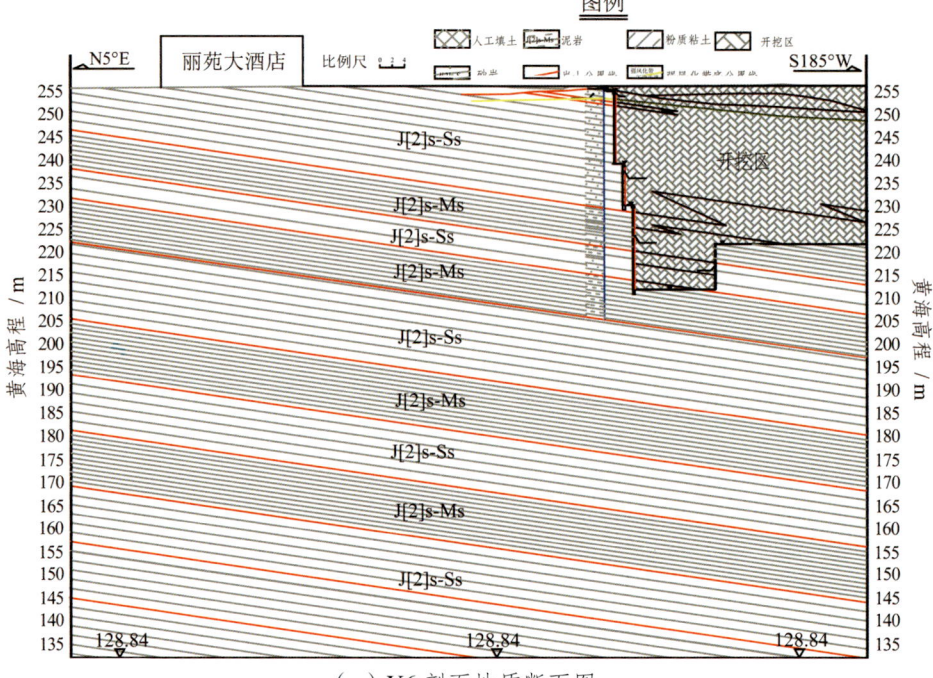

（a）Y6 剖面地质断面图

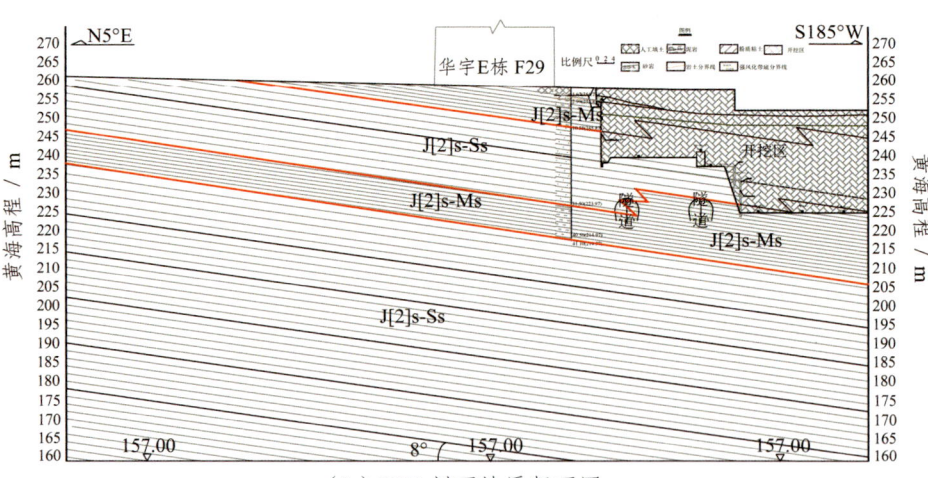

（b）Y27 剖面地质断面图

图 3-2　物理模型试验断面图

表 3-1 地层物理力学参数

地层	天然重度/(kN/m³)	变形模量/MPa	弹性模量/MPa	泊松比	内摩擦角/(°)	黏聚力/MPa	天然抗压强度/MPa	饱和抗拉强度/MPa
砂岩	25.25	2 690	3 460	0.252	37.3	1.108	40.98	0.748
泥岩	24.95	840	1120	0.33	32.2	0.324	10.23	0.204

表 3-2 工程研究范围

工程剖面		深度/m	宽度/m
Y6 剖面	基坑范围	44	54
	工程范围	125	195
Y27 剖面	基坑范围	33	57

3.2 相似理论与相似材料配比

3.2.1 相似理论

1. 相似理论基本概念

模型试验的理论基础是相似原理，可以表示为：原型与模型相似，模型能反映原型的情况。对于不同的物理性质和几何特征，存在一定的比例关系，通过模型试验获得的试验结果能够推广到原型工程中去。

（1）根据相似原理，试验模型与原型要保持在几何学、运动学及动力学上相似。各相同物理量之间的比值为相似常数，即有

$$C_i = \frac{i_p}{i_m} \tag{3-1}$$

式中，C 表示相似常数，i 表示物理量，下标 p 表示实物，下标 m 表示模型。各典型相似常数如下：

几何相似常数　　　$C_l = \dfrac{l_p}{l_m}$

应力相似常数　　　$C_\sigma = \dfrac{\sigma_p}{\sigma_m}$

应变相似常数 $\quad C_\varepsilon = \dfrac{\varepsilon_\mathrm{p}}{\varepsilon_\mathrm{m}}$

时间相似常数 $\quad C_t = \dfrac{t_\mathrm{p}}{t_\mathrm{m}}$

弹性模量相似常数 $\quad C_E = \dfrac{E_\mathrm{p}}{E_\mathrm{m}}$

泊松比相似常数 $\quad C_\mu = \dfrac{\mu_\mathrm{p}}{\mu_\mathrm{m}}$

单位体积力相似常数 $\quad C_f = \dfrac{f_\mathrm{p}}{f_\mathrm{m}}$

材料密度相似常数 $\quad C_\rho = \dfrac{\rho_\mathrm{p}}{\rho_\mathrm{m}}$

材料容重相似常数 $\quad C_\gamma = \dfrac{\gamma_\mathrm{p}}{\gamma_\mathrm{m}}$

（2）基本相似常数与导出相似常数。

由式（3-1）可知，i 可以表示任意物理量。而国际单位制中有 7 个基本物理量，本书模型试验中只需用到 3 个基本物理量，即为长度、时间、质量。因此，这 3 个基本物理量的相似常数即本书的基本相似常数。

除了基本相似常数以外，其余的相似常数称之为导出相似常数，所有的导出相似常数都可以由这三个基本相似常数推导而得。

（3）相似指标与相似判据。

相似指标指两个系统相似常数之间的关系，若两系统相似，则其相似指标为 1。实物和模型中各个基本物理量之间满足的比例关系称为相似判据。实物和模型若相似，则它们的相似判据相等且恒等于一个定值。然而，在实际情况中要满足所有物理量的相似判据非常困难，在进行模拟试验时，要根据研究的重点问题，选择重要的物理量进行研究，而忽略次要物理量。

（4）相似误差。

当相似条件不能完全满足时，将由模型试验所得的结果转换到原型工程中，与原型工程的真实结果之间的误差称为相似误差。所有相似比不可能完全得到满足，相似误差必然存在。

2. 相似比的确定

合适的几何相似比的选择直接影响到试验的精度、相似材料的选择、试验模型的工作量、监测技术的科学性及模型尺寸等。结合现有实验条件及设备，考虑监测手段的可行性以及相似材料制作的难易程度,通过对多组相似关系进行分析比较,本试验相似几何参数为 $C_l = 120$,容重相似比为 $C_\gamma = 1$,可得相应相似常数有:

应力、弹性模量、黏聚力　　$C_\sigma = C_E = C_c = 120$

泊松比、应变、内摩擦角　　$C_\mu = C_\varepsilon = C_\varphi = 1$

选择合适的材料进行正交试验配比研究,设计不同的养护方案,研究养护方式对相似材料的影响,并采用极差分析法研究各种原材料对岩体相似材料物理力学参数的影响,以此指导材料的配比研究,通过正交配比试验研究得到砂岩和泥岩物理模型相似材料。

3.2.2　原材料选取

相似材料的选取是物理模型试验中最重要的部分,由前人大量研究经验可知,相似材料应满足以下原则:① 主要的力学及变形性质与模拟的岩体材料相似;② 模型材料的变形模量、弹性模量要有较大的可调范围;③ 制作方便,成型容易,且凝固成型时没有大的收缩;④ 原料来源丰富、价廉易得;⑤ 试验中模型材料的物理力学性能稳定,不因温度、湿度的改变而产生明显变化。

通常需根据研究的课题性质,寻找满足主要物理力学参数相似的材料。由相似理论,本书试验模型相似材料的目标物理力学参数见表 3-3。

表 3-3　岩体对应的相似材料的主要物理力学参数

岩层	重度/(kN/m³)	变形模量/MPa	弹性模量/MPa	抗压强度/MPa
砂岩	25.25	22.42	28.83	0.34
泥岩	24.95	7.00	9.33	0.09

本试验主要研究的是基坑的变形情况,主要以材料的抗压强度、弹性模量和变形模量作为测定标准。综合考虑本试验原型地质情况、应力状态、试验设备、材料价格与性能等因素,选择重晶石粉、石膏、甘油和水作为原材料进行相似材料试验研究。重晶石粉为山东济南天和建材厂生产,规格为 30～60 目;石膏为湖北三宝石膏制品有限公司生产的半水纤维白石膏粉;甘油为广州广醇化工科技有限公司生产,纯度 99.5%。主骨料为重晶石粉,胶结剂为石膏,添加剂包括甘油和水。

3.2.3 相似配比试验

1. 试件制备与试验过程

（1）试样尺寸。

根据行业试验规范，单轴压缩试验所采用的试样规格取为$\phi 50 \text{ mm} \times 100 \text{ mm}$，图 3-3 给出了制作试样所用的标准钢制模具。

图 3-3　标准试件模具

（2）试件制备方案。

每一配比试验组制备 6 个试件，在相应养护条件下养护，然后在液压式万能材料试验机上进行单轴压缩试验（图 3-4），试验结果取除去最大和最小值后的 4 个试验数据的平均值。

（a）试件

（b）单轴压缩试验

图 3-4　试验试样及单轴压缩试验

(3)试验过程。

① 将试件的原材料研磨、称量,放入搅拌机搅拌 2 分钟,然后装入模具中分三次振动密实,每次振动 30 s,如图 3-5。将制备好的试块顶部磨平与模具顶面基本持平。

(a)称量

(b)搅拌

(c)振动密实

(d)试件养护

图 3-5　试件的制作与养护

② 一天后脱模,把试件放在相应养护条件下养护。

③ 养护结束后,对试件的上下面进行磨平处理。

④ 采用万能压缩机做单轴压缩试验,压缩控制方式选择位移控制模式,加载速率为 0.010 mm/s。

⑤ 通过数据处理得到试件的应力-应变曲线、单轴抗压强度和变形模量等参数。

2. 试验方案设计

初选原材料有 4 个因子,如果按照全面组合进行试验则试验次数太多,而采用正交试验则可合理的减少试验工作量。正交试验从大量实验因子中选出具有均匀分散、齐整可比的代表点进行试验，其特点是：每一因子不同水平在试验中出现的次数相同（均衡性）；任意两因子不同水平组合在试验中出现的次数也相同（正交性）。正交试验能代表全面试验结果，而且大大提高了试验效率。为了保证试验结果的合理性并优选配比方案，共进行了3批试验。

第1批试验：正交试验。相似材料正交设计水平如表3-4所示，采用正交表设计后，完成了如表3-5所列出的9组试验。养护方案为：自然条件下晾放，每天8:00、15:00和22:00时测量试件质量，直到质量保持恒定，周期为15天。

表3-4　相似材料正交设计水平

材料因子水平	重晶石粉：石膏	甘油	水
1	40：1	3%	8%
2	10：1	4.5%	10%
3	5：1	6%	12%

表3-5　相似材料正交设计表L9（33）

配比组数	重晶石粉：石膏	甘油	水
1	40：1	3%	8%
2	40：1	4.5%	10%
3	40：1	6%	12%
4	10：1	3%	10%
5	10：1	4.5%	12%
6	10：1	6%	8%
7	5：1	3%	12%
8	5：1	4.5%	8%
9	5：1	6%	10%

第2批试验：养护方式试验。从第1批试验中选取较为接近目标配比的两组配比在以下3种不同养护方式下进行养护，即砂岩样组3组、泥岩样组3组，共6组。养护方式1，自然条件下晾放15天；养护方式2，放置在35 ℃下，每天8:00、15:00、22:00测量试件质量，直到质量保持恒定，周期为5天；养护方式3，35 ℃下养护5天，然后晾放在自然条件下，每天8:00、15:00、22:00测量试件质量，4天后质量保持恒定。取砂岩样组（每组6个试件）做试件养护时间曲线，见图3-6。

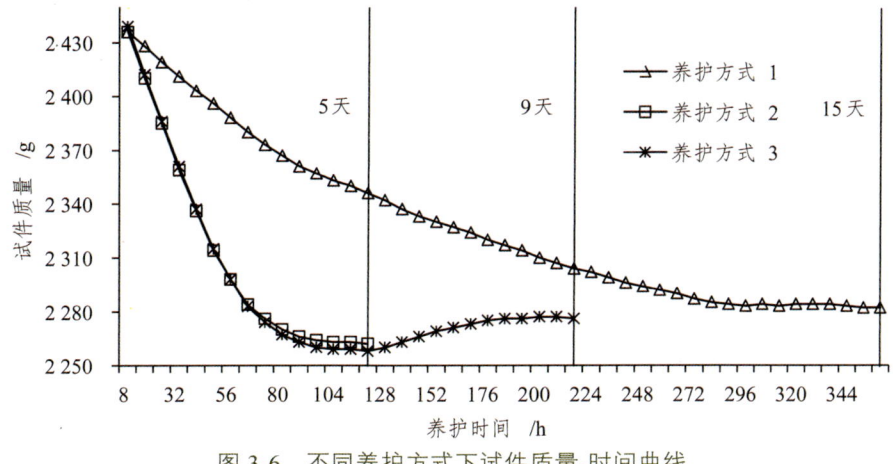

图 3-6　不同养护方式下试件质量-时间曲线

第 3 批试验，从前两次试验中选择合适的配比，以及合适的养护方式，并通过极差分析得到各材料因子的影响能力，进而再细分材料等级进行正交试验，直到找到合适的配比方案。

3.2.4　试验结果及分析

第 1 批试验结果见表 3-6，由表可知，相似材料的各力学参数范围较广泛，基本可以覆盖岩体材料对应的模型相似材料要求范围。其中第 3 组、第 4 组同泥岩、砂岩指标较为接近，因此以这两组配比作为后续试验的基础。

表 3-6　试件参数测试结果

配比组数	重度/（kN/m³）	变形模量/MPa	弹性模量/MPa	抗压强度/MPa
1	23.11	11.31	18.34	0.19
2	22.92	9.31	13.24	0.17
3	22.86	7.15	10.01	0.15
4	22.72	18.24	25.12	0.30
5	22.64	17.84	22.54	0.26
6	22.51	14.11	23.41	0.28
7	22.32	26.34	34.46	0.61
8	22.33	20.38	25.31	0.52
9	22.26	20.56	23.54	0.45

随机选取得第 6 组第 2 个试件的应力-应变曲线如图 3-7 所示。由图可知，该材料在压缩试验过程中经历了压密阶段、弹性阶段、塑性阶段和破坏阶段，具有与岩石材料相同的力学和变形特征。相似材料的单轴压缩破坏机理及力学性质与砂岩、泥岩材料的极为相似，因此用该相似材料模拟砂岩、泥岩是可行的。

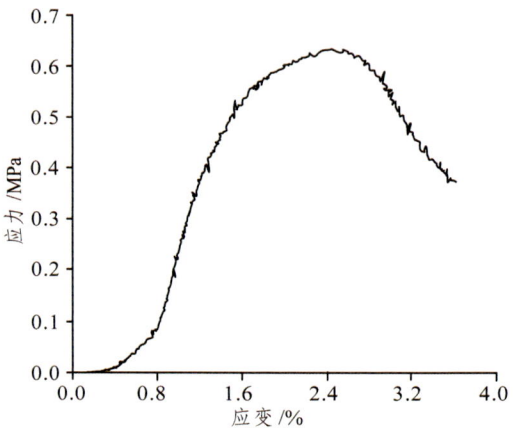

图 3-7　模型材料试件的应力-应变曲线

第 2 批试验在不同养护方式下的抗压强度曲线见图 3-8，其中抗压强度为每一试验组的平均值。由图可知，三种养护方式强度变化不超过 0.02 MPa，说明这三种养护方式下强度变化并不大。由图 3-8 中养护方式 3 的试样质量变化曲线可知，35 ℃ 下烘 5 天后又放置在自然条件下，试件中质量有所增加，分析可知增加的成分为水，同理可知养护方式 1 下的含水量比养护方式 2 下的含水量多，说明含水多的试件强度比含水少的试件强度低。因此，为提高试验效率，第 3 批试验养护条件采用 35 ℃ 下养护 5 天。

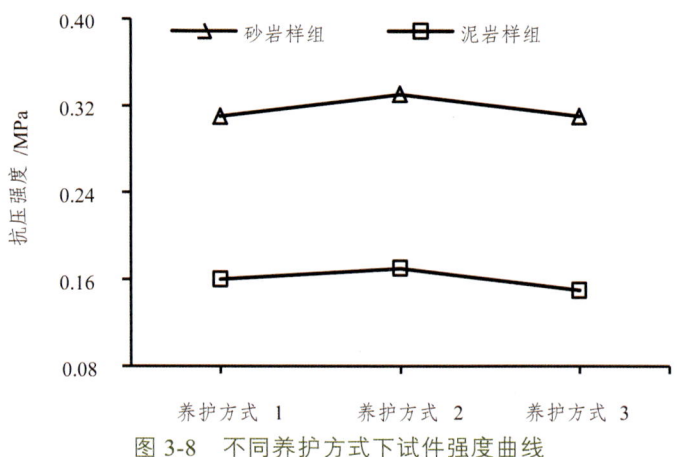

图 3-8　不同养护方式下试件强度曲线

采用极差分析法对第 1 批正交试验各材料因子进行分析，计算材料因子在各水平下的平均值，然后用所得平均值求各材料因子的极差，极差大说明该因素的不同水平产生的差异大，是重要因素，对试验结果的影响明显。

表 3-7 列出了材料因子的极差计算结果，由表可知，重晶石粉与石膏的极差对于各参数均最大，而且与其他两项差异较大，说明重晶石粉与石膏是最重要的因素，而甘油的极差次之，水影响最小；其中，甘油对重度和抗压强度的极差约为重晶石粉与石膏的 1/4，但对变形模量和弹性模量的极差却为重晶石粉与石膏的 1/2 左右，由此可见，甘油对变形模量和弹性模量的影响较为明显。因此，在材料配比时，优先考虑调节重晶石粉与石膏配比，当控制在较为接近的范围，通过调节甘油含量使结果更为准确。

表 3-7　材料因子极差计算结果

材料因子	重晶石粉∶石膏	甘油	水
重度/（kN/m³）	22.96	22.72	22.65
	22.62	22.63	22.63
	22.30	22.54	22.61
极差	0.66	0.17	0.04
变形模量/MPa	9.26	18.63	15.27
	16.73	15.84	16.04
	22.43	13.94	17.11
极差	13.17	4.69	1.84
弹性模量/MPa	13.86	25.97	22.35
	23.69	20.36	20.63
	27.77	18.99	22.34
极差	13.91	6.99	1.72
抗压强度/MPa	0.17	0.37	0.33
	0.28	0.32	0.31
	0.53	0.29	0.34
极差	0.36	0.07	0.03

第 3 批试验对配比进行了细分，最后共做 40 组试验，并选取第 39 组（8∶1，5.2%，9.5%）配比所得材料模拟砂岩，同时选取第 36 组（44∶1，5.8%，7.4%）

配比所得材料模拟泥岩，配比结果及物理力学参数见表3-8。综合各参数，配比所得材料与目标相似材料（表3-1）已较为接近，表明该相似材料模拟岩体材料是可行的。

表3-8 相似材料的配比结果

岩层	重度/（kN/m^3）	变形模量/MPa	弹性模量/MPa	抗压强度/MPa
砂岩	22.66	21.34	26.78	0.32
泥岩	23.03	7.50	9.61	0.11

3.3 模型试验装置与测试系统

3.3.1 试验模型基本装置

根据本试验特点，自主研发了可调节尺寸的多功能二维模型钢架，主要由钢架、模板、尺寸调节板三部分由螺栓连接而成，便于拆卸与调节。该模型钢架可根据模拟范围的大小对尺寸进行调节，钢架模型尺寸为2.00 m×2.00 m×0.22 m，可允许使用的尺寸为1.8 m×1.8 m×0.2 m，顶梁可提供加载反力，如图3-9所示。此外，试验中还包括的设备主要有混凝土搅拌机、混凝土振动棒、手提式抹光机、电钻、烘烤器、温度计、液压式千斤顶、大铁铲、小铁铲、盛渣盆等。

图3-9 多功能二维钢架模型

3.3.2 试验模型制作

1. 基坑模型制作

由相似材料养护方式试验可知同一材料配比在不同养护方式下力学性能变化较小,其改变成分主要是水,因此模型质量达到稳定后即可认为模型材料力学性能与标准试件力学性能相同。

模型质量达到稳定状态的过程,主要是水分蒸发的过程。为了评估模型质量到达稳定的时间,采用模型裸露表面积与体积之比进行评估。

标准试件 $\quad \dfrac{\text{裸露表面积}}{\text{体积}} = \dfrac{2\pi rh + \pi r^2}{\pi r^2 h} = \dfrac{(2\pi \times 25 \times 100 + \pi \times 25^2)\ \text{mm}^2}{(\pi \times 25^2 \times 100)\ \text{mm}^3} = \dfrac{9\ \text{mm}^2}{100\ \text{mm}^3}$

Y6 物理模型 $\quad \dfrac{(162 \times 103 \times 2 + 20 \times 162)\ \text{mm}^2}{(162 \times 103 \times 20)\ \text{mm}^3} = \dfrac{11.0\ \text{mm}^2}{100\ \text{mm}^3}$

Y27 物理模型 $\quad \dfrac{(171 \times 85 \times 2 + 20 \times 171)\ \text{mm}^2}{(171 \times 85 \times 20)\ \text{mm}^3} = \dfrac{11.0\ \text{mm}^2}{100\ \text{mm}^3}$

由计算结果可知 100 mm³ 的标准试件材料只有 9 mm² 的蒸发面积,而物理模型 Y6 和 Y27 分别有 11.0 mm² 和 11.2 mm² 的蒸发面积,由此可知物理模型应当比标准试件更早达到质量稳定。由于模型尺寸较大,按照标准试件养护条件质量未必能达到稳定,为保证模型质量达到稳定,拟定在 35 ℃下养护 7 天,之后放在自然条件下养护 10 天。

模型浇筑前要准备好各种试验设备和各种原材料,不论某一种原材料过少都会造成试验的中断,如果材料准备过多则会造成不必要的浪费。考虑到实际情况,试验中不可避免地会造成试验材料的损耗,此处考虑试验损耗为 8%,即按照理论计算的 108%准备材料,模型浇筑试验用料统计见表 3-9 和表 3-10。由于试验制作过程是持续进行的,为了保证试验的顺利进行,需对试验中可能出现的意外情况进行评估并制定相应的应对措施,具体应对措施见表 3-11。

表 3-9 Y6 剖面模型用料统计

项目	总重/kg	重晶石粉/kg	石膏/kg	甘油/kg	水/kg
砂岩	535.38	75.82%	9.48%	5.20%	9.50%
		405.94	50.74	27.84	50.86
泥岩	275.56	84.87%	1.93%	5.80%	7.40%
		233.87	5.32	15.98	20.39
总计	810.94	639.81	56.06	43.82	71.25

表 3-10　Y27 剖面模型用料统计

项目	总重/kg	重晶石粉/kg	石膏/kg	甘油/kg	水/kg
砂岩	584.54	75.82%	9.48%	5.20%	9.50%
		443.21	55.40	30.40	55.53
泥岩	121.86	84.87%	1.93%	5.80%	7.40%
		103.42	2.35	7.07	9.02
总计	706.40	546.64	57.75	37.46	64.55

表 3-11　模型浇筑意外状况预测与应对措施

意外状况估计	应对措施
混凝土搅拌机故障	手工搅拌
混凝土振动棒	手工振捣
断电	手工搅拌、手工振捣
断水	水缸蓄水

2. 基坑模型制作工艺

基坑物理模型的制作流程严格按照如下方案进行：

（1）根据模型试验研究选取典型剖面设计浇筑图，并在图上标明每层浇筑的具体位置和尺寸。按照浇筑设计图在模型框架内布置好浇筑施工线，标注出各层材料的准确位置，如图 3-10 所示。

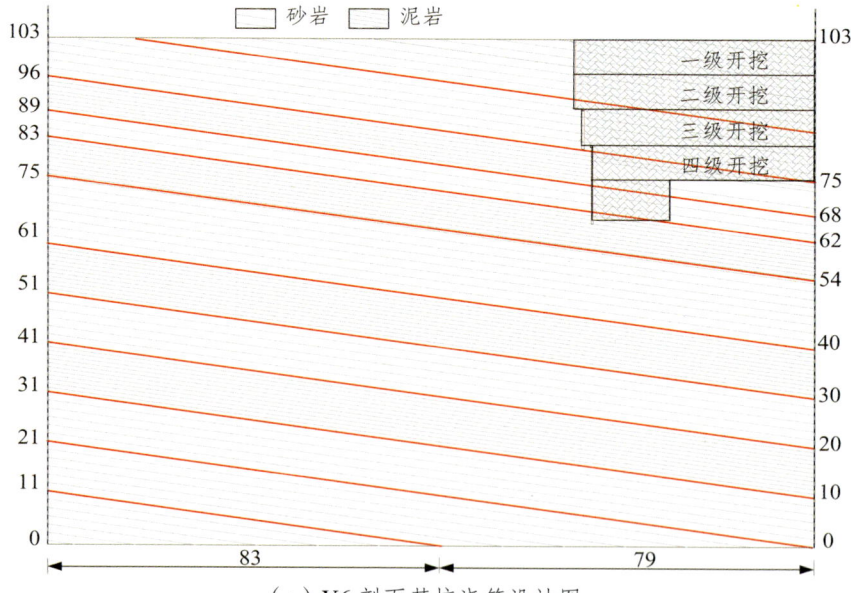

（a）Y6 剖面基坑浇筑设计图

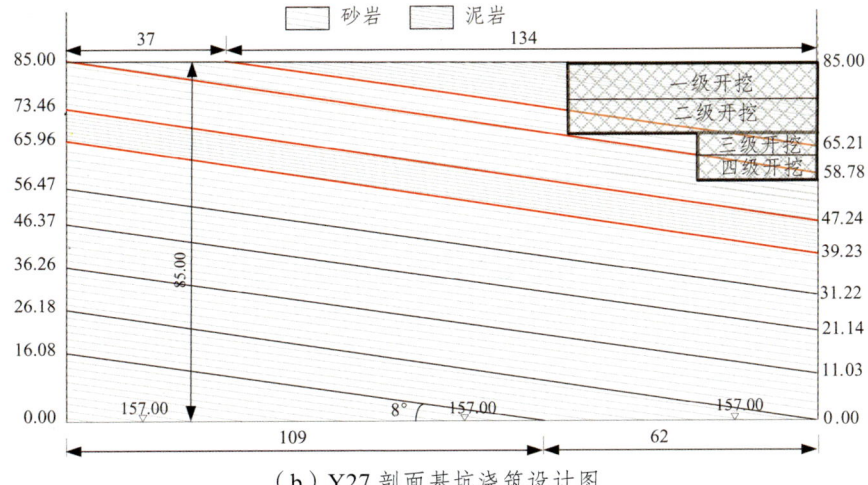

（b）Y27 剖面基坑浇筑设计图

图 3-10 基坑模型浇筑设计图

（2）先将模型钢架一侧的挡板安装好，并在内侧紧贴钢板铺上一层薄膜。另一侧模板随着浇筑逐层加上去，如图 3-11 所示。

（a）称量　　　　　　　　　（b）搅拌　　　　　　　　　（c）振捣

图 3-11 模型浇筑图

（3）按照已经选取的材料配比称量各种材料，先把称量好的重晶石粉和石膏在搅拌机中搅拌 30 秒，随后加入甘油和水，搅拌 2 分钟。把搅拌好的材料逐层浇筑进模型槽中，每浇筑一层用混凝土振动棒来回振捣两遍，每一层浇筑位置严格按照浇筑设计图进行。为了使模拟的泥岩和砂岩更容易区分开来,在泥岩制作过程中按照染料:泥岩 = 1 g:10 kg 的比例掺加 Fe_3O_4 黑色染料。

(4)模型浇筑完成后,将模型于自然条件下养护 5 天后拆模,从上至下依次拆除两侧钢板,大约每 6 小时拆一块,直到拆完。并把模型表面打磨平整。

(5)拆模完成后,在 35 ℃下养护 7 天,再在自然条件下养护 10 天,见图 3-12。

(a)浇筑完成整体模型

(b)模型养护

图 3-12　整体模型及养护

3. 临近建筑物模型制作

临近既有高层建筑用铁块进行模拟,按建筑等效荷载换算,外形尺寸 25 cm × 20 cm;桩基用螺纹钢筋模拟,直径 10 mm,长度 80 mm,共 9 根,建筑物模型制作见图 3-13,其制作流程为:打孔—灌石灰浆—沉桩—架模并浇筑筏板—加楼层等效质量—加外模型。

(a)螺纹钢筋

(b)桩基打孔

（c）灌浆沉桩

（d）桩基筏板

（e）加等效荷载

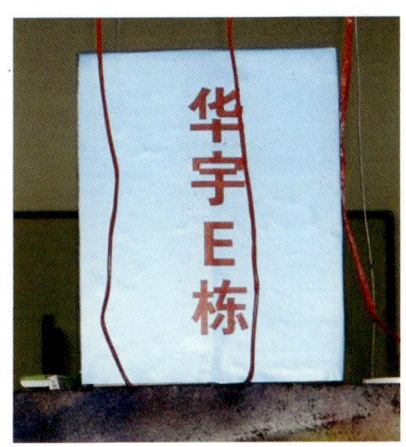
（f）外加模型

图 3-13　建筑物模型制作过程

3.3.3　试验模型监测系统

模型试验的目的是研究基坑模型在开挖及加载过程的稳定状态及其变形机理，因此，试验的主要监测内容是在开挖和加载过程中基坑开挖体附近土体的变形情况，同时又需要对整个基坑模型的宏观变形进行监测。结合现有试验条件与设备，本次试验采用了接触式静态应变监测系统和非接触式 ARAMIS 三维光学监测系统两种监测方法对模型的位移和应力-应变进行定性观察和定量监测、记录，如图 3-14 所示。

ARAMIS 三维光学测量系统的监测范围与精度是成反比的，由于本书研究岩土体的强度较高，在基坑开挖过程中基坑变形可能较小，尤其是基坑边界区域变形更小，要求监测系统具有较高的精度。要提高 ARAMIS 监测系统精度，其监测范围就受到一定限制，但该系统能监测到较大的变形甚至模型开裂破坏。电阻应变片精度较高，可以监测到较为微小的变形，但是在模型加载破坏时，基坑变形较大，变形达到一定程度时，应变片就会脱离模型表面而失去作用。因此本试验采用接触式静态应变监测系统和非接触式 ARAMIS 三维光学监测系统相结合的监测方案，在基坑模型剖面两侧进行布置，其中，ARAMIS 三维光学监测系统主要监测基坑开挖边界区域，接触式静态应变监测系统对模型整体进行监测，二者相互补充又相互印证，形成一个全面的监测系统。

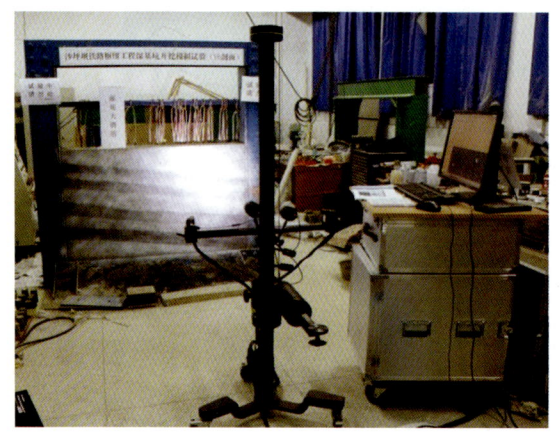

（a）ARAMIS 监测系统　　　　　　（b）静态应变监测系统

图 3-14　模型监测系统

1. 非接触式 ARAMIS 三维光学监测系统

ARAMIS 是一个非接触式光学三维变形测量系统，是由德国 GOM 公司开发的一套基于数字图像相关方法（Digital Image Correlation Method，DICM）的测量系统。ARAMIS 可用于记录、计算和分析测量对象的变形，监测结果能以连续的图像形式给出，可以形象的展现测量目标的变形过程。通过数字图像像素点的坐标来识别测量对象的表面结构，测量目标的第一张图像代表未变形前的状态；在测量对象变形时，逐步记录测量对象的图像，然后 ARAMIS 通过对图像进行对比，计算得出目标的位移和变形特征。如果测量对象表面特征比较单一，比如表面颜色是同种颜色，则需要把表面处理成随机颜色灰度的图像形式。ARAMIS 尤其适合于在静态和动态荷载下的三维变形测量，分析实物对象的变形和应变特征。

ARAMIS 系统主要由双摄像头传感器、传感器支撑架、控制传感器电源、图像记录的控制器、高性能计算机以及 ARAMIS-2M 应用软件组成，如图 3-15 所示。

图 3-15　ARAMIS 系统实物图

（1）ARAMIS 系统的功能及特性。

ARAMIS 系统的功能及特性如下：

① 把图像分配为正方形或长方形的图像细节，称作晶面（例如 15×15 个像素），且各个图像相互对应。

② 对各个图像在不同照明条件下进行自动补偿。

③ 测量范围大：同一组传感器既可以测量较小对象又可以测量较大的对象（从 1 mm 到 2 000 mm），变形可以测量从 0.01% 到 $n×100\%$ 范围。

④ 测量结果能以高密度的数据点、全面生动的三维图像展示出来。

⑤ 测量结果的图像化展示提供了一种对测量对象特征合理直观的表现方式。

⑥ 用系统默认或客户自定义的颜色显示测量结果。

⑦ 生成报告、导出测量函数和结果数据。

⑧ 通过宏函数实现自动化。

⑨ 创建用户自定义工作界面。

（2）ARAMIS 基本原理。

ARAMIS 的基本原理是由高分辨数码相机记录被测量物体在变形过程中的一系列照片，并对这些图片按顺序进行相关分析，得出在特定时刻的位移和变形。当对象发生变形时，则相应的 x、y 应变有：

$$\varepsilon_x = (X - X_0)/X_0 \tag{3-2}$$

$$\varepsilon_y = (Y - Y_0)/Y_0 \qquad (3\text{-}3)$$

式中，ε_x、ε_y 为 x 和 y 方向应变，X、X_0 为 x 方向变形前后的长度，Y、Y_0 为 y 方向变形前后的长度。传统的应变片，只能获得某一方向的应变数据，而 ARAMIS 系统通过分析对象表面的随机散斑可以获得大量的三维 X、X_0、Y、Y_0 数据，通过计算分析从而得到对象变形后的应变场。

根据 ARAMIS 系统监测要求，需对模型表面进行着色处理，以便在数字散斑时获取到精确的变形数据。着色处理要求监测对象表面是随机灰度色素，尽量接近 ARAMIS 给出的参考示例才能拍摄出清晰符合要求的图像，见图 3-16。

图 3-16　ARAMIS 散斑处理参考

2. 接触式静态应变监测系统

DH-3821Net 静态监测系统是由江苏东华测试技术有限公司开发生产的，是一套全智能化高速巡回数据采集系统，该系统主要由控制器、数据采集箱、传感器、计算机及 DH-3821Net 信号采集分析系统软件构成。各数据箱之间通过并联连接可进行多通道测量，具有连续采样、自动修正、数据存储与处理等功能，该系统具有精度高、测量范围广等优点。本试验采用的应变片传感器是北京一洋应振测试技术有限公司生产的单片 BX120-10AA（尺寸 10 mm × 2 mm）以及三轴 45° BX120-10CA（尺寸 10 mm × 3 mm）。所用的监测器件如图 3-17 所示。

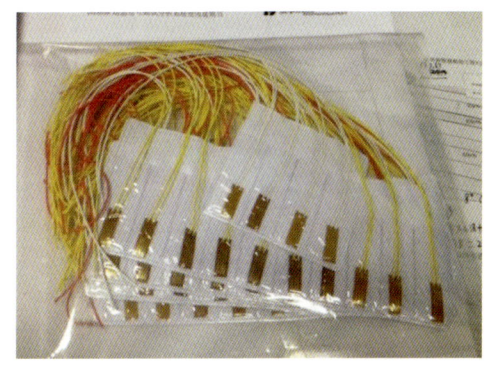

（a）控制器及数据采集箱　　　　　　（b）应变片

图 3-17　静态应变监测系统

3. 监测点布置

模型试验主要研究内容为基坑在开挖及加载情况下的变形机理，基坑边界附近是此次试验研究重点区域，因此在基坑边界附近应适当加密布置监测点，试验模型监测布置如图 3-18 所示。Y6 剖面应变片监测点共布置 25 个点，ARAMIS 典型测点布置 56 个点；Y27 剖面应变片监测点共布置 35 个点，ARAMIS 典型测点布置 8 个点。

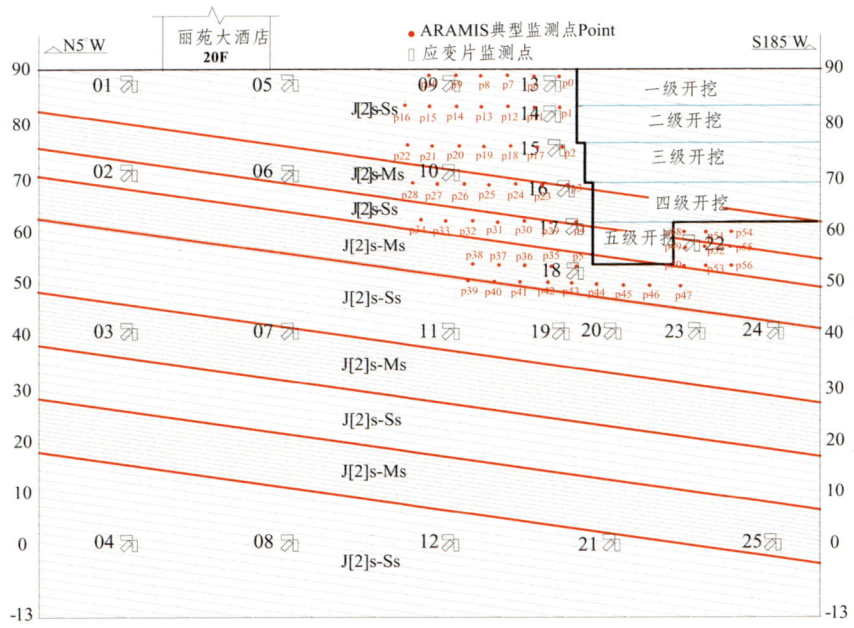

（a）Y6 剖面监测布置

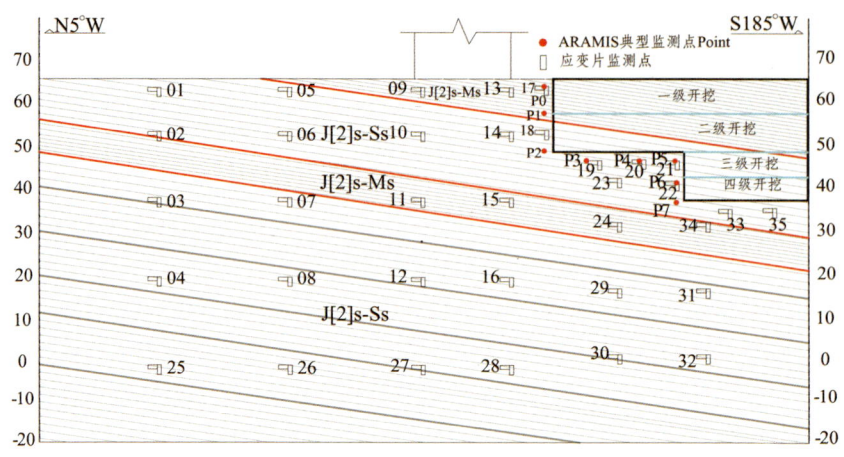

（b）Y27剖面监测布置

图 3-18　试验模型监测布置图

3.3.4　基坑模型开挖及地表超载方案设计

基坑模型的开挖采用分级开挖模式，Y6 剖面基坑模型分为五级开挖，Y27 剖面基坑模型分为四级开挖，每开挖一级后过约 10 分钟进行下一级开挖，见图 3-19。整个开挖过程中 DH-3821N 静态应变监测系统持续采样，采样频率为 2 Hz；在进行每一级开挖前后采用 ARAMIS 进行拍照采样测量，并把拍摄照片进行记录编号。

为研究基坑在地表超载情况下的变形破坏机理，开挖结束后，移除地表建筑物，进行加载破坏试验，探讨基坑失稳破坏模式。加载区域为未开挖地表部分。加载装置主要包括荷载传感器、液压千斤顶、传压圆轴、钢板等，见图 3-20。安装加载系统前，应注意把加载面磨平，并涂上一层黄油，滚轴要均匀安放等，见图 3-21。

图 3-19　基坑模型开挖图

图 3-20　加载装置

图 3-21 安装加载系统

图 3-22 模型加载图

加载作用会致使基坑模型产生较大变形，从而使基坑变形向面外发展，而实际工程中基坑剖面两侧是有周围土体约束的，在进行加载试验时有必要对基坑模型两侧进行约束，但同时又要考虑非接触式 ARAMIS 照相测量的可行性，因此，本试验选用厚度为 10 mm 的亚克力材质的玻璃对模型两侧进行约束，加载装置安装完毕进行加载试验，见图 3-22。整个加载过程中 DH-3821N 静态应变监测系统持续采样，采样频率为 2 Hz；ARAMIS 进行连续拍照采样测量，采样频率为 1 Hz。

3.4 基坑开挖变形机理分析

3.4.1 数值计算模型的建立

为了确保研究的全面性和完整性，采用数值模拟方法与模型试验进行对比研究。本节主要研究深基坑开挖变形机理，FLAC3D 能很好地模拟基坑的开挖过程，并能考虑岩土体的非线性本构关系及开挖的空间特征，因此采用基于有限差分的 FLAC3D 数值程序对基坑开挖进行模拟计算，并与模型试验的结果进行比较分析。

本书进行基坑开挖模拟计算所采用的本构模型为理想弹塑性模型。随着基坑开挖的不断进行，基坑侧墙经历了不同程度的卸荷过程，同时侧墙岩土体发生了不同程度的弹塑性变形，岩土体可能出现压剪破坏形式，因此采用能反映压剪破坏的 Mohr-Columb 准则进行岩体屈服破坏判断。建筑物采用等效荷载模拟，如图

3-23 所示，其中 Y6 剖面模型共产生 10 862 个单元、22 268 个节点，Y27 剖面模型共产生 8 342 个单元、17 046 个节点。

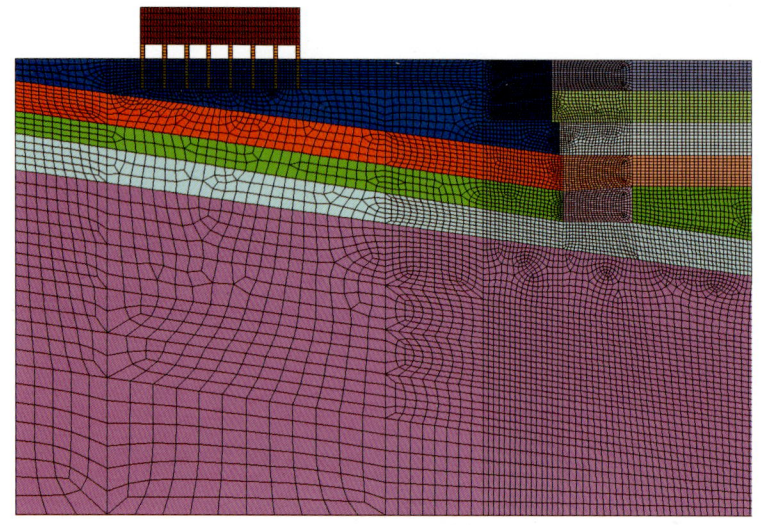

（a）Y6 剖面数值计算模型

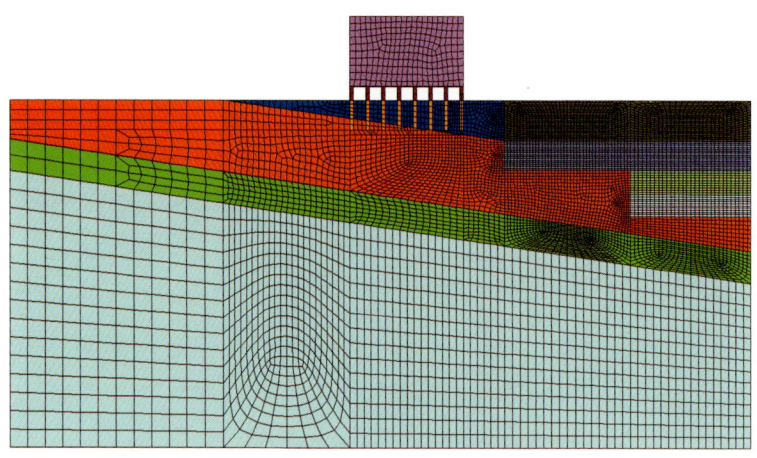

（b）Y27 剖面数值计算模型

图 3-23　FLAC3D 数值计算模型

3.4.2　Y6 剖面基坑开挖结果分析

1. 基坑开挖边界变形分析

基坑开挖过程中，着重分析开挖边界的几个关键测点。Y6 剖面基坑工程中，接触式静态应变监测系统水平应变关键测点为侧墙测点 13、14、15、16、17 和 18,竖向应变关键测点为坑底测点 11、19、20、22、23 和 24;非接触式 ARAMIS 三维光学测量系统水平位移关键测点为侧墙测点 1、2、3、4 和 5,竖向位移关键测点为坑底测点 41、43、45、47、48 和 54。本书中水平方向以向右为正,竖直方向以向上为正。

图 3-24(a)所示为基坑开挖过程水平应变接触式监测结果,由图可知:① 随着开挖的进行,基坑侧墙测点侧向应变逐渐增大,表明基坑随开挖进行产生向坑内的水平位移;② 每开挖完成一级后相应的测点有明显增长,例如在二级开挖完成后,测点 14 显著增大,三级开挖完成后,测点 15 显著增大,尤其在三四级开挖时,相应测点 16 增幅非常大,因此在施工过程中基坑开挖三四级时尤其要加强支护措施;③ 某些测点在相应土体开挖完成后,产生反向应变,例如测点 16 在三级开挖完成后,应变产生短暂的减小趋势后又逐渐增大,这是由于开挖扰动造成的,对试验研究影响较小。

图 3-24(b)所示为基坑开挖过程竖向应变接触式监测结果,由图可知:① 随着开挖的进行,基坑底部测点竖向应变总体呈增大趋势,表明随着开挖进行,基底回弹不断增大;② 基坑开挖体底部测点应变比旁边测点大,例如测点 20>19>11,这是由于岩土体开挖卸荷后竖向应力比侧墙底部更大,相应的应变也就越大;③ 开挖完成后,基坑最底部测点 22 和测点 20 回弹应变值最大。

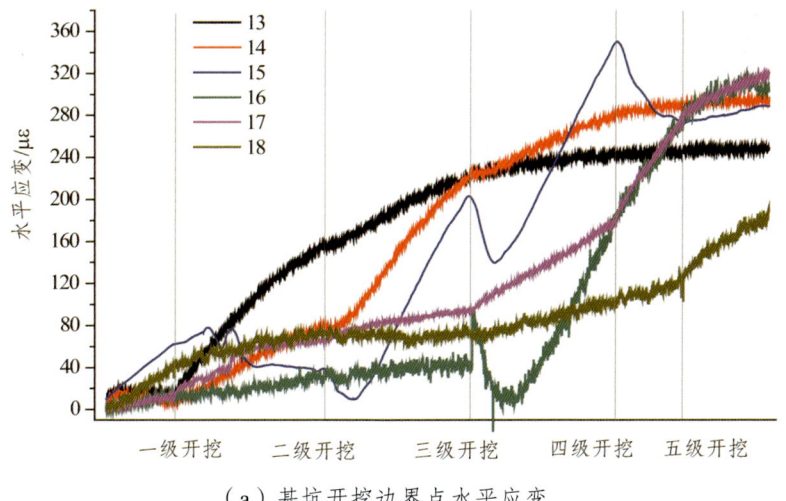

(a)基坑开挖边界点水平应变

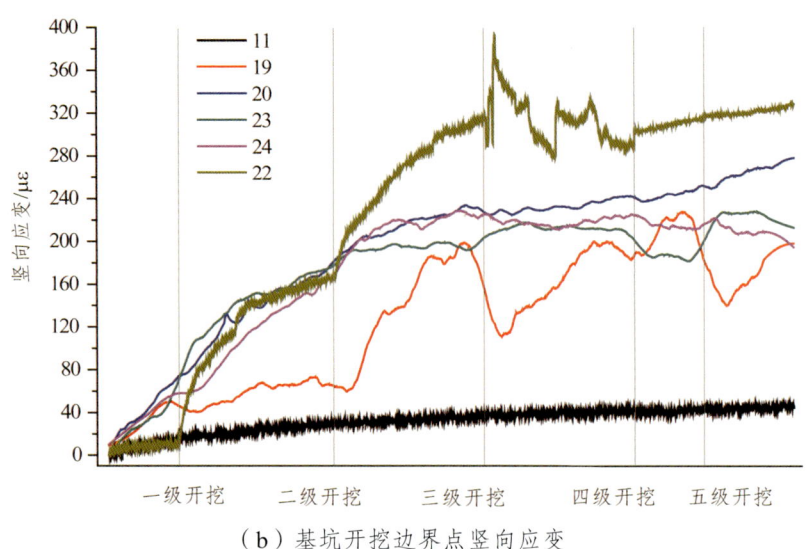

(b) 基坑开挖边界点竖向应变

图 3-24　Y6 剖面模型开挖边界点应变曲线（接触式测量）

由基坑开挖边墙与底部测点的水平与竖直方向应变特征可知：随着开挖的进行，边墙侧向应变逐渐增大，基坑底部竖向回弹应变也逐渐增大，表明周围岩土体产生向坑内的变形；每一级开挖完成后相应的测点变形发生明显变化，呈台阶式增长。

图 3-25（a）所示为基坑开挖过程水平位移非接触式监测结果，由图可知：① 随着开挖进行基坑侧墙各测点均有一定侧移，表明随着开挖进行侧墙岩土体产生向坑内的变形；② 每开挖完成一级后，相应开挖体侧墙上的测点有显著侧移，例如在一级开挖之后，测点 0 和 1 有明显侧移，当开挖第三级后，测点 3 和 4 有明显侧移，这是由于开挖部分卸荷后，相应的侧墙岩土体在不平衡土压力下向坑内移动；③ 随着开挖深度的增加，基坑侧墙上部测点的位移逐渐趋于稳定，例如开挖至第三级后，测点 0 和 1 变化较小；④ 开挖结束后，侧墙最大水平位移不在基坑顶部，而是在侧墙底大约三分之一处，例如测点 3 和 4 处侧移比其他部位要大；⑤ 基坑开挖完成后其侧墙顶部位移按照相似比换算约为 0.11 mm × 120 = 13.2 mm。

图 3-25（b）所示为基坑开挖过程竖向位移非接触式监测结果，由图可知：① 随着开挖的进行，基底回弹整体呈增大趋势，表明随着开挖的进行，基底回弹量越来越大；② 基坑底部岩土体的回弹量要比侧墙下岩土体大，例如测点 45>43>41；③ 开挖结束后，根据相似比换算基底测点 28 回弹约为 0.12 × 120 mm = 14.4 mm。

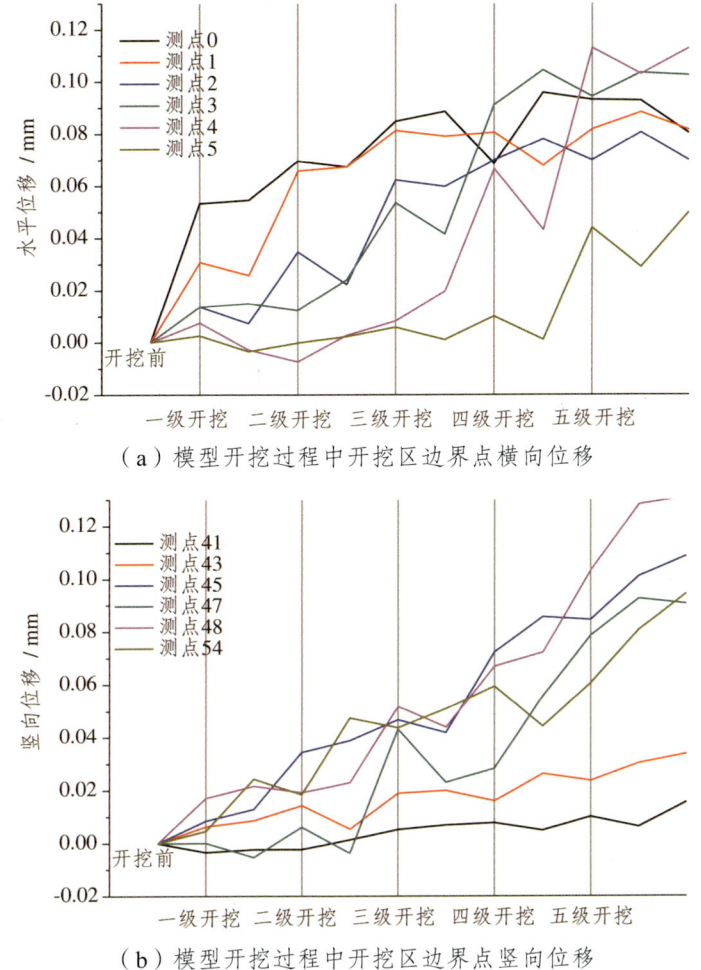

图 3-25 Y6 剖面基坑开挖边墙与底部测点变形特征（非接触测量）

由基坑开挖边墙与底部测点的水平与竖直方向的变形特征可知：基坑在开挖过程中，挖方的去除使得周围土体在卸荷作用下发生变形，基底土体由于竖向卸荷产生向上为主的回弹，侧墙土体由于侧向卸荷产生水平位移为主的侧移；基坑变形随分级开挖呈现台阶式增长，但当开挖面逐步远离监测点时，测点变形几乎不受影响。非接触式位移监测结果与接触式应变片监测结果所得模型变形规律基本一致。

2. 基坑整体变形分析

根据接触式静态应变监测系统获得的全部监测点的应变数据，运用 MATLAB 数据网格化散乱点插值函数 griddata 绘制物理模型整体云图。将模型划分为 200×

200个网格，采用以三角形为基础的线性内插方法"linear"获得每个网格点的应变数据，正应变公式为

$$\varepsilon = \lim_{L \to 0} \left(\frac{\Delta L}{L} \right) \quad (3\text{-}4)$$

$$\Delta L = \varepsilon \cdot L \quad (3\text{-}5)$$

式中，L 是每个网格变形前长度，ΔL 是其变形后的伸长量。求得每个网格变形后，便可得到整个模型的位移云图。

根据相似原理，反推实际基坑工程相应的位移值，由接触式监测系统所得结果见图 3-26。在整个开挖过程中，基坑侧墙附近的水平位移和竖向相比较明显，而远离开挖区域的地方位移几乎为零；随着开挖的进行，每一级开挖体附近水平位移显著增大，已开挖部分的基坑侧墙水平位移和基坑底部的竖向位移也不断增大，表明基坑回弹越来越大，同时基坑开挖的影响范围也越来越大；开挖结束后，开挖诱发的水平方向最大变形位于基坑边墙底部三分之一区域为 12.0 mm，最大竖向位移位于基底为 12.0 mm。

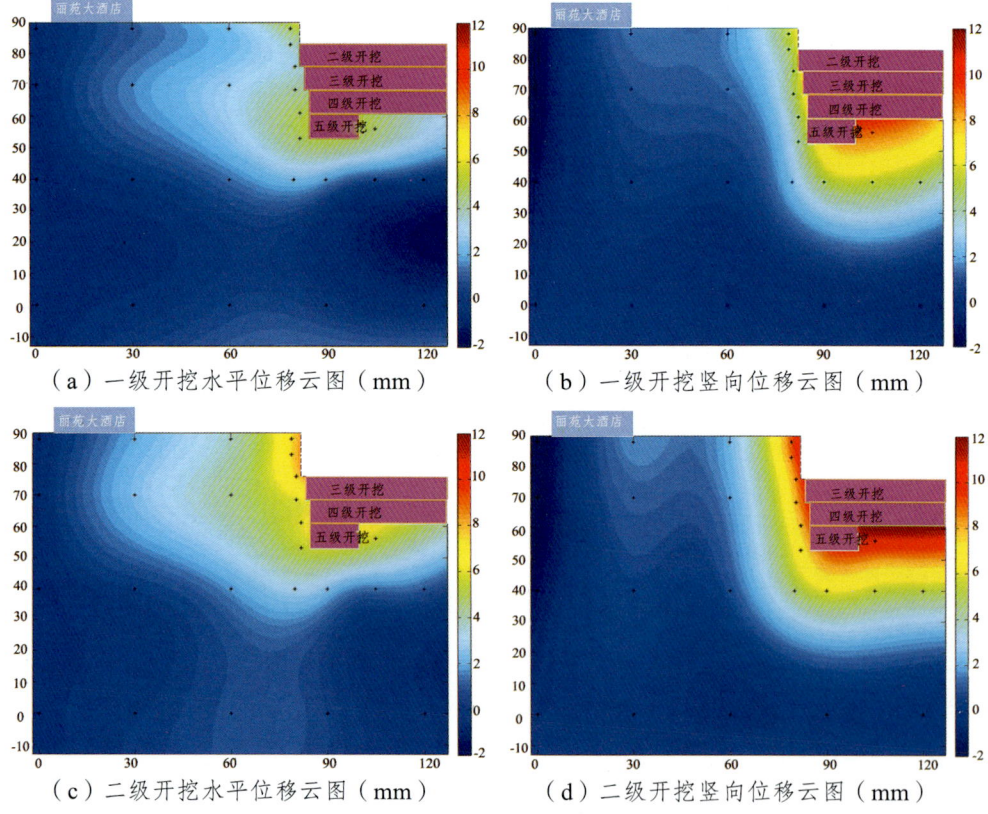

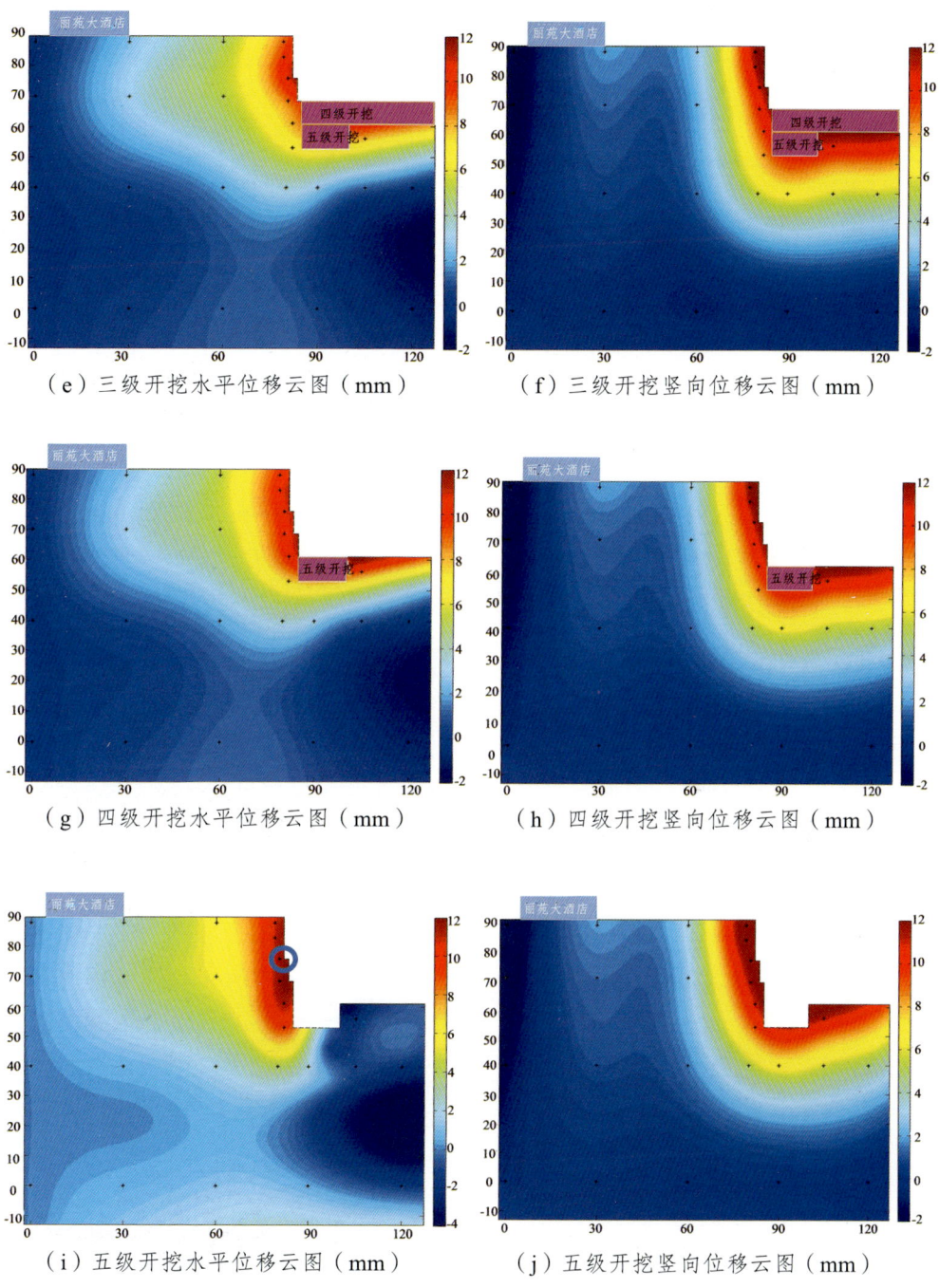

图 3-26 Y6 剖面基坑开挖过程位移云图（接触式测量）

由非接触式监测系统 ARAMIS 所得结果见图 3-27，实际基坑开挖变形与接触式监测系统所得数据基本一致，开挖诱发的水平方向最大变形位于基坑边墙底部三分之一区域，为 13.2 mm，底部回弹为 14.4 mm。

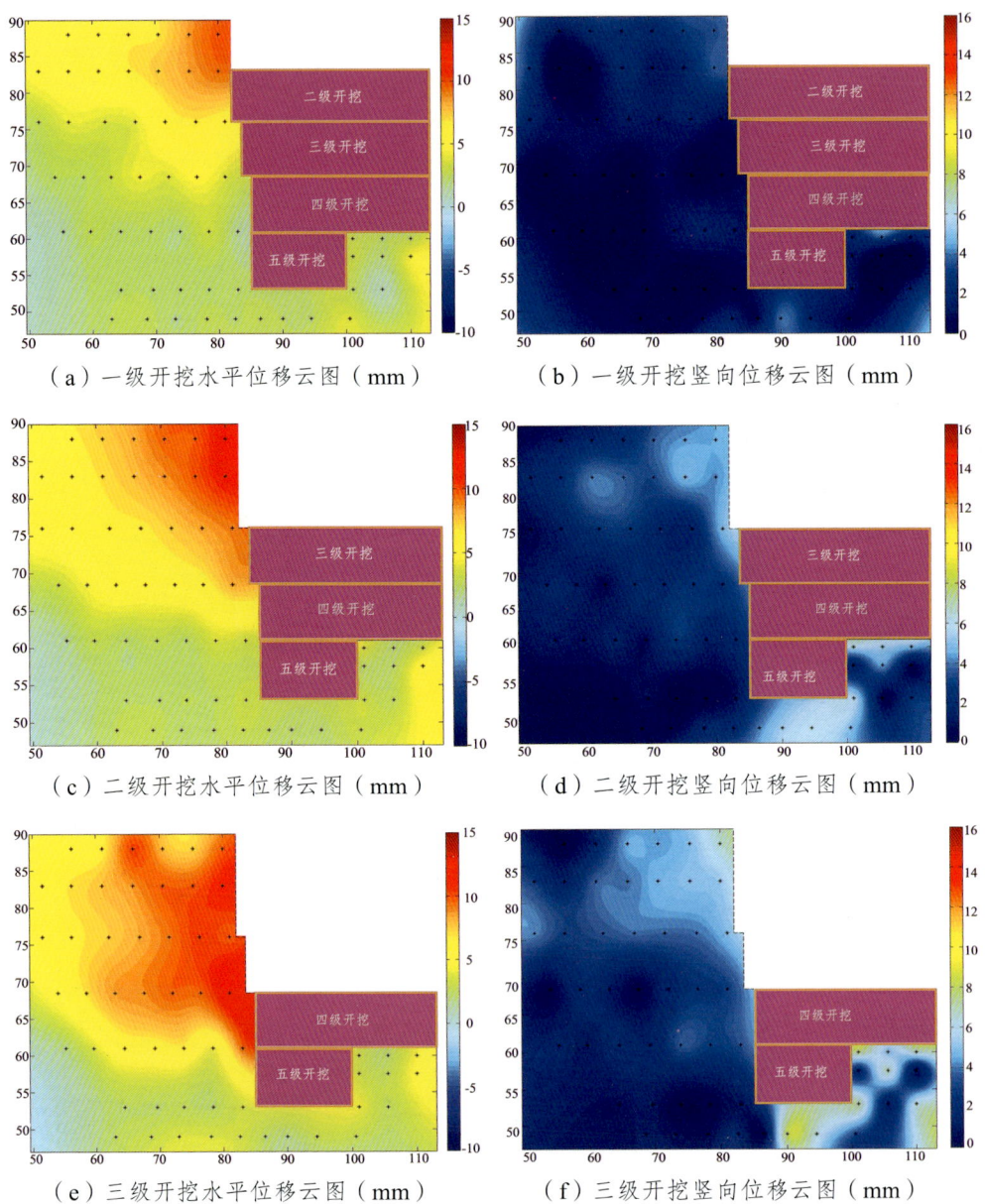

(a) 一级开挖水平位移云图（mm） (b) 一级开挖竖向位移云图（mm）

(c) 二级开挖水平位移云图（mm） (d) 二级开挖竖向位移云图（mm）

(e) 三级开挖水平位移云图（mm） (f) 三级开挖竖向位移云图（mm）

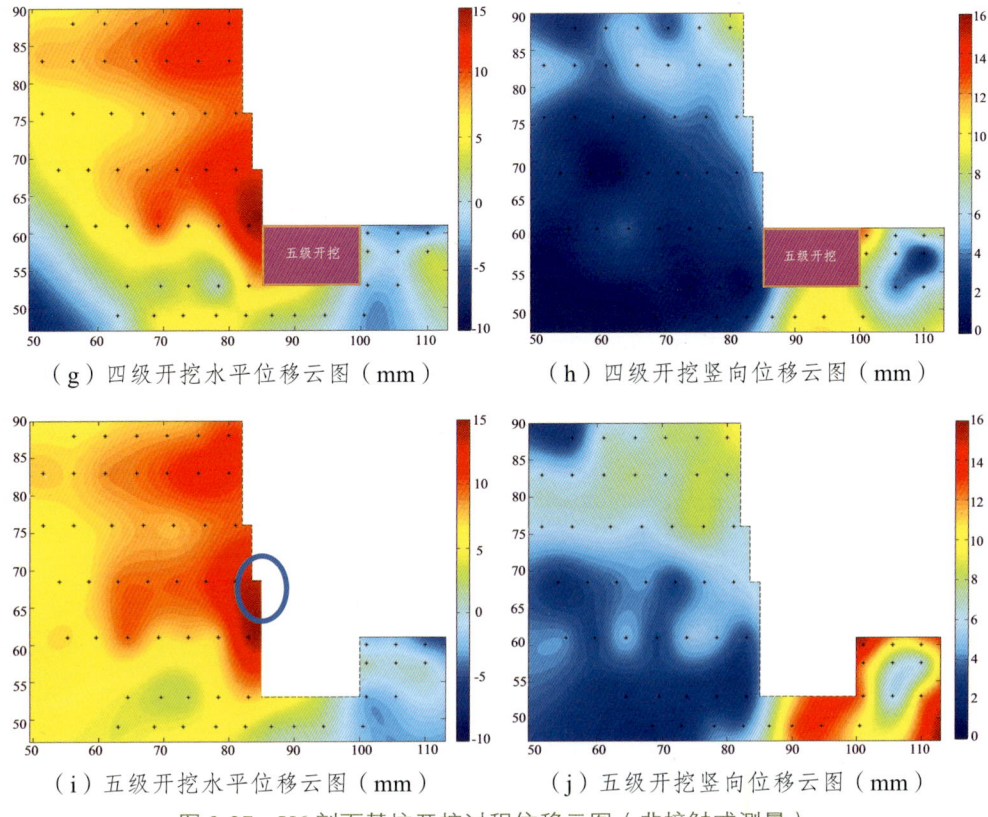

(g)四级开挖水平位移云图(mm)　　(h)四级开挖竖向位移云图(mm)

(i)五级开挖水平位移云图(mm)　　(j)五级开挖竖向位移云图(mm)

图 3-27　Y6 剖面基坑开挖过程位移云图（非接触式测量）

由 FLAC3D 数值计算所得位移云图见图 3-28,对比数值试验结果与物理模型试验结果可知,二者变形特征基本吻合。基坑开挖时,侧墙内侧卸去原有的土压力,受基坑外侧主动土压力作用,侧墙两侧产生不平衡土压力使侧墙产生变形,侧墙外侧主动土压力区的土体向坑内移动,使侧墙后土体水平应力减小,剪力增大,出现塑性区。而在开挖面以下的被动区土体向坑内移动,使基坑底部水平向应力增大,致使坑底土体剪应力增大而发生水平向挤压和向上的位移,同时由于基坑开挖卸荷作用也使坑底土体产生向上为主的回弹位移。

开挖诱发的水平方向最大变形位于基坑边墙底部三分之一区域,丽苑大酒店桩基底部也存在一定的变形区域。测量结果表明开挖对基坑变形的影响主要集中在开挖面附近的局部区域,对临近建筑物也有一定影响。模型试验由接触式监测系统得出最大水平位移为 12 mm,由非接触式监测系统得出最大水平位移为 13.2 mm,数值模拟得出最大水平位移为 14 mm;由于受模型试验中边界岩土层与模型钢架的摩擦等因素的影响,分析坑底回弹时,采用坑底数据与数值结果进行对比分析，模型试验由接触式监测系统得出最大竖向位移为 12 mm，非接触式监测系统得出最大竖向位移为 14.4 mm，数值模拟得出最大竖向位移为 20 mm。二者相互印证，表明结果合理。

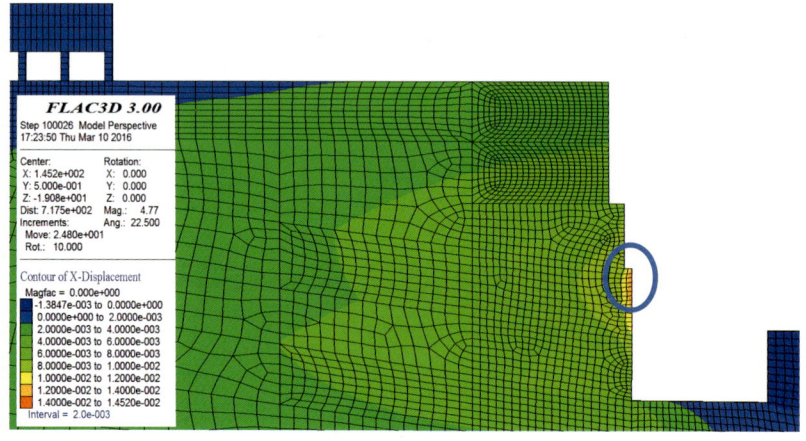

（a）水平位移云图

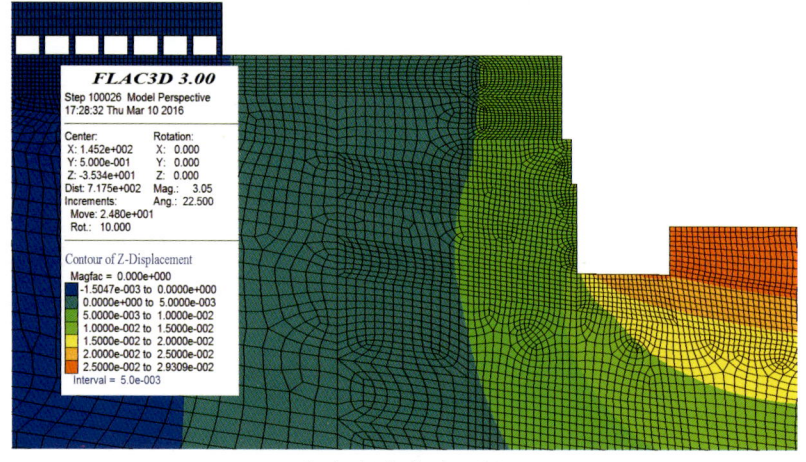

（b）竖向位移云图

图 3-28　Y6 剖面基坑开挖数值计算位移云图（mm）

3.4.3　Y27 剖面基坑开挖结果分析

1. 基坑开挖边界变形分析

Y27 剖面基坑开挖过程中，着重分析的关键测点布置：接触式静态应变监测系统水平应变关键测点为侧墙测点 17、18、21 和 22，竖向应变关键测点为坑底测点 19、20、21、33 和 35；非接触式 ARAMIS 三维光学测量系统水平位移关键测点为侧墙测点 0、1、2、5、6 和 7，竖向位移关键测点为坑底测点 3、4 和 5。

图 3-29（a）所示为基坑开挖过程水平应变接触式监测的结果，由图可知：① 随着开挖的进行，基坑侧墙测点侧向应变逐渐增大；② 每开挖完成一级后相应的测点有明显增长，例如在一级开挖完成后，测点 17 显著增大，二级开挖完成后，测点 18 显著增大；③ 开挖完成后，侧墙顶部测点 17 大于底部测点 18。

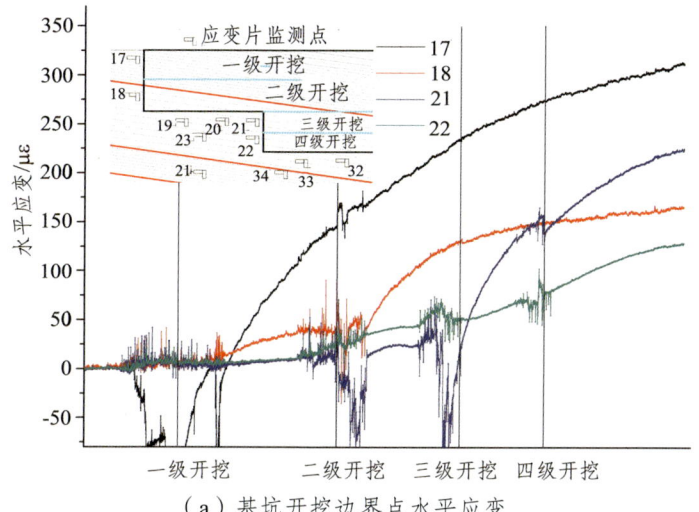

（a）基坑开挖边界点水平应变

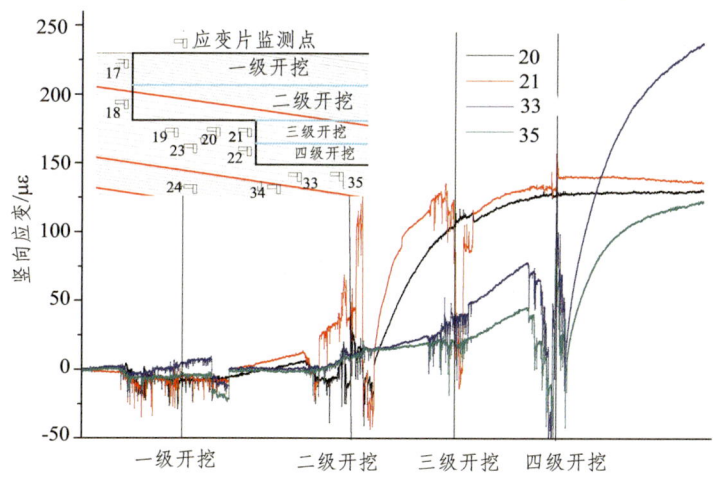

（b）基坑开挖边界点竖向应变

图 3-29 Y27 剖面模型开挖边界点应变曲线（接触式测量）

图 3-29（b）所示为基坑开挖过程竖向应变接触式监测的结果，由图可知：① 随着开挖的进行，基坑底部测点竖向回弹应变逐渐增大；② 每开挖完成一级后相应的测点有明显增长，例如在二级开挖完成后，测点 20 和测点 21 显著增大，在四级开挖完成后，测点 33 和测点 35 显著增大；③ 开挖完成后，基坑最底部测点 33 回弹应变值最大，表明开挖对此处的扰动最大。

由基坑开挖边墙与底部测点的水平与竖直方向应变特征可知：随着开挖的进行，边墙侧向应变逐渐增大，基坑底部竖向回弹应变逐渐增大；每一级开挖完成后相应的测点变形发生明显变化，呈台阶式增长。

图 3-30（a）所示为基坑开挖过程水平位移非接触式监测结果，由图可知：① 随着开挖进行基坑侧墙各测点均有一定侧移，且基坑侧墙上部测点的侧移比下部点的侧移要大；② 每开挖完成一级后，相应开挖体侧墙上的测点有显著侧移，例如在一级开挖之后，测点 0 和 1 有明显侧移，当开挖第四级后，测点 6 有明显侧移，这是由于开挖部分卸荷后，相应的侧墙岩土体在不平衡土压力下向坑内移动；③ 随着开挖深度的增加，基坑侧墙上部测点的位移逐渐趋于稳定，例如开挖至第三级后，测点 0、1 和 2 变化非常小；④ 开挖结束后，每一个台阶侧墙上部侧移比下部侧移大，例如第一台阶侧墙有测点 0>1>2，第二台阶侧墙有测点 5>6>7；⑤ 基坑开挖完成后其侧墙顶部位移按照相似比换算约为 0.06×120 mm = 7.2 mm。

图 3-30（b）所示为基坑开挖过程竖向位移非接触式监测结果，由图可知：① 随着开挖的进行，基坑底部回弹越来越大；② 每一级开挖完成后，基坑底部都有较大的回弹，与接触式应变片监测所得模型竖向应变变化规律相同；③ 开挖至三级后，第一台阶底部测点由于受三级开挖的影响，越靠近第二台阶的测点回弹越大，即有测点 5>4>3；④ 开挖结束后，根据相似比换算得到基坑底部测点 5 的回弹约为 0.08×120 mm = 9.6 mm。

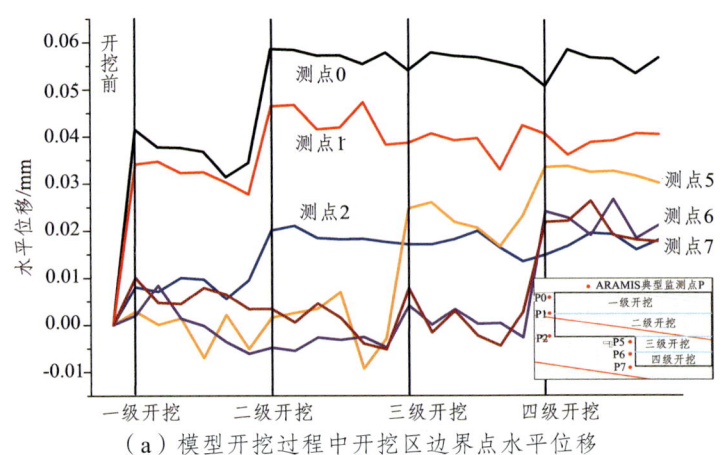

（a）模型开挖过程中开挖区边界点水平位移

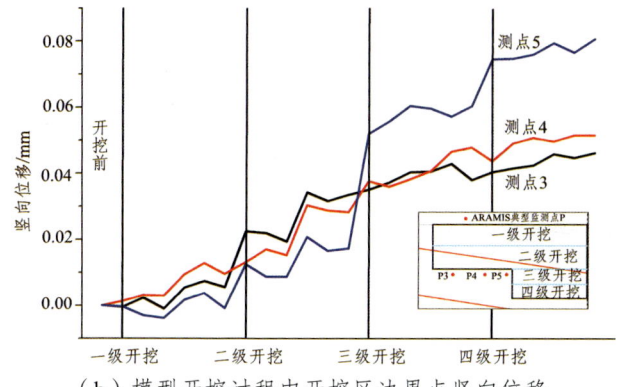

（b）模型开挖过程中开挖区边界点竖向位移

图 3-30　Y27 剖面基坑开挖边墙与底部测点变形特征（非接触测量）

由基坑开挖边墙与底部测点的水平与竖直方向的变形特征可知：基坑边墙变形指向坡外，基底变形主要是回弹变形；基坑变形随分级开挖呈现台阶式增长，但当开挖面逐步远离监测点时，变形几乎不受影响。非接触式位移监测结果与接触式应变片监测结果所得模型变形规律一致。

2. 基坑整体变形分析

同样运用 MATLAB 得到物理模型整体位移云图，根据相似原理，反推实际基坑工程相应的位移值。图 3-31 所示为不同开挖阶段水平向位移云图，由图可知，基坑侧墙附近的水平位移比较明显，而远离开挖区域的部位位移几乎为零；随着开挖的进行，每一级开挖体附近水平位移显著增大，已开挖部分的基坑侧墙水平位移也不断增大，表明基坑开挖影响范围越来越大；开挖结束后，基坑侧墙顶部的位移较大，基坑侧墙水平位移呈上大下小的倒三角分布，即墙顶位移量大，墙体绕着底部某一点向基坑内部倾斜。

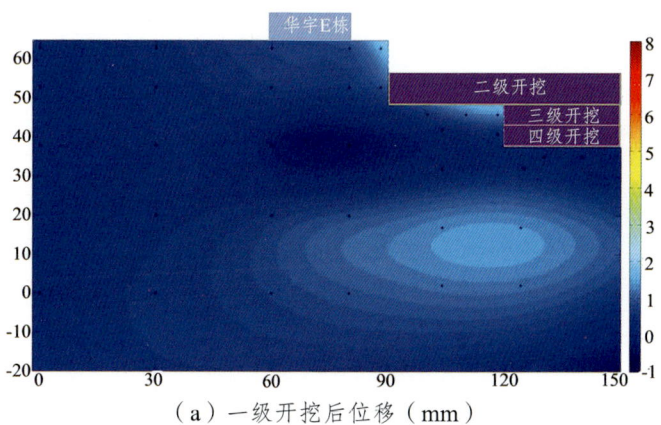

（a）一级开挖后位移（mm）

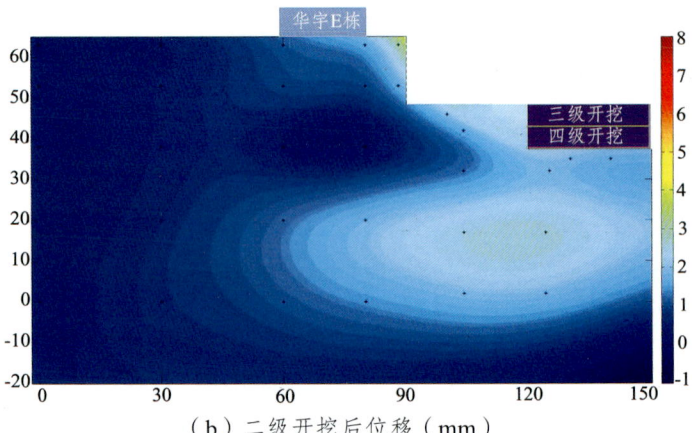

(b)二级开挖后位移(mm)

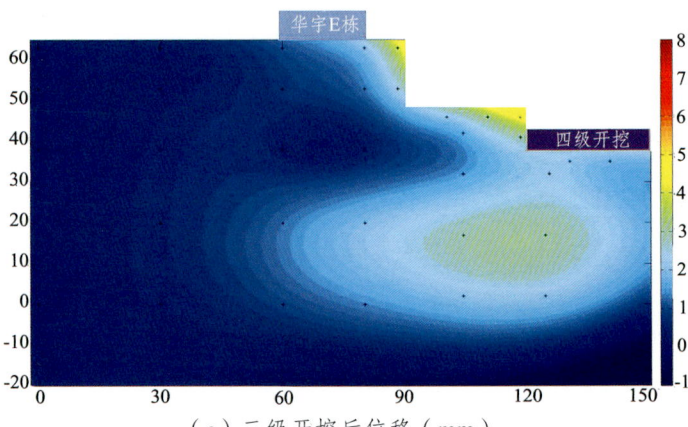

(c)三级开挖后位移(mm)

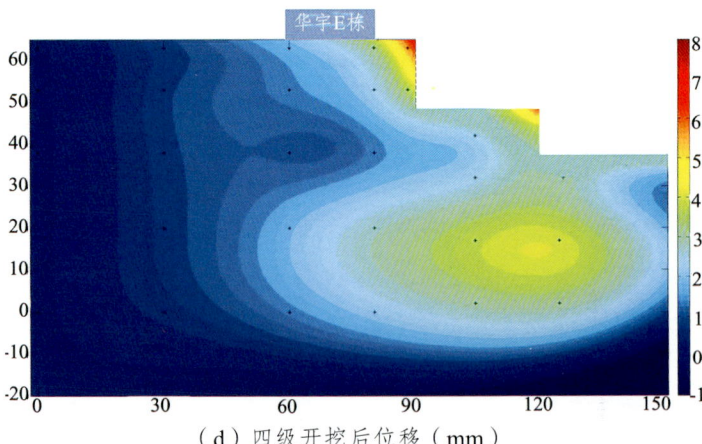

(d)四级开挖后位移(mm)

图 3-31 Y27 剖面基坑开挖过程水平位移云图(接触式测量)

图 3-32 所示为不同开挖阶段竖向位移云图，整个开挖过程中，基坑底部附近的竖向位移比较明显，而远离开挖区域的地方位移几乎为零；随着开挖的进行，基坑底部的竖向位移不断增大，表明基坑回弹也越来越大；开挖结束后，基底回弹呈中间大两边小的模式，基坑开挖竖向位移的扰动范围离基坑底部约 20 m，见图 3-32（d）。

分析开挖完成后基坑的水平与竖直方向的整体变形规律可知：开挖扰动诱发基坑边墙产生水平方向变形，基坑底部产生竖直方向回弹变形；边墙部位开挖扰动区范围为 12 m 左右、基坑底部开挖扰动区范围为 20 m 左右，测量结果表明开挖对基坑变形的影响主要集中在开挖面附近的区域。此外，从变形结果中还可以看出，开挖诱发的变形最大值为侧墙墙顶及基坑底部。

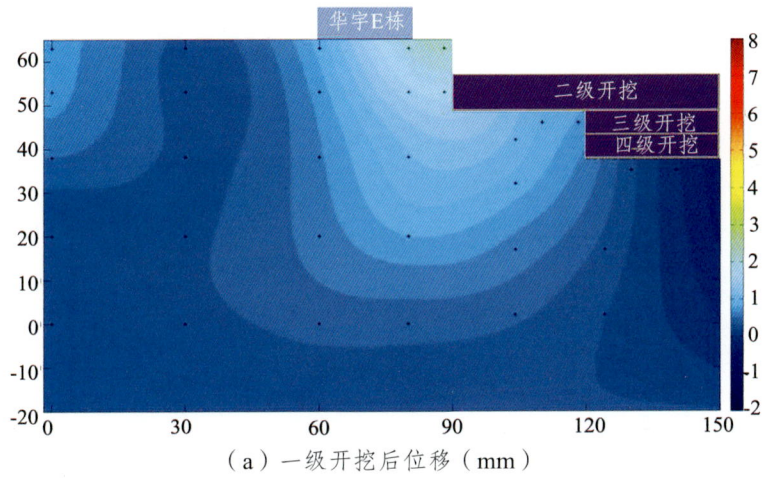

（a）一级开挖后位移（mm）

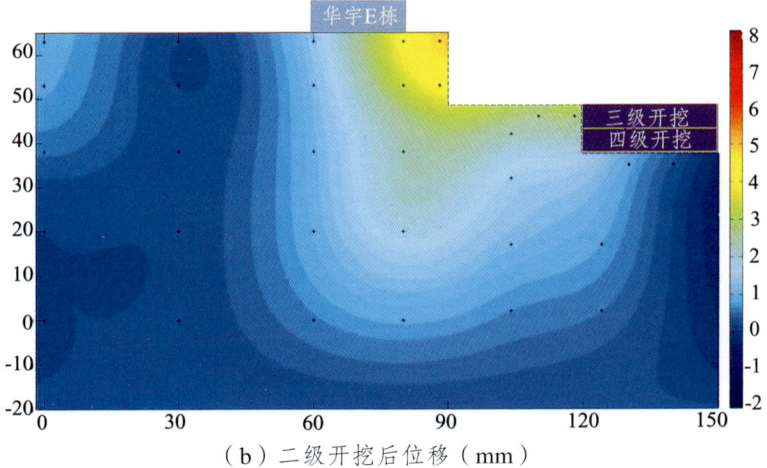

（b）二级开挖后位移（mm）

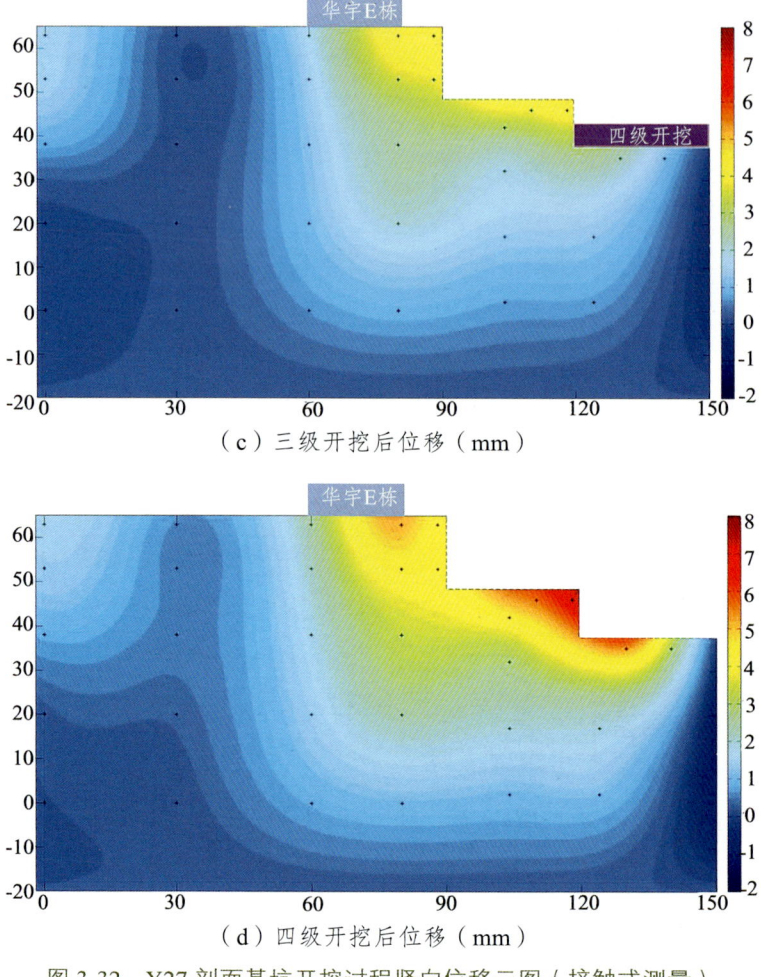

(c)三级开挖后位移(mm)

(d)四级开挖后位移(mm)

图 3-32　Y27 剖面基坑开挖过程竖向位移云图(接触式测量)

由 FLAC3D 数值计算所得位移云图见图 3-33,对比数值试验结果与物理模型试验结果可知,二者变形特征基本吻合。开挖扰动诱发基坑边墙产生水平方向变形,基坑底部产生竖直方向回弹变形,距离基坑较近范围内有建筑物存在,可看出在建筑物附近产生较为明显的变形,在工程中应引起重视,后文将对该临近建筑物进行重点分析。模型最大水平位移发生在侧墙顶部,模型试验由非接触式监测系统得出最大水平位移为 7.2 mm,由接触式监测系统得出最大水平位移为 6.5 mm,数值模拟得出最大水平位移为 6.3 mm;由于受模型试验中边界岩土层与模型钢架的摩擦等因素的影响,分析坑底回弹时,采用第一台阶坑底数据与数值结果进行对比分析,模型试验由非接触式监测系统得出最大竖向位移为 9.6 mm,

由接触式监测系统得出最大竖向位移为 8.1 mm，数值模拟得出最大竖向位移为 12.5 mm。二者相互印证，表明结果合理。

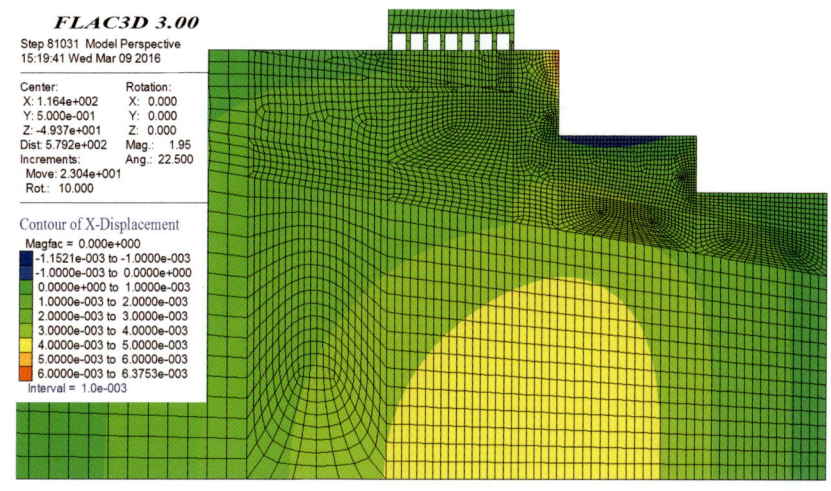

（a）水平位移云图

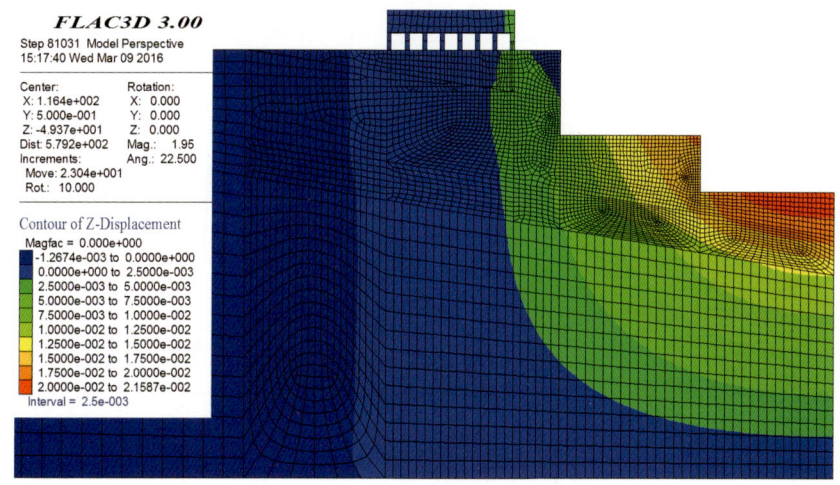

（b）竖向位移云图

图 3-33　Y27 剖面基坑开挖数值计算位移云图（mm）

3.5　基坑开挖对临近建筑物的影响分析

在基坑工程施工过程中不可避免会对岩土体产生一定扰动，从而引起地表变形，由于基坑周围存在建筑物，地表的变形可能对建筑物的安全使用产生一定影响。因此，为了降低由于基坑开挖而引起的地表沉降对临近建筑物造成的损害，必须对地表变形进行合理评估与预测。本节选取既有建筑物距离基坑较近的Y27剖面进行研究，华宇E栋距离基坑Y27剖面仅12 m，因此进行基坑设计时必须要考虑基坑开挖对临近建筑物的影响。

前文试验模型以及数值模型中建筑物采用等效荷载模型来模拟，为研究基坑开挖对建筑物的变形影响，对华宇E栋建筑物进行整体框架建模计算，并与建筑物等效荷载模型进行对比分析，建筑物框架模型如图3-34所示。

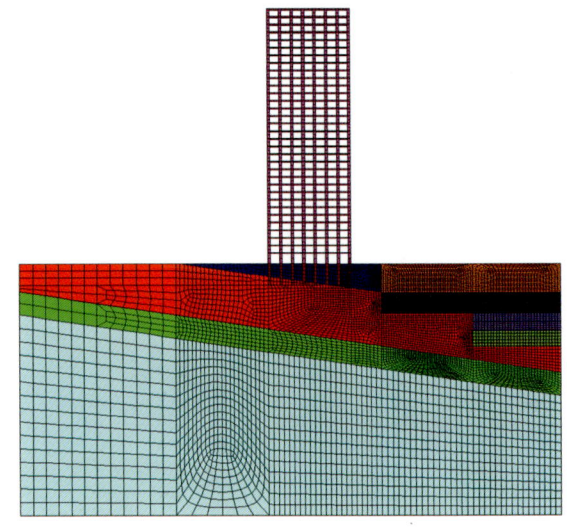

图3-34 建筑物框架数值计算模型

3.5.1 地表沉降位移分析

基坑地表竖向位移主要由两种情况下的地层竖向位移叠加，一是开挖后侧墙内外荷载不平衡，导致侧墙岩土整体产生向坑内的变形，从而改变了基坑外围岩土体的原始应力状态而引起地层移动，最终引起地表沉降；二是开挖卸荷后坑底岩土体发生竖直的弹性隆起，回弹作用将侧墙部分岩土体抬高而使地表也产生向上的位移。

在各级开挖状态下的地表位移曲线见图3-35，由图可知：

（1）由模型试验与数值模拟所得地表位移曲线趋势基本一致，地表最大位移分别为3.41 mm和3.03 mm；分析3-35（b）知，建筑物采用等效荷载模型与整体框架模型所得结果基本一致，整体框架模型所得地表最大位移为2.99 mm，因此，物理模型试验中，建筑物采用等效荷载模型进行模拟是合理可行的。

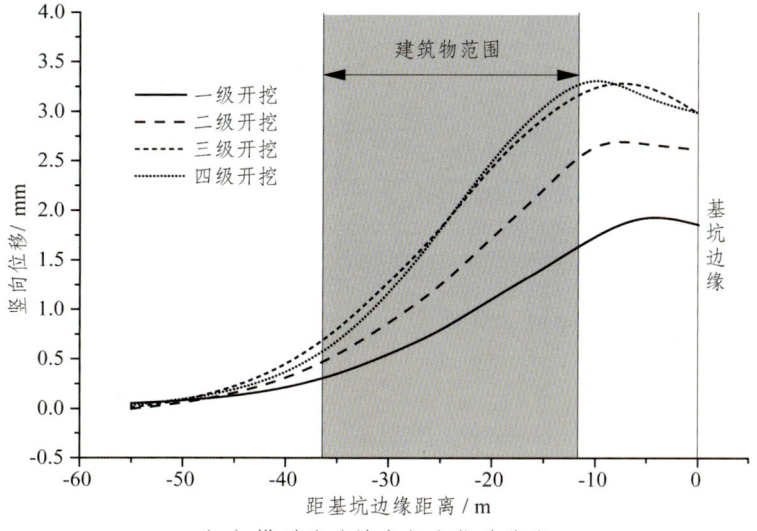

（a）模型试验地表竖向位移曲线

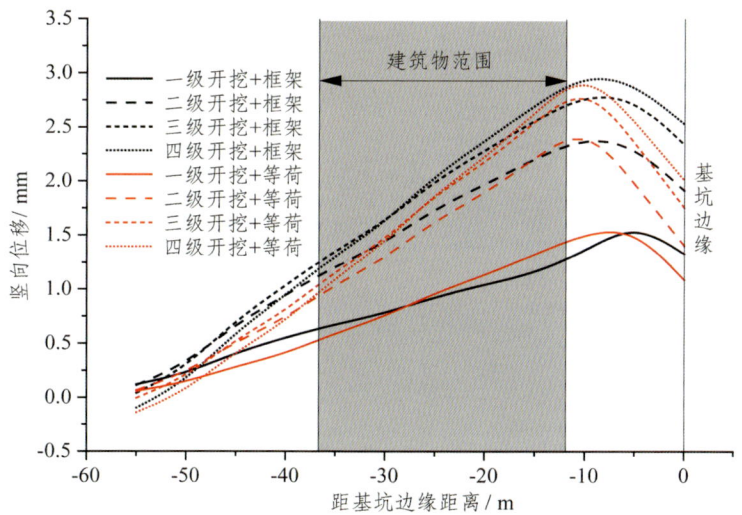

（b）数值模拟地表竖向位移曲线

图 3-35　各级开挖状态下地表竖向位移曲线

（2）地表产生向上的位移，由于本工程中砂岩与泥岩的强度都较大，基坑开挖后处于弹性状态，基坑变形主要是弹性变形，基坑竖向位移主要以回弹变形为主。

（3）建筑物底部地表靠近基坑一侧产生了较大变形，主要是由于有建筑物荷载的影响，基坑开挖前建筑物底部相应岩土体的应力水平较高，基坑的开挖扰动对于该部分岩土体的影响较大，导致建筑物底部岩土体的变形较大。

（4）随着开挖的进行，基坑一级开挖和二级开挖曲线离得较远，而三级和四级开挖曲线几乎重合，表明三、四级开挖对地表变形影响较小。

实际工程中，在华宇 E 栋顶部设置了位移监测点 J74，在 J74 同一竖直面上设置了倾斜度监测点 QX6，开挖前后监测数据值见表 3-12。建筑物底部的竖向位移由 QX6 得出为（278.167 600 01 – 278.167 631 53）× 1 000 mm ≈ 0.032 mm，可见地表发生微幅回弹且几乎为零，与试验以及数值结果相符。

表 3-12 华宇 E 栋监测数据

监测点	开挖前观测值/m		开挖完成后观测值/m	
	x_0	h_0	x_i	h_i
QX6	68 532.402 339 68	278.167 600 01	68 532.404 352 37	278.167 631 53
J74	68 532.866 245 78	355.060 330 25	68 532.869 379 98	355.057 236 67

3.5.2 临近建筑物变形分析

根据国家标准《建筑地基基础设计规范》(GB 50007—2011)，建筑物的地基变形允许值如表 3-13 所示，其中 H_g 表示从室外地面算起建筑物的高度，倾斜值表示基础倾斜方向两端点的沉降差与两端点距离的比值。

表 3-13 建筑物的地基变形允许值

变形特征/m	倾斜值
……	……
多层和高层建筑物整体倾斜 $H_g \leqslant 20$	0.004
$24 < H_g \leqslant 60$	0.003
$60 < H_g \leqslant 100$	0.002 5
$H_g > 100$	0.002
……	……

通过上一节的分析可知，基坑开挖完成后，模型整体发生向上的微幅回弹变形。研究范围内，临近建筑物距基坑 12 m，建筑物宽度约为 25 m，高度约为 90 m，因此建筑物最大允许倾斜值为 2.50×10^{-3}。建筑物地基不均匀沉降值取地基两端点竖向位移之差，建筑物顶部不均匀沉降取建筑物顶部两端点竖向位移之差，各

级开挖状态下建筑物地基变形见表 3-14，建筑物不均匀沉降曲线见图 3-36，由此可知：

（1）在各级开挖状态下由模型试验、建筑物等效荷载模型数值模拟与建筑物整体框架模型数值模拟所得建筑物地基不均匀沉降曲线趋势基本一致，结果较为接近，建筑物不均匀沉降最大位移分别为 2.76 mm、2.12 mm 和 1.85 mm，最大倾斜值分别为 1.10×10^{-4}、8.46×10^{-5} 和 7.39×10^{-5}，远小于 2.50×10^{-3}，满足规范要求，由于岩体强度较高，抗变形能力较强，基坑开挖后不会导致大厦发生较大的不均匀沉降。

（2）随着开挖的进行，不均匀沉降逐渐增大，表明基坑开挖对建筑物影响越大。

（3）三四级开挖曲线斜率较一二级小，说明一二级岩体开挖对地表不均匀沉降的影响比三四级岩体开挖影响大，主要是由于三四级开挖距离建筑物较远。

（4）由图 3-36（a）可知，建筑物框架模型的地基不均匀沉降值比建筑物等效荷载模型的要小；由图 3-36（b）可知，在建筑物框架模型中，建筑物顶部的不均匀沉降值比建筑物地基的不均匀沉降值要小。这主要是由于建筑物由框架模型模拟时，建筑物自身也发生了一定的变形，由于建筑物的变形协调作用，使得建筑物的不均匀沉降值减小。在实际工程中，由于建筑物自身是具有一定的变形协调能力的，从而使得建筑物不至于发生较大倾斜，有利于建筑物自身安全。当然如果建筑物自身变形过大，则会造成建筑物的破坏。

表 3-14　各级开挖状态下建筑物地基变形

试验类型	变形指标	一级开挖	二级开挖	三级开挖	四级开挖
模型试验	不均匀沉降/mm	1.41	2.22	2.51	2.76
	倾斜值	5.66×10^{-5}	8.86×10^{-5}	1.01×10^{-5}	1.10×10^{-4}
数值模拟-建筑物等荷模型	不均匀沉降/mm	1.02	1.63	1.92	2.12
	倾斜值	4.07×10^{-5}	6.51×10^{-5}	7.66×10^{-5}	8.46×10^{-5}
数值模拟-建筑物框架模型	不均匀沉降/mm	0.75	1.31	1.59	1.85
	倾斜值	2.98×10^{-5}	5.26×10^{-5}	6.36×10^{-5}	7.39×10^{-5}

虽然实际监测中未在华宇 E 栋指向基坑方向设置两个以上监测点，但建筑物的倾斜可由监测点 QX6 与 J74 相互关系得出，由表 3-12 可得开挖完成后侧移为：

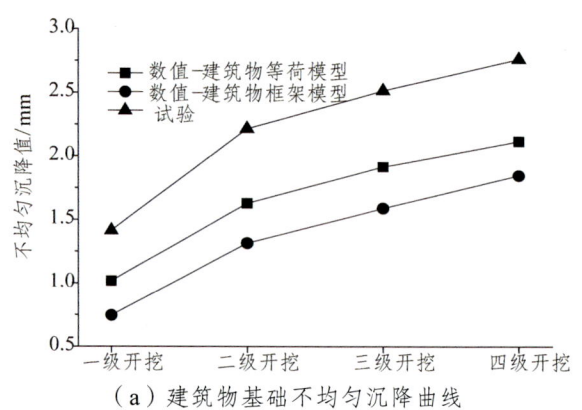

(a) 建筑物基础不均匀沉降曲线

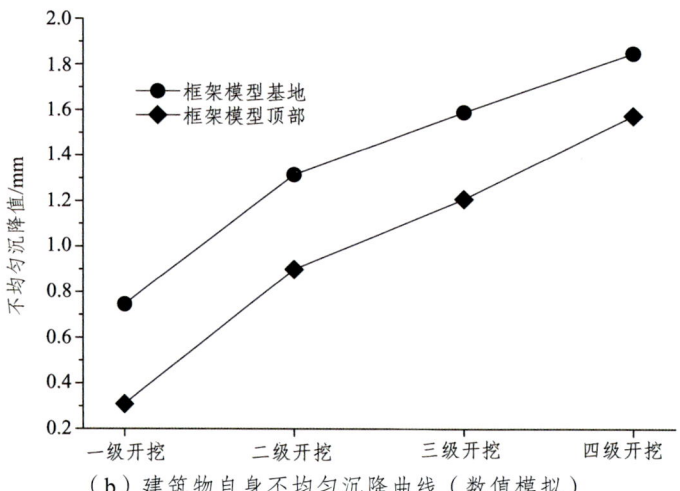

(b) 建筑物自身不均匀沉降曲线（数值模拟）

图 3-36　各级开挖状态下建筑物不均匀沉降曲线

$$x_{QX6} = x_i - x_0$$
$$= (68\,532.404\,352\,37 - 68\,532.402\,339\,68) \times 1\,000 \text{ mm}$$
$$\approx 2.01 \text{ mm}$$

$$x_{J76} = x_i - x_0$$
$$= (68\,532.869\,379\,98 - 68\,532.866\,245\,78) \times 1\,000 \text{ mm}$$
$$\approx 3.13 \text{ mm}$$

两点竖向距离为

$$H = h_{0J74} - h_{0QX6}$$
$$= (355.060\,330\,25 - 278.167\,600\,01) \times 1\,000 \text{ mm}$$
$$\approx 76\,892.73 \text{ mm}$$

则建筑物相应的倾斜值为

$$V = \frac{x_{J74} - x_{QX6}}{H} = \frac{3.13 - 2.01}{76\,892.73} \approx 1.46 \times 10^{-5}$$

实际监测所得倾斜值与试验、数值结果对比如图 3-37 所示，可知建筑物倾斜值均为正值，表示建筑物背向基坑倾斜，而实际现场监测倾斜值比试验及数值模拟所得结果小，主要是因为实际基坑工程中采取了加固措施，而在试验以及数值模拟中未对基坑进行加固，说明基坑的加固方案对于控制建筑物变形发挥了一定作用。

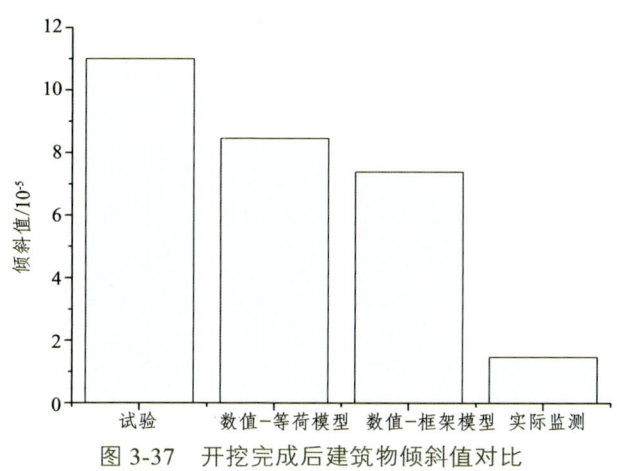

图 3-37 开挖完成后建筑物倾斜值对比

3.6 地面超载破坏模式与机理分析

在基坑使用过程中，可能由于某些原因而出现地表超载情况，从而导致基坑破坏，影响人民生命财产安全。通过地表超载试验，研究基坑的变形破坏机理以及最危险滑裂面，并针对其破坏模式采取相应的防护措施，以保证基坑的安全使用。为研究基坑在地表超载破坏情况下产生的滑裂面，采用粒子群优化算法对滑裂面进行搜索，与物理模型试验所得结果进行对比分析，并结合基坑设计资料对加固措施进行评估。

3.6.1 粒子群优化算法搜索边坡滑裂面

1. 传统 PSO 算法

粒子群优化算法（PSO）的基本概念源于对鸟群捕食行为的研究，该算法首先随机初始化一群粒子,然后通过更新粒子的位置来寻找最优解。在每一次迭代中,粒子通过跟踪两个"极值"来更新自己,第一个极值是粒子本身在历次迭代过程中找到的最优解,即个体极值——自身的"经验";另一个极值是整个种群目前找到的最优解,即全局极值——同伴的"经验"。按照式(3-6)和式(3-7)更新速度和位置:

$$v_{id}^{k+1} = wv_{id}^k + c_1 r_1 (p_{id}^k - x_{id}^k) + c_2 r_2 (p_{gd}^k - x_{id}^k) \quad (3\text{-}6)$$

$$x_{id}^{k+1} = x_{id}^k + v_{id}^{k+1} \quad (3\text{-}7)$$

式中,w 为惯性权重;c_1、c_2 为加速因子,其中 c_1 为自身学习因子,表示粒子本身的经验,c_2 为社会学习因子,表示粒子间的信息共享;r_1、r_2 为在[0,1]范围内均匀分布的随机数。

在式(3-2)中参数的设置直接关系到算法的搜索能力。较大的惯性权重 w 有较好的全局收敛能力,而较小的 w 则有较强的局部搜索能力。有学者提出 w 按迭代次数线性递减(0.9→0.4)和线性递增(0.4→0.9),以及按迭代次数先增后减(0.4→0.9→0.4)。本书按照先增后减的方法设置 w。

对于加速因子 c_1 和 c_2 的取值,合适的 c_1、c_2 取值可以加快收敛且不易陷入局部最优。若 c_1 相对于 c_2 较大,则粒子更倾向自身找到的最优点;反之,c_2 相对于 c_1 较大,粒子更倾向群体搜索到的最优点,没有充分利用粒子自身的"经验",从而容易导致粒子群过早陷入局部最优,发生早熟现象。本书加速因子采用线性变化,即 $c_{1i} = c_{2f} = 2.5$,$c_{1f} = c_{2i} = 0.5$,下标 i 和 f 分别表示加速因子的最初值和最终值。

2. 改进的 VSPSO 算法

PSO 算法简单、容易实现,在解决一些非线性、不可微、多峰值的高度复杂函数优化问题时,均取得了较好的结果。然而,传统的 PSO 算法仍然存在搜索空间有限、容易陷入局部最优值的缺陷。针对这种情况,本书提出基于变异(Variance)和二次序列规划(Sequential Quadratic Programming,SQP)改进粒子群优化算法。将粒子群划分为若干子粒子群,子粒子群独立演化同时又共享信息,变异操作增强了粒子群优化算法跳出局部最优解的能力,并用二次序列规划加速局部搜索,可以大大提高粒子群获得全局最优的能力。

将整个粒子群分为若干子粒子群,如图 3-38 所示。子粒子群的引入使得粒子群在寻优过程中各子粒子群独立演化,保持了粒子群的多样性。在一定周期后,把整个粒子群全局最优值引入到各子粒子群中,从而使各子粒子群能共享信息,并进行变异操作和二次序列规划。

(1)变异操作。

对于传统的 PSO 算法容易陷入局部最优的问题,受遗传算法(Genetic Algorithm,GA)中变异算子的启示,引入变异操作,通过在粒子中增加随机扰动的方法使得粒子跳出局部最优,见式(3-8),通过试验本书所取扰动因子为 0.8,则。

$$p_{gk} = p_g \cdot (1 + 0.8 \cdot r) \quad (3\text{-}8)$$

式中,p_g 表示粒子当前最优位置;p_{gk} 为 p_g 的第 k 维取值;r 为服从标准正态分布 Gauss(0,1)的随机变量,变异操作见图 3-38。

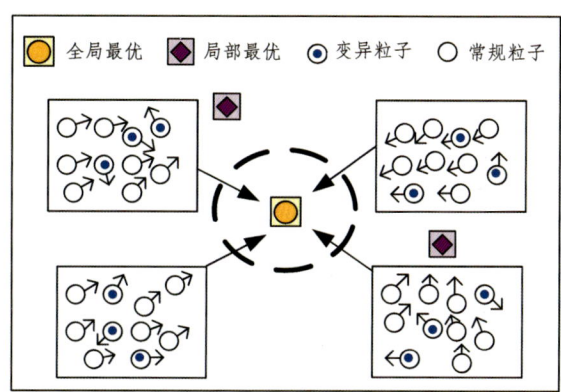

图 3-38 子粒子群及变异粒子示意图

(2)二次序列规划。

传统的 PSO 算法在迭代初期收敛速度很快,但趋近最优值时局部搜索就比较慢,二次序列规划对于非线性优化问题可以在很短时间内收敛到最优值,具有很强的局部搜索能力。针对该情况,本书在传统的 PSO 算法搜索的最优位置基础上,以该最优值作为 SQP 的迭代初始值进行寻优。本书是在 MATLAB7.8 环境下编程计算的,MATLAB 工具箱中提供了很好的二次序列规划函数 fmincon,从而可以很有效地进行编程。改进算法以 PSO 算法作为全局搜索工具,变异和二次序列规划主要进行局部搜索,通过联合使用几个模块搜索全局最优值。VSPSO 算法的流程如图 3-39 所示,计算步骤如下:

步骤 1:初始化。

步骤 1.1:选定粒子群规模,并划分为 M 个子粒子群,每个子粒子群包含 N 个粒子,粒子的维数为 D,设定最大迭代次数 T,以及变异概率 V。

步骤 1.2:在搜索空间内随机初始化各粒子的位置 $x_{mn}^1 = (x_{mn1}^1, x_{mn2}^1, x_{mn3}^1, \cdots, x_{mnD}^1)$,初始化速度 $v_{mn}^1 = (v_{mn1}^1, v_{mn2}^1, v_{mn3}^1, \cdots, v_{mnD}^1)$,其中 $m = 1, 2, 3 \cdots M$,$n = 1, 2, 3 \cdots N$。

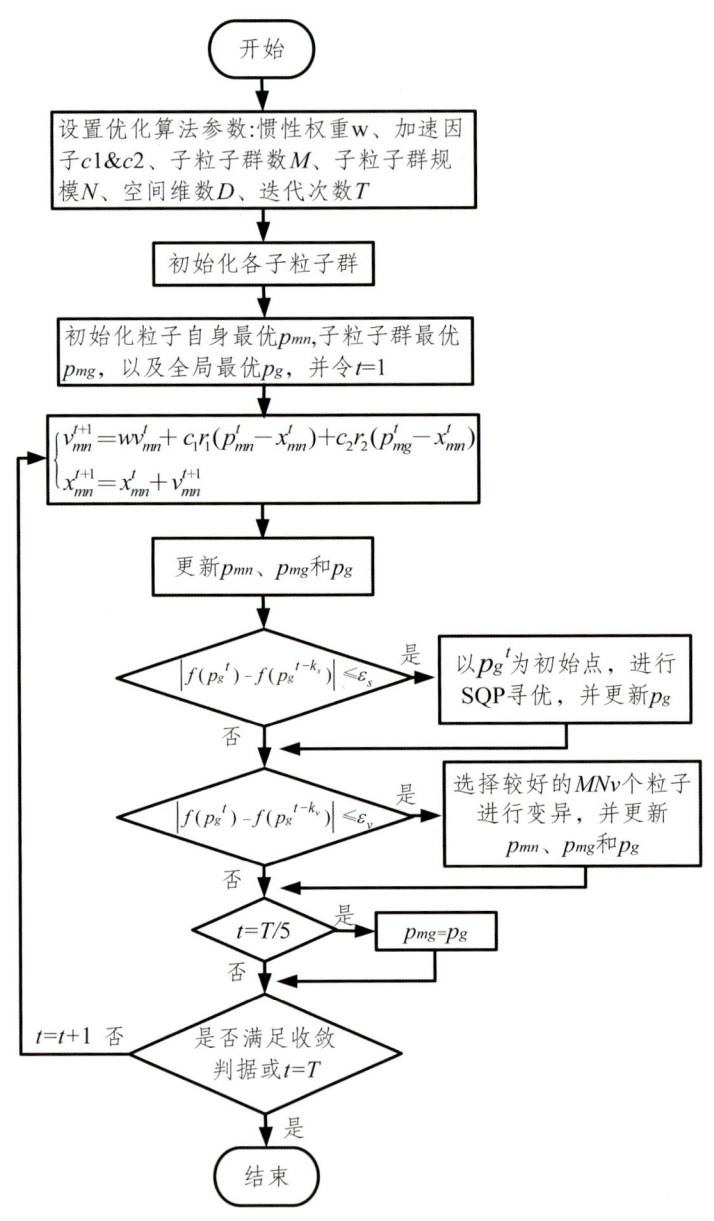

图 3-39 VSPSO 算法流程图

步骤1.3：初始化p_{mn}、p_{mg}和p_g。将各个粒子当前位置x_{mn}^1设为粒子个体最佳位置p_{mn}，并且对应的适应度值$Y_{mn}=f(p_{mn})$，令$p_{mg}=p_{m1}$，$p_g=p_{11}$。

步骤2：若$t>T$，结束。否则，按式（3-2）、式（3-3）更新各粒子的位置v_{nm}^{i+1}和速度v_{nm}^{i+1}。

步骤3：更新p_{mn}、p_{mg}和p_g：若$f(x_{mn}^{t+1})$优于Y_{mn}，则$p_{mn}=x_{mn}^{t+1}$、$Y_{mn}=f(x_{mn}^{t+1})$；若$f(x_{mn}^{t+1})$优于$f(p_{mg})$，则$p_{mg}=x_{mn}^{t+1}$；若$f(p_{mg})$优于$f(p_g)$，则$p_g=p_{mg}$。

步骤4：判断是否满足SQP执行条件，若有$\left|f(p_g^t)-f(p_g^{t-k_s})\right|\leq\varepsilon_s$，则以$p_g^t$为初始点，执行SQP并更新$p_g$。否则，执行步骤5。

步骤5：判断是否满足变异执行条件，若有$\left|f(p_g^t)-f(p_g^{t-k_v})\right|\leq\varepsilon_v$，则选择较好的$MNv$个粒子进行变异操作，并更新$p_{mn}$、$p_{mg}$和$p_g$。否则，执行步骤6。

步骤6：若t为$T/5$的整数倍，令$p_{mg}=p_g$。否则，执行步骤7。

步骤7：判断是否满足收敛条件，是，结束。否则，$t=t+1$，返回步骤2。

3. 基坑边墙临界滑裂面搜索

在使用粒子群搜索滑动面的方法中，一个粒子对应一个滑动面，由于一个粒子有n个点(x_i,y_i)，因此滑动面即为n个点的连线。可见，搜索滑动面的过程即为搜索相应n个点$(x_1,y_1),(x_2,y_2),\cdots,(x_n,y_n)$形成的$(n-1)$个样条，使得到的安全系数$F_s$最小的过程。滑动面见图3-40。

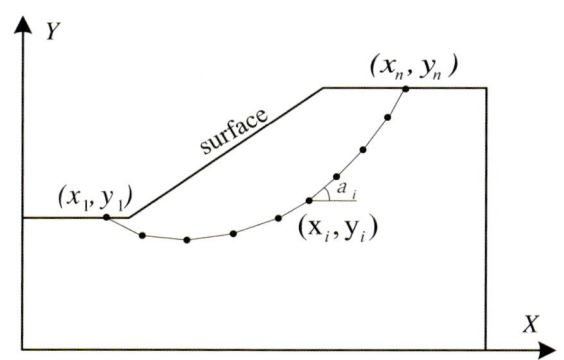

图3-40 滑动面示意图

在优化算法搜索中，粒子维度越高，搜索越困难，为了提高搜索效率，使样条宽度相等，则一个粒子可表示为$(x_1,y_2,y_3,\cdots,y_{n-1},x_n)$，这样一来，粒子维度就由原来粒子$[(x_1,y_1),(x_2,y_2),\cdots,(x_n,y_n)]$的$2n$个自由度减少为$n$个。

在粒子 $(x_1, y_2, y_3, \cdots, y_{n-1}, x_n)$ 中，有

$$b = (x_n - x_1)/(n-1)$$
$$y_i = surface(x_i) \quad i = 1, n \quad (3\text{-}9)$$
$$x_i = x_1 + (i-1)b \quad i = 2, 3 \cdots n-1$$

式中，b 为样条宽度；$surface(x)$ 为坡表面函数。为提高搜索效率，作以下约束

（1）滑动面左右端点在边坡表面上，即式（3-9）。

（2）中间各点在坡表面以下，即

$$y_i \leqslant surface(x_i) \quad i = 2, 3, \cdots n-1$$

（3）相邻两连接点与横坐标的夹角 α_i 应控制在一定范围内，本书取如下值：

$$-45° \leqslant \alpha_1 \leqslant \alpha_2 \leqslant \cdots \leqslant \alpha_i \leqslant \cdots \leqslant \alpha_{n-1} \leqslant 80°$$

对于粒子 $(x_1, y_2, y_3, \cdots, y_{n-1}, x_n)$，设置相应的连接点取值范围。$x_1$ 和 x_n 根据边坡实际状况选取一定的范围，而 $y_2, y_3, \cdots, y_{n-1}$ 在满足式（3-9）的情况下可根据前一点的纵坐标确定范围为

$$\min(i) = y \cdot (i-1) - b \cdot \tan 45°$$

$$\max(i) = y \cdot (i-1) + b \cdot \tan 80°$$

在维度较高时，为尽量提高搜索速率，在搜索得到具有一定保证率的滑动面的情况下，搜索过程中宜采用简化方法计算安全系数，如简化 Janbu 法、简化 Bishop 法等，当搜索达到一定次数后，再采用较严格的方法，如 Spencer 法等。

由于滑动面是由折线段组成的，故折线段连接点越多就越接近于真实滑动面，但是过多的连接点意味着过多的维度，从而使搜索难度增大。因此，采用连接点随迭代次数增加的方法，即开始时采用较少连接点，有利于快速收敛，随着迭代的进行引入相邻连接点的中点从而增加连接点数。

将改进的粒子群优化算法应用于沙坪坝基坑边墙稳定性分析和临界滑裂面搜索。初始连接点数为 4，随着迭代的进行，在 $t=T/2$ 处在相邻连接点中增加连接点，即随着迭代增加连接点数为 7。在适应度函数中计算最小安全系数，为提高计算精度，把样条数在原来连接点的基础上翻两倍，即随着迭代增加，样条数为 12、24，所得滑裂面见图 3-41 和图 3-42。

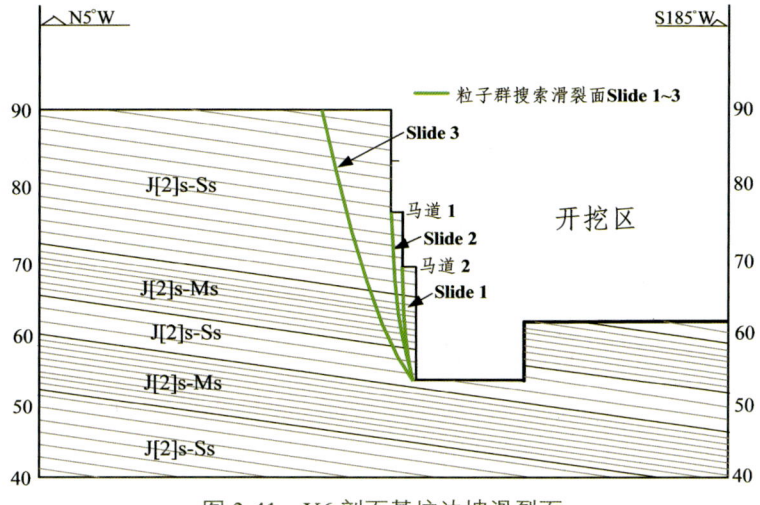

图 3-41　Y6 剖面基坑边坡滑裂面

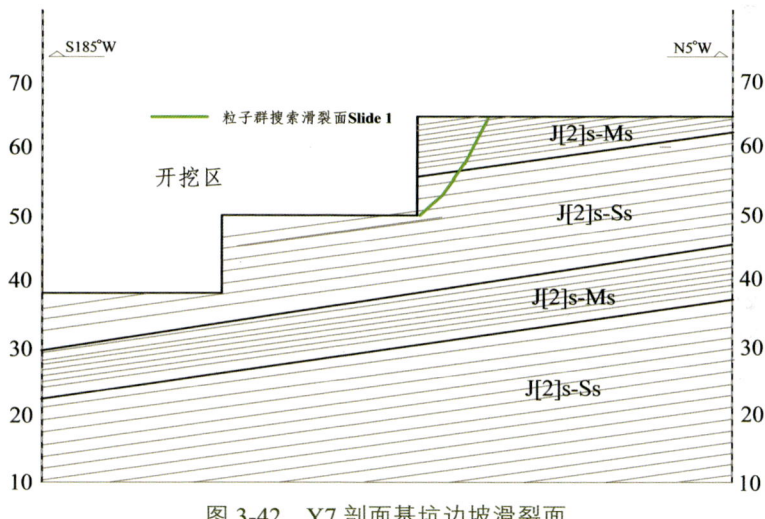

图 3-42　Y7 剖面基坑边坡滑裂面

3.6.2　基坑地表加载过程结果分析

基坑加载过程中，Y6 和 Y27 基坑变形基本相似，因此本节只对 Y6 剖面进行详细分析。地表超载过程中基坑边界变形曲线如图 3-43 所示。随着加载的进行，各测点位移绝对值不断增大，表明变形不断增大，不同测点变形曲线走势相似，模型经历弹性变形阶段、塑性变形阶段和破坏阶。

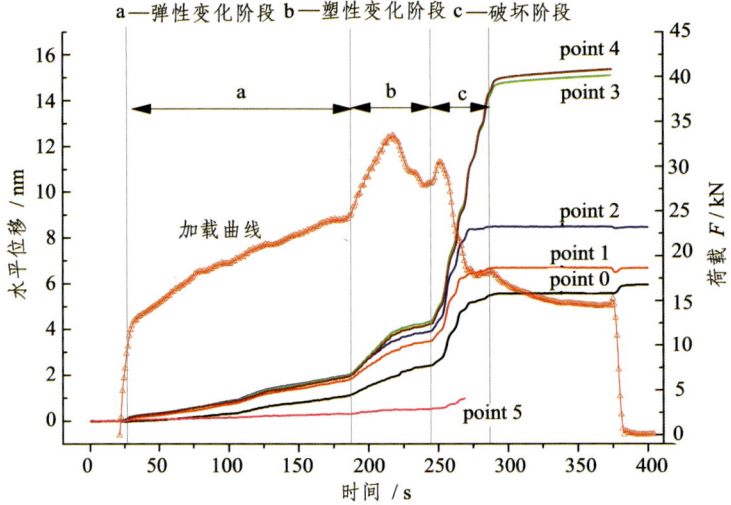

（a）基坑侧墙水平位移曲线

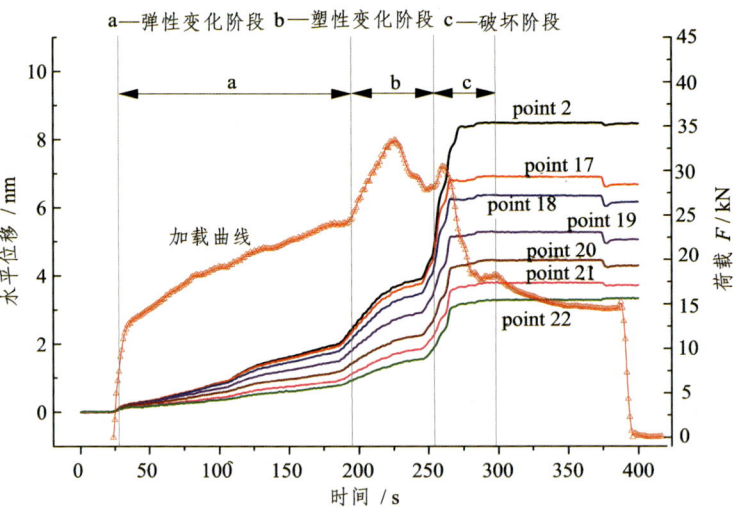

（b）基坑同一水平面水平位移曲线

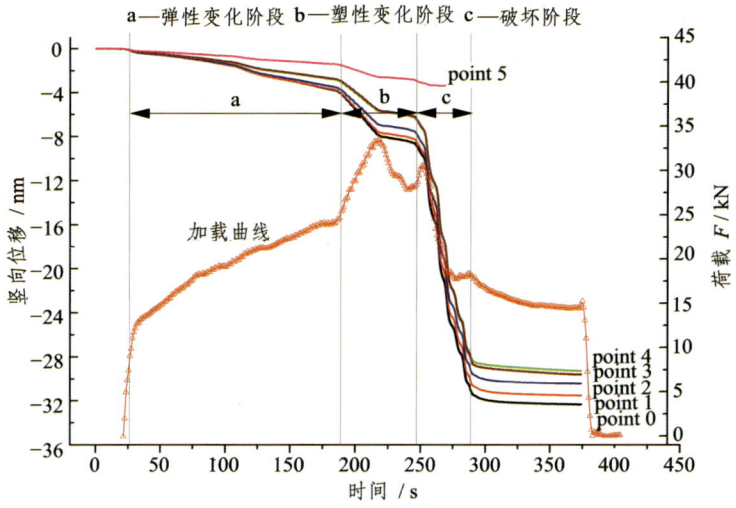

（c）基坑侧墙竖向位移曲线

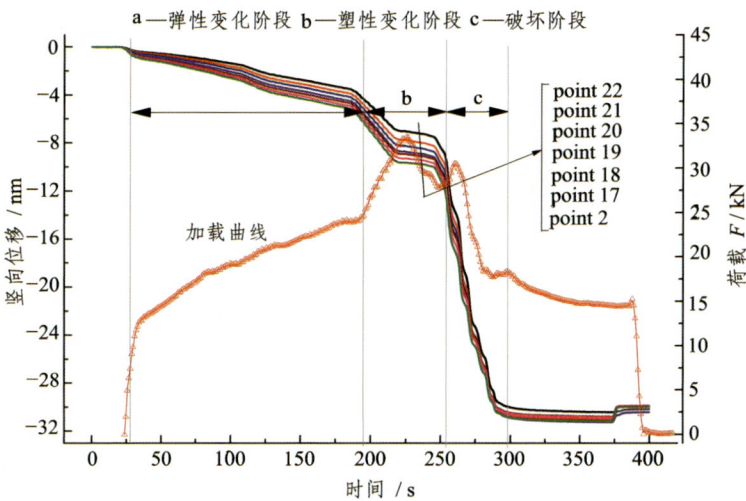

（d）基坑同一水平面竖向位移曲线

图 3-43　Y6 剖面基坑模型加载边界点位移曲线

（1）弹性变形阶段：基坑变形与外荷载基本呈线性变化，变形量较小。

（2）塑性变形阶段：基坑侧墙水平位移明显增大，最大侧向变形发生在侧墙三分之一处，地表垂直沉降也明显增大。部分土体处于塑性状态，继而产生细微裂缝，从而使土中应力重新分布，基坑变形大幅度增加，土体变形不再与外荷载保持线性递增关系。

（3）破坏阶段（渐进性开裂变形阶段）：坡面变形急剧增加，裂缝快速扩展，当变形达到一定程度时，基坑外侧土体向坑内产生破坏性的滑动，致使基坑失稳，基坑附近地层也发生大量沉陷，最终边坡崩溃。

模型加载基坑边界点位移曲线见图 3-43，基坑侧墙底部水平位移较顶部位移大，例如侧墙上的测点有 4>3>2>1>0，测点 5 位移至基坑底以下，其横向变形受到基底岩土体的约束，所以变形较小，见图 3-43（a）；距离基坑越近，水平位移越大，例如同一水平面上的测点有 2>17>18>19>20>21>22，见图 3-43（b）；基坑侧墙底部沉降较顶部位移小，例如侧墙上的测点有 5>4>3>2>1>0，见图 3-43（c）；距离基坑越近沉降越大，例如同一水平面上的测点沉降有 2>17>18>19>20>21>22，见图 3-43（d）。

为分析加载过程中基坑的整体变形机理，给出具有代表性的时间点的位移云图，对弹性变形阶段、塑性变形阶段和破坏阶段，取时间为 150 s、230 s 和 300 s，其相应的位移云图见图 3-44。由图可知：

（1）加载过程中，基坑边墙产生向坑内的侧移和向下的沉降，基坑底部产生向上的回弹，随着加载的进行，变形越来越大，基坑周围产生较大的塑性区；模型整体表现为岩土体向基坑内部移动，并且基坑底部产生向上的隆起变形。这是由于随着加载的进行，基坑侧墙产生较大的水平应力，水平应力导致土体向基坑内部侧移，侧向变形进而导致侧墙部分岩土体剪力增大，出现塑性区；基坑开挖面以下被动区岩土体向坑内移动，使得基坑底部水平应力增大，致使坑底土体剪应力加大而发生水平向挤压和中间大两边小的向上隆起。

（2）由图 3-44（c）可知，基坑边墙的位移等值线大致呈由坑底斜向上的斜线形式，水平位移等值线倾斜度比竖向位移等值线倾斜度大，说明地表超载情况下对基坑边坡的水平位移影响较为集中。

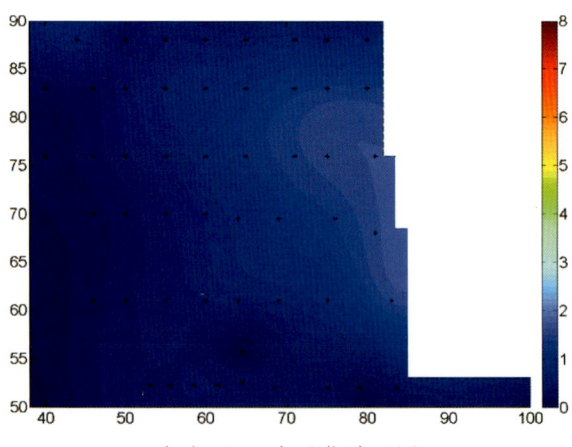

(a) 150 s 水平位移云图

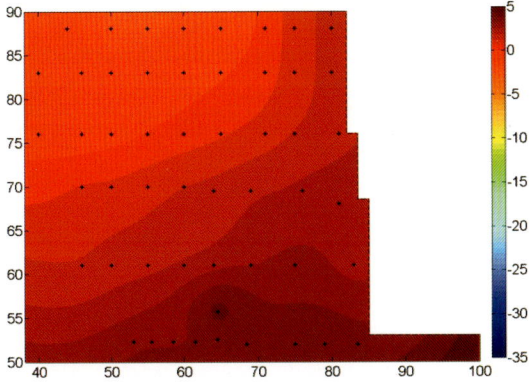

(b) 150 s 竖向位移云图

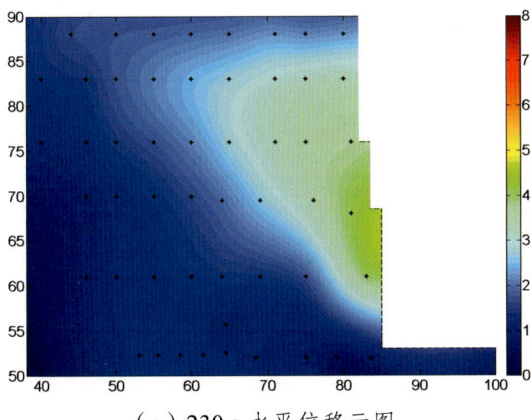

(c) 230 s 水平位移云图

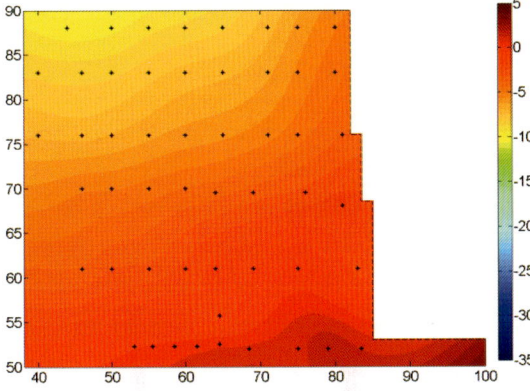

(d) 230 s 竖向位移云图

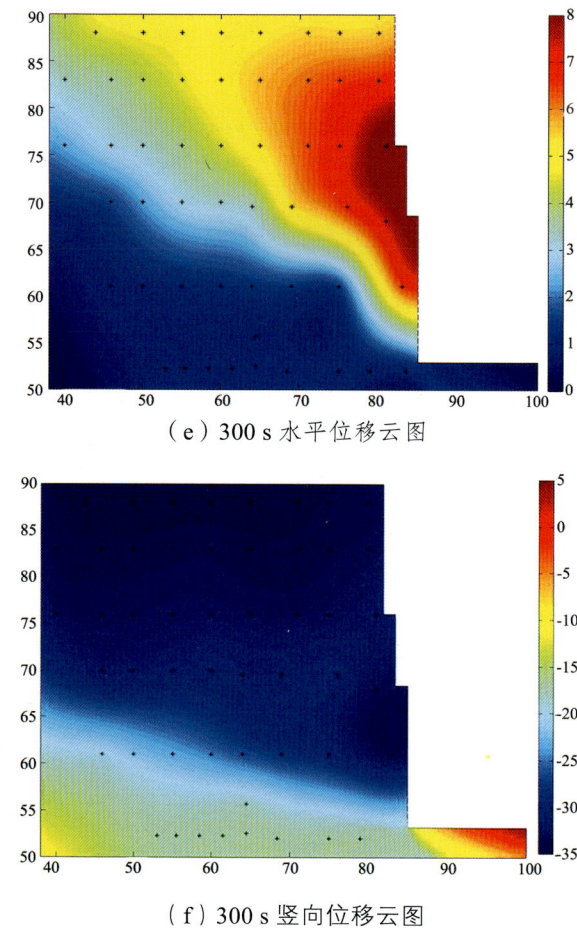

（e）300 s 水平位移云图

（f）300 s 竖向位移云图

图 3-44　Y6 剖面基坑模型加载边界点位移云图（mm）

3.6.3　基坑地表超载破坏机理分析

1. Y6 剖面破坏机理分析

地表超载作用下，基坑岩体自马道 2 开始向基坑底部产生裂纹，并逐层向里破坏，主要呈剪切破坏模式（图 3-45）。试验模型加载破坏过程为：首先在基坑底部出现斜裂纹①（斜裂纹①从上向下发展），接着产生裂纹②，产生裂纹③，再产生裂纹④，裂纹从基坑边墙逐层向内发展；当裂纹②和裂纹③不断发展时，遇泥岩层进而产生较为破碎的裂纹带⑤，破碎裂纹带⑤也不断由基坑边墙向岩层方向发展。布碎裂纹带⑤主要沿泥岩层分布，并阻断了裂纹③④继续向下发展，表明泥岩层为较为软弱。

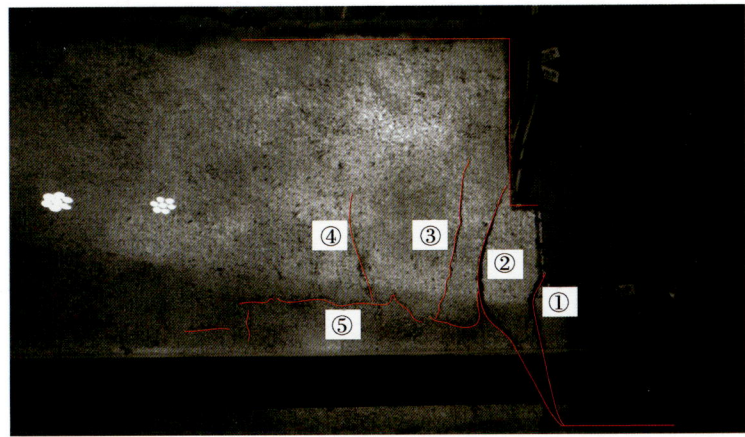

（a）模型加载破坏图

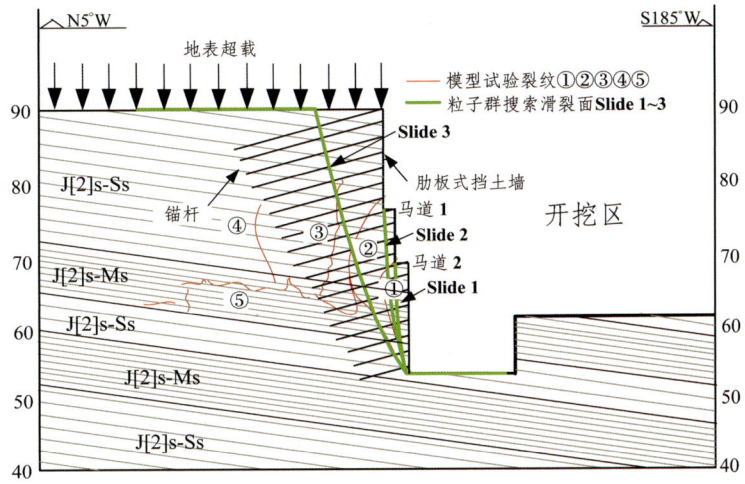

（b）基坑加锚设计图

图 3-45 Y6 剖面基坑超载破坏

由基于粒子群的基坑边墙滑裂面搜索方法得出滑裂面[图 3-45（b）]Slide 1、Slide 2 和 Slide 3。由图可知，裂纹①和裂纹②与数值搜索滑裂面部分吻合较好，滑裂面剪出口都在基坑底部。Slide 1 和裂纹①的拉裂缝位置都在马道 2 附近，Slide 2 和裂纹②的拉裂缝位置都在马道 1 附近。结合基坑锚固设计资料，由图 3-45（b）可知，基坑边墙的锚固方案穿过了主要破裂面，能有效防止 Slide 1、Slide 2 和 Slide 3 的产生，对于试验结果而言可以防止裂纹①和裂纹②的产生，由裂纹④的发展趋势分析知锚杆能有效阻止裂纹④继续向上发展。因此该锚固方案合理，能有效提高基坑的整体稳定性。由于试验材料非理想均质材料，并且地表加载并非绝对的均匀加载，导致试验结果与数值结果有一定偏差，但其主要破坏机理基本是一致的。

2. Y27剖面破坏机理分析

地表超载作用下，基坑岩体裂纹自地表向下扩展，呈顶部张拉下部剪切破坏（图3-46）。试验模型加载破坏过程为：首先在地表处产生较为破碎的裂纹并不断向下发展，当发展到砂岩层时汇聚形成裂纹①，接着在第二开挖面附近产生裂纹②，裂纹③几乎与裂纹②同时产生。裂纹①和裂纹②几乎平行，并成直线发展，其中裂纹②在穿越泥岩层时破裂角度稍变平缓，之后继续向下发展；裂纹③首先竖直拉裂，当遇到泥岩与砂岩交界面时，沿层面滑动破坏，表明砂岩与泥岩交界面是较为薄弱的部位。

由基于粒子群的基坑边墙滑裂面搜索方法得出滑裂面，见图3-46（b）。由图可知，裂纹①与数值搜索滑裂面基本吻合，滑裂面剪出口都在基坑第一台阶底部，拉裂缝位置几乎重合。结合基坑锚固设计方案及图3-46（b）所示的滑裂面位置可知，基坑第一台阶以上边墙的锚固方案穿过了滑裂面，可以防止裂纹①和Slide 1的产生，第二台阶为喷锚网支护，对裂纹②、③作用较小，但裂纹②、③形成的滑动模式并不会在基坑边墙或坑底出露形成破坏，说明该锚固方案比较合理。

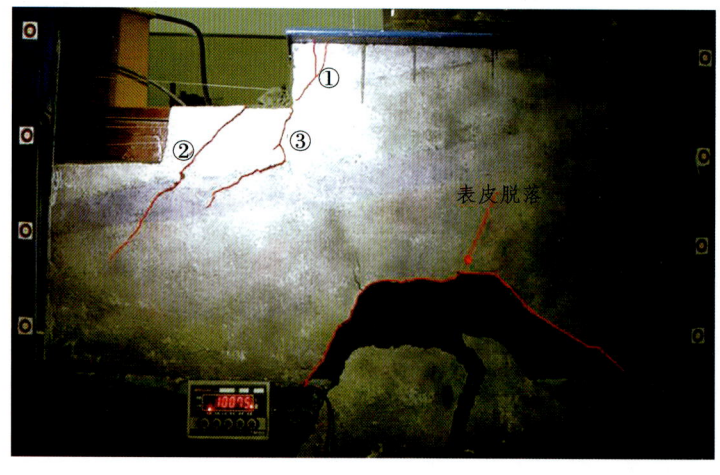

（a）模型加载破坏图

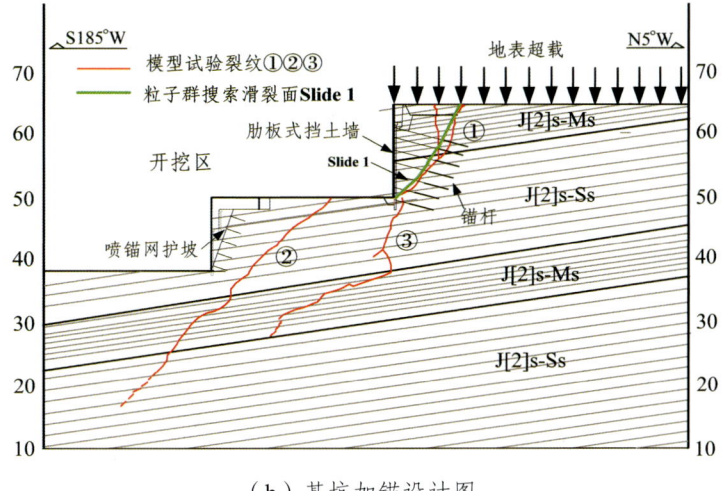

(b) 基坑加锚设计图

图 3-46　Y27 剖面基坑超载破坏

3.7　小　结

本章采用相似材料物理模型试验，并与 FLAC3D 数值模拟、粒子群滑裂面搜索方法相结合，研究基坑开挖变形机理、基坑开挖对临近建筑物影响以及基坑地表超载破坏机理。得到如下主要研究结论：

（1）通过对工程概况和地质条件等进行分析，选取开挖深度最大的 Y6 剖面以及距离临近高层最近的 Y27 剖面为典型断面进行研究。在分析 Y6 剖面和 Y27 剖面基坑工程地质特征的基础上进行了相似理论研究，结合现有试验条件和设备确定了模型试验几何相似比为 120，得出相似材料目标物理力学参数。选取重晶石粉、石膏、甘油和水作为原材料，采用正交试验法进行配比研究，设计了三种不同的养护方式，分析其对相似材料性能的影响，并采用极差分析法研究各种原材料对岩体相似材料力学性能的影响，研制出满足相似比要求的两组配比来模拟砂岩和泥岩。

（2）自主设计了一套完善的深基坑开挖与加载破坏的物理模型试验系统，该系统包括模型制作系统、模型监测系统以及模型加载系统。完成了 Y6 剖面和 Y27 剖面基坑开挖的物理模型试验，模型试验中由接触式静态应变监测系统和非接触式 ARAMIS 三维光学监测系统得出的监测结果基本一致，表明采用此二者相结合的监测方案是合理的。

（3）随着基坑开挖的进行，基坑侧墙向坑内侧移，基底岩土体向上回弹；基坑开挖完成后 Y6 剖面侧墙最大侧移发生在基底以上三分之一位置，Y27 剖面侧墙水平位移呈上大下小的倒三角分布，由于基坑工程中岩体的强度较大，基坑开挖后处于弹性状态，因此基坑竖向位移主要以回弹为主。

（4）分析 Y27 剖面深基坑开挖对临近建筑物的影响表明，基坑开挖后在建筑物底部产生了较为明显的变形；由建筑物整体框架模型模拟与建筑物等效荷载模型模拟得出建筑物基底变形机理基本一致，验证了采用等效荷载模拟基坑临近建筑物是合理的。Y27 剖面基坑模型在各级开挖状态下由模型试验、建筑物等效荷载模型和建筑物整体框架模型数值模拟得出建筑物地基不均匀沉降基本一致，随着开挖的进行，对临近建筑物影响越来越大，但三四级开挖对临近建筑物的影响相对于一二级开挖要小；开挖完成后，三种方法所得的建筑物不均匀沉降最大位移分别为 2.76 mm、2.12 mm 和 1.85 mm，倾斜值分别为 1.10×10^{-4}、8.46×10^{-5} 和 7.39×10^{-5}，由现场监测得到倾斜值为 1.46×10^{-5}，所得结果均表明建筑物背向基坑倾斜，且倾斜值均远小于规范允许的 2.50×10^{-3}。

（5）提出基于变异和二次序列规划的改进粒子群优化算法，采用该方法对基坑边墙的最危险滑裂面进行搜索。所得结果与试验结果对比分析可知基坑变形破坏机理基本一致，因此采用粒子群优化算法对基坑边墙潜在危险滑裂面进行预测是合理的。完成了 Y6 剖面和 Y27 剖面基坑加载破坏物理模型试验，随着加载的进行，基坑模型经历弹性变形阶段、塑性变形阶段和破坏阶段，Y6 剖面基坑岩体自马道 2 开始产生向基坑底部的裂纹，并逐层向里破坏，主要呈剪切破坏模式；Y27 剖面基坑岩体裂纹自地表向下扩展，呈顶部张拉下部剪切破坏。结合基坑设计资料知，锚杆的布置穿过了基坑主要的潜在破裂面，能防止滑面的产生，从而提高基坑整体稳定性。

第 4 章

深基坑围护方案二维数值模拟分析

4.1 数值计算原理

边坡稳定性数值计算采用FLAC3D方法进行计算[6]。以下对FLAC3D方法的基本原理进行简要的叙述。

FLAC方法是基于Cundall P.A.提出的一种显示差分方法，其求解过程具有以下几个特点：

（1）连续介质被离散为若干相互连接的实体单元，作用力被等效作用在节点上。

（2）变量关于空间和时间的一阶导数均用有限差分来近似。

（3）采用动态松弛方法，应用质点运动方程求解，通过阻尼使系统运动衰减至平衡状态。

FLAC方法在计算中不需通过迭代满足本构关系，只需使应力根据应力应变关系，随应力变化而变化，因此，较适合处理复杂岩体开挖卸荷加固效应问题。

（1）运动方程。

描述物体运动的基本方程可表达为

$$\rho \frac{\partial \dot{u}}{\partial t} = \frac{\partial \sigma_{ij}}{\partial x_i} + \rho g_i$$

式中，ρ为物体的密度；t为时间；x_i为坐标向量的分量；g_i为重力加速度分量；σ_{ij}为应力张量分量。

FLAC3D以节点为计算对象，将力和质量均集中在节点上，然后通过运动方程在时域内进行求解，节点运动方程可表示为

$$\frac{\partial v_i^l}{\partial t} = \frac{F_i^l(t)}{m^l} \tag{4-1}$$

式中，$F_i^l(t)$ 为在 t 时刻 l 节点在 i 方向的不平衡力分量；v_i^l 为在 t 时刻 l 节点在 i 方向的速度，由虚功原理导出；m^l 为 l 节点的集中质量，在分析静态问题时，采用虚拟质量以保证数值稳定，而在分析动态问题时则采用实际的集中质量。

将式（4-1）左端用中心差分来近似，则可得到

$$v_i^l\left(t+\frac{\Delta t}{2}\right)=v_i^l\left(t-\frac{\Delta t}{2}\right)+\frac{F_i^l(t)}{m^l}\Delta t$$

式中，v_i^l 为在 t 时刻 l 节点在 i 方向的速度；$F_i^l(t)$ 为在 t 时刻 l 节点在 i 方向的不平衡力分量，Δt 为时间差分增量。

（2）本构方程。

应变速率与速度变量关系可写成

$$\dot{e}_{ij}=\left[\frac{\partial \dot{u}_i}{\partial x_j}+\frac{\partial \dot{u}_j}{\partial x_i}\right]$$

式中，$\dot{e}_{ij}$ 为应变速率分量；$\dot{u}_i$ 为速度分量。

本构关系有如下形式：

$$\sigma_{ij}=M(\sigma_{ij},\dot{e}_{ij},k) \tag{4-2}$$

式中，k 为时间历史参数；M 为本构方程形式。

（3）边界条件。

在 FLAC3D 程序中，对于固体来说，存在应力边界条件或位移边界条件。在给定的网格点上，位移用速度表示。对于应力边界条件而言，力由式（4-3）求出：

$$F_i=\sigma_{ij}^b n_i \Delta s \tag{4-3}$$

式中，n_i 为边界段外法线方向单位矢量；Δs 为应力 σ_{ij}^b 作用边界段的长度。

对于特定的网格节点，力 F_i 被加到相应网格点外力和之中。

（4）应变、应力及节点不平衡力。

FLAC3D 由速率来求某一时步的单元应变增量，

$$\Delta e_{ij}=\frac{1}{2}(v_{i,j}+v_{j,i})\Delta t \tag{4-4}$$

根据式（4-4）求得应变增量，再代入式（4-2）求出应变增量，各时步的应力增量叠加即可求出总应力。

（5）阻尼力。

对于静态问题，在式（4-1）的不平衡力中加入了非黏性阻尼，使系统的振动逐渐衰减至平衡状态（即不平衡力接近于零）。此时，式（4-1）变为

$$\frac{\partial v_i^l}{\partial t} = \frac{F_i^l(t) + f_i^l(t)}{m^l}$$

阻尼力为

$$f_i^l(t) = -\alpha \left| F_i^l(t) \right| \text{sign}(v_i^l)$$

其中

$$\text{sign}(y) = \begin{cases} 1 & (y > 0) \\ -1 & (y < 0) \\ 0 & (y = 0) \end{cases}$$

式中，α 为阻尼系数。

（6）计算流程。

FLAC3D 方法计算流程如下图 4-1 所示。

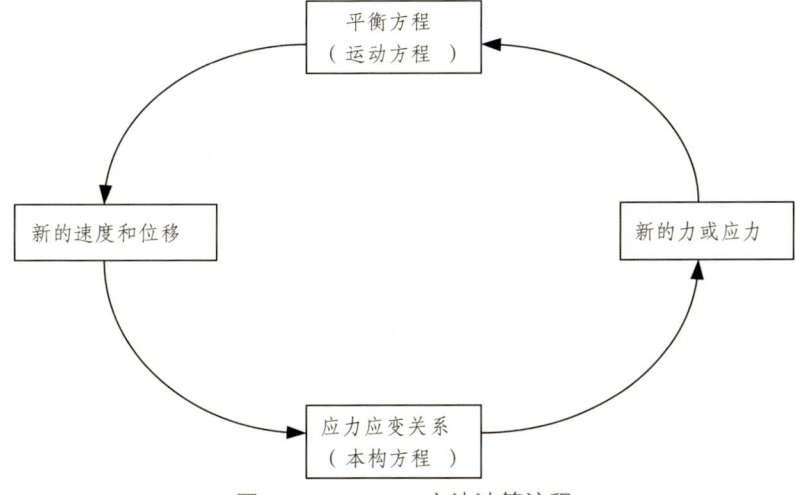

图 4-1 FLAC3D 方法计算流程

由以上原理可以看出，无论是动力问题还是静力问题，FLAC3D 方法均由运动方程用显式方法进行求解，这使得它很容易模拟动力问题，如振动、失稳、大变形等。对显式方法来说，非线性本构关系与线性本构关系并无算法上的差别，对于已知的应变增量，可以很方便地求出应力增量，并得到不平衡力，这同实际物理过程一样，可以跟踪系统的演化过程。在计算过程中，可以随意中断与进行，可以随意改变计算参数和边界条件，因此，较适合处理复杂的非线性岩体开挖卸荷效应的问题。

数值计算中假想工程区域的边界是逐渐施加上去的，在岩体变形的初始阶段，每个岩体微元将处于弹性状态，弹性状态的界限称为屈服条件。当岩体微元的应力状态达到该界限时，进一步加载就可能使岩体微元产生不可恢复的塑性变形。本次进行的基坑弹塑性有限元开挖加固计算所采用的本构模型为理想弹塑性模型。在基坑开挖过程中,边墙岩体经历了不同程度的卸荷作用过程,伴随此过程岩体发生不同程度的弹塑性变形,在该过程中,岩体可能出现压剪和张拉破坏,故本次典型高边坡岩体变形破坏力学行为的模拟采用弹塑性本构模型和能判断岩体张拉破坏的屈服准则。通常采用的岩土屈服准则是广义米赛斯准则(Drucker-Prager 准则)与莫尔-库仑准则。Drucker-Prager 准则在主应力空间上的屈服面为一圆锥面,在π平面上为圆形,不存在尖顶处的数值计算问题;虽然莫尔-库仑准则的屈服面为不规则的六角形截面的角椎体表面,在π平面上为不等角六边形,存在尖顶和菱角,给数值计算带来困难,但由于数值计算模拟技术的进步可以对尖顶处进行较好的处理,同时莫尔-库仑准则在边坡工程中有广泛的应用基础和经验积累,因此,本次计算采用能反映压剪和张拉破坏的莫尔-库仑与拉破坏准则结合的复合准则进行岩体屈服破坏判断。莫尔-库仑准则在主应力空间的描述如图 4-2,复合准则在 (σ_1, σ_3) 平面上的描述如图 4-3,图 4-3 中 A 点到 B 点为莫尔-库仑屈服准则 $f^s = 0$,其中 f^s 可以表示为下式:

$$f^s = \sigma_1 - \sigma_3 N_\phi + 2c\sqrt{N_\phi}$$

式中,ϕ 为内摩擦角;c 为黏聚力;$N_\phi = \dfrac{1+\sin\phi}{1-\sin\phi}$。

图 4-3 中的 B 点到 C 点为拉破坏准则 $f^t = 0$,其中 f^t 可以表示为

$$f^t = \sigma_3 - \sigma^t$$

式中,σ_t 为抗拉强度,抗拉强度的最大值 $\sigma^t_{max} = \dfrac{c}{\tan\phi}$。

塑性势函数分别由剪切塑性流动函数 g^s 和张拉塑性流动函数 g^t 表示,它们分别表示为

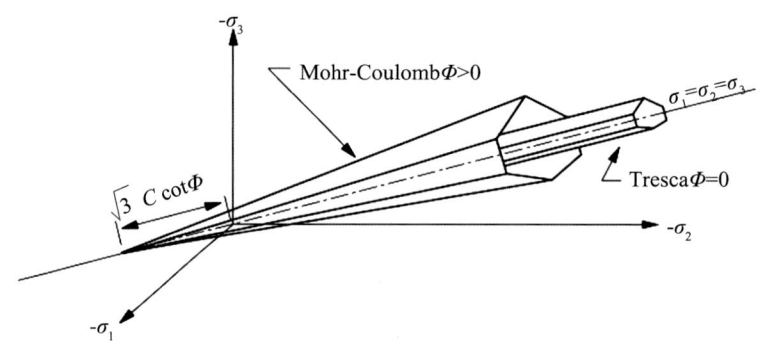

图 4-2　主应力空间的 Mohr-Coulomb 屈服准则

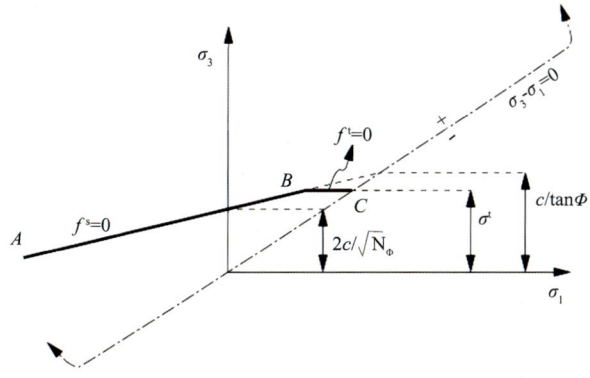

图 4-3　FLAC3D 中的 Mohr-Coulomb 屈服准则

$$g^s = \sigma_1 - \sigma_3 N_\psi$$

$$g^t = \sigma_3$$

式中，ψ 为剪胀角；$N_\psi = \dfrac{1+\sin(\psi)}{1-\sin(\psi)}$。

4.2　计算剖面及计算参数

为了深入研究基坑在逐层开挖及支护过程中的应力-应变演化规律，本项研究共选取了 5 个剖面共 6 个典型边墙进行分析，分别为剖面 Y6 北侧边墙、剖面 Y6 南侧边墙、剖面 Y18 北侧边墙、剖面 Y20 南侧边墙、剖面 Y21 北侧边墙、剖面 Y27 北侧边墙。这 5 个剖面的平面布置及其相互关系如图 4-4 所示，工程地质剖面相应的计算参数如图 4-5～图 4-10 及表 4-1 所示。

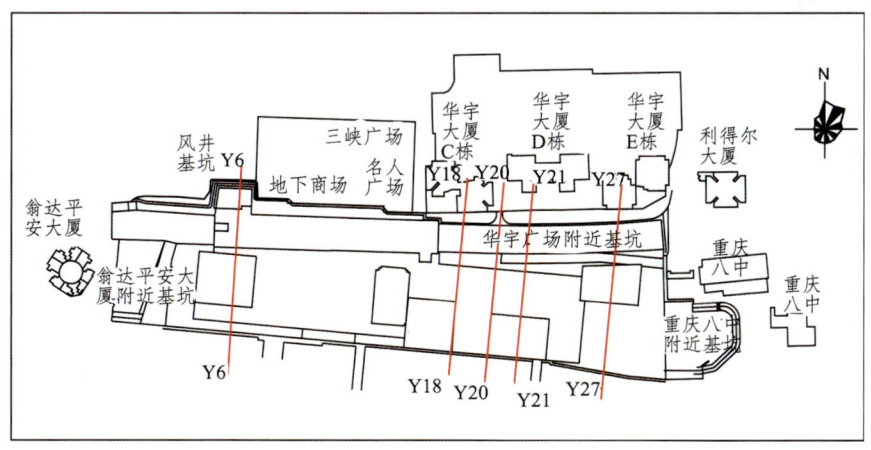

图 4-4　基坑平面布置图

表 4-1 支护措施表

剖面号	支护措施	锚杆层编号	锚杆根数	剖面号	支护措施	锚杆层编号	锚杆根数
Y6（北侧）	EL249.55～EL237.55 板肋式锚杆挡墙	1～5	5	Y6（南侧）	EL248.63～EL242.30 重力式挡土墙	1	6
	EL237.55～EL218.80 板肋式锚杆挡墙	6～13	5		EL242.30～EL230.80 板肋式锚杆挡墙	2～6	6
Y18（北侧）	EL253.80～EL249.55 重力式挡土墙			Y20（南侧）	EL248.41～EL245.00 重力式挡土墙 5		
	EL249.55～EL234.05 板肋式锚杆挡墙	1～6	4		EL245.00～EL220.60 板肋式锚杆挡墙	1～10	5
Y21（北侧）	EL255.08～EL250.80 重力式挡土墙 3/6	1～2	3	Y27（北侧）	EL256.42～EL252.77 重力式挡土墙 3/6		
	EL250.80～EL234.30 板肋式锚杆挡墙	3～7	6		EL252.77～EL236.27 板肋式锚杆挡墙	1～2	3
						3～7	6
						3～7	6

注：在剖面图中，锚杆层从上往下编号。

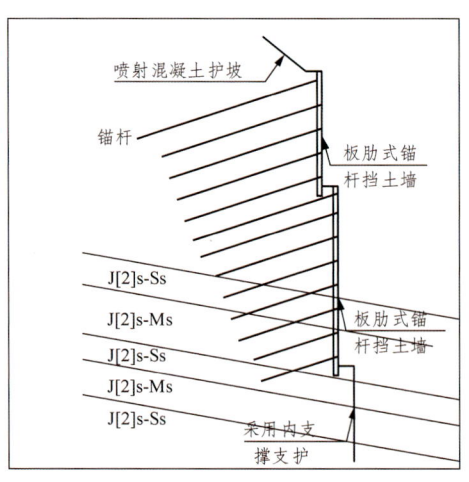

图 4-5 剖面 Y6 北侧边墙地质图及支护图   图 4-6 剖面 Y6 南侧边墙地质图及支护图

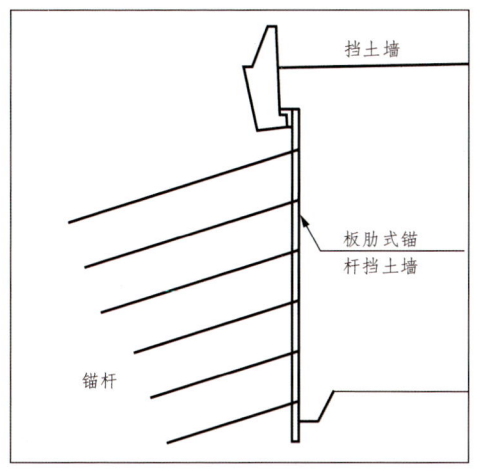 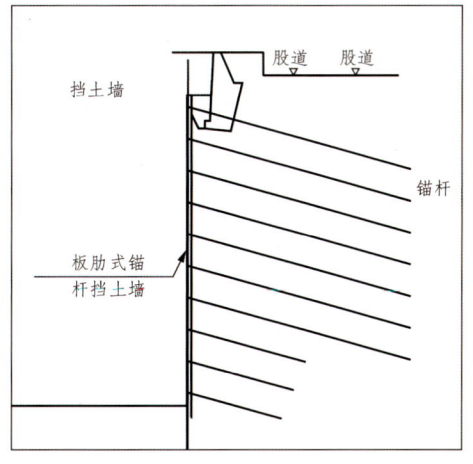

图 4-7 剖面 Y18 北侧边墙地质图及支护图　　图 4-8 剖面 Y20 南侧边墙地质图及支护图

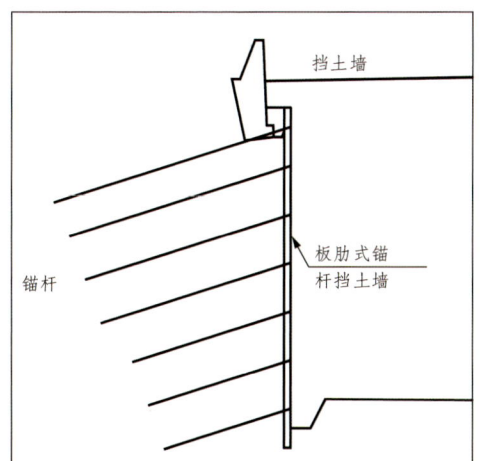 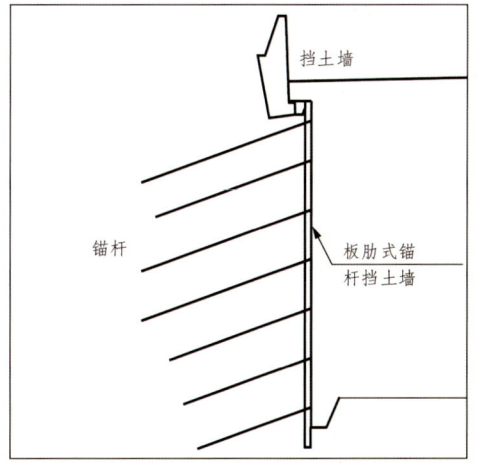

图 4-9 剖面 Y21 北侧边墙地质图及支护图　　图 4-10 剖面 Y27 北侧边墙地质图及支护图

4.3　计算参数

　　进行计算时，岩体材料参数的选取见表 4-2。为了与规范中的极限平衡方法做对比，选取如表 4-3 所示的岩体参数，其中岩体的抗剪强度取等效内摩擦角。参考相关规范及工程经验选用如表 4-4 所示的锚杆材料参数，选取如表 4-5 所示的混凝土面层参数。

表 4-2 地层计算参数一

地层	天然重度 /(kN/m³)	变形模量 /MPa	泊松比	内摩擦角 /(°)	黏聚力 /kPa
填土	19.8	4.64	0.25	20	5
粉质黏土	18.9	4.64	0.31	15.7	26
泥岩	25.9	840	0.33	32.2	324
砂岩	24.6	2 690	0.252	37.3	1 200

表 4-3 地层计算参数二

地层	天然重度 /(kN/m³)	变形模量 /MPa	泊松比	等效内摩擦角/(°)	黏聚力 /kPa
填土	19.8	4.64	0.25	30	0
粉质黏土	18.9	4.64	0.31	30	0
泥岩	25.4	840	0.33	52	0
砂岩	25.4	2 690	0.252	52	0

表 4-4 锚杆的材料特性

名称	弹性模量 /GPa	抗拉强度 /MPa	单根锚杆横截面积 /mm²	水泥浆黏结强度 /kPa	水泥浆黏结刚度 /(MN/m)	砂浆的外圈周长 /cm	水泥浆摩擦角/(°)
锚杆（土中）	200	310	615.8	50	10	40.8	15
锚杆（岩中）	200	310	615.8	150	1 000	40.8	25

表 4-5 混凝土面层参数

名称	弹性模量/GPa	泊松比	厚度/mm	强度等级
混凝土面层参数	35	0.2	80	C20

4.4 计算荷载

（1）自重荷载：采用自重荷载产生基坑的初始应力场。

（2）建筑荷载：考虑到基坑工程支护的复杂性，在利用 FLAC3D 数值模拟进行网格建模分析时，将基坑周围的建筑物简化成相应分布面上的荷载，每层楼按

20 kPa/m² 取值。比如，30 剖面的华宇大厦层高 33 层，地下室为 2 层，则简化荷载为 660 kPa/m²。

（3）基坑南侧铁路荷载：火车站站台荷载按照 20 kPa/m² 计算；铁路股道荷载按照 60 kPa/m² 计算。

4.5 计算模型

4.5.1 剖面 Y6 北侧

剖面 Y6 北侧边墙二维整体有限元模型如图 4-11 所示，x 向为南北向，向南为正；y 向为东西向，向东为正；z 为竖向，向上为正。x 方向为固定约束，y、z 方向边界均为水平链杆约束。模型计算范围为横向 104 m，垂直向 100 m（从高程 250 m 到高程 150 m）。有限元模型对地面超载、岩体质量分类界线等进行了细致模拟，共剖分单元 1 880 个，结点 3 936 个。

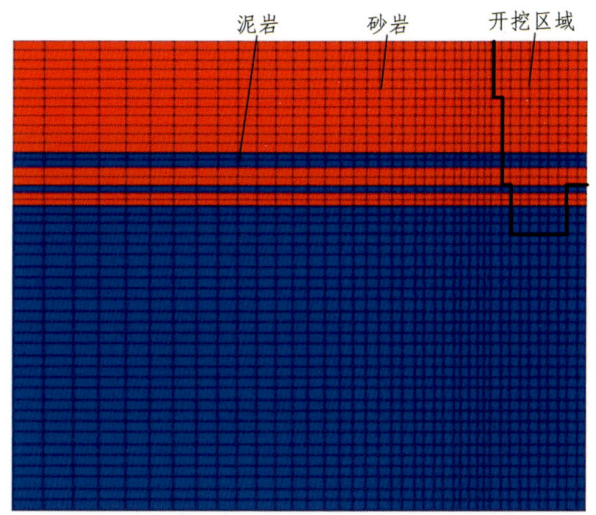

图 4-11　剖面 Y6 北侧边墙整体有限元模型

4.5.2 剖面 Y6 南侧

剖面 Y6 南侧边墙二维整体有限元模型如图 4-12 所示，x 向为南北向，向南为正；y 向为东西向，向东为正；z 为竖向，向上为正。x 方向为固定约束，y、z 方向边界均为水平链杆约束。模型计算范围为横向 85 m，垂直向 68 m（从高程 249 m 到高程 181 m）。有限元模型对地面超载、岩体质量分类界线等进行了细致模拟，共剖分单元 713 个，结点 1 538 个。

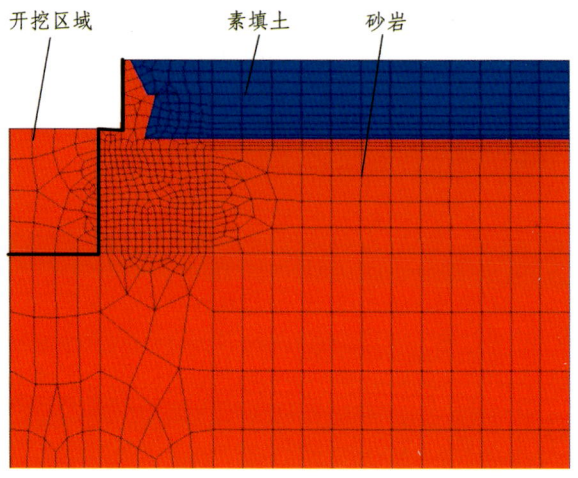

图 4-12　剖面 Y6 南侧边墙整体有限元模型

4.5.3　剖面 Y18

剖面 Y18 北侧边墙二维整体有限元模型如图 4-13 所示，x 向为南北向，向南为正；y 向为东西向，向东为正；z 为竖向，向上为正。x 方向为固定约束，y、z 方向边界均为水平链杆约束。模型计算范围为横向 61 m，垂直向 74 m（从高程 254 m 到高程 180 m）。有限元模型对地面超载、岩体质量分类界线等进行了细致模拟，共剖分单元 1 390 个，结点 2 942 个。

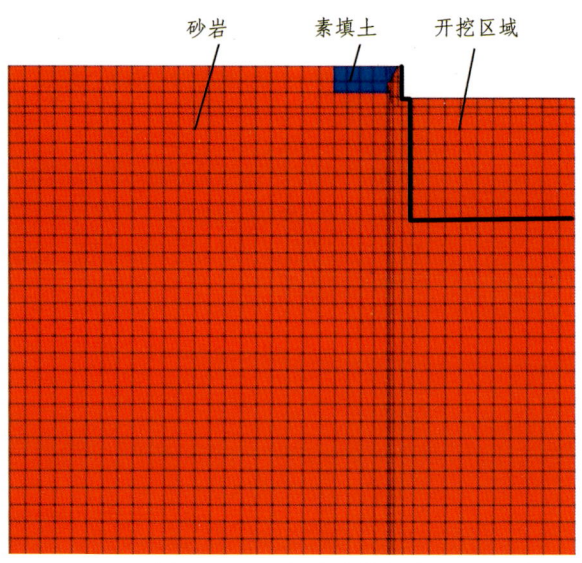

图 4-13　剖面 Y18 北侧边墙整体有限元模型

4.5.4　剖面 Y20

剖面 Y20 临近华宇大厦，南侧边墙二维整体有限元模型如图 4-14 所示，x 向为南北向，向南为正；y 向为东西向，向东为正；z 为竖向，向上为正。x 方向为固定约束，y、z 方向边界均为水平链杆约束。模型计算范围为横向 84 m，垂直向 78 m（从高程 248 m 到高程 170 m）。有限元模型对地面超载、岩体质量分类界线等进行了细致模拟，共剖分单元 1 311 个，结点 2 782 个。

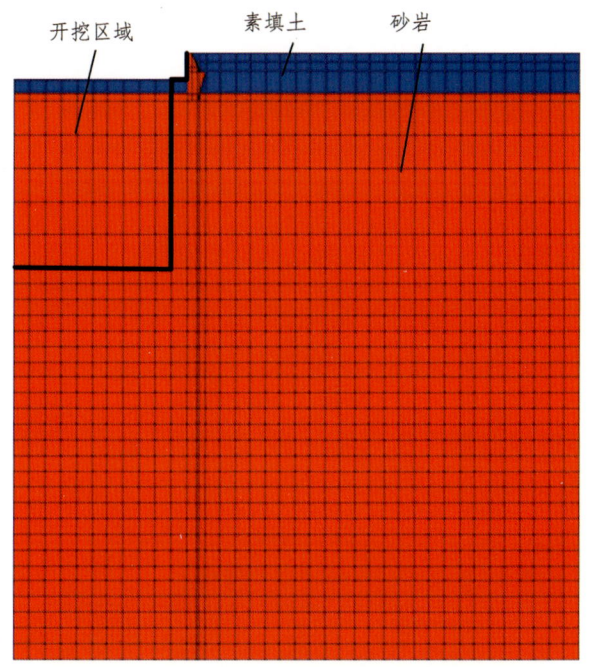

图 4-14　剖面 Y20 南侧边墙整体有限元模型

4.5.5　剖面 Y21

剖面 Y21 北侧边墙二维整体有限元模型如图 4-15 所示，x 向为南北向，向南为正；y 向为东西向，向东为正；z 为竖向，向上为正。x 方向为固定约束，y、z 方向边界均为水平链杆约束。模型计算范围为横向 61 m，垂直向 75 m（从高程 255 m 到高程 180 m）。有限元模型对地面超载、岩体质量分类界线等进行了细致模拟，共剖分单元 1 390 个，结点 2 942 个。

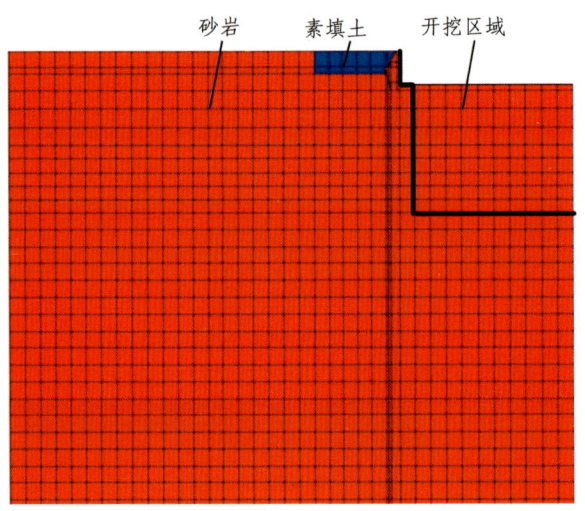

图 4-15 剖面 Y21 北侧边墙整体有限元模型

4.5.6 剖面 Y27

剖面 Y27 北侧边墙二维整体有限元模型如图 4-16 所示，x 向为南北向，向南为正；y 向为东西向，向东为正；z 为竖向，向上为正。x 方向为固定约束，y、z 方向边界均为水平链杆约束。模型计算范围为横向 61 m，垂直向 76 m（从高程 256 m 到高程 180 m）。有限元模型对地面超载、岩体质量分类界线等进行了细致模拟，共剖分单元 1 423 个，结点 3 012 个。

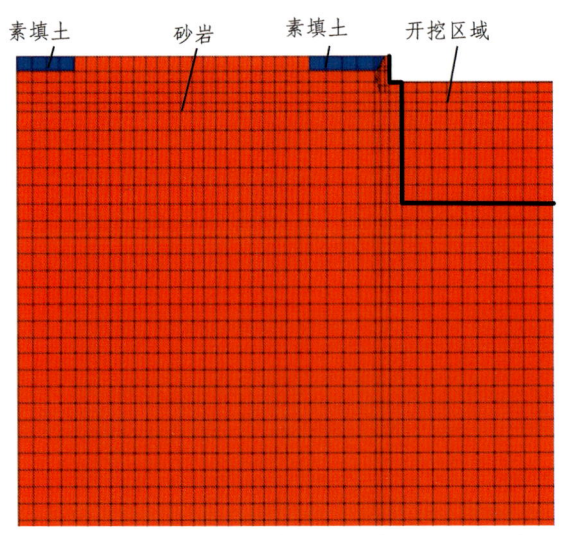

图 4-16 剖面 Y27 北侧边墙整体有限元模型

4.6 剖面 Y6 北侧分析

4.6.1 开挖前地层初始应力

在实际基坑开挖前,地层岩土体在长期自重应力及构造应力作用下已处于稳定状态,因此在进行基坑开挖模拟前,需要得到模型的初始应力状态。基坑开挖属于地表工程,构造应力对初始应力场影响不明显,故本项研究采用地层在自重作用下的应力作为基坑开挖前的初始应力。图 4-17 为开挖前基坑竖直向应力图,图 4-18 为开挖前基坑水平向应力图。

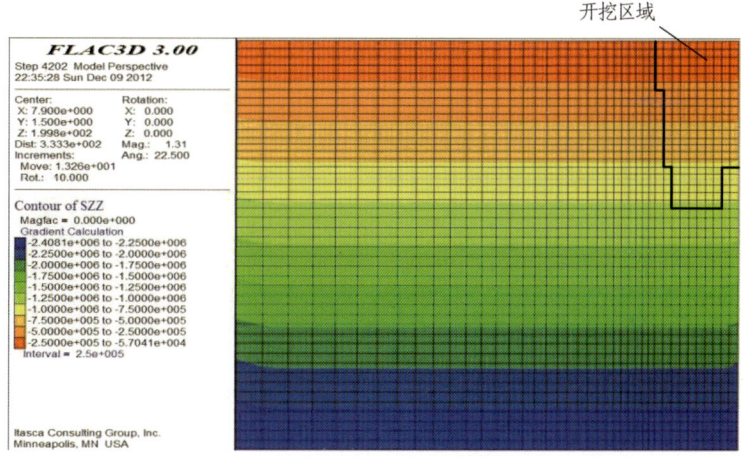

图 4-17 剖面 Y6 北侧开挖前基坑竖直向应力图

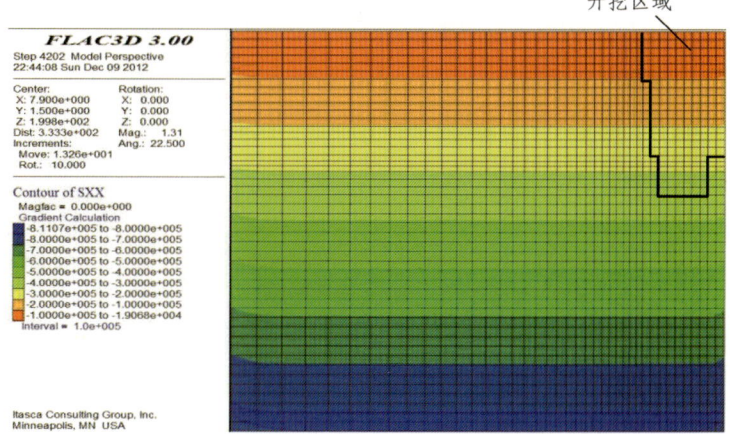

图 4-18 剖面 Y6 北侧开挖前基坑水平向应力图

基坑的静止土压力为开挖前基坑的水平向应力,如图4-18可知,基坑的静止土压力随着基坑深度增加而增加,且呈直线分布,最大水平向应力为811.1 kPa。

4.6.2 边墙变形分析

图4-19分别给出基坑开挖完成后,两种计算参数条件下 x 向的位移云图,图4-20分别给出基坑开挖完成后,两种计算参数条件下 z 向的位移云图,图4-21分别给出基坑开挖完成后,两种计算参数条件下的位移矢量图。

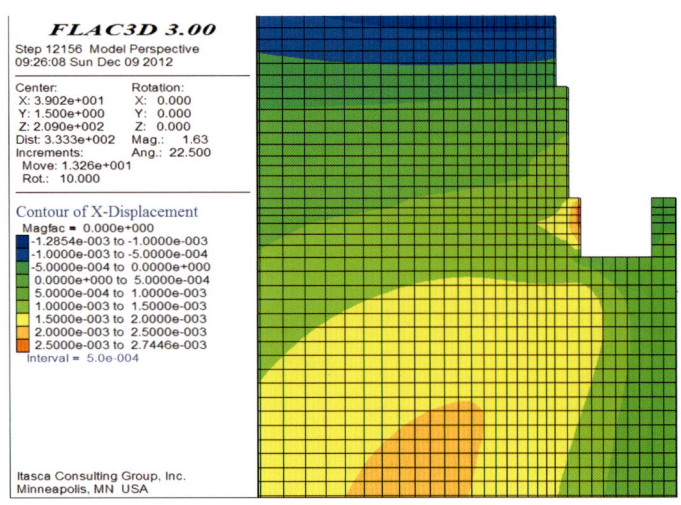

(a)计算参数一

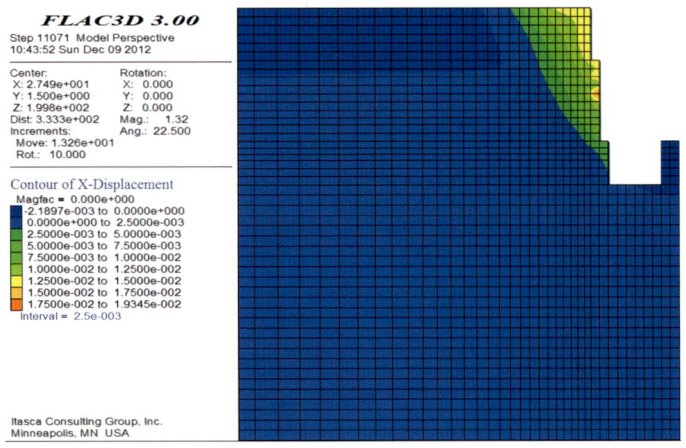

(b)计算参数二

图4-19 剖面Y6北侧基坑开挖完成后边墙 x 向的位移云图

由图 4-19 可以看出，在两种计算参数条件下，基坑边墙的水平位移沿深度方向呈曲线分布，最大位移发生在基坑底部，水平位移随深度的增加而逐渐减小。两种计算参数条件下边墙的最大水平位移分别为 2.7 mm、19.3 mm。

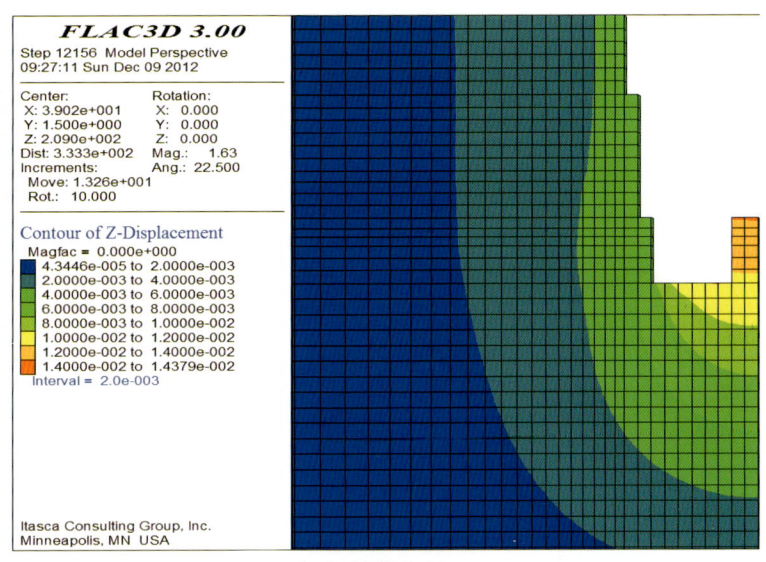

(a) 计算参数一

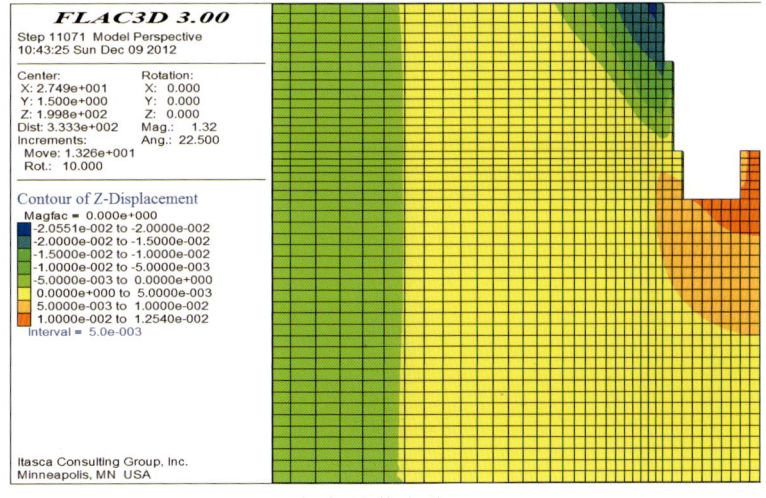

(b) 计算参数二

图 4-20　剖面 Y6 北侧开挖完成后边墙 z 向的位移云图

由图 4-20 可知，采用参数一计算时，基坑总体上发生向上的回弹变形，基坑顶部最大回弹位移为 4.5 mm。采用参数二计算时，基坑边墙总体发生滑动破坏，滑面的角度约为 61°，基坑顶部最大沉降变形为 20.5 mm。

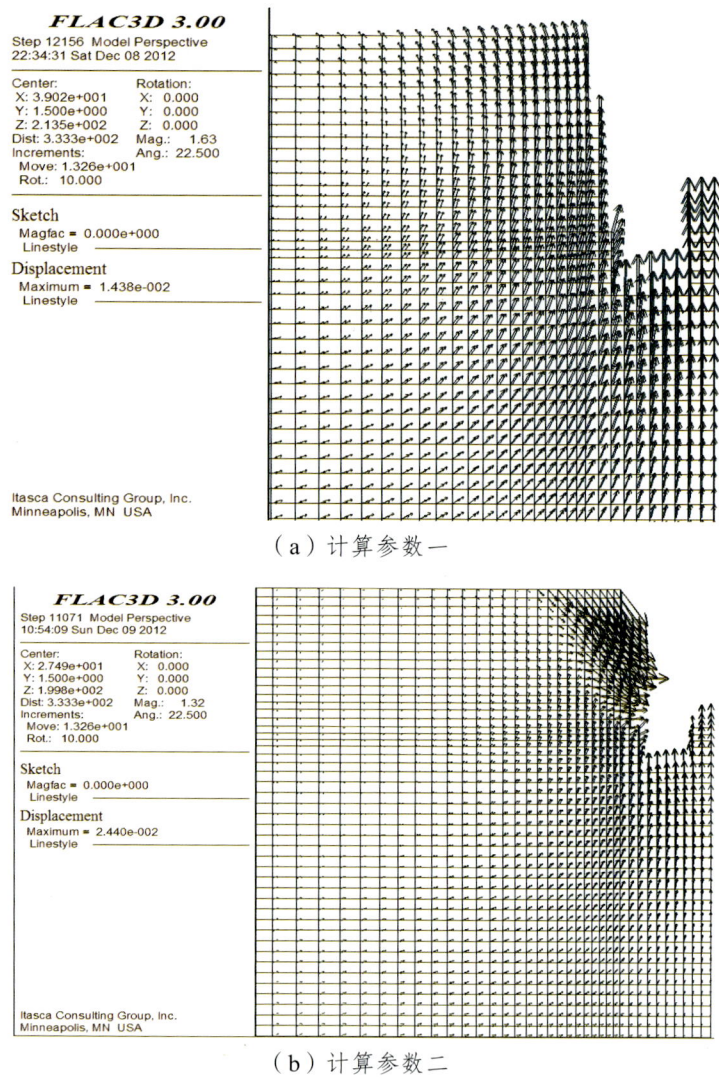

（a）计算参数一

（b）计算参数二

图 4-21　剖面 Y6 北侧基坑开挖完成后边墙的位移矢量图

4.6.3　边墙应力分析

图 4-22 为开挖完成后边墙的最大主应力图，图 4-23 为开挖完成后边墙的最小主应力图，图 4-24 为开挖完成后边墙的应力矢量图。

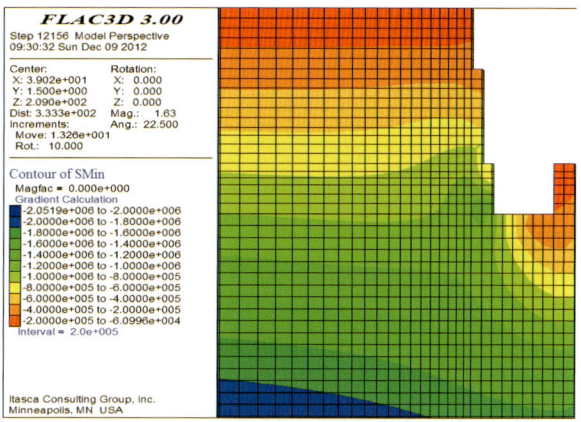

（a）计算参数一

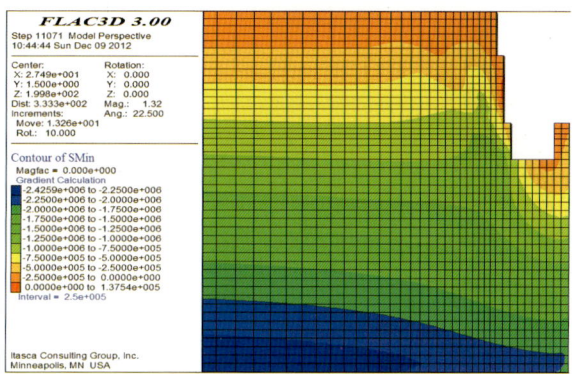

（b）计算参数二

图 4-22 剖面 Y6 北侧开挖完成后边墙的最大主应力图

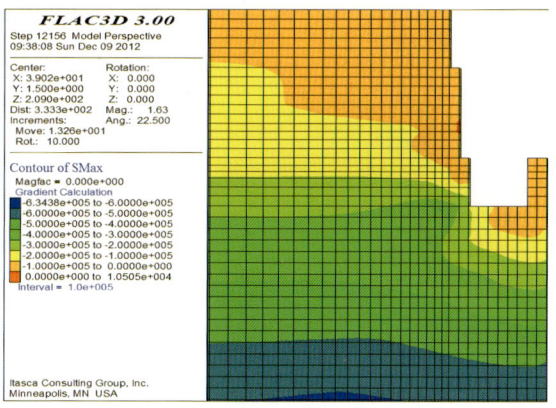

（a）计算参数一

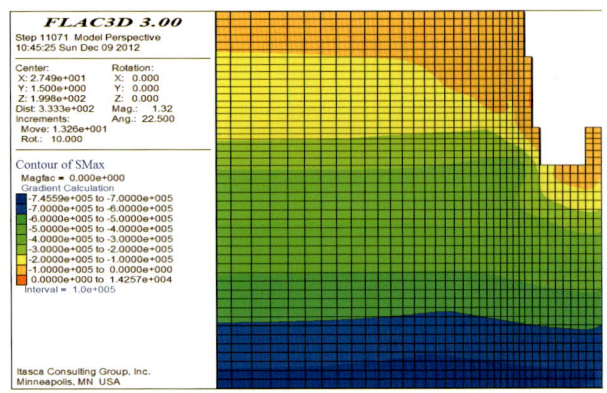

(b)计算参数二

图 4-23　剖面 Y6 北侧开挖完成后边墙的最小主应力图

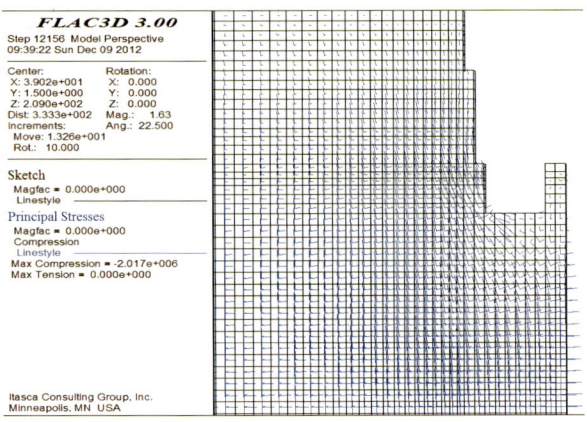

(a)计算参数一

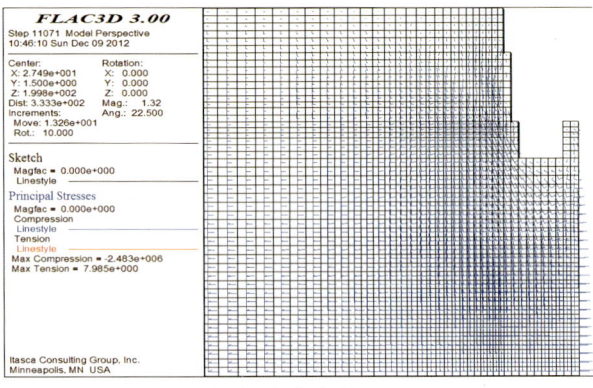

(b)计算参数二

图 4-24　剖面 Y6 北侧开挖完成后边墙的应力矢量图

由图 4-22 及图 4-23 可得，基坑开挖完成后，主应力随着基坑开挖深度的增加而增加，在坡脚附近出现应力集中现象。其中，采用计算参数一计算，最大主应力为 2 343.9 kPa，最小主应力为 769.3 kPa。采用计算参数二计算，最大主应力为 1 313.9 kPa，最小主应力为 307.4 MPa。

4.6.4 基坑塑性区分析

图 4-25 为基坑开挖完成后边墙的塑性区分布图。由图可知，采用参数一计算时，边墙处于弹性状态，只有风井底部有很小区域发生受拉屈服破坏。采用参数二计算时，边墙塑性区从风井底部逐渐扩展并贯通到地表。

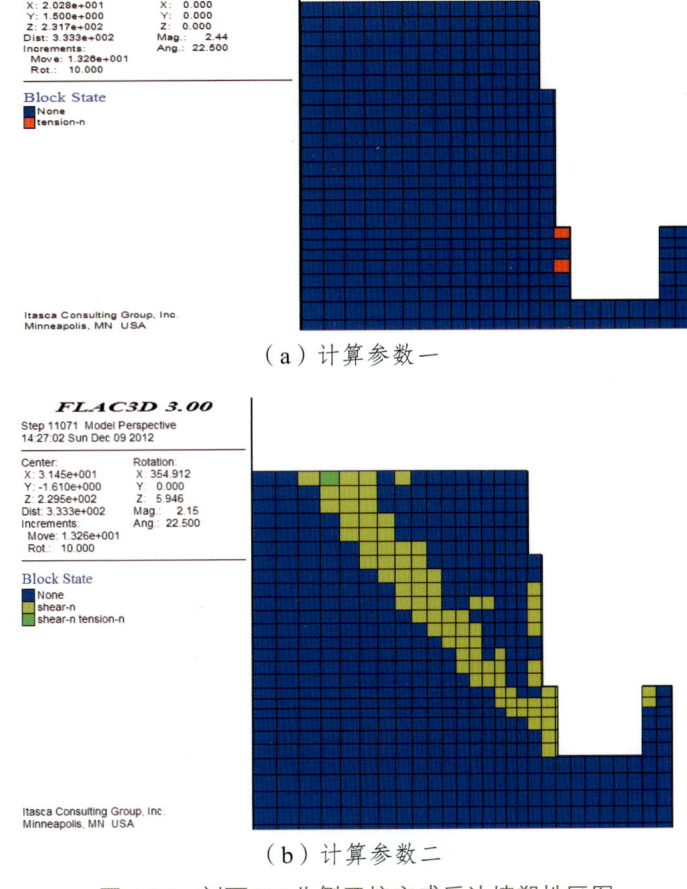

（a）计算参数一

（b）计算参数二

图 4-25　剖面 Y6 北侧开挖完成后边墙塑性区图

4.6.5 支护结构内力分析

图 4-26 为开挖完成后各层锚杆的轴力图和内支撑轴力图。由图可知，采用参数一计算时，锚杆总体呈现受拉状态，所承受的最大拉力为 52.5 kN，位于倒数第三排锚杆处。当锚杆处于正常状态时，各层锚杆轴力沿长度的分布是不均匀的。从图中可见，各层锚杆轴力从上到下逐渐增加，即正常状态下，下部锚杆发挥的锚固力大于上部锚杆的发挥的锚固力。内支撑的最大轴向压力为 524 kN，位于第二排内支撑。采用参数二计算时，锚杆的最大轴向拉力为 611 kN，位于倒数第三排锚杆处。内支撑的最大轴向压力为 1 034 kN，位于第一排内支撑。

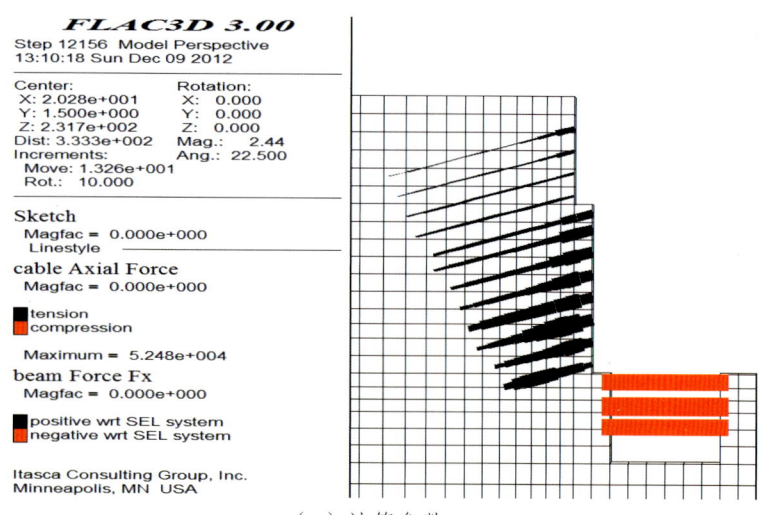

（a）计算参数一

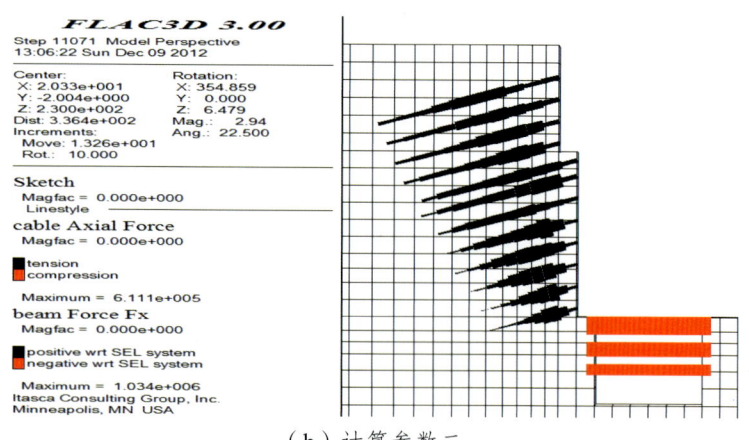

（b）计算参数二

图 4-26 剖面 Y6 北侧开挖完成后各层锚杆及内支撑的轴力图

4.6.6 小　结

通过对剖面 Y6 北侧进行二维有限元分析，得出如下结论：

（1）基坑开挖过程中，随着开挖深度的增加，开挖面的水平位移逐渐增大。开挖完成后，边坡变形较大。采用参数一计算，边墙最大水平位移出现在基坑中下部，其值为 2.7 mm，为基坑深度的 0.07‰，符合规范的建议值（3‰~5‰）。采用参数二计算，边墙最大水平位移出现在基坑底部，其值为 19.3 mm，为基坑深度的 0.44‰，符合规范的建议值（3‰~5‰）。

（2）基坑开挖完成后，采用参数一计算时，基坑总体上发生向上的回弹变形，基坑顶部最大回弹位移为 4.5 mm。采用参数二计算时，基坑边墙总体发生滑动破坏，滑面的角度约为 61°，基坑顶部最大沉降变形为 20.5 mm，为基坑深度的 0.47‰，符合规范的建议值（3‰~5‰）。

（3）基坑开挖导致原有的天然岩土体的应力平衡状态被打破，岩土体中的应力重新分布，形成二次应力场，并在基坑靠近坡脚的位置出现应力集中现象。采用计算参数一计算，最大主应力为 2 343.9 kPa，最小主应力为 769.3 kPa。采用计算参数二计算，最大主应力为 1 313.9 kPa，最小主应力为 307.4 MPa。

（4）采用参数一计算时，边墙处于弹性状态，只有风井底部有很小区域发生受拉屈服破坏。采用参数二计算时，边墙塑性区从风井底部逐渐扩展并贯通到地表，塑性区平均倾角为 47°。

（5）基坑开挖完成后，采用参数一计算时，锚杆总体呈现受拉状态，所承受的最大拉力为 52.5 kN，位于倒数第三排锚杆处。采用参数二计算时，锚杆的最大轴向拉力为 611 kN，位于倒数第三排锚杆处。

（6）基坑开挖完成后，采用参数一计算时，基坑底部内支撑的最大轴向压力为 524 kN，轴向应力为 34.7 MPa，位于第二排内支撑。采用参数二计算时，基坑底部内支撑的最大轴向压力为 1 034 kN，轴向应力为 68.5 MPa，位于第一排内支撑。

4.7　剖面 Y6 南侧分析

4.7.1　开挖前地层初始应力

在实际基坑开挖前，地层岩土体在长期自重应力及构造应力作用下已处于稳定状态，因此在进行基坑开挖模拟前，需要得到模型的初始应力状态。基坑开挖属于地表工程，构造应力对初始应力场的影响不明显，故本项研究采用地层在自重作用下的应力作为基坑开挖前的初始应力。图 4-27 为开挖前基坑竖直向应力图，图 4-28 为开挖前基坑水平向应力图。

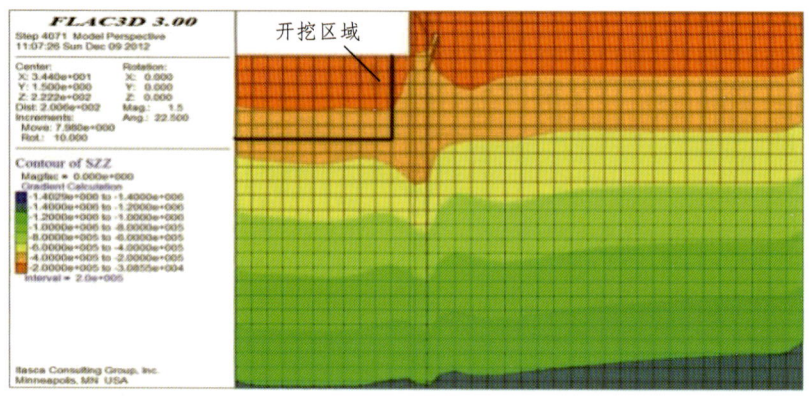

图 4-27　剖面 Y6 南侧开挖前基坑竖直向应力图

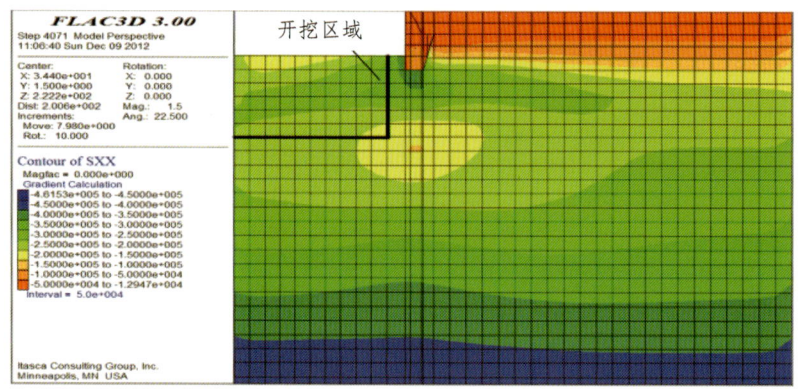

图 4-28　剖面 Y6 南侧开挖前基坑水平向应力图

基坑的静止土压力为开挖前基坑的水平向应力，如图 4-28 可知，基坑的静止土压力随着基坑深度增加而增加，且呈直线分布，最大水平向应力为 461.5 kPa。

4.7.2　边墙变形分析

图 4-29 分别给出基坑开挖完成后，两种计算参数条件下 x 向的位移云图，图 4-30 分别给出基坑开挖完成后，两种计算参数条件下 z 向的位移云图，图 4-31 分别给出基坑开挖完成后，两种计算参数条件下的位移矢量图。

由图 4-30 可以看出，在两种计算参数条件下，基坑边墙的水平位移沿深度方向呈曲线分布，最大位移发生在基坑底部，水平位移随深度的增加而逐渐减小。

两种计算参数条件下边墙的最大水平位移分别为 4.7 mm、14.05 mm。

由图 4-31 可知，采用参数一计算时，基坑顶部的最大沉降量为 20.45 mm。采用参数二计算时，基坑边墙总体发生滑动破坏，基坑顶部最大沉降变形为 21.5 mm，位于挡土墙后的填土中。

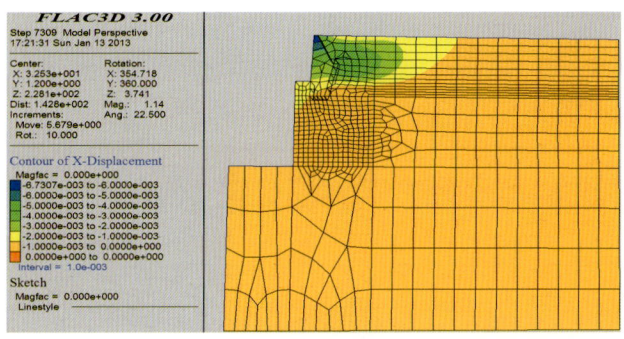

（a）计算参数一

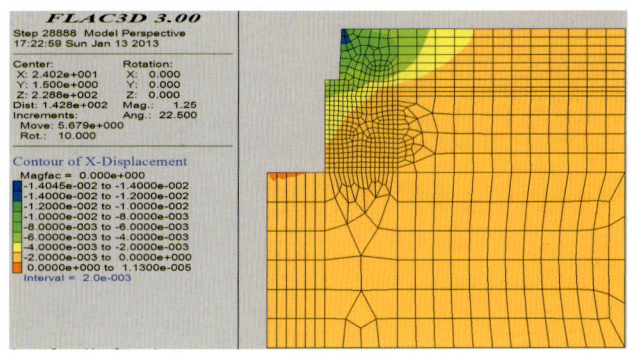

（b）计算参数二

图 4-29　剖面 Y6 南侧基坑开挖完成后边墙 x 向的位移云图

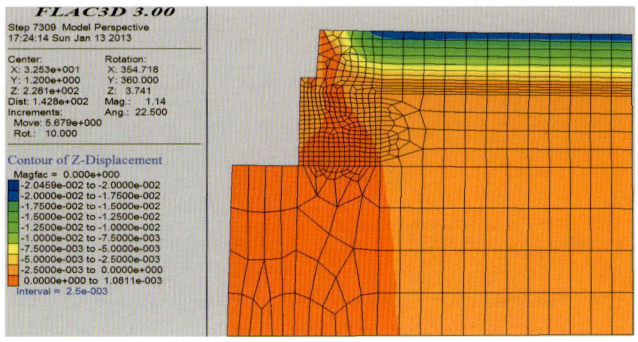

（a）计算参数一

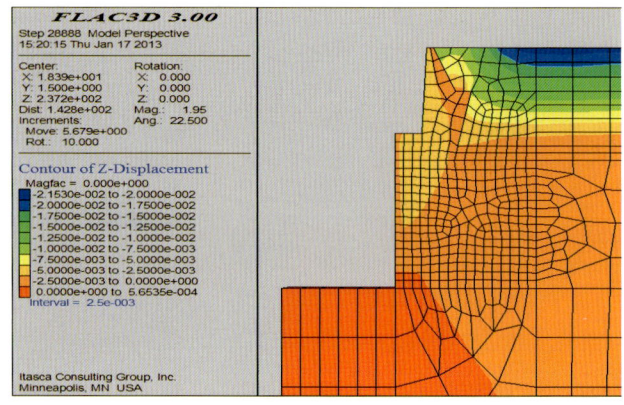

（b）计算参数二

图 4-30　剖面 Y6 南侧开挖完成后边墙 z 向的位移云图

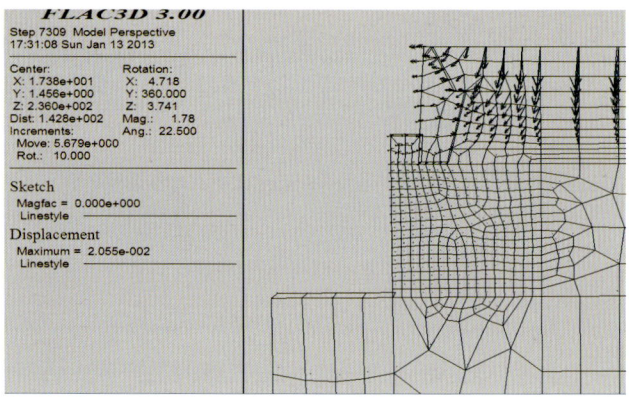

（a）计算参数一

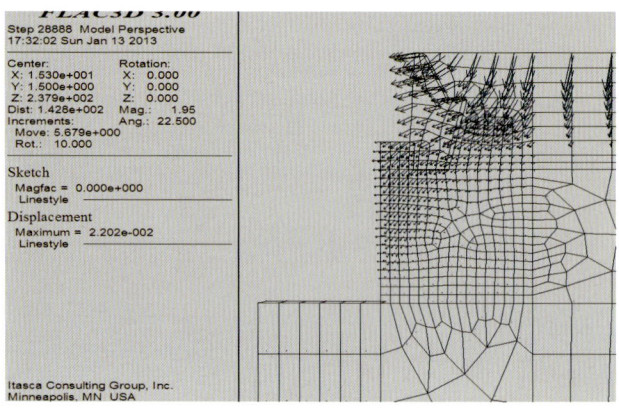

（b）计算参数二

图 4-31　剖面 Y6 南侧基坑开挖完成后边墙的位移矢量图

4.7.3 边墙应力分析

图 4-32 为开挖完成后边墙的最大主应力图，图 4-33 为开挖完成后边墙的最小主应力图，图 4-34 为开挖完成后边墙的应力矢量图。

由图 4-32 及图 4-33 可得，基坑开挖完成后，主应力随着基坑开挖深度的增加而增加，在坡脚附近出现应力集中现象。其中，采用计算参数一计算，最大主应力为 901.8 kPa，最小主应力为 200 kPa。采用计算参数二计算，最大主应力为 857.8 kPa，最小主应力为 125 kPa。

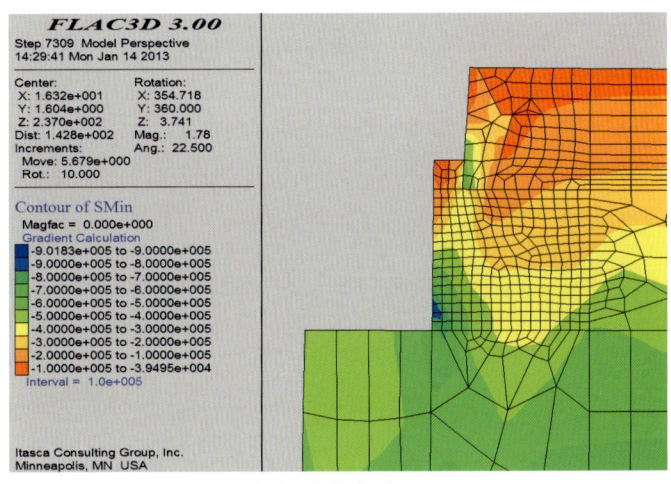

（a）计算参数一

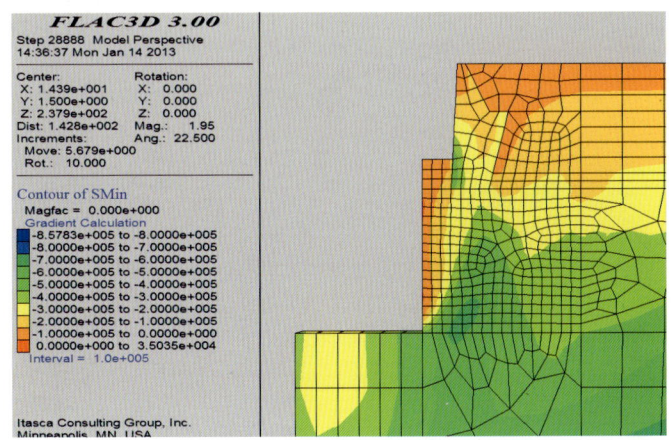

（b）计算参数二

图 4-32　剖面 Y6 南侧开挖完成后边墙的最大主应力图

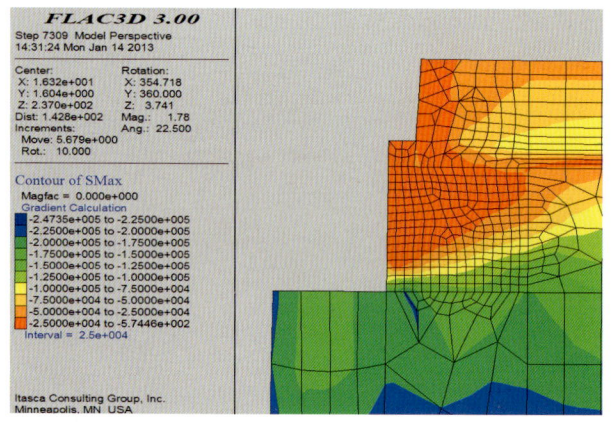

(a)计算参数一

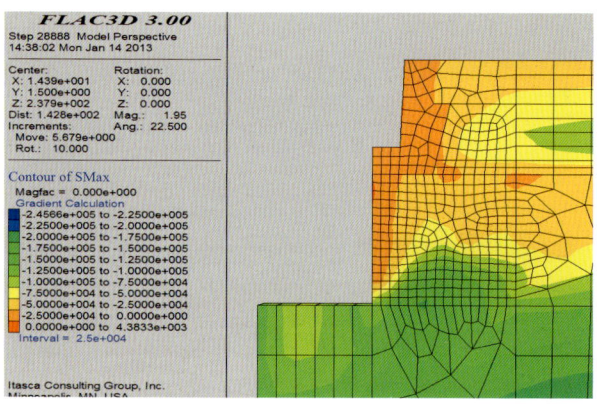

(b)计算参数二

图 4-33　剖面 Y6 南侧开挖完成后边墙的最小主应力图

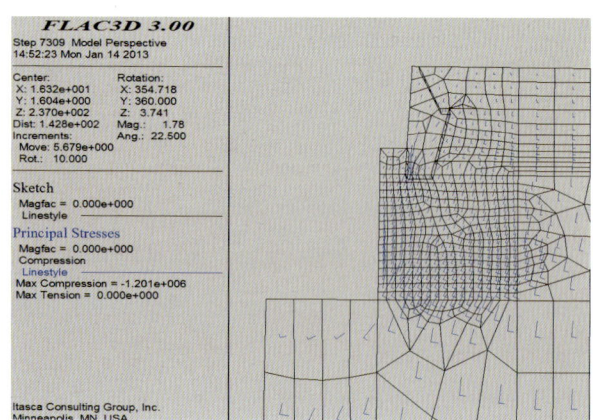

(a)计算参数一

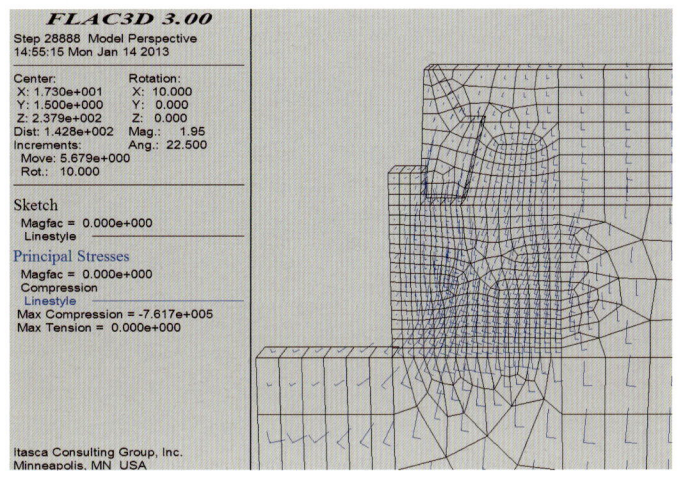

（b）计算参数二

图 4-34　剖面 Y6 南侧开挖完成后边墙的应力矢量图

4.7.4　基坑塑性区分析

图 4-35 为基坑开挖完成后边墙的塑性区分布图。由图可知，采用参数一计算时，挡土墙后基坑顶部区域受剪切屈服破坏。采用参数二计算时，挡土墙墙踵处发生拉裂屈服。挡土墙以下的边墙发生剪切屈服破坏，并扩展出一片连续的塑性区。

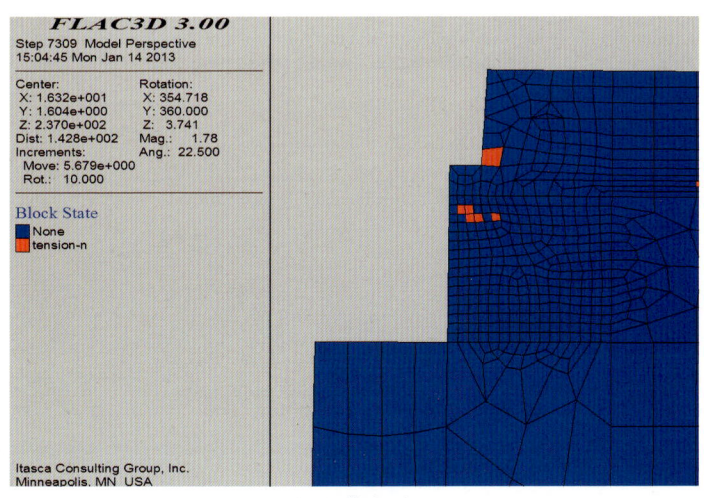

（a）计算参数一

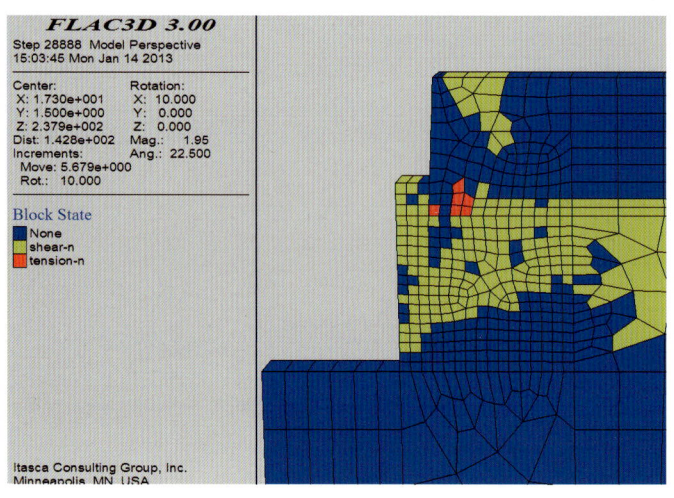

(b) 计算参数二

图 4-35 剖面 Y6 南侧开挖完成后边墙塑性区图

4.7.5 支护结构内力分析

图 4-36 为开挖完成后各层锚杆的轴力图。由图可知，采用参数一计算时，锚杆总体呈现受拉状态，所承受的最大拉力为 258.1 kN，位于第一排锚杆离端部 5 m 处。当锚杆处于正常状态时，各层锚杆轴力沿长度的分布是不均匀的。从图中可见，各层锚杆轴力从上到下逐渐减小，即正常状态下，上部锚杆发挥的锚固力大于下部锚杆的发挥的锚固力。采用参数二计算时，锚杆的最大轴向拉力为 587.6 kN，位于第一排锚杆离端部 5 m 处。

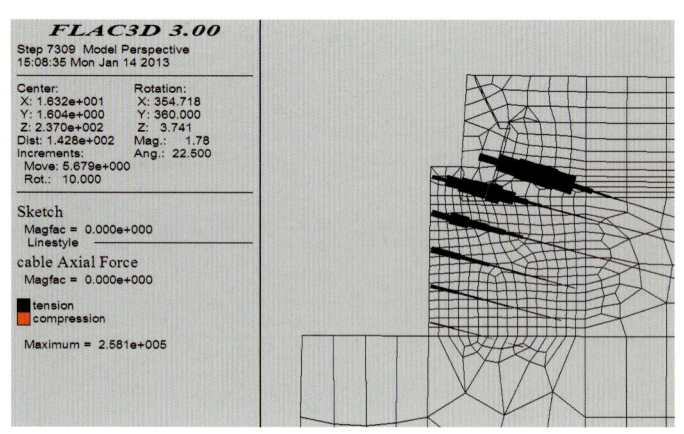

(a) 计算参数一

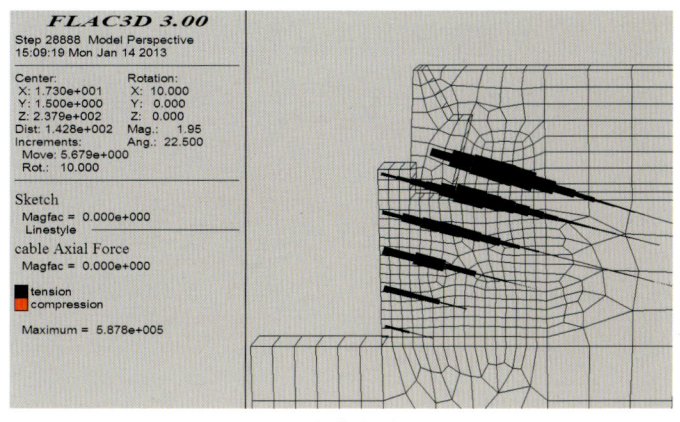

（b）计算参数二

图 4-36　剖面 Y6 南侧开挖完成后各层锚杆的轴力图

4.7.6　小　结

通过对剖面 Y6 南侧进行二维有限元分析，得出如下结论：

（1）基坑开挖过程中，随着开挖深度的增加，开挖面的水平位移逐渐增大。开挖完成后，边坡变形较大。采用参数一计算，边墙最大水平位移出现在基坑顶部，其值为 4.7 mm，为基坑深度的 0.5‰，符合规范的建议值（3‰~5‰）。采用参数二计算，边墙最大水平位移出现在基坑顶部，其值为 14.05 mm，为基坑深度的 0.78‰，符合规范的建议值（3‰~5‰）。

（2）基坑开挖完成后，采用参数一计算时，基坑顶部的最大沉降量为 20.45 mm。采用参数二计算时，基坑边墙总体发生滑动破坏，基坑顶部最大沉降变形为 21.53 mm，为基坑深度的 0.78‰，符合规范的建议值（3‰~5‰）。

（3）基坑开挖导致原有的天然岩土体的应力平衡状态被打破，岩土体中的应力重新分布，形成二次应力场，并在基坑靠近坡脚的位置出现应力集中现象。采用计算参数一计算，最大主应力为 549.3 kPa，最小主应力为 164.5 kPa。采用计算参数二计算，最大主应力为 460.8 kPa，最小主应力为 88.8 kPa。

（4）采用参数一计算时，挡土墙后基坑顶部区域受剪切屈服破坏。采用参数二计算时，边墙出现小部分区域受剪切屈服破坏。

（5）基坑开挖完成后，采用参数一计算时，锚杆总体呈现受拉状态，所承受的最大拉力为 258.1 kN，位于第一排锚杆端部处。采用参数二计算时，锚杆的最大轴向拉力为 587.6 kN，位于第一排锚杆离端部 5 m 处。

4.8 剖面 Y18 分析

4.8.1 开挖前地层初始应力

在实际基坑开挖前，地层岩土体在长期自重应力及构造应力作用下已处于稳定状态，因此在进行基坑开挖模拟前，需要得到模型的初始应力状态。基坑开挖属于地表工程，构造应力对初始应力场影响不显著，故本项研究采用地层在自重作用下的应力作为基坑开挖前的初始应力。图 4-37 为开挖前基坑竖直向应力图，图 4-38 为开挖前基坑水平向应力图。

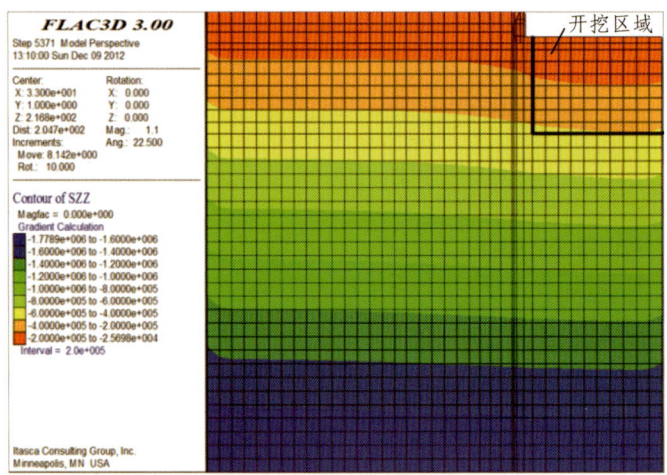

图 4-37　剖面 Y18 开挖前基坑竖直向应力图

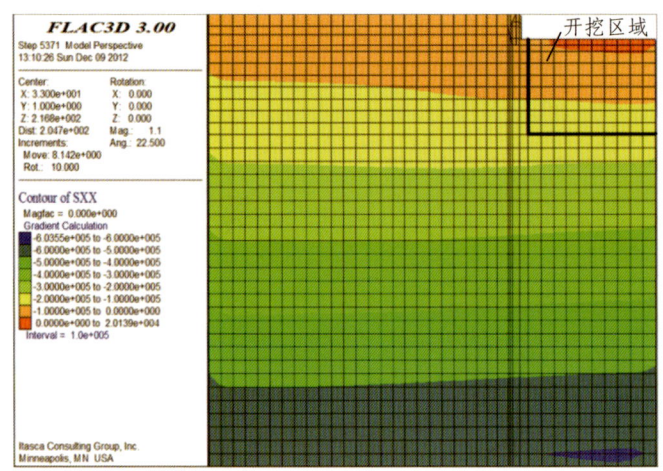

图 4-38　剖面 Y18 开挖前基坑水平向应力图

基坑的静止土压力为开挖前基坑的水平向应力,如图 4-38 可知,基坑的静止土压力随着基坑深度增加而增加,且呈直线分布,最大水平向应力为 603.6 kPa。

4.8.2 边墙变形分析

图 4-39 分别给出基坑开挖完成后,两种计算参数条件下 x 向的位移云图,图 4-40 分别给出基坑开挖完成后,两种计算参数条件下 z 向的位移云图,图 4-41 分别给出基坑开挖完成后,两种计算参数条件下的位移矢量图。

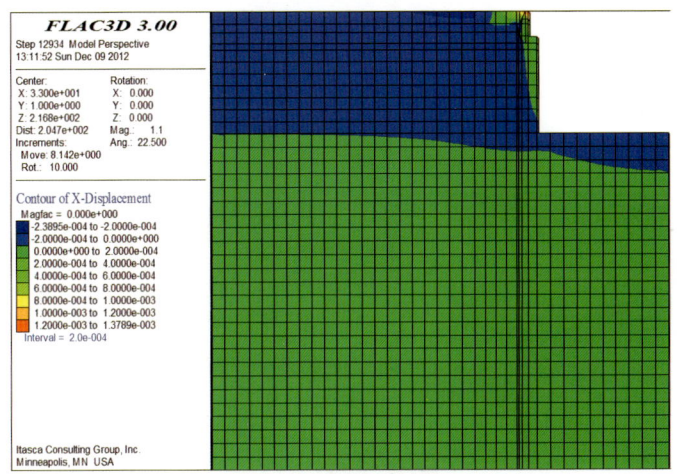

(a)计算参数一

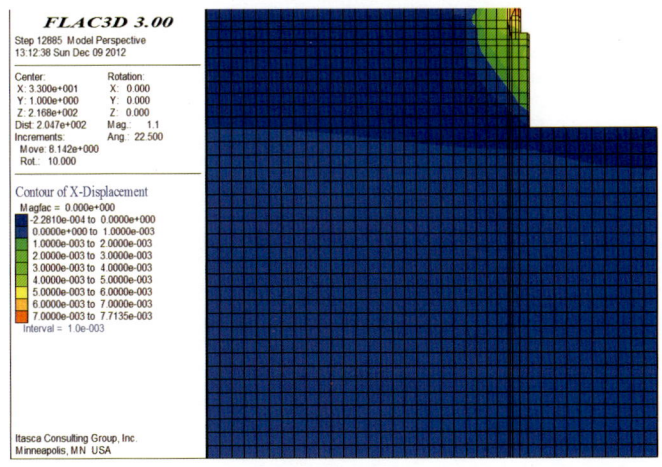

(b)计算参数二

图 4-39　剖面 Y18 基坑开挖完成后边墙 x 向的位移云图

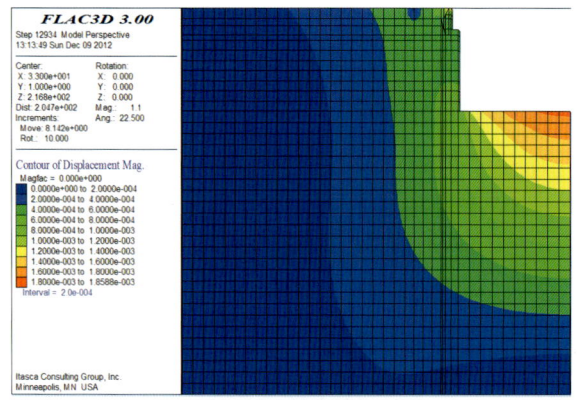

（a）计算参数一

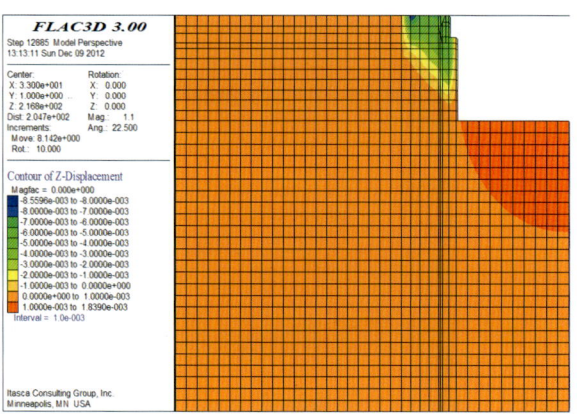

（b）计算参数二

图 4-40　剖面 Y18 基坑开挖完成后边墙 z 向的位移云图

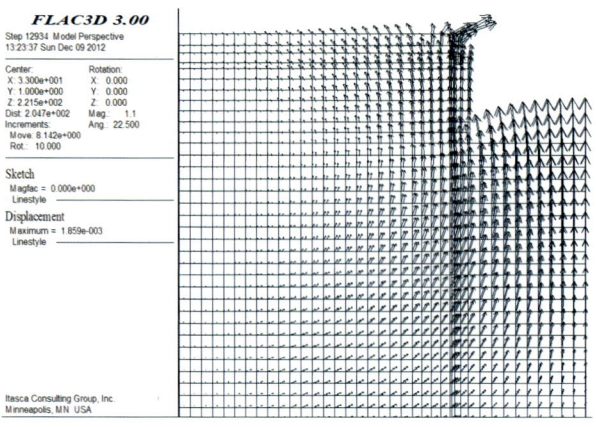

（a）计算参数一

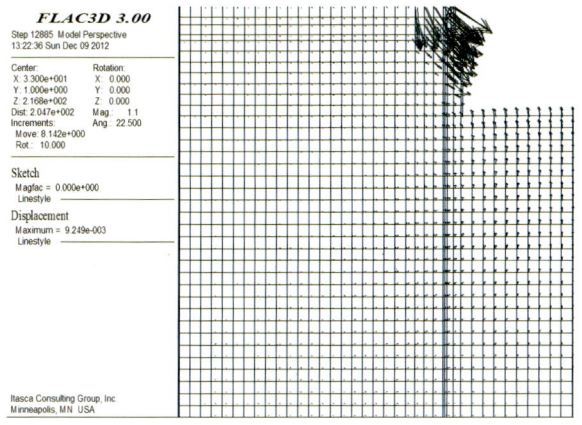

（b）计算参数二

图 4-41　剖面 Y18 开挖完成后边墙的位移矢量图

由图 4-39 可以看出，在两种计算参数条件下，基坑边墙的水平位移沿深度方向呈曲线分布，最大位移发生在基坑底部，水平位移随深度的增加而逐渐减小。两种计算参数条件下边墙的最大水平位移分别为 1.4 mm、7.7 mm。

由图 4-40 可知，采用参数一计算时，基坑总体上发生向上的回弹变形，基坑顶部最大回弹位移为 1.6 mm。采用参数二计算时，基坑边墙总体发生滑动破坏，滑面的角度约为 61°，基坑顶部最大沉降变形为 1.8 mm。

4.8.3　边墙应力分析

图 4-42 为开挖完成后边墙的最大主应力图，图 4-43 为开挖完成后边墙的最小主应力图，图 4-44 为开挖完成后边墙的应力矢量图。

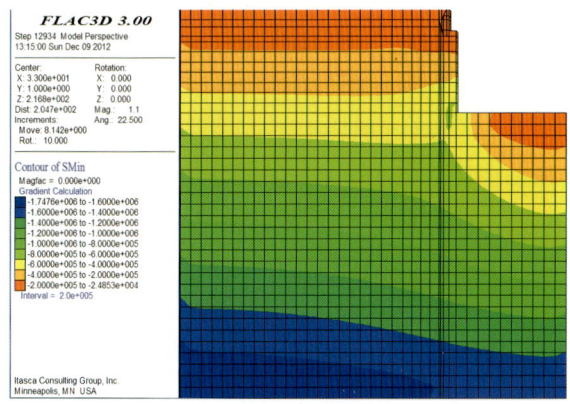

（a）计算参数一

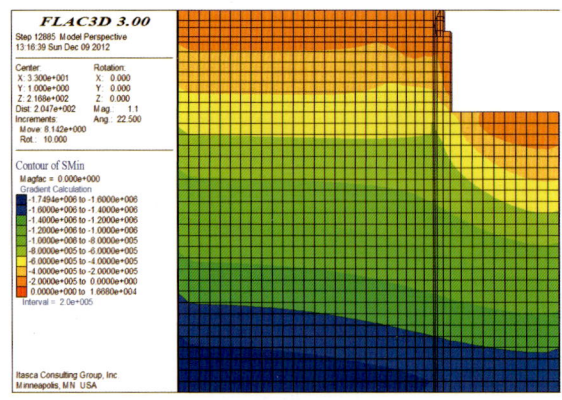

(b)计算参数二

图 4-42　剖面 Y18 开挖完成后边墙的最大主应力图

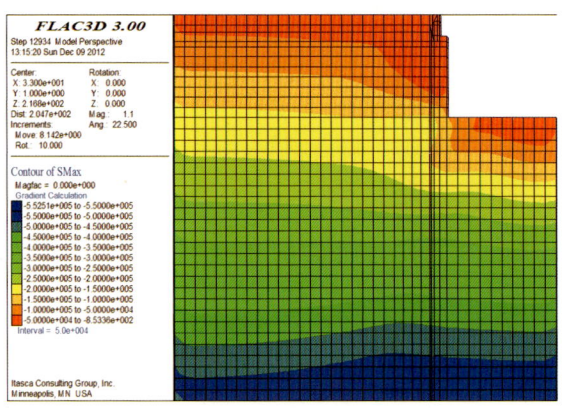

(a)计算参数一

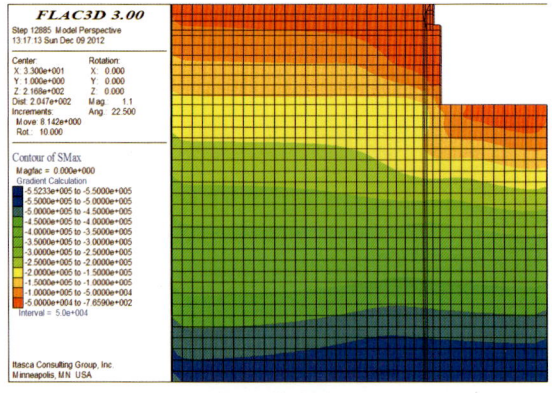

(b)计算参数二

图 4-43　剖面 Y18 开挖完成后边墙的最小主应力云图

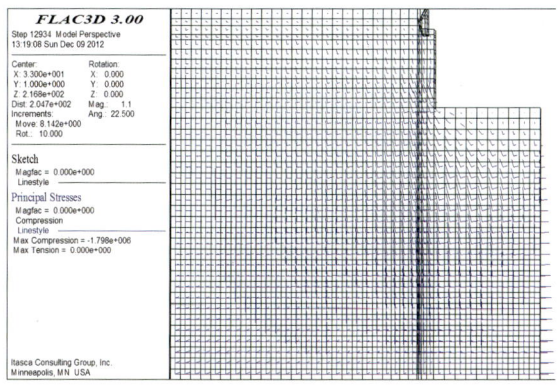

（a）计算参数一

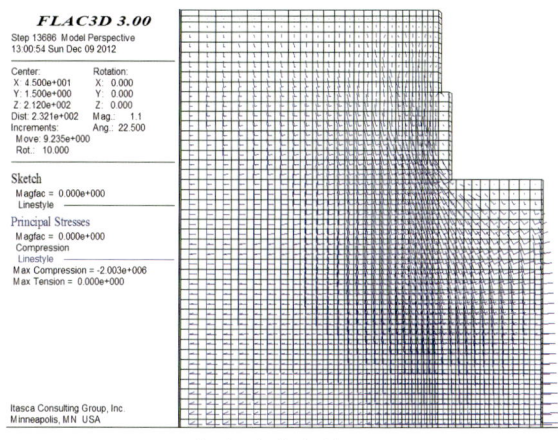

（b）计算参数二

图 4-44　剖面 Y18 开挖完成后边墙的应力矢量图

由图 4-42 及图 4-43 可得，基坑开挖完成后，主应力随着基坑开挖深度的增加而增加，在坡脚附近出现应力集中现象。其中，采用计算参数一，最大主应力为 868.6 kPa，最小主应力为 133.3 kPa；采用计算参数二，最大主应力为 624.2 kPa，最小主应力为 227.6 kPa。

4.8.4　基坑塑性区分析

图 4-45 为基坑开挖完成后边墙的塑性分布图。由图可知，采用参数一计算时，边墙处于弹性状态，只有基坑底部有很小区域发生受拉屈服破坏。采用参数二计算时，基坑开挖后，边墙的塑性区从基坑底部向岩体深部扩展并向地表延伸，最终穿过土层形成一个完整的滑体。

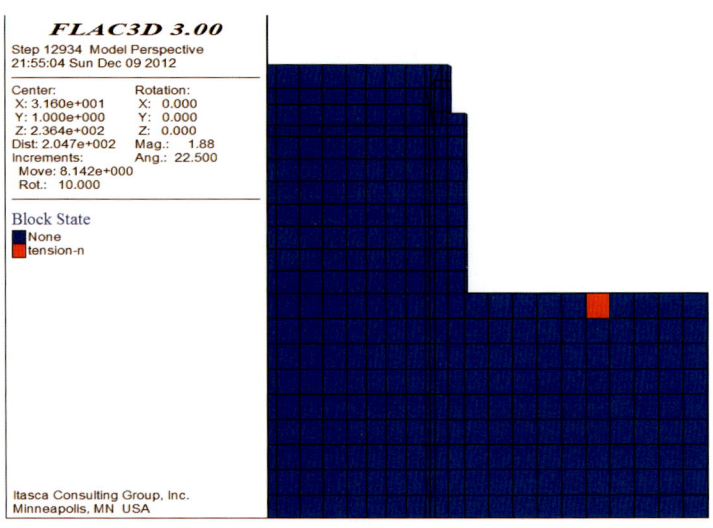

(a)计算参数一

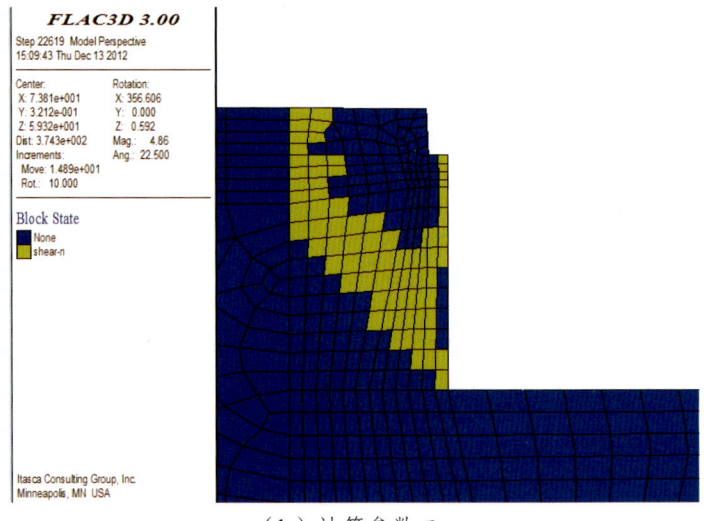

(b)计算参数二

图 4-45 剖面 Y18 开挖完成后边墙塑性区图

4.8.5 华宇大厦基础沉降分析

图 4-46 为开挖完成后,位于基坑旁的华宇大厦基础沉降曲线图。由图 4-46 可知,华宇大厦基础最大位移发生在靠近基坑的位置,远离基坑侧壁的位置沉降量逐渐减小。采用两种计算参数计算,华宇大厦的基坑回弹量分别为 0.48 mm 和 0.30 mm,倾斜度分别为 0.03‰和 0.02‰。

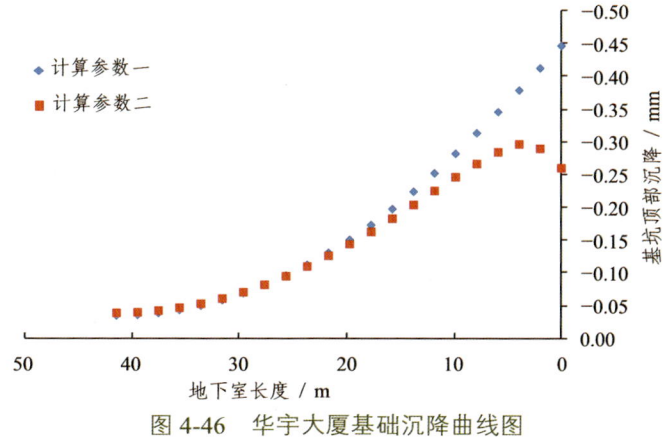

图 4-46　华宇大厦基础沉降曲线图

4.8.6　9 号线隧道开挖对基坑变形影响

（1）位移分析。

图 4-47 为隧道开挖完成后对基坑的附加位移云图及矢量图。由图可知，当采用参数一计算时，隧洞开挖完成后，隧洞顶的最大位移值为 0.8 mm。隧洞导致基坑顶的附加位移为 0.3 mm，对基坑顶部的影响范围为 21 m 左右。采用参数二计算时，隧洞开挖完成后，隧洞顶的最大位移为 2.1 mm，隧洞开挖导致基坑顶的附加位移为 2.75 mm。

（2）塑性区分析。

图 4-48 给出了两种计算参数条件下隧道开挖后的基坑塑性区分布图。由图可知，当采用参数一计算时，基坑周围仅有少部分区域产生拉裂破坏，主要位于挡土墙下部的岩体。其余部位均处于弹性状态，表明隧洞的开挖对基坑边墙的稳定性影响较小。当采用参数二计算时，基坑边墙岩体形成从地表到基坑底部的贯通塑性区，同时右侧隧道的顶部出现剪切塑性区并贯穿到基坑底部。

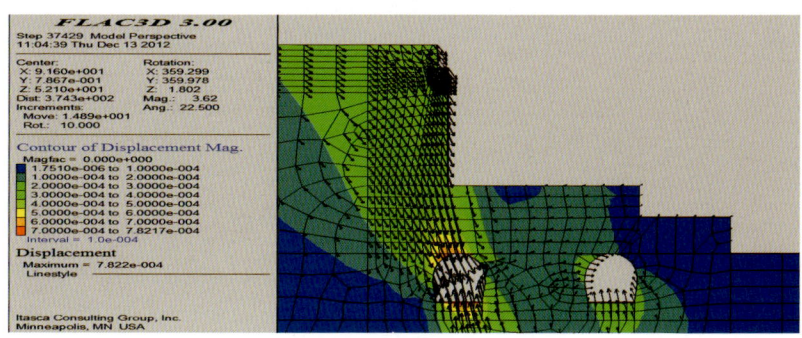

（a）计算参数一

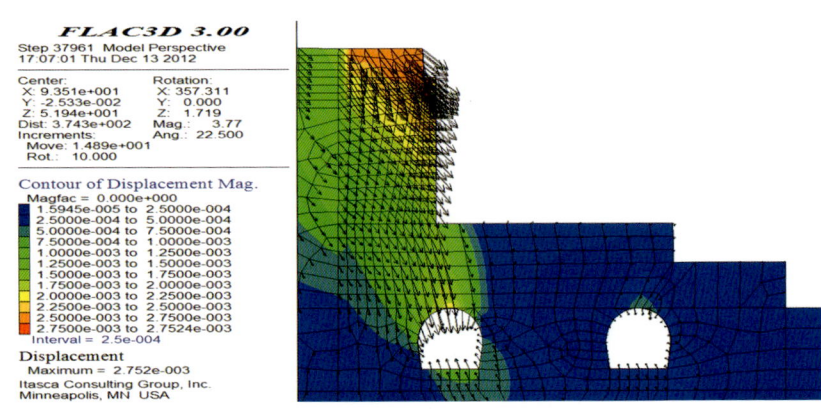

(b)计算参数二

图 4-47　隧道开挖完成后对基坑的附加位移云图及矢量图

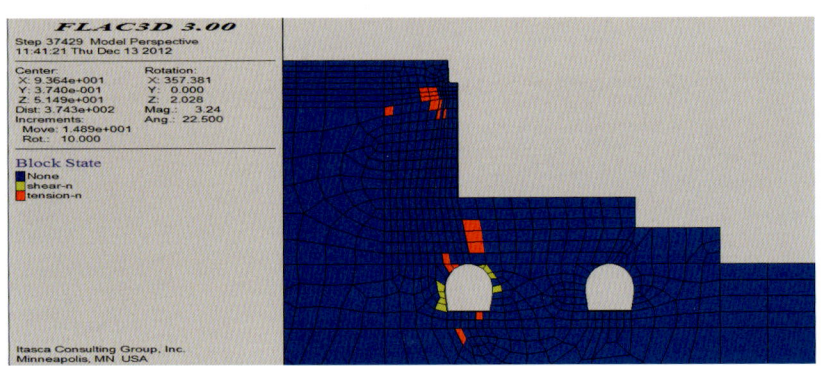

(a)计算参数一

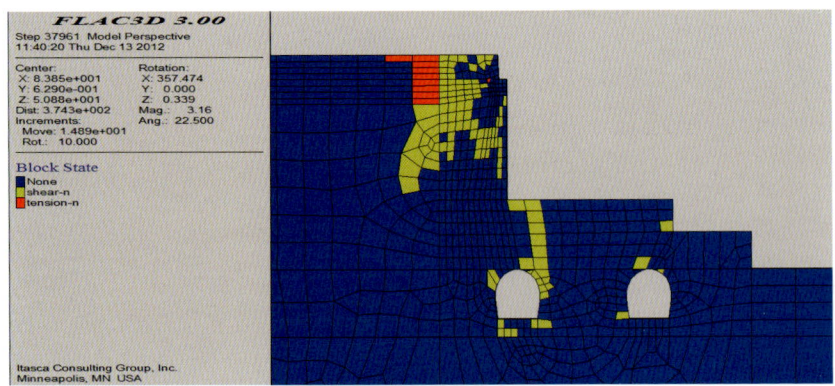

(b)计算参数二

图 4-48　隧道开挖完成后基坑的塑性区分布图

4.8.7 支护结构内力分析

图 4-49 为开挖完成后各层锚杆的轴力图。由图可知，采用参数一计算时，锚杆总体呈现受拉状态，所承受的最大拉力为 27.1 kN，位于第一排锚杆端部处。当锚杆处于正常状态时，各层锚杆轴力沿长度的分布是不均匀的。从图中可见，各层锚杆轴力从上到下逐渐减小，即正常状态下，上部锚杆发挥的锚固力大于下部锚杆的发挥的锚固力。采用参数二计算时，锚杆的最大轴向拉力为 201.5 kN，位于第一排锚杆中部处。

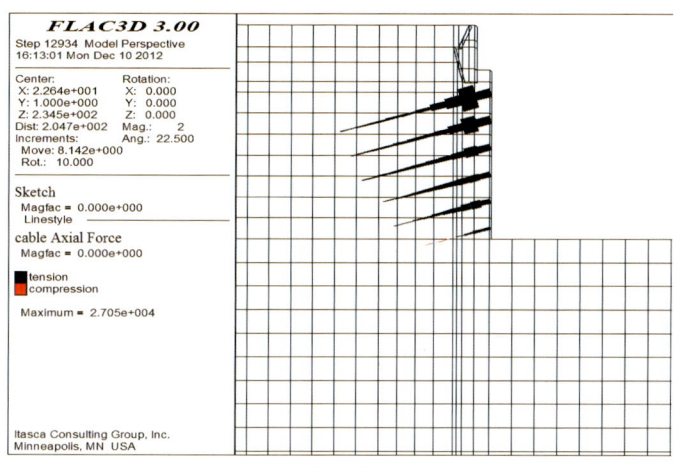

（a）计算参数一

（b）计算参数二

图 4-49　剖面 Y18 开挖完成后各层锚杆的轴力图

4.8.8 小　结

通过对剖面 Y18 进行二维有限元分析，得出如下结论：

（1）基坑开挖过程中，随着开挖深度的增加，开挖面的水平位移逐渐增大。开挖完成后，边坡变形较大。采用参数一计算，边墙最大水平位移出现在基坑顶部，其值为 1.4 mm，为基坑深度的 0.09‰，符合规范的建议值（3‰~5‰）。采用参数二计算，边墙最大水平位移出现在基坑底部，其值为 7.7 mm，为基坑深度的 0.49‰，符合规范的建议值（3‰~5‰）。

（2）基坑开挖完成后，采用参数一计算时，基坑总体发生向上的回弹变形，基坑顶部最大回弹位移为 1.6 mm。采用参数二计算时，基坑边墙总体发生滑动破坏，滑面的角度约为 61°，基坑顶部最大沉降变形为 1.8 mm，为基坑深度的 0.12‰，符合规范的建议值（3‰~5‰）。

（3）基坑开挖导致原有的天然岩土体的应力平衡状态被打破，岩土体中的应力重新分布，形成二次应力场，并在基坑靠近坡脚的位置形成应力集中现象。采用计算参数一，最大主应力为 868.6 kPa，最小主应力为 133.3 kPa；采用计算参数二，最大主应力为 624.2 kPa，最小主应力为 227.6 kPa。

（4）采用参数一计算时，边墙处于弹性状态，只有基坑底部有很小部分区域发生受拉屈服破坏。采用参数二计算时，基坑底部有很小部分区域发生剪切屈服破坏。

（5）基坑开挖完成后，华宇大厦基础最大位移发生在靠近基坑的位置，远离基坑侧壁的位置沉降量逐渐减小。采用两种计算参数计算，华宇大厦的基坑沉降差分别为 0.48 mm 和 0.30 mm，倾斜度分别为 0.03‰和 0.02‰。

（6）基坑开挖完成后，采用参数一计算时，锚杆总体呈现受拉状态，所承受的最大拉力为 27.1 kN，位于第一排锚杆端部处。采用参数二计算时，锚杆的最大轴向拉力为 201.5 kN，位于第一排锚杆中部处。

4.9　剖面 Y20 分析

4.9.1　开挖前地层初始应力

在实际基坑开挖前，地层岩土体在长期自重应力及构造应力作用下已处于稳定状态，因此在进行基坑开挖模拟前，需要得到模型的初始应力状态。基坑开挖属于地表工程，构造应力对初始应力场影响不显着，故本项研究采用地层在自重作用下的应力作为基坑开挖前的初始应力。图 4-50 为开挖前基坑竖直向应力图，图 4-51 为开挖前基坑水平向应力图。

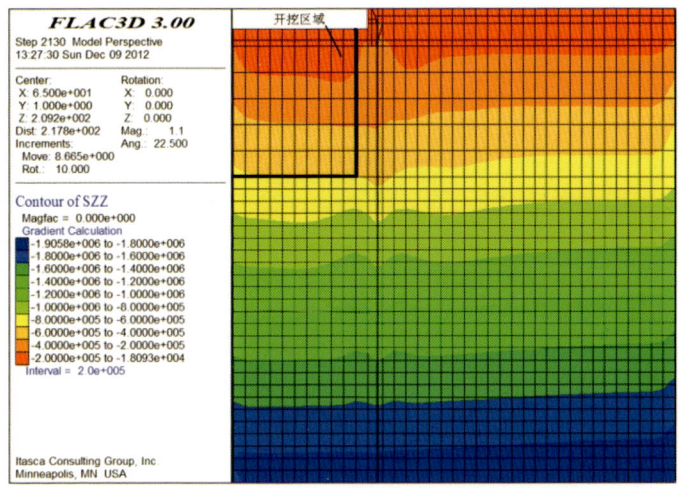

图 4-50　剖面 Y20 开挖前基坑竖直向应力图

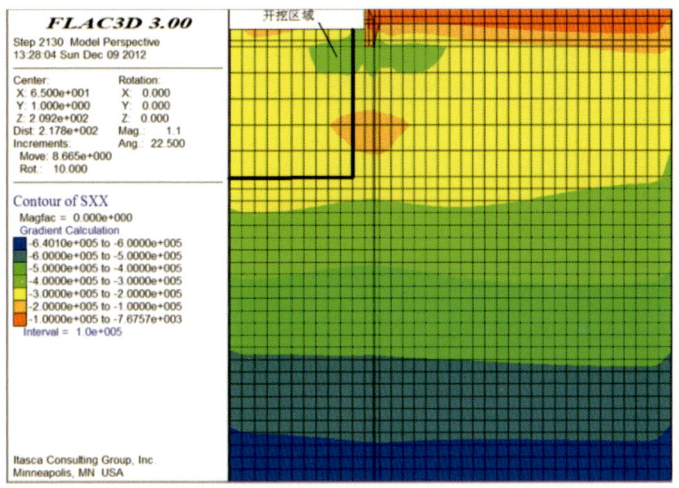

图 4-51　剖面 Y20 开挖前基坑水平向应力图

基坑的静止土压力为开挖前基坑的水平向应力，如图 4-51 可知，基坑的静止土压力随着基坑深度增加而增加，且呈直线分布，最大水平向应力为 640.1 kPa。

4.9.2　边墙变形分析

图 4-52 分别给出基坑开挖完成后，两种计算参数条件下 x 向的位移云图，图 4-53 分别给出基坑开挖完成后，两种计算参数条件下 z 向的位移云图，图 4-54 分别给出基坑开挖完成后，两种计算参数条件下的位移矢量图。

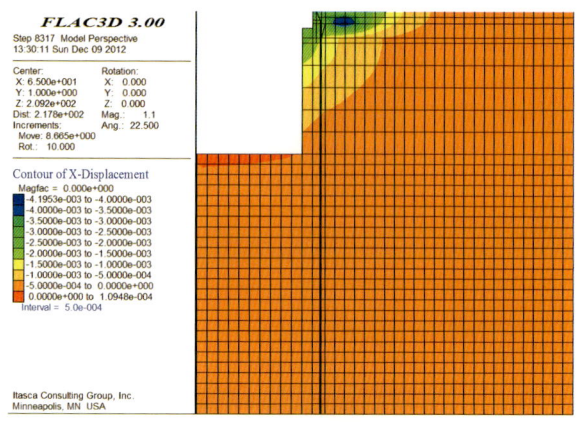

(a)计算参数一

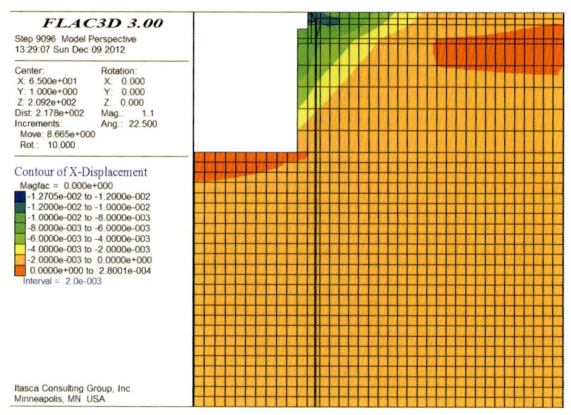

(b)计算参数二

图 4-52 剖面 Y20 基坑开挖完成后边墙 x 向的位移云图

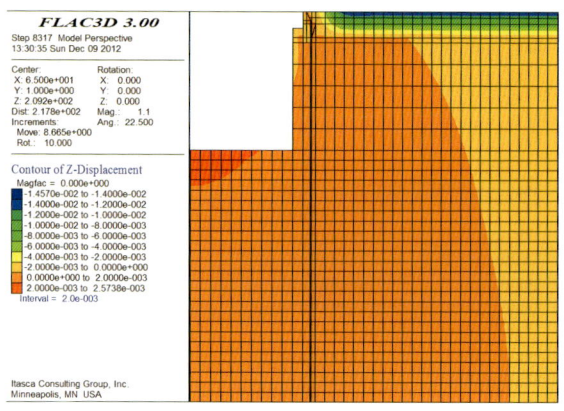

(a)计算参数一

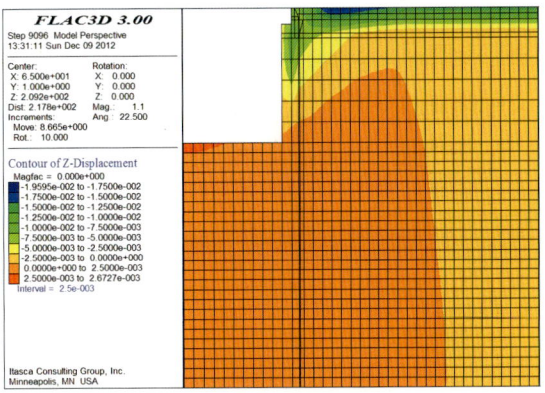

（b）计算参数二

图 4-53　剖面 Y20 开挖完成后边墙 z 向的位移云图

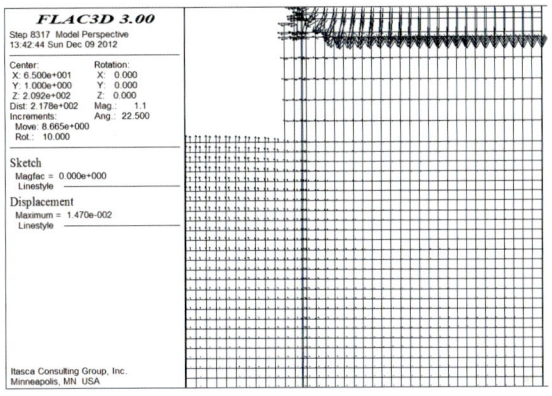

（a）计算参数一

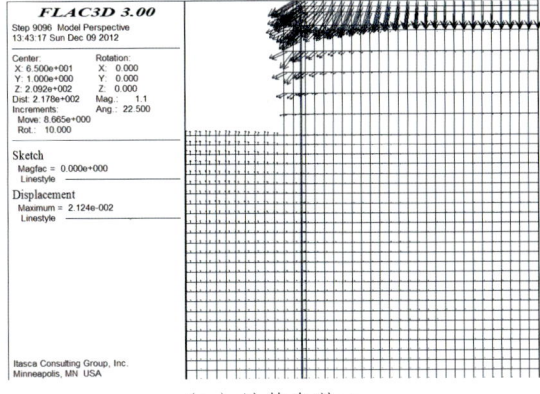

（b）计算参数二

图 4-54　剖面 Y20 基坑开挖完成后边墙的位移矢量图

由图 4-52 可以看出，在两种计算参数条件下，基坑边墙的水平位移沿深度方向呈曲线分布，最大位移发生在基坑底部，水平位移随深度的增加而逐渐减小。两种计算参数条件下边墙的最大水平位移分别为 4.2 mm、12.7 mm。

由图 4-53 可知，采用参数一计算时，在铁路荷载作用下，挡土墙后面的填土层发生沉降变形，最大值为 14.6 mm。采用参数二计算时，挡土墙下部的岩体发生塑性破坏且发生较大的剪切变形，导致基坑顶部最大沉降变形增加到 19.6 mm。

4.9.3 边墙应力分析

图 4-55 为开挖完成后边墙的最大主应力图，图 4-56 为开挖完成后边墙的最小主应力图，图 4-57 为开挖完成后边墙的应力矢量图。

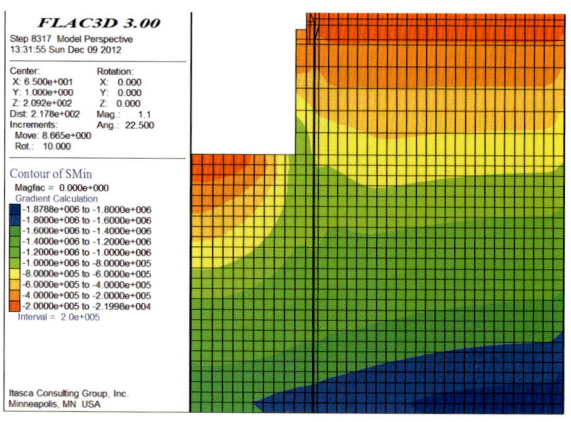

（a）计算参数一

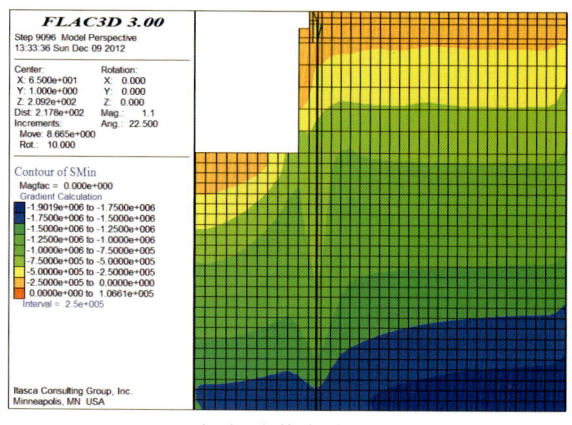

（b）计算参数二

图 4-55　剖面 Y20 开挖完成后边墙的最大主应力图

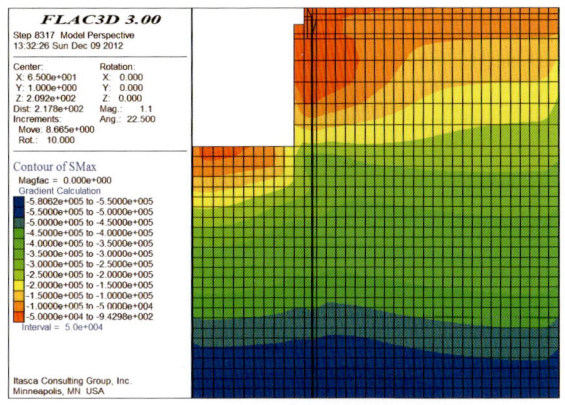

（a）计算参数一

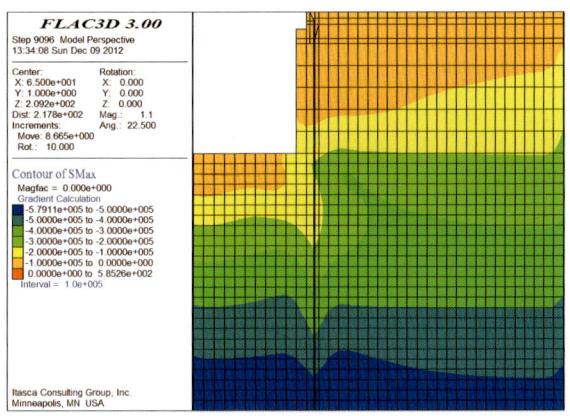

（b）计算参数二

图 4-56　剖面 Y20 开挖完成后边墙的最小主应力图

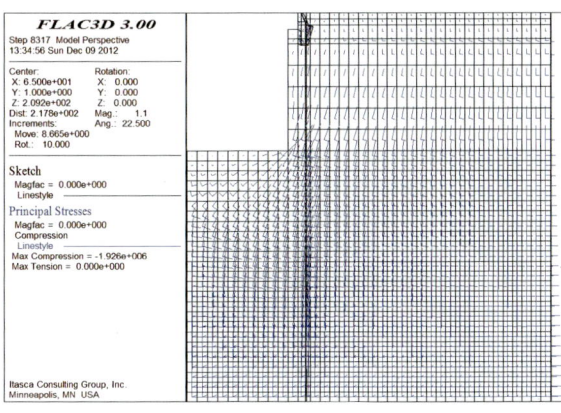

（a）计算参数一

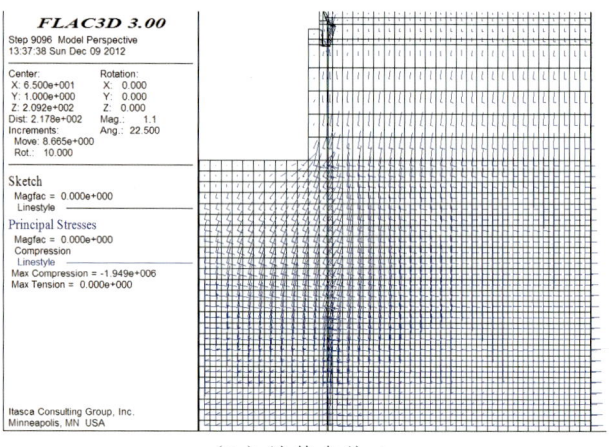

(b)计算参数二

图 4-57　剖面 Y20 开挖完成后边墙的应力矢量图

由图 4-55 及图 4-56 可得，基坑开挖完成后，主应力随着基坑开挖深度的增加而增加，在坡脚附近出现应力集中现象。其中，采用计算参数一，最大主应力为 1 227.8 kPa，最小主应力为 193.8 kPa；采用计算参数二，最大主应力为 1 062.7 kPa，最小主应力为 384.7 kPa。

4.9.4　基坑塑性区分析

图 4-58 为基坑开挖完成后边墙的塑性区分布图。由图 4-58 可知，基坑开挖完成后，采用参数一计算时，基坑处于弹性状态，其变形也属于弹性变形。采用参数二计算时，基坑边墙底部开挖出现塑性区，并逐渐扩展至填土层。

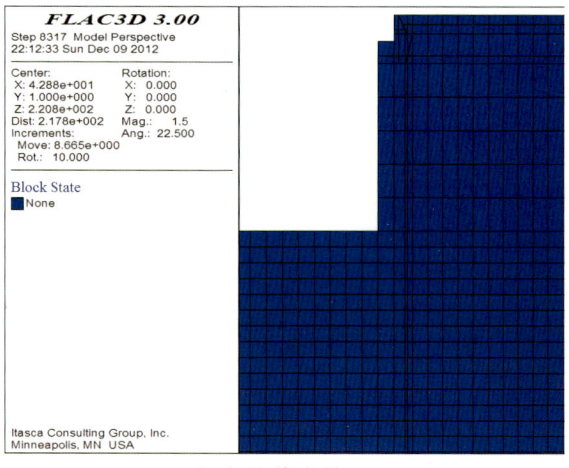

(a)计算参数一

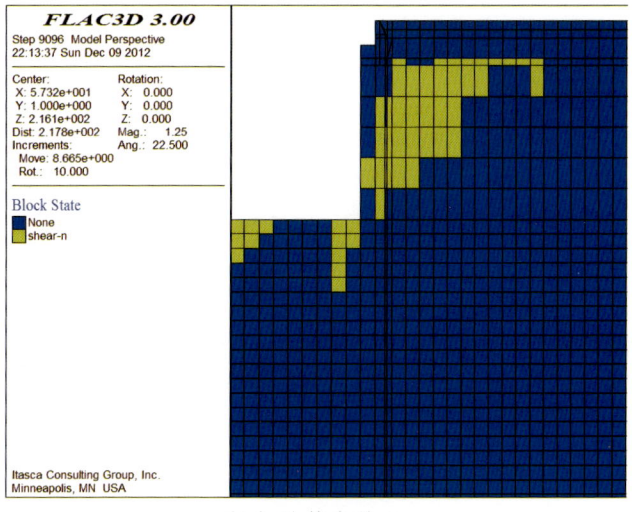

（b）计算参数二

图 4-58 剖面 Y20 开挖完成后边墙塑性区图

4.9.5 支护结构内力分析

图 4-59 为开挖完成后各层锚杆的轴力图。由图可知，采用参数一计算时，锚杆总体呈现受拉状态，所承受的最大拉力为 150.1 kN，位于第一排锚杆端部处。当锚杆处于正常状态时，各层锚杆轴力沿长度的分布是不均匀的。从图中可见，各层锚杆轴力从上到下逐渐减小，即正常状态下，上部锚杆发挥的锚固力大于下部锚杆发挥的锚固力。采用参数二计算时，锚杆的最大轴向拉力为 280.5 kN，位于第一排锚杆端部处。

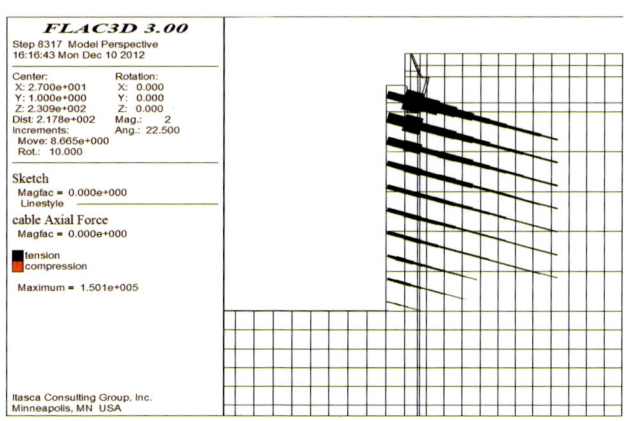

（a）计算参数一

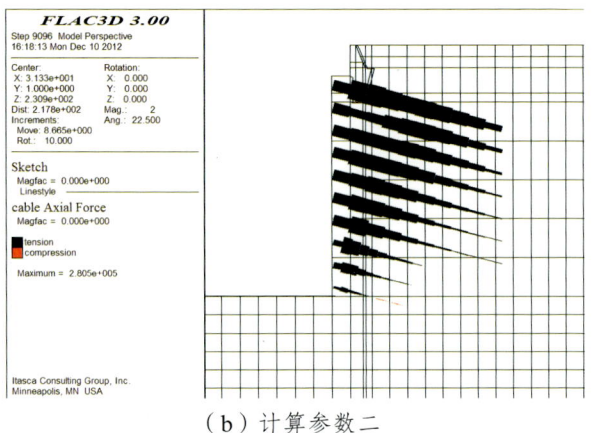

（b）计算参数二

图 4-59 剖面 Y20 开挖完成后各层锚杆的轴力图

4.9.6 小　结

通过对剖面 Y20 进行二维有限元分析，得到如下结论：

（1）基坑开挖过程中，随着开挖深度的增加，开挖面的水平位移逐渐增大。采用参数一计算，边墙最大水平位移出现在基坑上部，其值为 4.2 mm，为基坑深度的 0.17‰，符合规范的建议值（3‰~5‰）。采用参数二计算，边墙最大水平位移出现在基坑底部，其值为 12.7 mm，为基坑深度的 0.52‰，符合规范的建议值（3‰~5‰）。

（2）基坑开挖完成后，采用参数一计算时，挡土墙后面的填土层在铁路荷载作用下发生沉降变形，最大值为 14.6 mm。采用参数二计算时，基坑边墙总体发生滑动破坏，滑面的角度约为 61°，基坑顶部最大沉降变形为 19.6 mm，为基坑深度的 0.80‰，符合规范的建议值（3‰~5‰）。

（3）基坑开挖导致原有的天然岩土体的应力平衡状态被打破，岩土体中的应力重新分布，形成二次应力场，并在基坑靠近坡脚的位置出现应力集中现象。采用计算参数一，最大主应力为 1 227.8 kPa，最小主应力为 193.8 kPa。采用计算参数二，最大主应力为 1 062.7 kPa，最小主应力为 384.7 kPa。

（4）基坑开挖完成后，采用参数一计算时，基坑处于弹性状态，其变形也属于弹性变形。采用参数二计算时，基坑边墙底部开挖出现塑性区，并逐渐扩展至填土层。

（5）基坑开挖完成后，采用参数一计算时，锚杆总体呈现受拉状态，所承受的最大拉力为 150.1 kN，位于第一排锚杆端部处。采用参数二计算时，锚杆的最大轴向拉力为 280.5 kN，位于第一排锚杆端部处。

4.10 剖面 Y21 分析

4.10.1 开挖前地层初始应力

在实际基坑开挖前，地层岩土体在长期自重应力及构造应力作用下已处于稳定状态，因此在进行基坑开挖模拟前，需要得到模型的初始应力状态。基坑开挖属于地表工程，构造应力对初始应力场影响不明显，故本项研究采用地层在自重作用下的应力作为基坑开挖前的初始应力。图 4-60 为开挖前基坑竖直向应力图，图 4-61 为开挖前基坑水平向应力图。

基坑的静止土压力为开挖前基坑的水平向应力，如图 4-61 可知，基坑的静止土压力随着基坑深度增加而增加，且呈直线分布，最大水平向应力为 613.8 kPa。

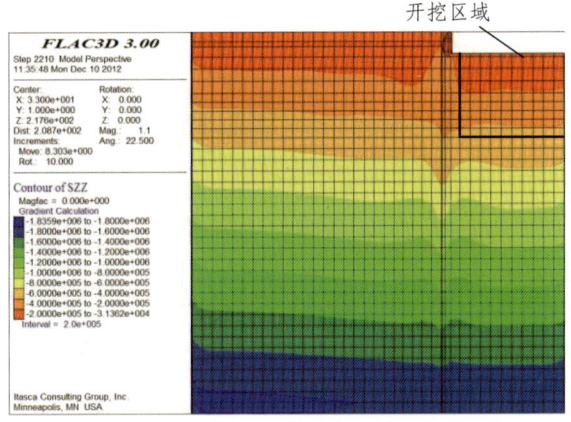

图 4-60　剖面 Y21 开挖前基坑竖直向应力图

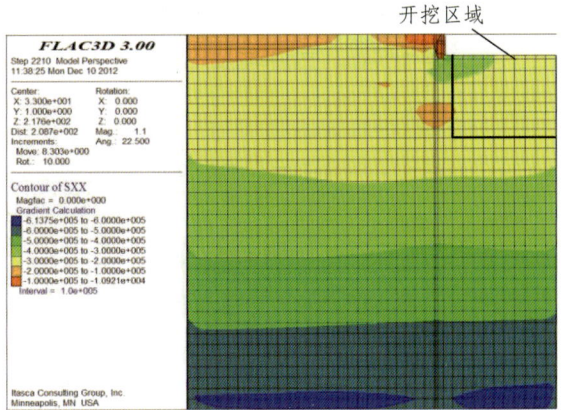

图 4-61　剖面 Y21 开挖前基坑水平向应力图

4.10.2 边墙变形分析

图 4-62 分别给出基坑开挖完成后两种计算参数条件下 x 向的位移云图，图 4-63 分别给出基坑开挖完成后，两种计算参数条件下 z 向的位移云图，图 4-64 分别给出基坑开挖完成后，两种计算参数条件下的位移矢量图。

由图 4-62 可得，基坑开挖完成后，采用参数一计算时，基坑边墙的水平位移沿深度方向逐渐减小，最大位移发生在基坑的顶部，为 3.7 mm。采用参数二计算时，基坑边墙的水平位移规律与采用参数一时相似，最大位移也发生在基坑的顶部，其值为 4.1 mm。

由图 4-63 可知，采用参数一计算时，基坑顶部最大沉降变形为 2.1 mm。采用参数二计算时，基坑边墙总体发生滑动破坏，滑面的角度约为 61°，基坑顶部最大沉降变形为 3.9 mm。

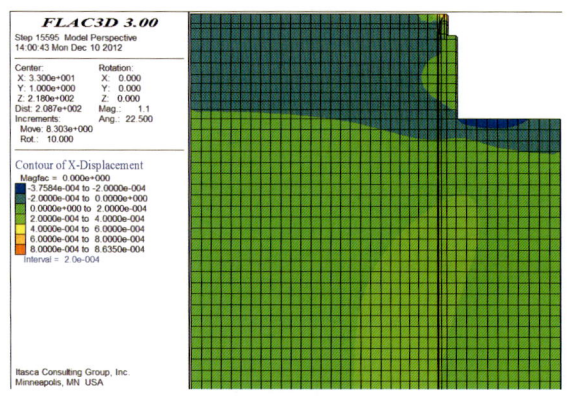

（a）计算参数一

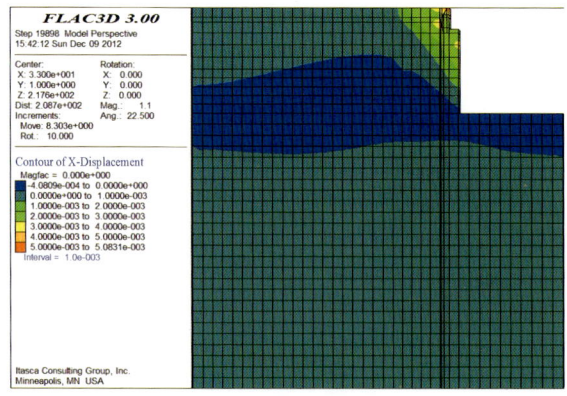

（b）计算参数二

图 4-62　剖面 Y21 基坑开挖完成后边墙 x 向的位移云图

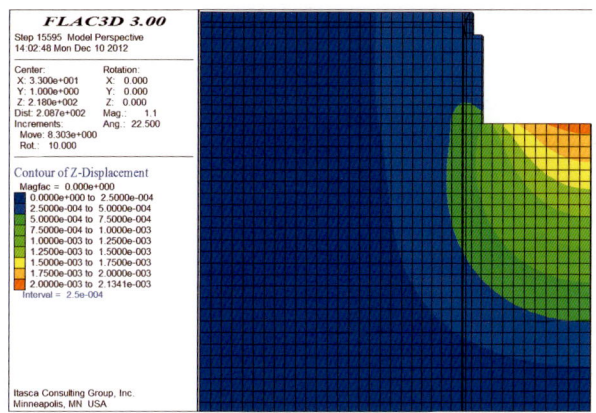

（a）计算参数一

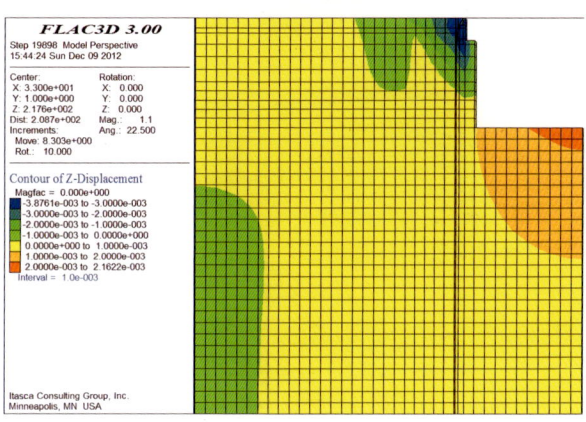

（b）计算参数二

图 4-63　剖面 Y21 开挖完成后边墙 z 向的位移云图

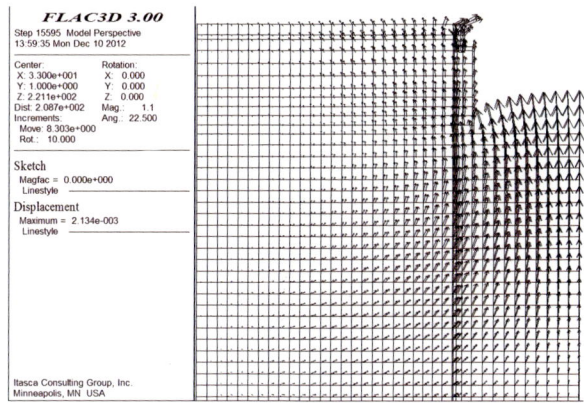

（a）计算参数一

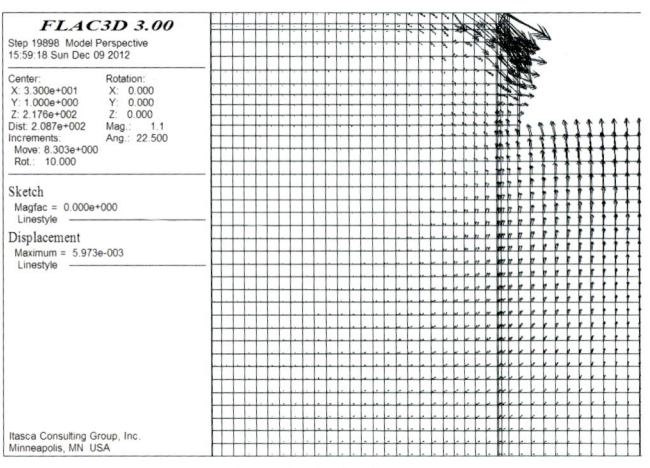

(b）计算参数二

图 4-64　剖面 Y21 开挖完成后边墙的位移矢量图

4.10.3　边墙应力分析

图 4-65 为开挖完成后边墙的最大主应力图，图 4-66 为开挖完成后边墙的最小主应力图，图 4-67 为开挖完成后边墙的应力矢量图。

由图 4-65 及图 4-66 可得，基坑开挖完成后，主应力随着基坑开挖深度的增加而增加，在坡脚附近出现应力集中现象。其中，采用计算参数一，最大主应力为 1 579.2 kPa，最小主应力为 258.3 kPa。采用计算参数二，最大主应力为 1 254.1 kPa，最小主应力为 413.8 kPa。

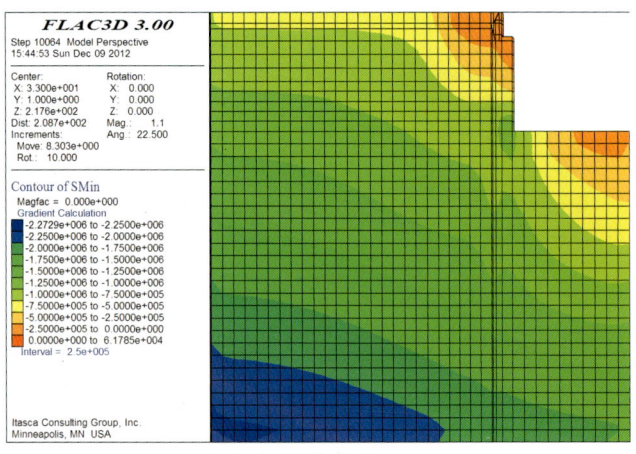

（a）计算参数一

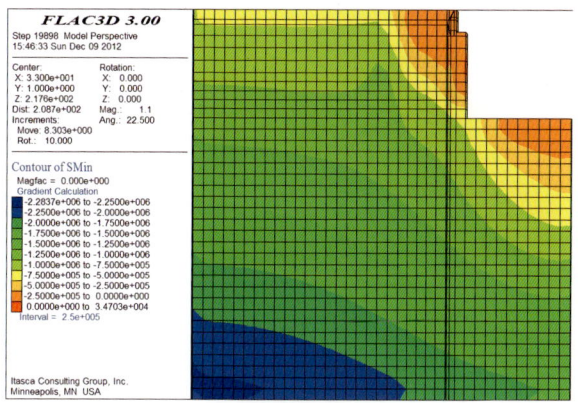

(b) 计算参数二

图 4-65 剖面 Y21 开挖完成后边墙的最大主应力图

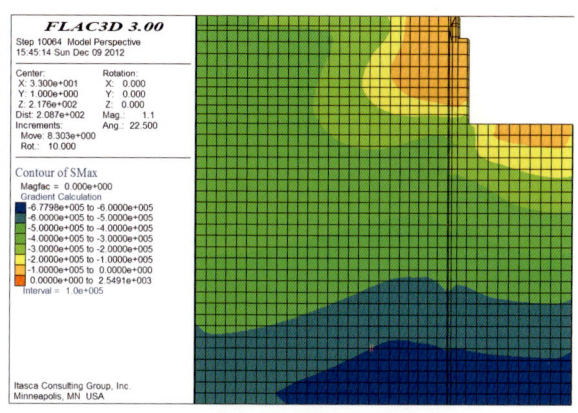

(a) 计算参数一

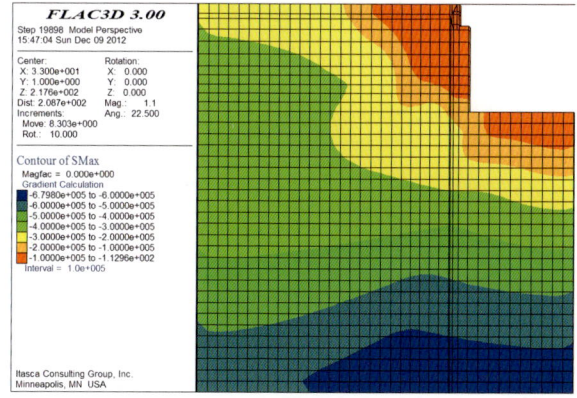

(b) 计算参数二

图 4-66 剖面 Y21 开挖完成后边墙的最小主应力图

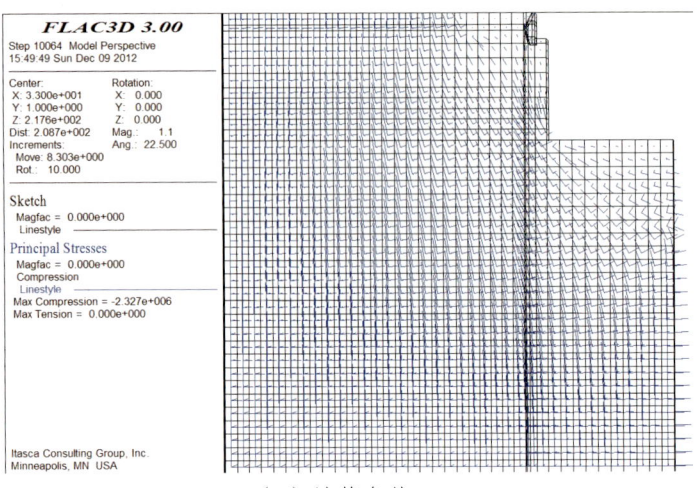

（a）计算参数一

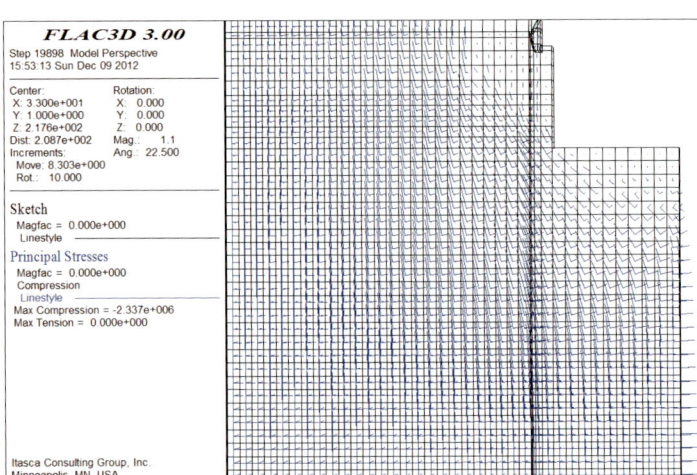

（b）计算参数二

图 4-67　剖面 Y21 开挖完成后边墙的应力矢量图

4.10.4　基坑塑性区分析

图 4-68 为基坑开挖完成后边墙的塑性区分布图。由图可知，采用参数一计算时，边墙附近发生剪切破坏，并未向岩体深部扩展，边墙深部岩体整体还处于弹性状态。采用参数二计算时，边墙塑性区从边墙底部逐渐扩展并贯通到地表，形成一个潜在的滑体。

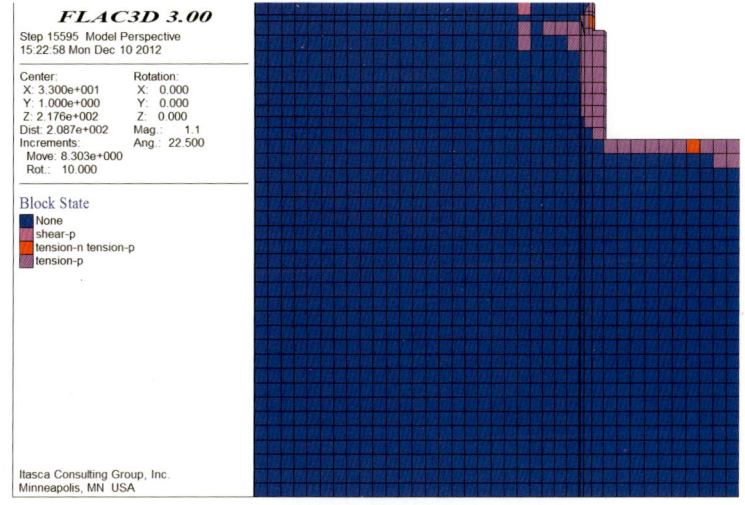

（a）计算参数一

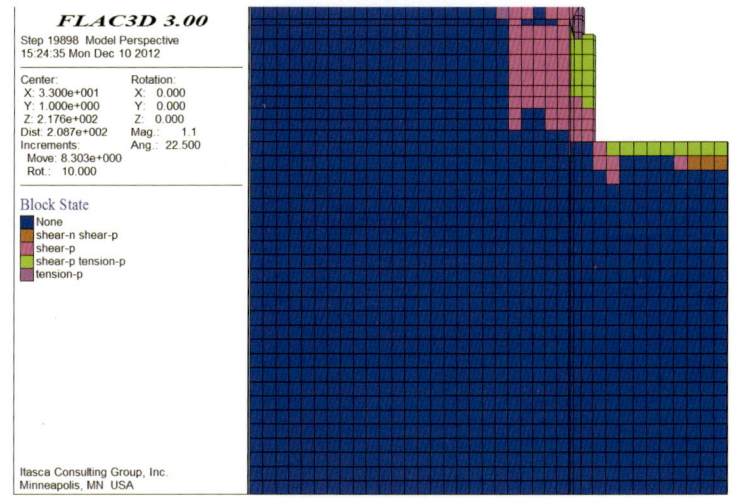

（b）计算参数二

图 4-68　剖面 Y21 开挖完成后边墙塑性区图

4.10.5　华宇大厦基础沉降分析

图 4-69 为开挖完成后，位于基坑旁华宇大厦的基础沉降曲线图。由图 4-69 可知，华宇大厦基础最大位移发生在靠近基坑的位置，远离基坑侧壁的位置沉降量逐渐减小。采用计算参数一计算，最大沉降差为 0.32 mm。采用计算参数二计算，最大回弹为 0.08 mm，倾斜度分别为 0.04‰和 0.01‰。

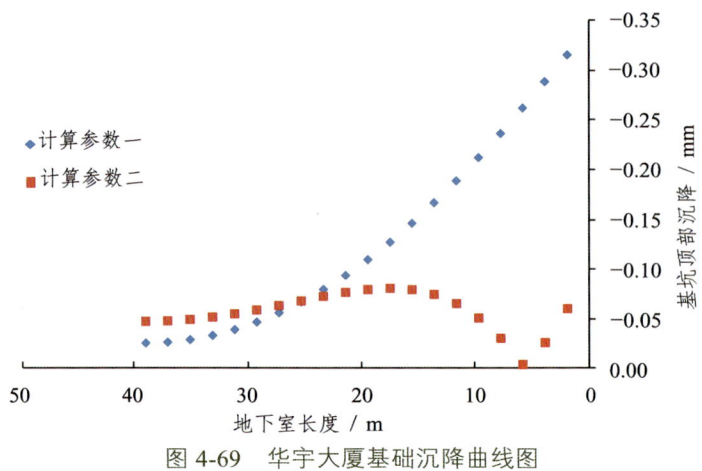

图 4-69 华宇大厦基础沉降曲线图

4.10.6 支护结构内力分析

图 4-70 为基坑开挖完成后各层锚杆的轴力图。由图可知，采用参数一计算时，锚杆总体呈现受拉状态，所承受的最大拉力为 22.1 kN，位于第一排锚杆端部处。当锚杆处于正常状态时，各层锚杆轴力沿长度的分布是不均匀的。从图中可见，各层锚杆轴力从上到下逐渐减小，即正常状态下，上部锚杆发挥的锚固力大于下部锚杆发挥的锚固力。采用参数二计算时，锚杆的最大轴向拉力为 222.1 kN，位于第三排锚杆远离端部处。

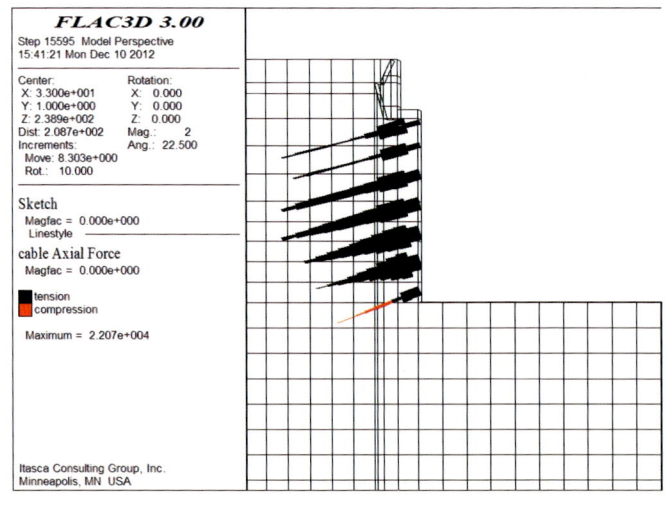

（a）计算参数一

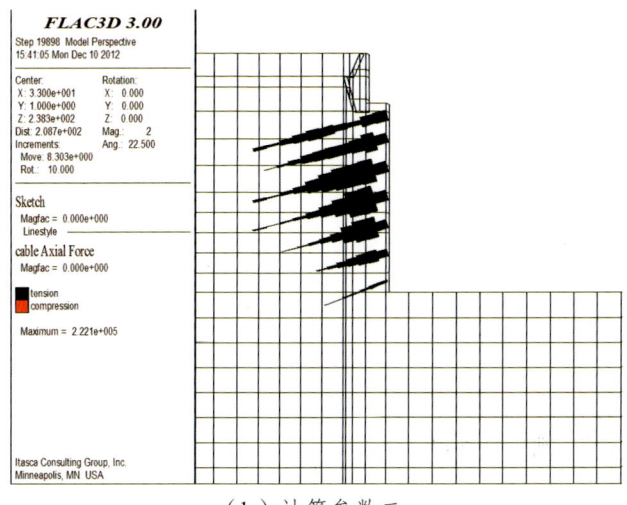

（b）计算参数二

图 4-70　剖面 Y21 开挖完成后各层锚杆的轴力图

4.10.7　小　结

通过对剖面 Y21 进行二维有限元分析，得到如下结论：

（1）基坑开挖过程中，随着开挖深度的增加，开挖面的水平位移逐渐增大。开挖完成后，边坡变形较大。采用参数一计算，边墙最大水平位移出现在基坑顶部，其值为 3.7 mm，为基坑深度的 0.22‰，符合规范的建议值（3‰～5‰）。采用参数二计算，边墙最大水平位移亦出现在基坑的顶部，其值为 5.1 mm，为基坑深度的 0.31‰，符合规范的建议值（3‰～5‰）。

（2）采用参数一计算时，基坑基本处于弹性状态，开挖完成后，基坑总体发生回弹变形，基坑顶部最大回弹变形为 2.1 mm。采用参数二计算时，基坑总体发生塑性变形，导致边墙向基坑方向变形，基坑顶部最大沉降变形为 3.9 mm，为基坑深度的 0.24‰，符合规范的建议值（3‰～5‰）。

（3）基坑开挖导致原有的天然岩土体的应力平衡状态被打破，岩土体中的应力重新分布，形成二次应力场，并在基坑靠近坡脚的位置出现应力集中现象。采用计算参数一，最大主应力为 1 579.2 kPa，最小主应力为 258.3 kPa。采用计算参数二，最大主应力为 1 255.1 kPa，最小主应力为 413.8 kPa。

（4）采用参数一计算时，边墙附近发生剪切破坏，并未向岩体深部扩展，边墙深部岩体整体还处于弹性状态。采用参数二计算时，边墙塑性区从边墙底部逐渐扩展并贯通到地表，形成一个潜在的滑体。

（5）基坑开挖完成后，华宇大厦基础最大位移发生在靠近基坑的位置，远离基坑侧壁的位置沉降量逐渐减小。采用计算参数一计算，最大回弹为 0.32 mm。采用计算参数二计算，最大回弹为 0.08 mm，倾斜度分别为 0.04‰和 0.01‰。

（6）基坑开挖完成后，采用参数一计算时，锚杆总体呈现受拉状态，所承受的最大拉力为 22.1 kN，位于第一排锚杆端部处。采用参数二计算时，锚杆的最大轴向拉力为 222.1 kN，位于第三排锚杆远离端部处。

4.11 剖面 Y27 分析

4.11.1 开挖前地层初始应力

在实际基坑开挖前，地层岩土体在长期自重应力及构造应力作用下已处于稳定状态，因此在进行基坑开挖模拟前，需要得到模型的初始应力状态。基坑开挖属于地表工程，构造应力对初始应力场影响不显着，故本项研究采用地层在自重作用下的应力作为基坑开挖前的初始应力。图 4-71 为开挖前基坑竖直向应力图，图 4-72 为开挖前基坑水平向应力图。

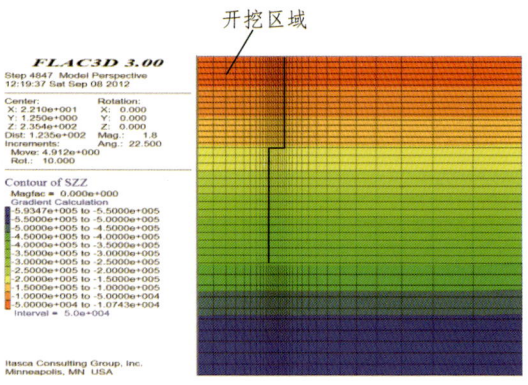

图 4-71　剖面 Y27 开挖前基坑竖直向应力图

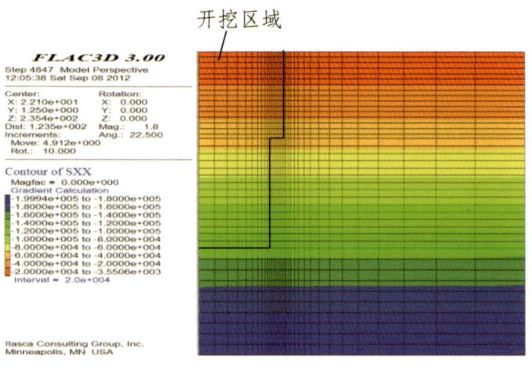

图 4-72　剖面 Y27 开挖前基坑水平向应力图

基坑的静止土压力为开挖前基坑的水平向应力,如图 4-72 可知,基坑的静止土压力随着基坑深度增加而增加,且呈直线分布,最大水平向应力为 750.9 kPa。

4.11.2 边墙变形分布

图 4-73 分别给出基坑开挖完成后,两种计算参数条件下 x 向的位移云图,图 4-74 分别给出基坑开挖完成后,两种计算参数条件下 z 向的位移云图,图 4-75 分别给出基坑开挖完成后,两种计算参数条件下的位移矢量图。

由图 4-73 可以看出,基坑侧壁在两种计算参数下的水平位移沿深度方向呈曲线分布,最大位移发生在基坑顶部,水平位移随深度的增加而逐渐减小。两种计算参数条件下边墙的最大水平位移分别为 2.0 mm、6.0 mm。

由图 4-74 可知,基坑顶部的最大沉降量分别为 −0.6 mm、4.7 mm。

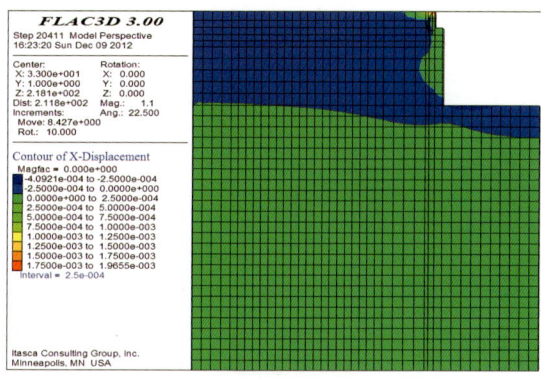

(a)计算参数一

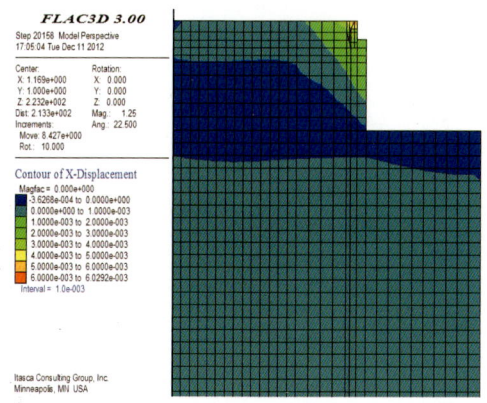

(b)计算参数二

图 4-73 剖面 Y27 基坑开挖完成后边墙 x 向的位移云图

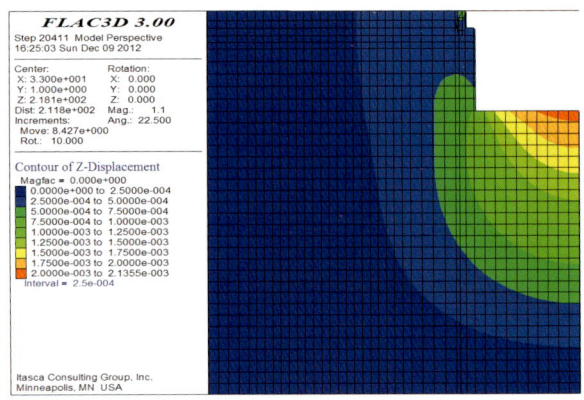

（a）计算参数一

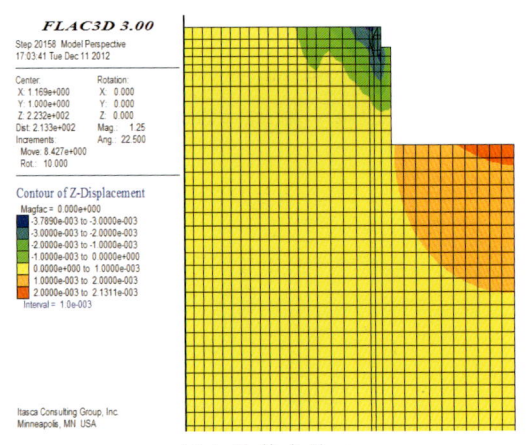

（b）计算参数二

图 4-74　剖面 Y27 开挖完成后边墙 z 向的位移云图

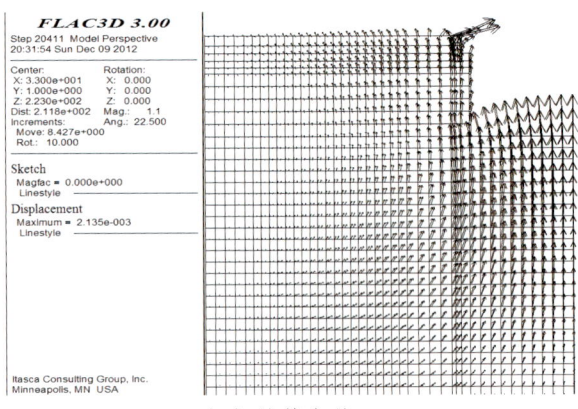

（a）计算参数一

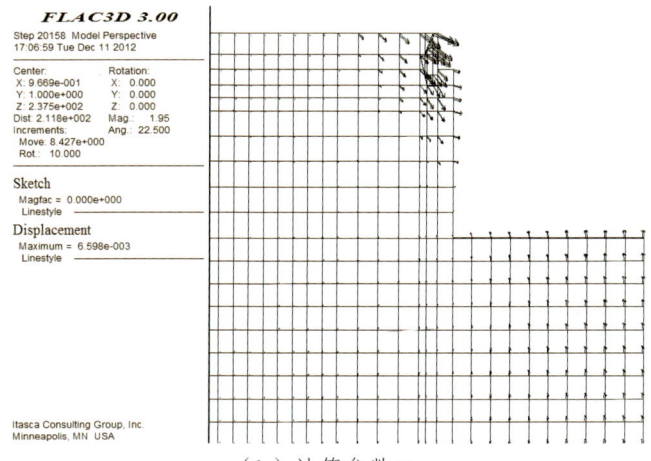

（b）计算参数二

图 4-75　剖面 Y27 北侧基坑开挖完成后边墙的位移矢量图

4.11.3　边墙应力分析

图 4-76 为开挖完成后边墙的最大主应力图，图 4-77 为开挖完成后边墙的最小主应力图，图 4-78 为开挖完成后边墙的应力矢量图。

由图 4-76 及图 4-77 可得，基坑开挖完成后，主应力随着基坑开挖深度的增加而增加，在坡脚附近出现应力集中现象。其中，采用计算参数一计算，最大主应力为 1 167.8 kPa，最小主应力为 162.0 kPa。采用计算参数二计算，最大主应力为 1 530 kPa，最小主应力为 297.0 kPa。

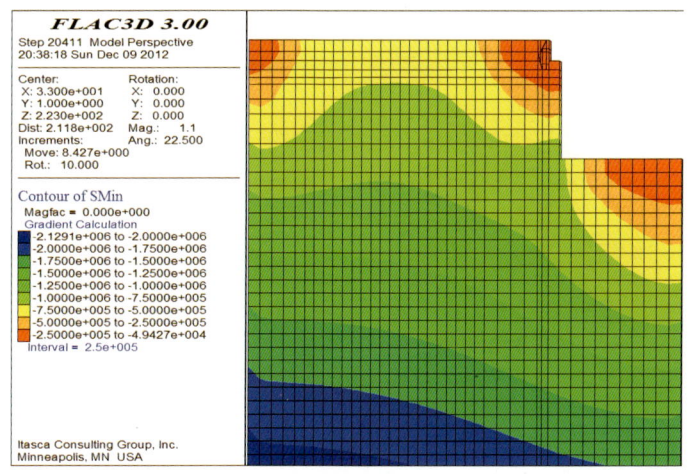

（a）计算参数一

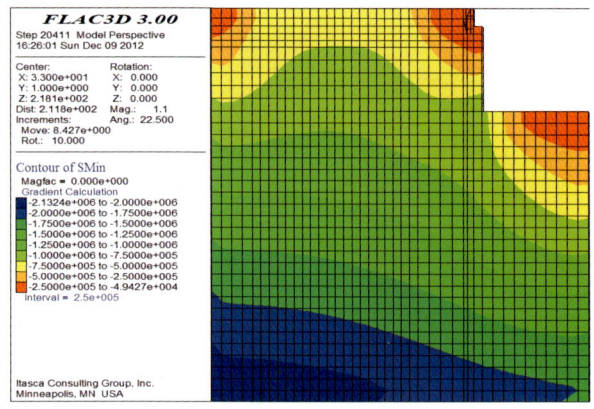

(b) 计算参数二

图 4-76　剖面 Y27 开挖完成后边墙的最大主应力图

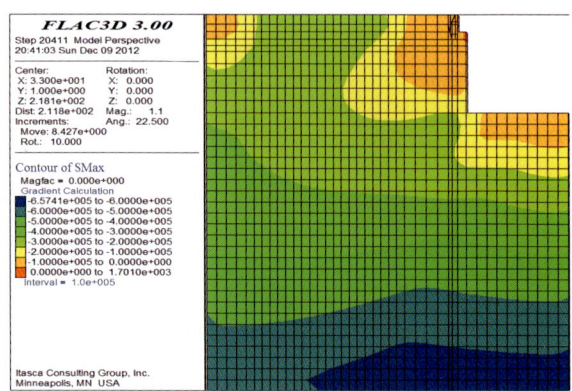

(a) 计算参数一

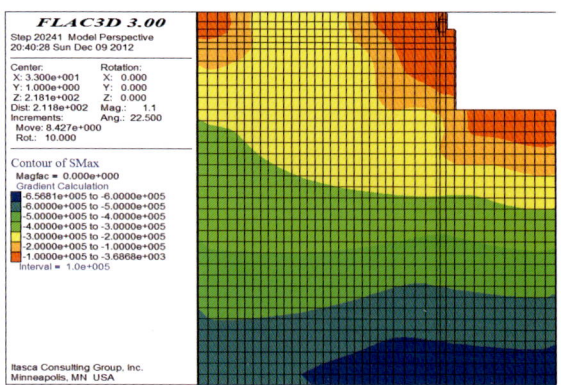

(b) 计算参数二

图 4-77　剖面 Y27 开挖完成后边墙的最小主应力图

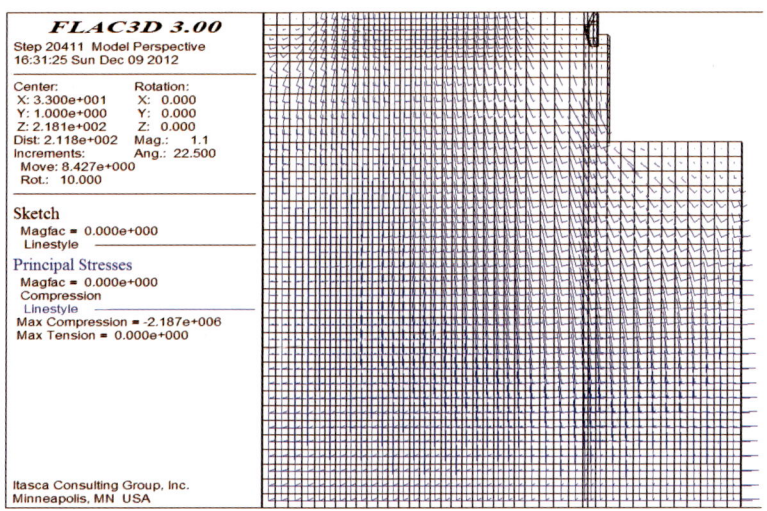

(a)计算参数一

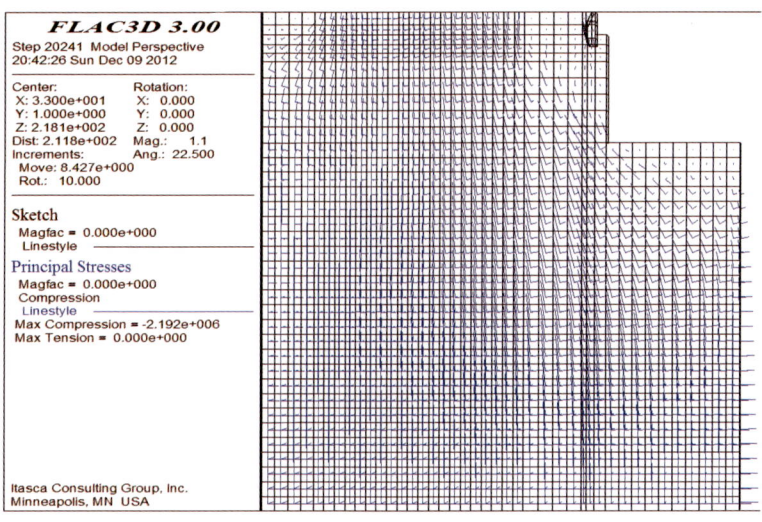

(b)计算参数二

图 4-78　剖面 Y27 开挖完成后边墙的应力矢量图

4.11.4　基坑塑性区分析

图 4-79 为基坑开挖完成后边墙的塑性区分布图。由图可知，采用参数一计算时，边墙处于弹性状态，没有发生塑性破坏。采用参数二计算时，基坑底部开始发生塑性变形并逐渐向深部岩体以及地表扩展，最终形成潜在的滑体。

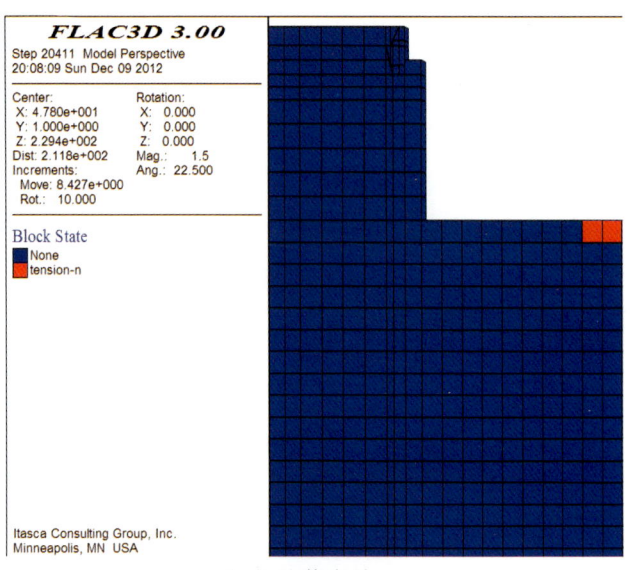

（a）计算参数一

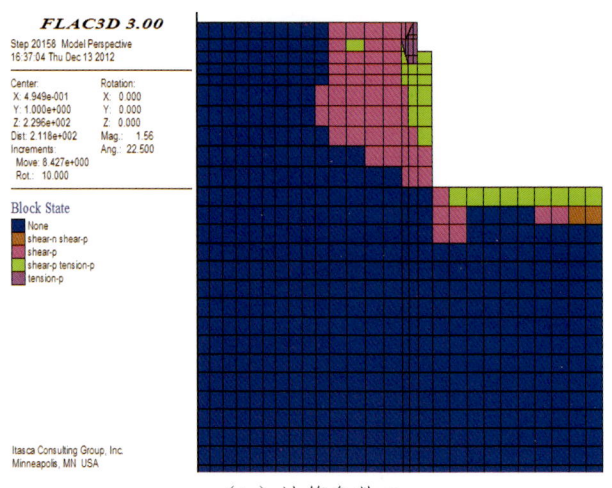

（b）计算参数二

图 4-79　剖面 Y27 开挖完成后边墙塑性区图

4.11.5　华宇大厦基础沉降分析

图 4-80 为基坑开挖完成后，位于基坑旁的华宇大厦基础沉降曲线图。由图 4-80 可知，华宇大厦基础最大位移发生在靠近基坑的位置，远离基坑侧壁的位置沉降量逐渐减小。采用计算参数一计算，最大沉降差为 0.4 mm。采用计算参数二计算，最大沉降差为 0.2 mm，倾斜度分别为 0.02‰和 0.01‰。

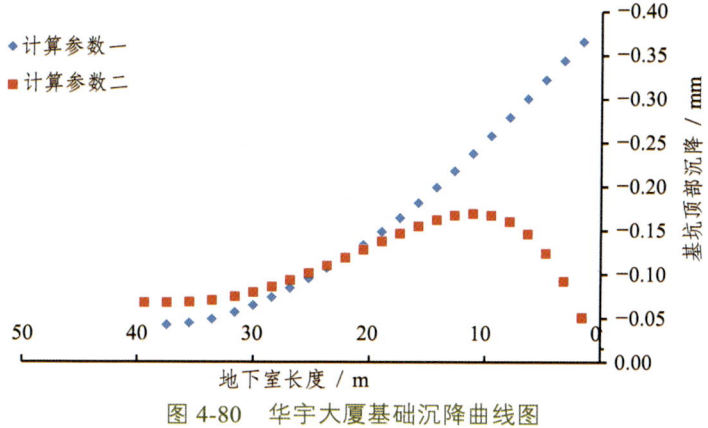

图 4-80 华宇大厦基础沉降曲线图

4.11.6 支护结构内力分析

图 4-81 为开挖完成后各层锚杆的轴力图。由图可知，采用参数一计算时，锚杆总体呈现受拉状态，所承受的最大拉力为 24.7 kN，位于底端锚杆的尾部处。当锚杆处于正常状态时，各层锚杆轴力沿长度的分布是不均匀的。从图中可见，各层锚杆轴力从上到下逐渐增加，即正常状态下，下部锚杆发挥的锚固力大于上部锚杆发挥的锚固力。采用参数二计算时，锚杆的最大轴向拉力为 216.8 kN，位于第三排锚杆端部处。

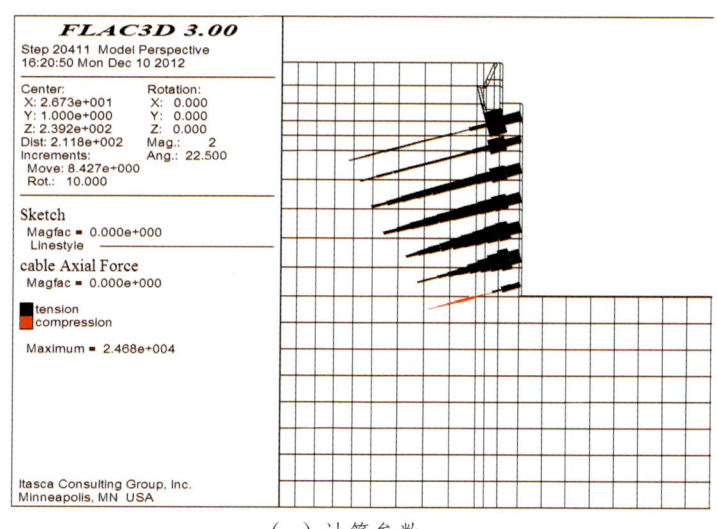

（a）计算参数一

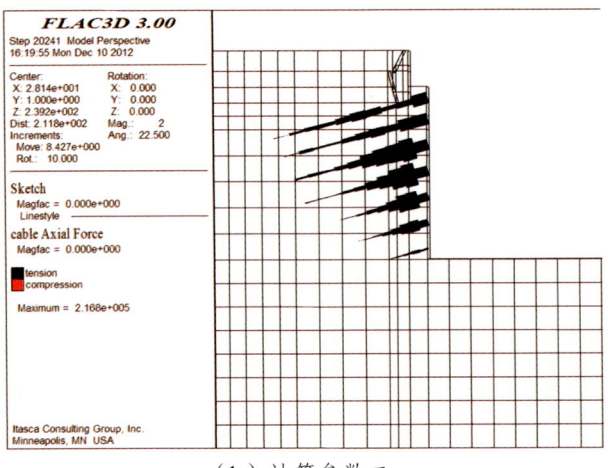

(b)计算参数二

图 4-81　剖面 Y27 开挖完成后各层锚杆的轴力图

4.11.7　小　结

通过对剖面 Y27 进行二维有限元分析,得到如下结论:

(1)基坑开挖过程中,随着开挖深度的增加,开挖面的水平位移逐渐增大。开挖完成后,边坡变形较大。采用参数一计算,边墙最大水平位移出现在基坑中下部,其值为 2.0 mm,为基坑深度的 0.11‰,符合规范的建议值(3‰~5‰)。采用参数二计算,边墙最大水平位移出现在基坑底部,其值为 5.6 mm,为基坑深度的 0.29‰,符合规范的建议值(3‰~5‰)。

(2)基坑开挖完成后,采用参数一计算时,基坑以回弹变形为主,最大回弹变形位于基坑顶部,为 0.6 mm。采用参数二计算时,基坑边墙总体发生滑动破坏,基坑顶部最大沉降变形为 4.7 mm,为基坑深度的 0.24‰,符合规范的建议值(3‰~5‰)。

(3)基坑开挖导致原有的天然岩土体的应力平衡状态被打破,岩土体中的应力重新分布,形成二次应力场,并在基坑靠近坡脚的位置出现应力集中现象。采用计算参数一计算,最大主应力为 1 167.8 kPa,最小主应力为 162.0 kPa。采用计算参数二计算,最大主应力为 1 530 kPa,最小主应力为 297.0 kPa。

(4)采用参数一计算时,边墙处于弹性状态,只有风井底部有很小区域发生受拉屈服破坏。采用参数二计算时,基坑底部很小区域发生剪切屈服破坏。

(5)基坑开挖完成后,华宇大厦基础最大位移发生在靠近基坑的位置,远离基坑侧壁位置的沉降量逐渐减小。采用计算参数一计算,最大回弹量为 0.4 mm。采用计算参数二计算,最大沉降差为 0.2 mm,倾斜度分别为 0.02‰和 0.11‰。

（6）基坑开挖完成后，采用参数一计算时，所承受的最大拉力为 24.7 kN，位于底端锚杆的尾部处。采用参数二计算时，锚杆的最大轴向拉力为 216.8 kN，位于第三排锚杆端部处。

4.12 小　结

（1）基坑开挖过程中，随着开挖深度的增加，开挖面的水平位移逐渐增大。开挖完成后，采用参数一（设计建议参数）得到的边墙位移均较采用参数二（等效计算参数）的计算结果小。采用参数一计算时，边墙最大水平位移出现在剖面 Y6 南侧基坑顶部，其值为 4.7 mm，为基坑深度的 0.5‰。采用参数二计算时，边墙最大位移出现在剖面 Y6 北侧风井基坑底部，其值为 19.3 mm，为基坑深度的 0.44‰。计算结果表明采用两种参数计算得到的边墙最大位移均满足规范建议值（3‰~5‰）。

（2）对于基坑边墙的竖向变形，在基坑北侧边坡，由于覆盖层较薄，采用参数一计算时，岩石基坑处于弹性变形状态，开挖后的基坑变形以回弹变形为主。最大回弹变形位于剖面 Y6 北侧的风井基坑坡顶，回弹变形值为 4.5 mm。采用参数二计算时，基坑边墙均发生了滑动破坏，基坑顶部均为沉降变形，最大沉降变形同样位于剖面 Y6 北侧的风井基坑坡顶基坑顶部，变形值为 20.5 mm，为基坑深度的 0.47‰，符合规范的建议值（3‰~5‰）。对于南侧边坡，由于回填土较厚，采用参数一和参数二计算得到的竖向变形均为沉降变形，最大变形位于剖面 Y6 南侧。两种参数计算得到的最大沉降量分别为 20.45 mm 和为 21.53 mm，为基坑深度的 0.72‰和 0.78‰，符合规范的建议值（3‰~5‰）。

（3）基坑开挖导致原有的天然岩土体的应力平衡状态被打破，岩土体中的应力重新分布，形成二次应力场，并在基坑靠近坡脚的位置出现应力集中现象。应力值最大位于剖面 Y6 北侧的风井基坑坡脚。采用计算参数一计算时，最大主应力为 2 343.9 kPa，最小主应力为 769.3 kPa。采用计算参数二计算时，最大主应力为 1 313.9 kPa，最小主应力为 307.4 MPa。

（4）从基坑开挖过程中的塑性区分布来看，采用参数一计算时，基坑边墙均处于弹性状态，只有风井底部有很小区域发生受拉屈服破坏。采用参数二计算时，边墙塑性区从基坑底部逐渐扩展并贯通到地表，塑性区平均倾角为等效内摩擦角。

（5）基坑开挖完成后，采用两种参数计算时，锚杆总体呈现受拉状态。基坑开挖完成后，各剖面边墙变形较小，锚杆轴力也较小，满足规范要求。

（6）基坑开挖完成后，华宇大厦基础最大位移发生在靠近基坑的位置，远离基坑侧壁位置的沉降量逐渐减小。采用参数一和参数二计算，华宇大厦的基础倾斜度分别小于 0.04‰和 0.01‰，满足规范对高层建筑物倾斜度的要求。

第 5 章
深基坑围护方案三维数值模拟分析

对深基坑围护方案进行三维数值模拟分析时，根据基坑开挖重点关注部位，建立了风井基坑、华宇大厦附近基坑及沙坪坝整体基坑的三维数值模型和支护结构，采用有限差分方法对逐层开挖及支护过程中的基坑应力和变形进行了研究。数值计算时采用两种岩体材料参数进行分析：一是岩体的实际参数；二是与规范相对应的等效参数。

5.1 三维有限元模型

5.1.1 风井基坑三维有限元模型

风井基坑三维有限元模型建立在局部坐标系(x, y, z)下，其x轴正方向指向正东方向，y轴正方向指向正北方向，z轴正方向垂直向上。模型计算范围沿x轴向取 120 m（约从 K0+670 m 到 K0+790 m），沿y轴向取 90 m，沿z轴向取 90 m，模型x方向依次包括剖面Ⅵ、剖面20、剖面21、剖面22和剖面23（图5-1）。

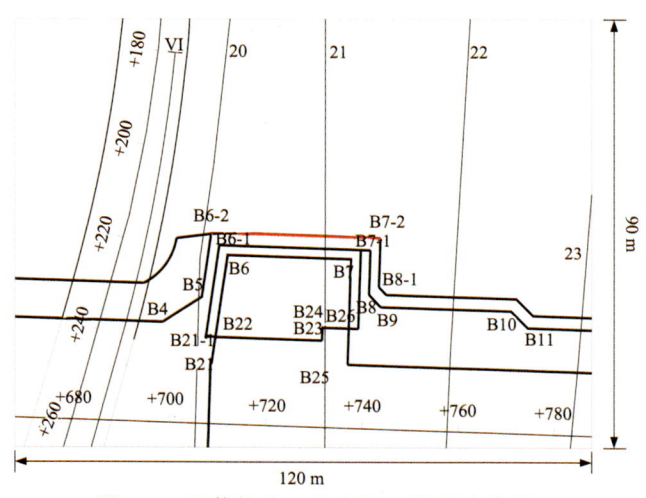

图 5-1 风井基坑三维有限元模型计算范围

计算模型共剖分单元 33 006 个，节点 35 629 个，其中开挖单元 2 728 个，三维网络及概化模型如图 5-2 所示，开挖后地表形态与开挖体形状如图 5-3 所示。

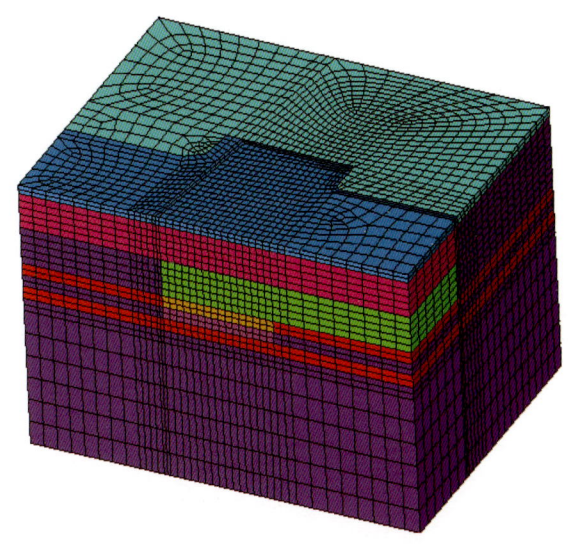

图 5-2　风井基坑三维有限元模型与网络剖分图

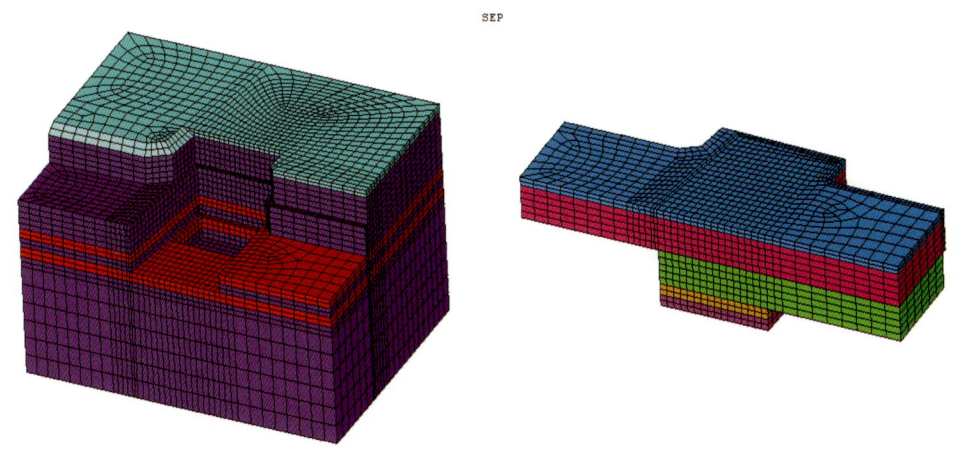

图 5-3　基坑开挖后地表形态及开挖体形状图

考虑模型所处地形地貌条件及边坡荷载方向，模型边界条件在 x 向、y 向和底部边界（z 向）分别取法向支座约束。

此外，计算模型对工程加固结构也进行了模拟。锚杆及挡墙布置如图 5-4 所示。

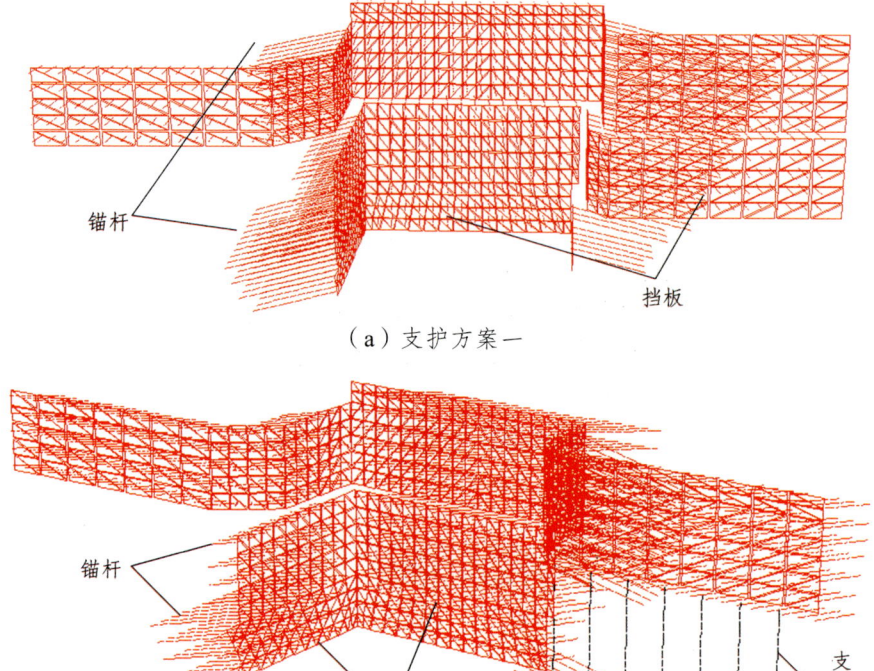

(a) 支护方案一

(b) 支护方案二

图 5-4 风井基坑支护结构图

5.1.2 华宇广场附近基坑三维有限元模型

华宇广场附近基坑三维有限元模型建立在局部坐标系（x，y，z）下，其 x 轴正方向指向正东方向，y 轴正方向指向正北方向，z 轴正方向垂直向上。模型计算范围沿 x 轴向取 190 m（约从 K0+800 m 到 K0+990 m），沿 y 轴向取 180 m，沿 z 轴向取 85 m（从高程 600 m 到高程 1 500 m），模型 x 方向依次包括剖面 24、剖面 25、剖面 27、剖面 28、剖面 29、剖面 30、剖面 32、剖面 33、剖面 34 和剖面 35（图 5-5）。计算模型共剖分单元 24 221 个，节点 26 714 个，其中开挖单元 2 728 个，三维网络及概化模型如图 5-6 所示，开挖后地表形态与开挖体形状如图 5-7 所示。

考虑模型所处地形地貌条件及边坡荷载方向，模型边界条件在 x 向、y 向和底部边界（z 向）分别取法向支座约束。

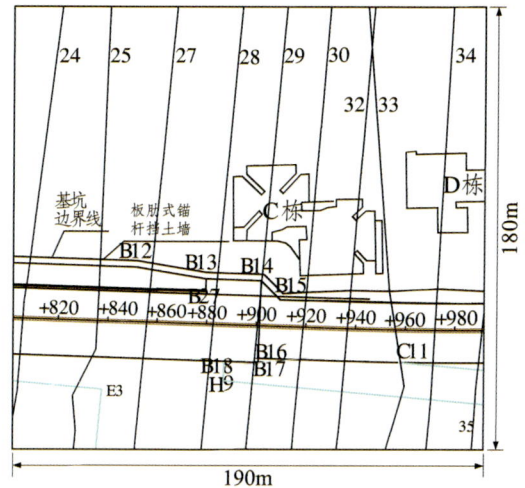

图 5-5 华宇广场附近基坑三维有限元模型计算范围

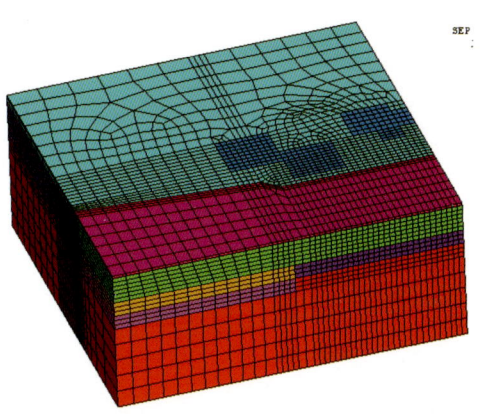

图 5-6 华宇广场附近基坑三维有限元模型

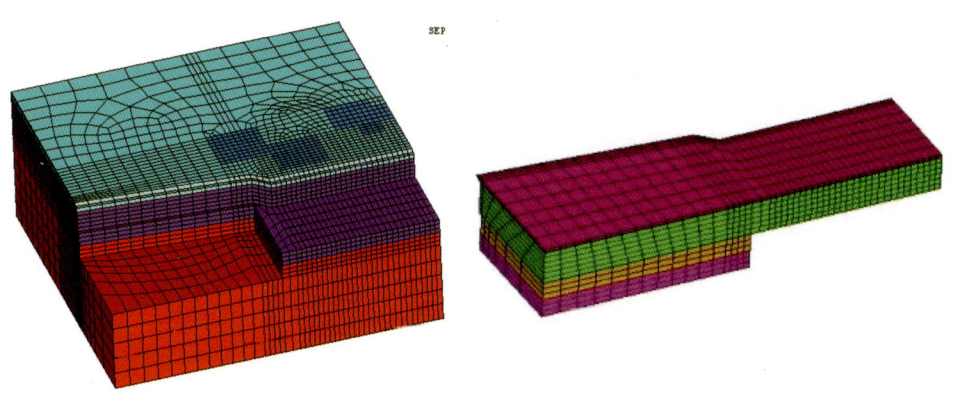

图 5-7 基坑开挖后地表形态及开挖体形状图

此外，计算模型对工程加固结构也进行了模拟。锚杆及挡墙布置如图 5-8 所示。

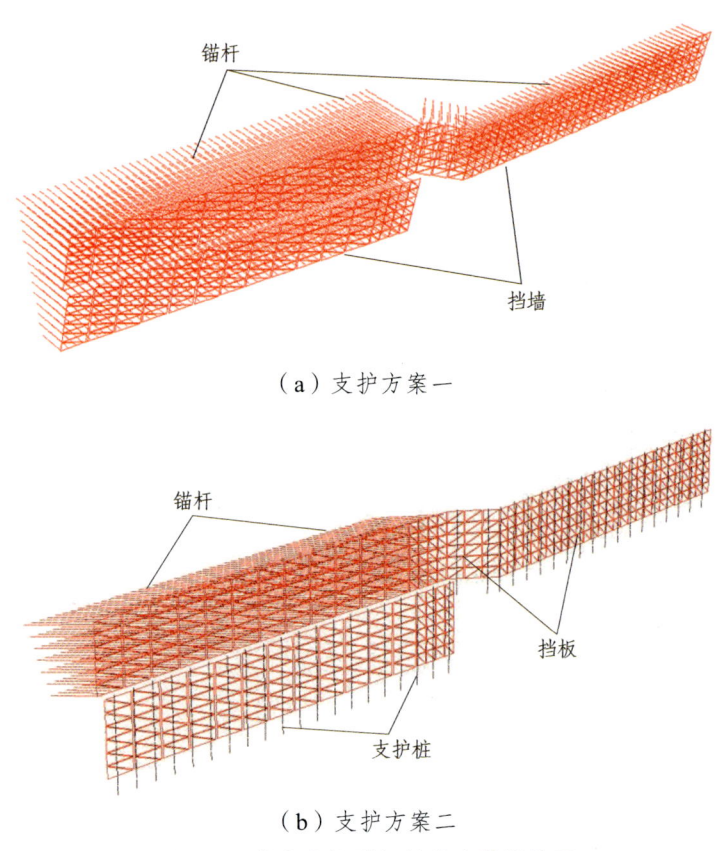

（a）支护方案一

（b）支护方案二

图 5-8　华宇广场附近基坑支护结构图

5.1.3　沙坪坝整体基坑三维有限元模型

沙坪坝基坑三维有限元模型建立在局部坐标系（x，y，z）下，其 x 轴正方向指向正东方向，y 轴正方向指向正北方向，z 轴正方向垂直向上。模型计算范围沿 x 轴向取 850 m，沿 y 轴向取 410 m，沿 z 轴向取 140 m。计算模型共剖分单元 170 390 个，节点 137 256 个，其中开挖单元 33 706 个，三维网络及概化模型如图 5-9 所示，开挖后地表形态与开挖体形状如图 5-10 所示。

考虑模型所处地形地貌条件及边坡荷载方向，模型边界条件在 x 向、y 向和底部边界（z 向）分别取法向支座约束。

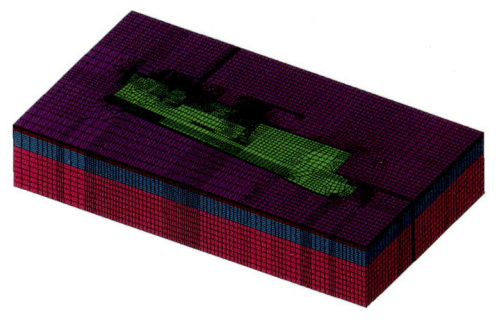

图 5-9 沙坪坝基坑三维有限元模型与网络剖分图

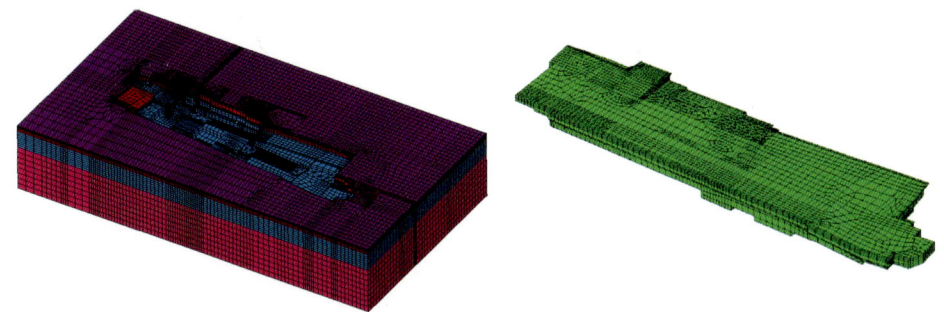

图 5-10 基坑开挖后地表形态及开挖体形状图

5.2 计算参数与计算荷载

1. 计算参数

本项目计算时,岩体材料参数的选取见表 5-1。为了与规范中极限平衡方法做对比,选取如表 5-2 所示的岩体参数,其中岩体的抗剪强度取等效内摩擦角。参考相关规范及工程经验选用如表 5-3 所示的锚杆材料参数,选取如表 5-4 所示的混凝土面层参数。

表 5-1 地层计算参数一

地层	天然重度 /(kN/m³)	变形模量 /MPa	泊松比	内摩擦角/(°)	黏聚力 /kPa
填土	19.8	4.64	0.25	20	5
粉质黏土	18.9	4.64	0.31	15.7	26
泥岩	25.9	840	0.33	32.2	324
砂岩	24.6	2 690	0.252	37.3	1 200

表 5-2　地层计算参数二

地层	天然重度/(kN/m³)	变形模量/MPa	泊松比	等效内摩擦角/(°)	黏聚力/kPa
填土	19.8	4.64	0.25	30	0
粉质黏土	18.9	4.64	0.31	30	0
泥岩	25.4	840	0.33	52	0
砂岩	25.4	2 690	0.252	52	0

表 5-3　锚杆的材料特性

名称	弹性模量/GPa	抗拉强度/MPa	单根锚杆横截面积/mm²	水泥浆黏结强度/kPa	水泥浆黏结刚度/(MN/m)	砂浆的外圈周长/cm	水泥浆摩擦角/(°)
锚杆（土中）	200	310	615.8	50	10	40.8	15
锚杆（岩中）	200	310	615.8	150	1 000	40.8	25

表 5-4　混凝土面层参数

名称	弹性模量/GPa	泊松比	厚度/mm	强度等级
混凝土面层参数	35	0.2	80	C20

2. 计算荷载

（1）自重荷载：采用自重荷载作为基坑的初始应力场。

（2）建筑荷载：考虑到基坑工程支护的复杂性，FLAC3D 数值模拟在网格建模分析时，将基坑周围的建筑物简化成相应分布面上的荷载，按每层楼 20 kPa/m² 计算。比如，剖面 30 的华宇大厦层高 33 层，地下室为 2 层，则简化荷载为 660 kPa/m²。

5.3　三维有限元计算成果分析

5.3.1　风井基坑稳定三维有限元分析

1. 开挖前地层初始应力

在实际基坑开挖前，地层岩土体在长期自重应力及构造应力作用下已处于稳定状态，因此在进行基坑开挖模拟前，需要得到模型的初始应力状态。基坑开挖属于地表工程，构造应力对初始应力场影响不明显，故本项研究采用地层在自重作用下的应力作为基坑开挖前的初始应力。图 5-11 为开挖前基坑竖直向应力图，图 5-12 为开挖前基坑水平向应力图。

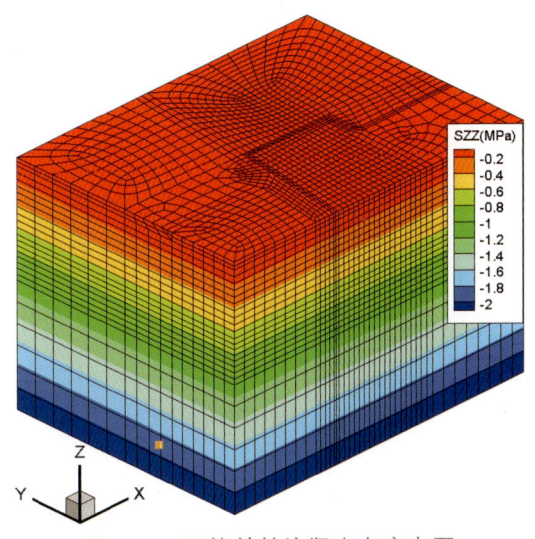

图 5-11　开挖前基坑竖直向应力图

基坑的静止土压力为开挖前基坑的水平向应力，基坑的静止土压力随着基坑深度增加而增加，且呈直线分布。

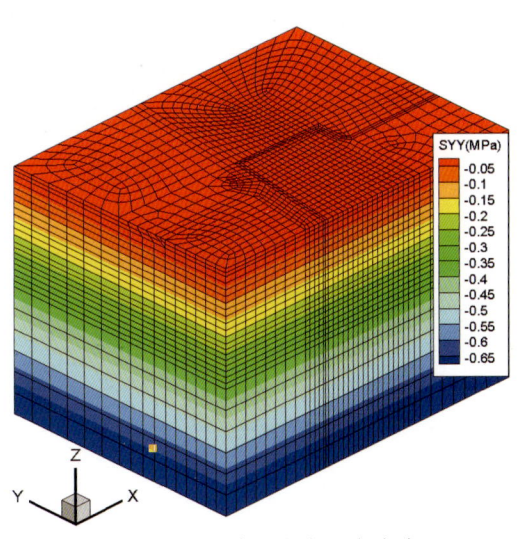

图 5-12　开挖前基坑水平向应力图

2. 边墙水平位移分析

图 5-13 给出了两种计算参数的基坑侧壁 y 向位移云图，图 5-14 给出了两种计算参数的基坑侧壁 x 向位移云图，图 5-15 给出了两种计算参数的基坑侧壁总位移云图以及位移矢量图。

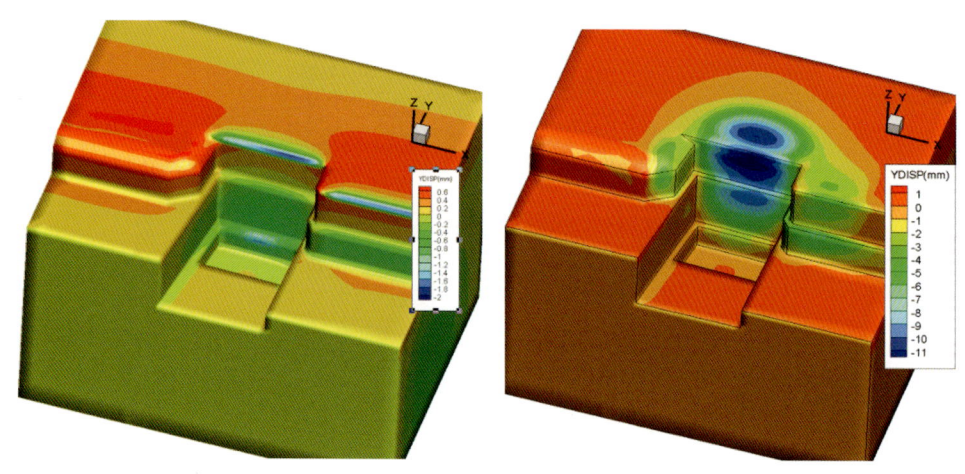

（a）计算参数一　　　　　　　　　（b）计算参数二

图 5-13　基坑开挖完成后边墙 y 向的位移云图

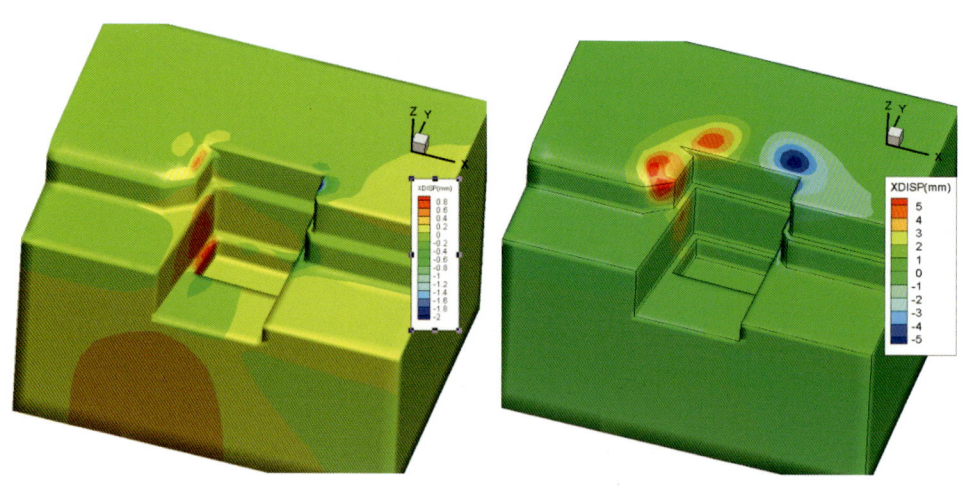

（a）计算参数一　　　　　　　　　（b）计算参数二

图 5-14　基坑开挖完成后边墙 x 向的位移云图

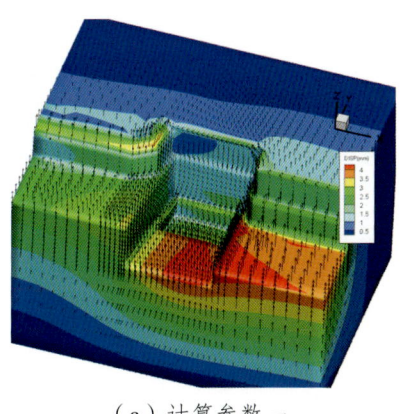 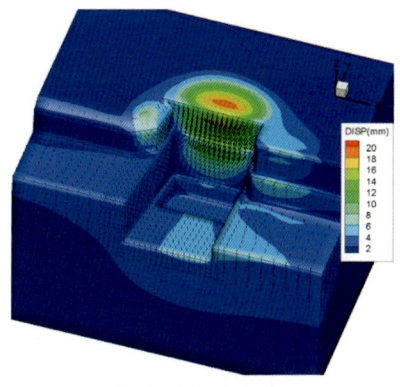

（a）计算参数一　　　　　　　　　（b）计算参数二

图 5-15　基坑开挖完成后边墙的总位移云图及位移矢量图

由图 5-13～图 5-15 可以看出，基坑侧壁在两种计算参数下的水平位移沿深度方向呈曲线分布。其中，采用参数一计算时，最大位移发生在基坑边墙的底部，其值为 2 mm。采用参数二计算时，边墙的位移随着基坑深度的增加而减小，最大位移发生在边墙顶部，其值为 11 mm。

3. 基坑顶部沉降位移分析

图 5-16 给出基坑开挖完成后，两种计算参数下 z 向的位移云图。由图 5-16 可知，沉降的最大位移发生在靠近基坑的位置，远离基坑侧壁位置的沉降量逐渐减小。采用参数一计算时，基坑开挖后处于弹性状态，基坑的变形以回弹变形为主。基坑顶部的回弹变形为 1.2 mm。采用参数二计算时，基坑顶部发生塑性破坏，并向基坑内发生变形。基坑顶部的最大沉降量为 16 mm。

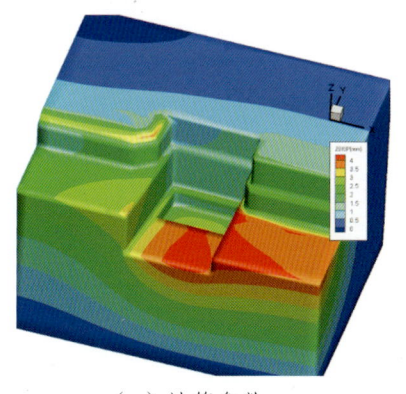 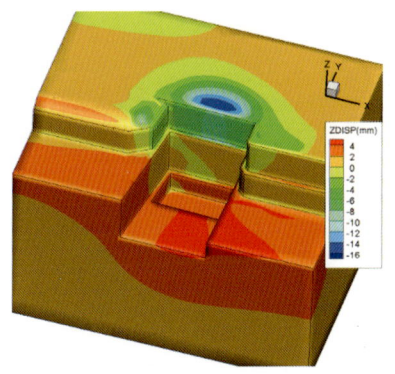

（a）计算参数一　　　　　　　　　（b）计算参数二

图 5-16　基坑开挖完成后边墙 z 向的位移云图

4. 边墙应力分析

图 5-17 和图 5-18 分别为开挖完成后边墙的最大主应力图及最小主应力图，由图 5-17 及图 5-18 可得，基坑开挖完成后，边墙大主应力基本与坡面平行，而小主应力基本与坡面垂直。主应力随着基坑开挖深度的增加而增加，在坡脚附近出现应力集中现象。其中，采用参数一计算时，最大主应力为 1 177.5 kPa，最小主应力为 374.2 kPa，最大水平向应力为 450.4 kPa。采用参数二计算时，最大主应力为 1 087.7 kPa，最小主应力为 545.8 kPa，最大水平向应力为 546.4 kPa。由此可见，基坑开挖后，边墙的应力水平远小于岩石的抗压强度。

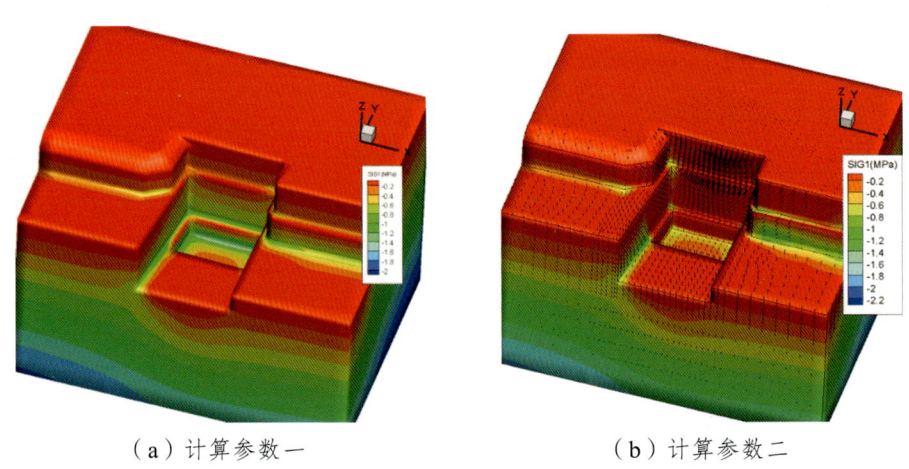

（a）计算参数一　　　　　　　　　（b）计算参数二

图 5-17　基坑开挖完成后边墙的最大主应力图

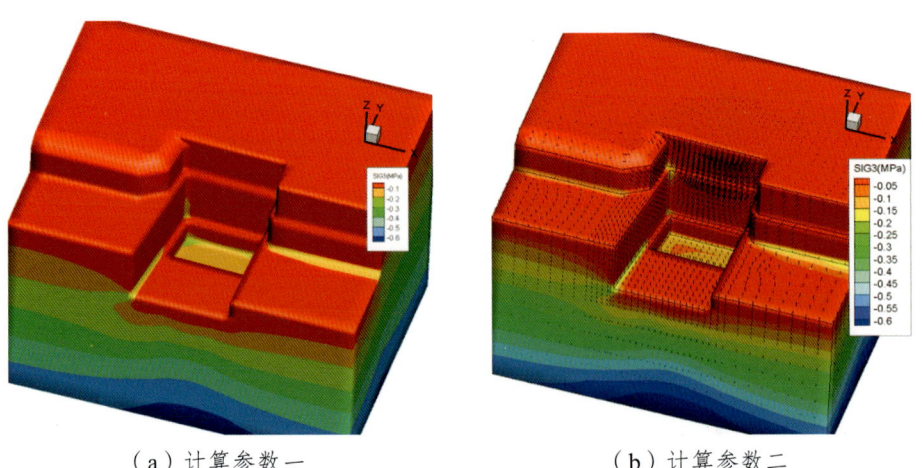

（a）计算参数一　　　　　　　　　（b）计算参数二

图 5-18　基坑开挖完成后边墙的最小主应力图

图 5-19 为基坑开挖完成后边墙的应力矢量图，图 5-20 和图 5-21 分别为基坑开挖完成后边墙 x、y 向的应力云图。

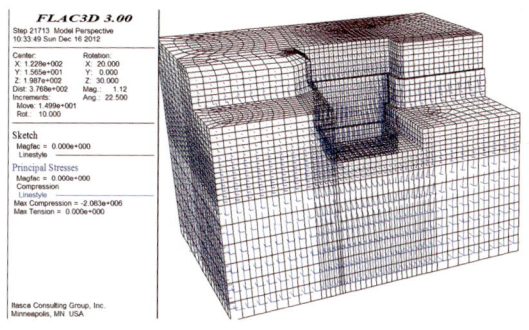

（a）计算参数一

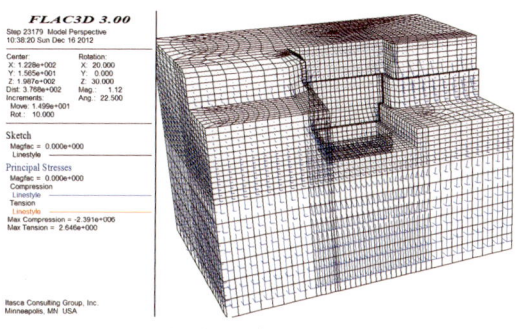

（b）计算参数二

图 5-19　基坑开挖完成后边墙的应力矢量图

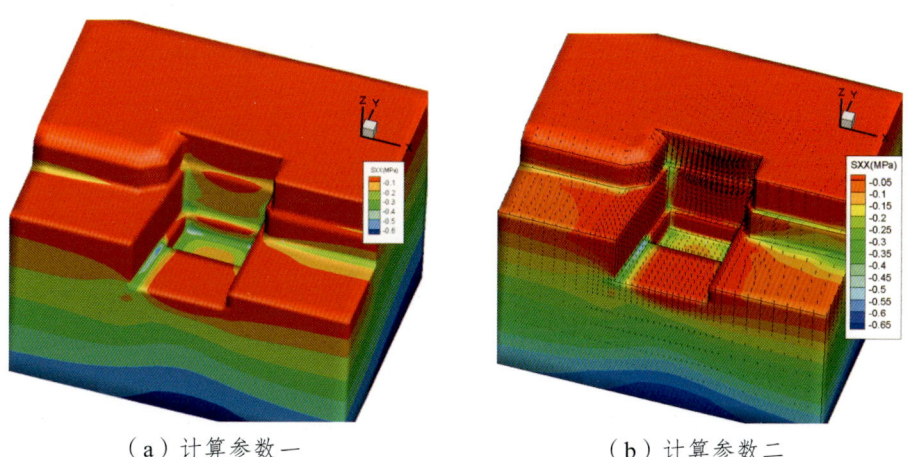

（a）计算参数一　　　　　　　　　　（b）计算参数二

图 5-20　基坑开挖完成后边墙 x 向的应力云图

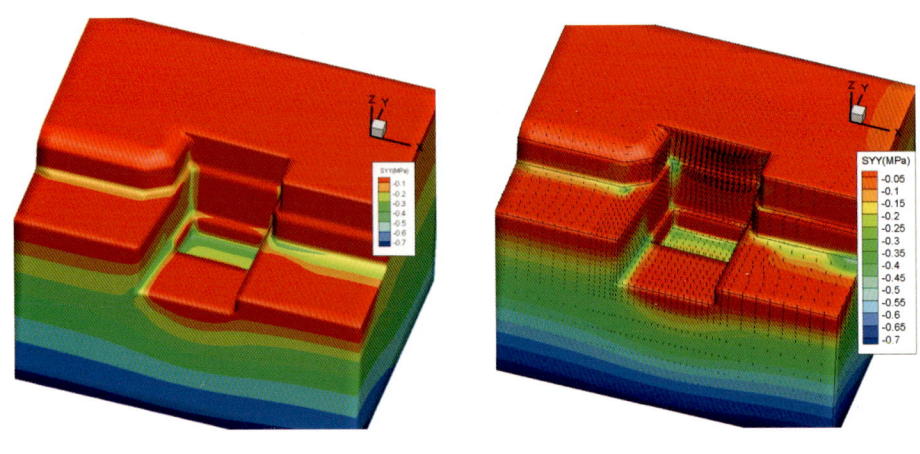

(a) 计算参数一　　　　　　　　　　(b) 计算参数二

图 5-21　基坑开挖完成后边墙 y 向的应力云图

5. 支护结构内力分析

图 5-22 为开挖完成后风井基坑各层锚杆的轴力图，图 5-23 为开挖完成后风井基坑内支撑的轴力图。由图可知，当采用参数一计算时，锚杆总体呈现受拉状态，所承受的最大拉力为 60.11 kN。各层锚杆轴力一般表现为靠近端头部位的轴力最大，沿锚杆方向逐渐减小。基坑中下部应力水平偏高，变形较大，从而导致该部位的锚杆应力比其他部位高。基坑底部的内支撑最大轴向压力为 336 kN，小于内支撑设计值，满足工程要求。

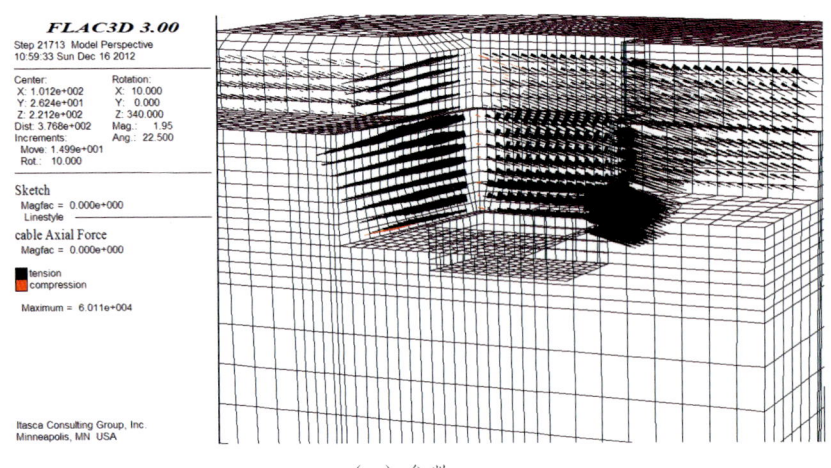

(a) 参数一

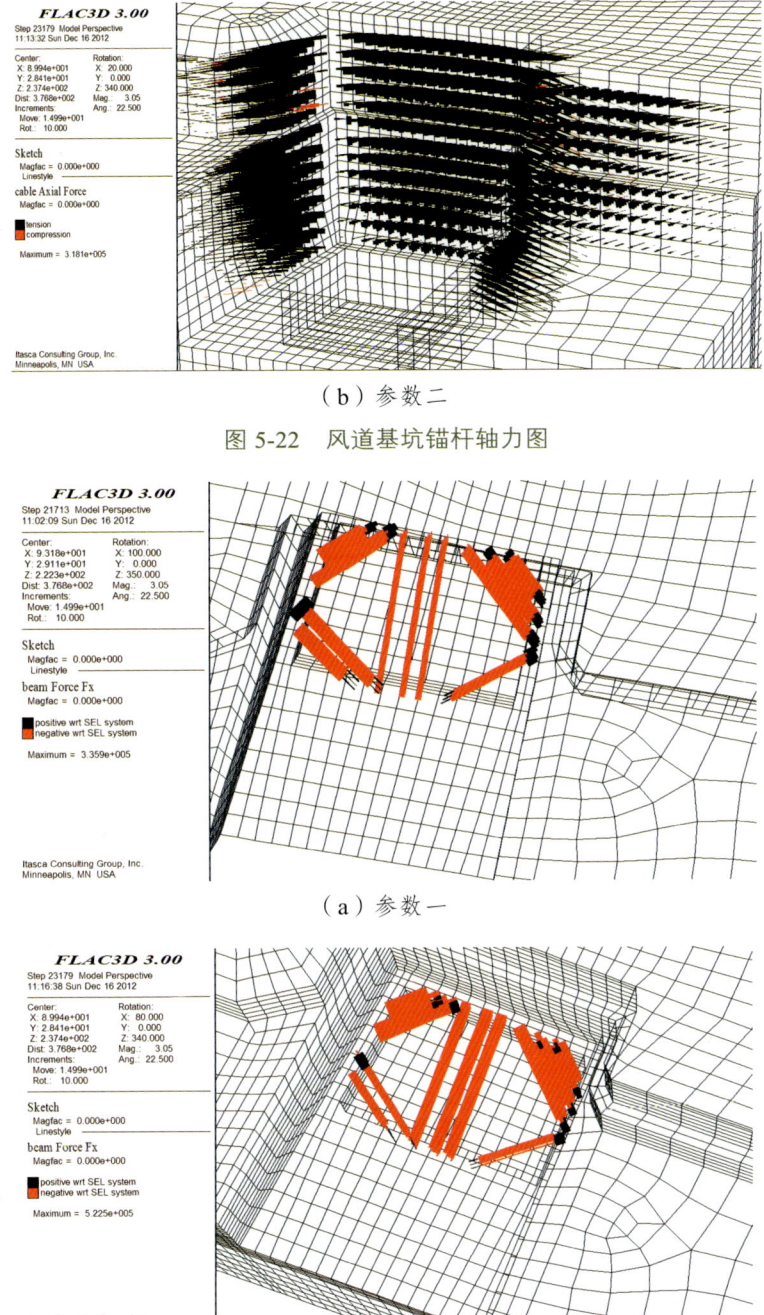

(b)参数二

图 5-22 风道基坑锚杆轴力图

(a)参数一

(b)参数二

图 5-23 风道基坑内支撑轴力图

当采用参数二计算时，风井基坑中锚杆所受到最大拉力为 318.1 kN，小于锚杆设计值。基坑底部的内支撑最大轴向压力为 522 kN，小于内支撑设计值，满足工程要求。

6. 小　结

通过对风道基坑进行三维有限元分析，得到如下结论：

（1）基坑开挖过程中，随着开挖深度的增加，开挖面的水平位移逐渐增大。开挖完成后，采用参数一计算时，边墙最大水平位移发生在边墙的底部，最大值为 2 mm，为基坑深度的 0.04‰，符合规范的建议值（3‰~5‰）。采用参数二计算时，边墙最大水平位移发生在边墙的顶部，最大值为 11 mm，为基坑深度的 0.25‰，符合规范的建议值（3‰~5‰）。

（2）基坑开挖过程中，基坑侧壁的岩土体有向下运动的趋势，并导致基坑顶部发生沉降。采用参数一计算时，开挖后的基坑基本处于弹性状态，其变形以回弹的弹性变形为主。基坑顶部最大回弹变形为 1.2 mm。采用参数二计算时，基坑顶部发生塑性破坏，并向基坑内发生变形。基坑顶部的最大沉降量为 16 mm，为基坑深度的 0.36‰，符合规范的建议值（3‰~5‰）。

（3）基坑开挖导致原有的天然岩土体的应力平衡状态被打破，岩土体中的应力重新分布，形成二次应力场，并在基坑靠近坡脚的位置出现应力集中现象。采用参数一计算时，最大主应力为 1 177.5 kPa，最小主应力为 374.2 kPa，最大水平向应力为 450.4 kPa。采用参数二计算时，最大主应力为 1 087.7 kPa，最小主应力为 545.8 kPa，最大水平向应力为 546.4 kPa。由此可见，基坑开挖后，边墙的应力水平远小于岩石的抗压强度。

（4）基坑开挖完成后，采用参数一计算，边墙最大锚固力为 60.11 kN。各层锚杆轴力一般表现为靠近端头部位的轴力最大，沿锚杆方向逐渐减小。基坑中下部应力水平偏高，变形较大，从而导致该部位的锚杆应力比其他部位高。采用参数二计算，边墙最大锚固力为 318.1 kN，小于锚杆设计值。

（5）基坑开挖完成后，采用两种参数计算，基坑底部的内支撑最大轴向压力分别为 336 kN 和 522 kN，均小于内支撑设计值，满足工程要求。

5.3.2　华宇广场附近基坑稳定三维有限元分析

1. 开挖前地层初始应力

实际基坑在开挖前，地层岩土体在长期自重应力及构造应力作用下已处于稳定状态，因此在进行基坑开挖模拟前，需要得到模型的初始应力状态。基坑开挖属于地表工程，构造应力对初始应力场的形成影响不明显，故本项研究采用地层在自重作用下的应力作为基坑开挖前的初始应力。图 5-24 和图 5-25 分别为开挖前基坑竖直向应力图和水平向应力图。

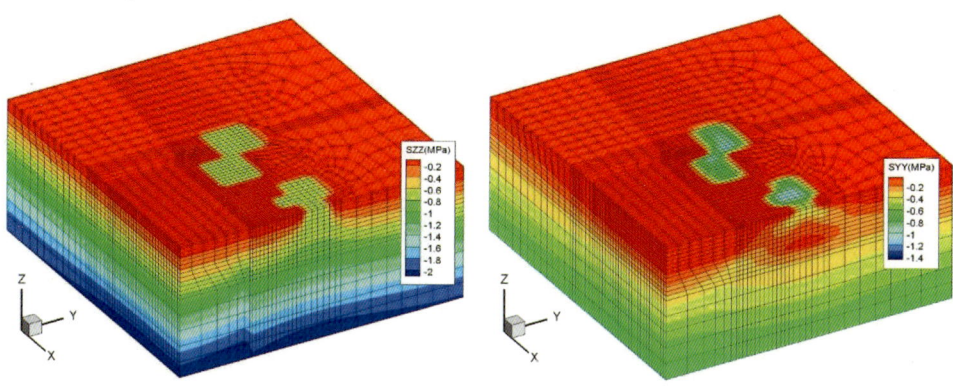

图 5-24　开挖前基坑竖直向应力图　　　　图 5-25　开挖前基坑水平向应力图

基坑的静止土压力为开挖前基坑的水平向应力，由于基坑旁存在高层建筑物，使得基坑的静止土压力随着基坑深度呈现曲线分布。

2. 边墙水平位移分析

图 5-26 给出了两种计算参数的基坑侧壁 y 向位移云图，图 5-27 给出了两种计算参数的基坑侧壁总位移云图以及位移矢量图。由图 5-26 和图 5-27 可以看出，基坑侧壁在两种计算参数下的水平位移沿深度方向呈曲线分布。

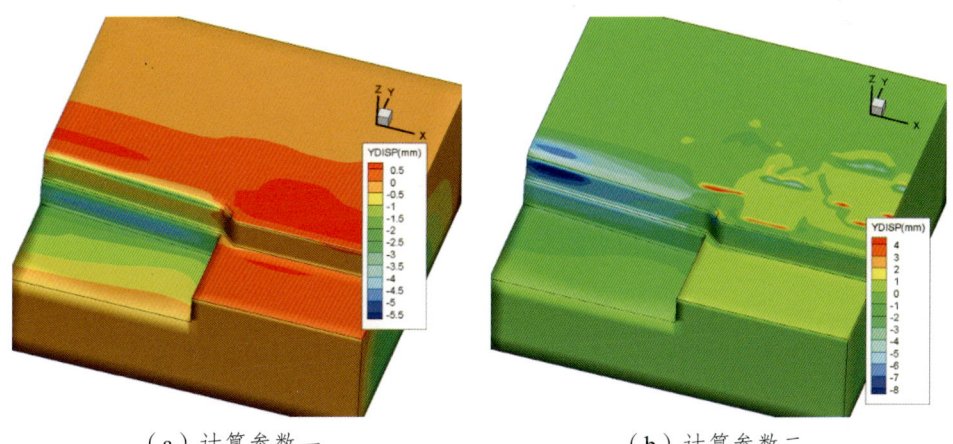

（a）计算参数一　　　　　　　　　　（b）计算参数二

图 5-26　基坑开挖完成后边墙 y 向的位移云图

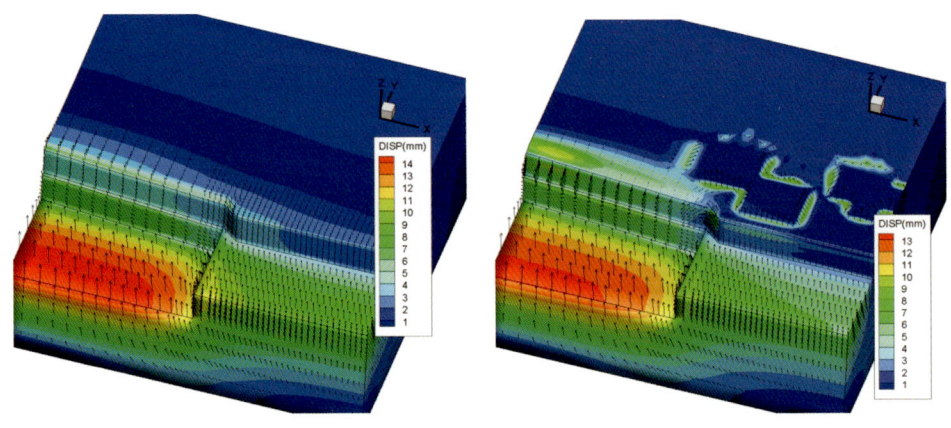

(a) 计算参数一　　　　　　　　　(b) 计算参数二

图 5-27　基坑开挖完成后边墙的总位移云图与矢量图

3. 基坑顶部沉降位移分析

图 5-28 分别给出基坑开挖完成后,两种计算参数下的 z 向位移云图。由图 5-28 可知,采用参数一计算时,基坑开挖后处于弹性状态,基坑的变形以回弹变形为主。基坑顶部的最大回弹变形为 5 mm。采用参数二计算时,基坑顶部发生塑性破坏,并向基坑内发生变形。基坑顶部的最大沉降量为 8 mm。由此可见,采用两种参数计算后,边墙的沉降位移值均较小,能够满足工程要求。

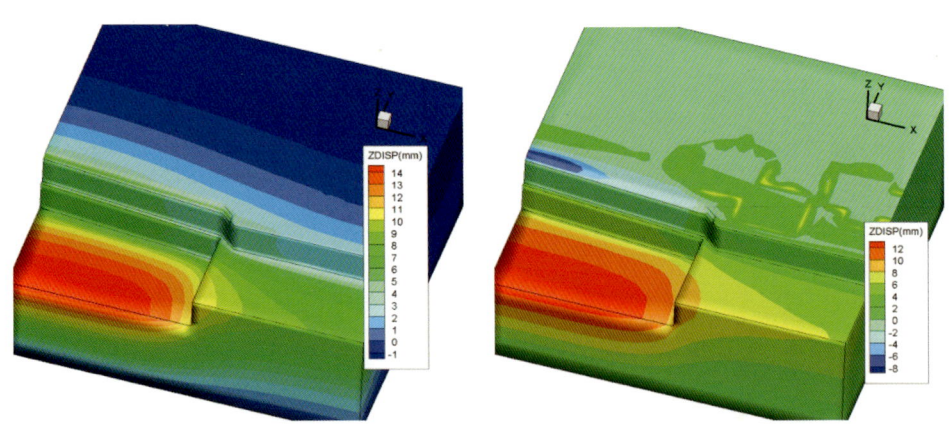

(a) 计算参数一　　　　　　　　　(b) 计算参数二

图 5-28　基坑开挖完成后边墙 z 向的位移云图

4. 边墙应力分析

图 5-29 为开挖完成后边墙的最大主应力图，图 5-30 开挖完成后边墙的最小主应力图。图 5-31 为开挖完成后边墙的应力矢量图，图 5-32 为开挖完成后边墙的水平向应力云图。

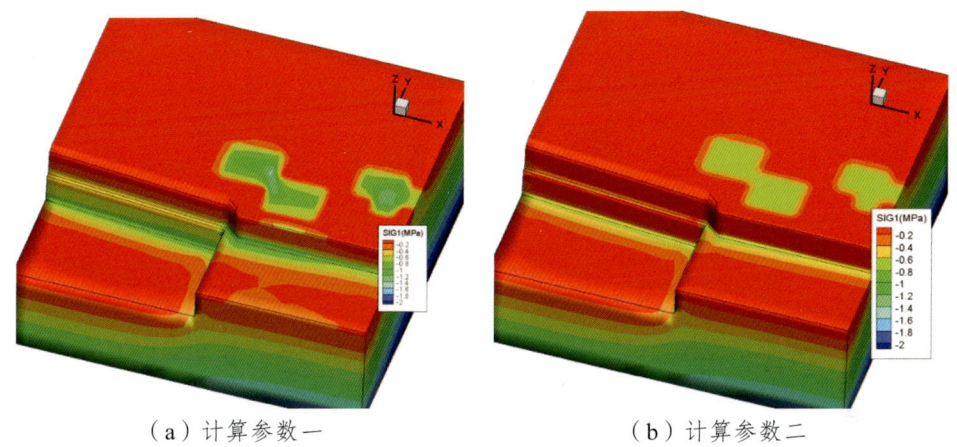

（a）计算参数一　　　　　　　　（b）计算参数二

图 5-29　开挖完成后边墙的最大主应力图

基坑开挖完成后，边墙大主应力基本与坡面平行，而小主应力基本与坡面垂直。主应力大小随着基坑开挖深度的增加而增加，在坡脚附近出现应力集中现象。其中，采用参数一计算时，最大主应力为 1 000 kPa，最小主应力为 200 kPa，最大水平向应力为 300 kPa。采用参数二计算时，最大主应力为 700 kPa，最小主应力为 172.7 kPa，最大水平向应力为 225 kPa。由此可见，基坑开挖后，边墙的应力水平远小于岩石的抗压强度。

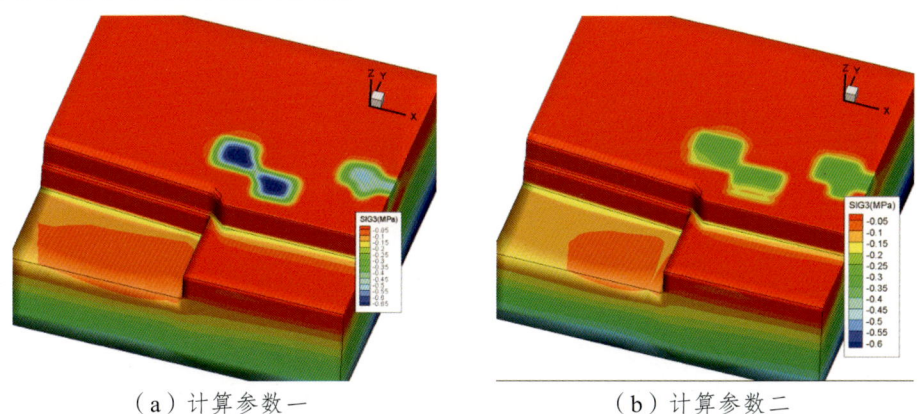

（a）计算参数一　　　　　　　　（b）计算参数二

图 5-30　开挖完成后边墙的最小主应力图

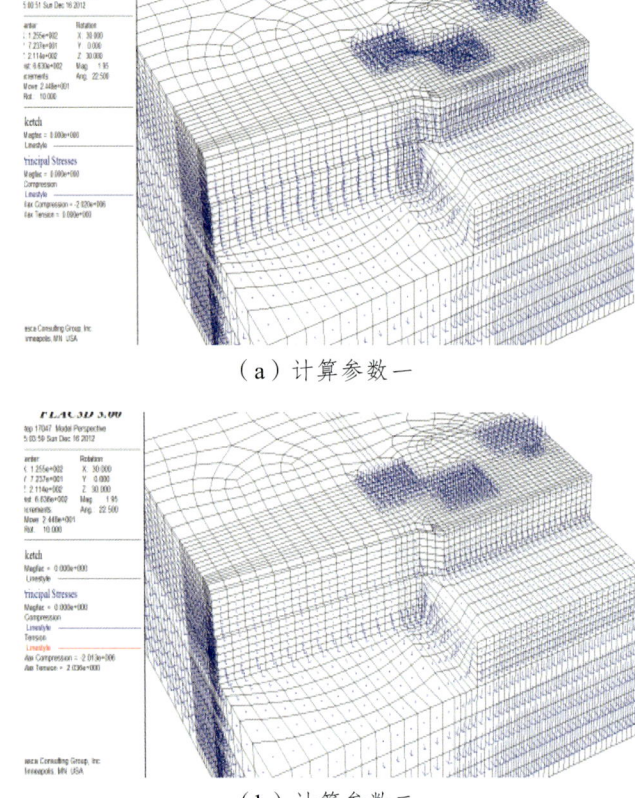

(a)计算参数一

(b)计算参数二

图 5-31 开挖完成后边墙的应力矢量图

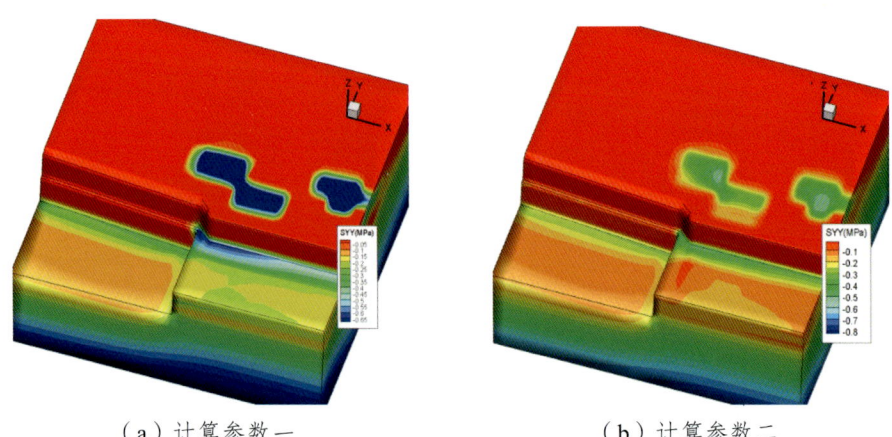

(a)计算参数一 (b)计算参数二

图 5-32 开挖完成后边墙的水平向应力云图

5. 支护结构内力分析

图 5-33 为开挖完成后各层锚杆的轴力图。由图可知，当采用参数一计算时，锚杆总体呈现受拉状态，所承受的最大拉力为 28.8 kN，位于锚杆的端部。各层锚杆轴力一般表现靠近端头部位的轴力最大，沿锚杆方向逐渐减小。基坑中下部应力水平偏高，变形较大，从而导致该部位的锚杆应力比其他部位高。当采用参数二计算时，基坑中锚杆所受到最大拉力为 368.1 kN，小于锚杆设计值。

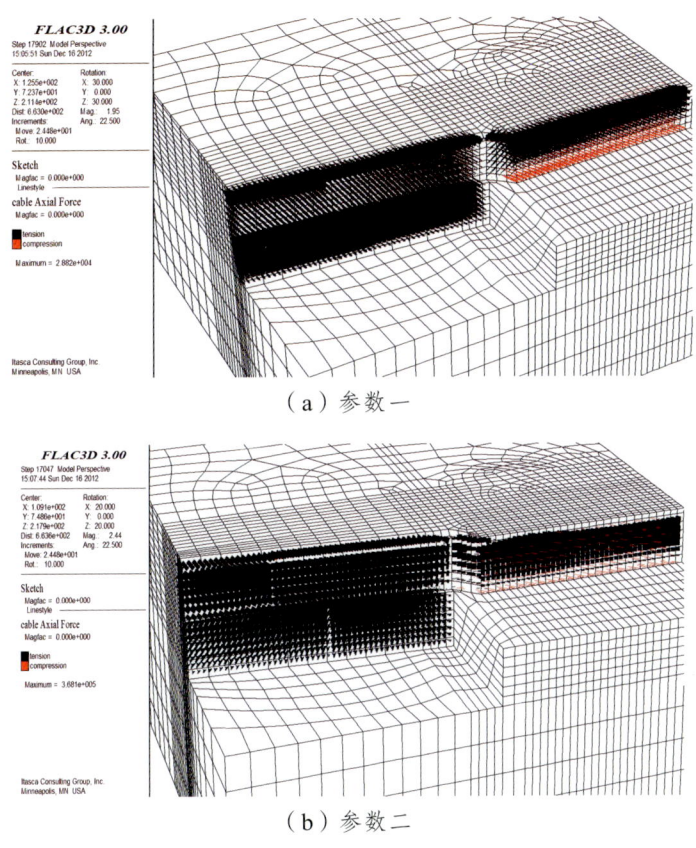

（a）参数一

（b）参数二

图 5-33　华宇广场附近基坑锚杆轴力图

6. 小　结

通过对华宇广场附近基坑进行三维有限元分析，得到如下结论：

（1）基坑开挖过程中，随着开挖深度的增加，开挖面的水平位移逐渐增大。开挖完成后，采用参数一计算时，最大位移为 3 mm，为基坑深度的 0.13‰，符合规范的建议值（3‰~5‰）。采用参数二计算时，最大水平位移位于模型西侧基坑的顶部，其值为 8 mm，为基坑深度的 0.24‰。对于华宇大厦附近的最大水平位移为 5 mm，为基坑深度的 0.2‰，符合规范的建议值（3‰～5‰）。由此可见，采用两种参数计算后，边墙的水平位移值均较小，能够满足工程要求。

（2）基坑开挖过程中，基坑侧壁的岩土体有向下运动的趋势，并导致基坑顶部发生沉降。采用参数一计算时，开挖后的基坑基本处于弹性状态，其变形以回弹的弹性变形为主。基坑顶部最大回弹变形为 5 mm。采用参数二计算时，基坑顶部发生塑性破坏，并向基坑内发生变形。基坑顶部的最大沉降量为 8 mm，为基坑深度的 0.47‰，符合规范的建议值（3‰～5‰）。

（3）开挖完成后，华宇大厦基础最大位移发生在靠近基坑的位置，远离基坑侧壁的位置沉降量逐渐减小。由于岩体强度较高，抗变形能力较强，基坑开挖后不会导致大厦发生较大的不均匀沉降。采用参数一计算时，最大不均匀沉降差为 1.7 mm，相应的建筑物倾斜度为 0.03‰，满足规范要求。当采用参数二计算时，基坑边墙附近区域因产生塑性区而向下变形，其他区域均发生回弹变形。由于华宇大厦在边墙塑性区之外，故其基础发生整体不均匀回弹变形。华宇大厦最大不均匀沉降差为 1 mm，相应的建筑物倾斜度为 0.02‰，满足规范要求。

（4）开挖导致原有的天然岩土体的应力平衡状态被打破，岩土体中的应力重新分布，形成二次应力场，并在基坑靠近坡脚的位置形成应力集中现象。采用参数一计算时，基坑底部最大主应力为 1 000 kPa，最小主应力为 200 kPa。采用参数二计算时，基坑底部最大主应力为 700 kPa，最小主应力为 172.7 kPa。

（5）采用参数一计算后，锚杆总体呈现受拉状态，所承受的最大拉力为 28.8 kN，位于剖面 Y15 西侧附近第一排锚杆的端部。各层锚杆轴力一般表现靠近端头部位的轴力最大，沿锚杆方向逐渐减小。当采用参数二计算后，基坑中锚杆所受到最大拉力位于剖面 Y18 东侧第一排锚杆的端部，为 368.1 kN，小于锚杆设计值。

5.3.3　沙坪坝整体基坑稳定三维有限元分析

对于三维基坑整体计算模型，选用表 5-1 中的参数进行计算。为了比较在开挖过程中，基坑的现场监测变形值与数值模拟变形值的不同。在三维计算模型中选择 9 个不同位置的监测点，分别为 J4、J5、J12、J15、J20、J94、J96、J106、J110，其在模型上的位置如图 5-34 所示。同时，为了分析基坑开挖完成后的整体稳定性，选取剖面 Y6、Y14 及 X6 进行分析，各剖面的位置见图 5-35 所示。

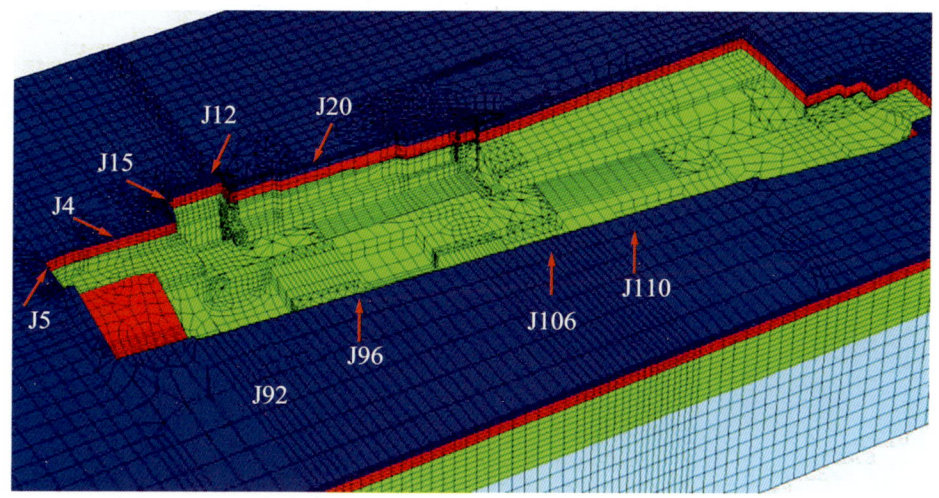

图 5-34　监测点在模型中的位置

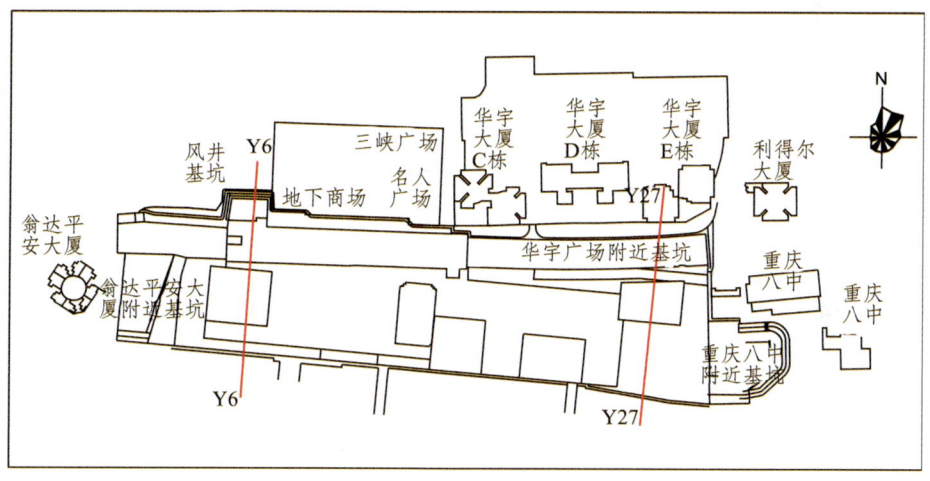

图 5-35　模型中各剖面的位置

1. 开挖前地层初始应力

实际基坑在开挖前，地层岩土体在长期自重应力及构造应力作用下已处于稳定状态，因此在进行基坑开挖模拟前，需要得到模型的初始应力状态。由于基坑开挖属于地表工程，构造应力对初始应力场的形成影响不显着，故本项研究采用地层在自重作用下的应力作为基坑开挖前的初始应力。图 5-36 为开挖前基坑 z 向应力图，图 5-37 为开挖前基坑 y 向应力图，图 5-38 为开挖前基坑 x 向应力图。

基坑的静止土压力为开挖前基坑的 x、y 向应力，基坑的静止土压力随着基坑深度增加而增加，且呈直线分布。基坑的垂直应力也随着基坑深度的增加而增加。基坑底部最大 x 向应力、y 向应力和 z 向应力分别为 1.50 MPa、1.20 MPa 和 3.45 MPa。

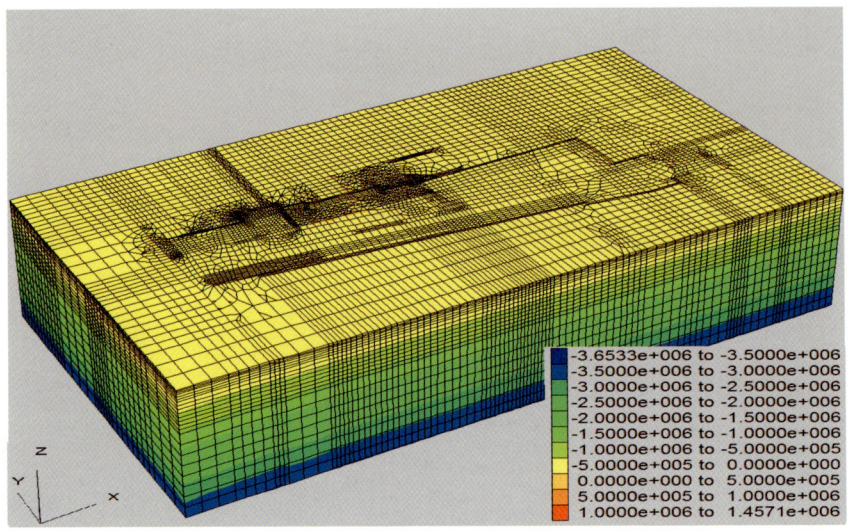

图 5-36　开挖前基坑 z 方向应力图

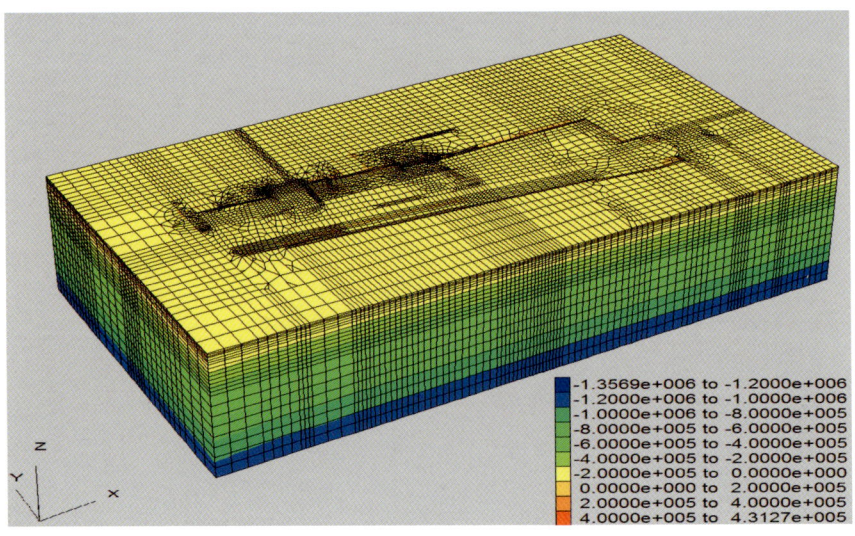

图 5-37　开挖前基坑 y 方向应力图

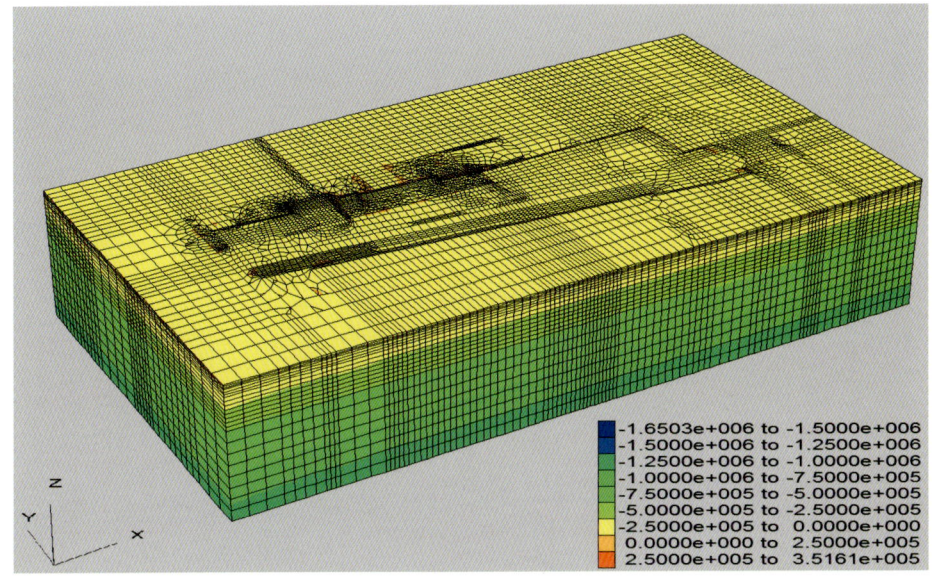

图 5-38　开挖前基坑 x 方向应力图

2. 基坑水平位移分析

（1）图 5-39 为开挖后，基坑中 J4、J5、J12、J15、J20、J92、J96、J106、J110 九个监测点的水平位移，现场观测值与数值模拟值的比较情况。由图 5-39 可以看出，现场监测值与数值模拟值总体规律吻合较好，其中 J92、J96 测点水平位移较大，主要原因是该部位有 8.0 m 厚的土层。

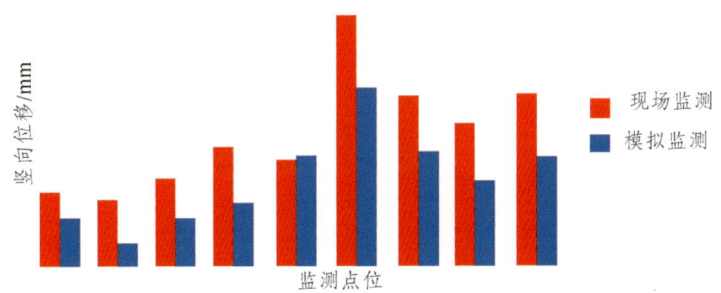

图 5-39　现场监测与数值模拟水平方向位移对比图

（2）图 5-40～图 5-47 给出了开挖完成后，基坑整体位移云图以及各剖面位移云图和矢量图。由图可知，最大水平位移发生在风井基坑和华宇广场附近基坑处，其中，风井基坑边墙水平位移最大，值为 -10.2 mm，华宇广场附近基坑边墙处最大水平位移为 -8.4 mm。主要原因是风井基坑开挖较深，且覆盖有大范围土层，开挖卸荷以后产生较大的变形。但总体变形值满足变形要求，说明肋板式锚杆挡土墙支护方法有效的限制了变形的发展。

（3）各剖面水平位移云图以及矢量图表明，开挖完成后，基坑侧壁的水平位移沿深度方向逐渐减小，且呈曲线分布特征。

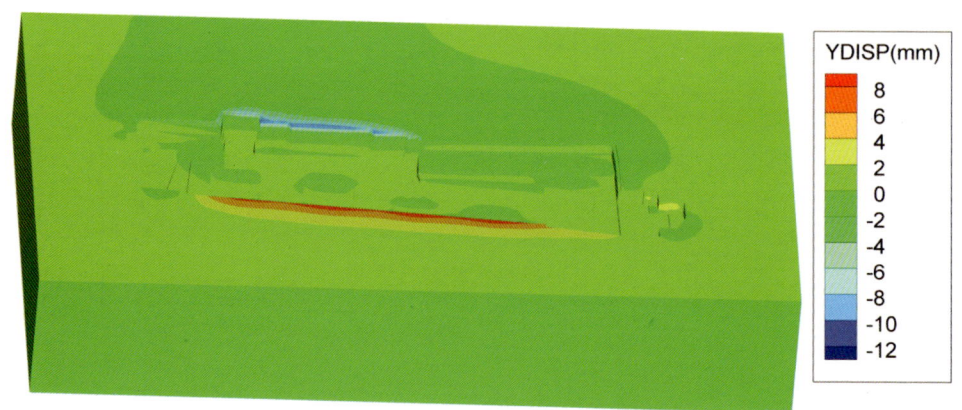

图 5-40　开挖后基坑 y 方向位移图

图 5-41　开挖后基坑 x 方向位移图

图 5-42　剖面 Y6 y 向位移云图

图 5-43　剖面 Y14 y 向位移云图

图 5-44　剖面 X6 y 向位移云图

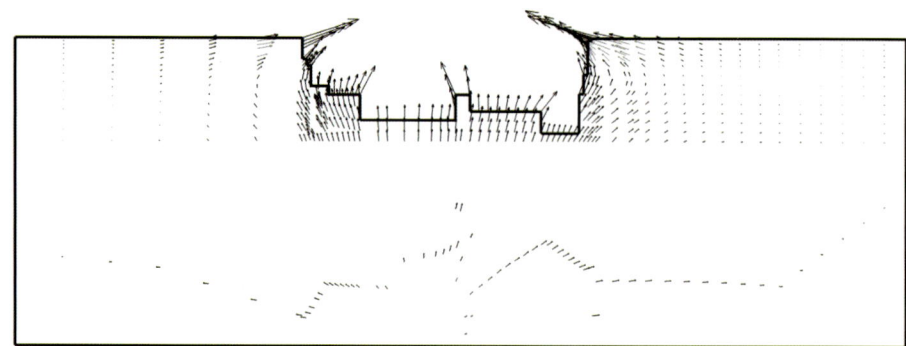

图 5-45　剖面 Y6 位移矢量图

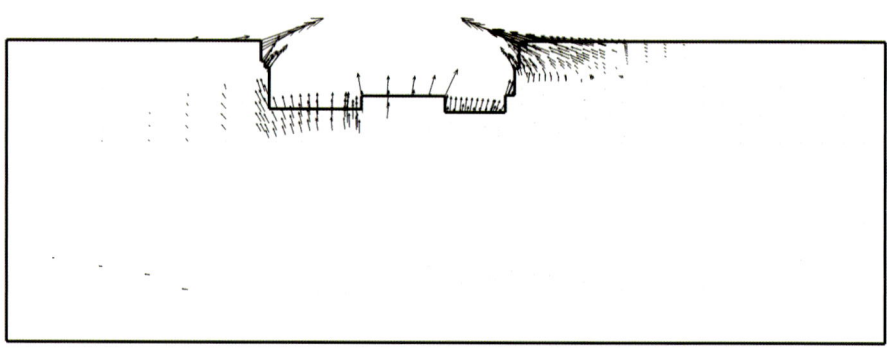

图 5-46　剖面 Y14 位移矢量图

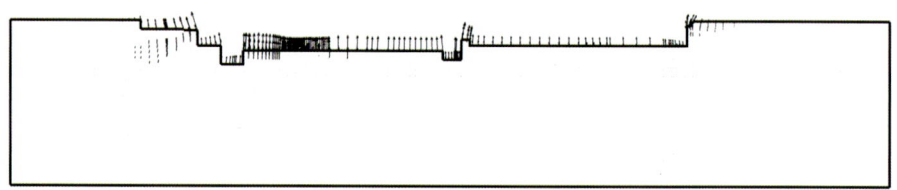

图 5-47　剖面 X6 位移矢量图

3. 基坑顶部沉降位移分析

（1）图 5-48 为开挖后，基坑中 J4、J5、J12、J15、J20、J92、J96、J106、J110 九个监测点的沉降变形，现场观测值与数值模拟值的比较情况。由图 5-48 可以看出，现场监测值与数值模拟值总体规律吻合较好，其中 J92、J96 测点沉降位移较大，主要原因是该部位有较厚的土层覆盖。

（2）图 5-49～图 5-52 给出了基坑整体以及各剖面竖向位移云图。由图可知，变形以回弹为主，最大位移发生在风井基坑处，其中，最大变形值为 5.3 mm。但变形值满足规范要求。

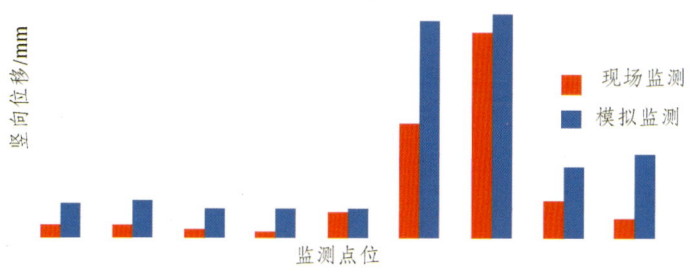

图 5-48　现场监测与数值模拟竖直方向位移对比图

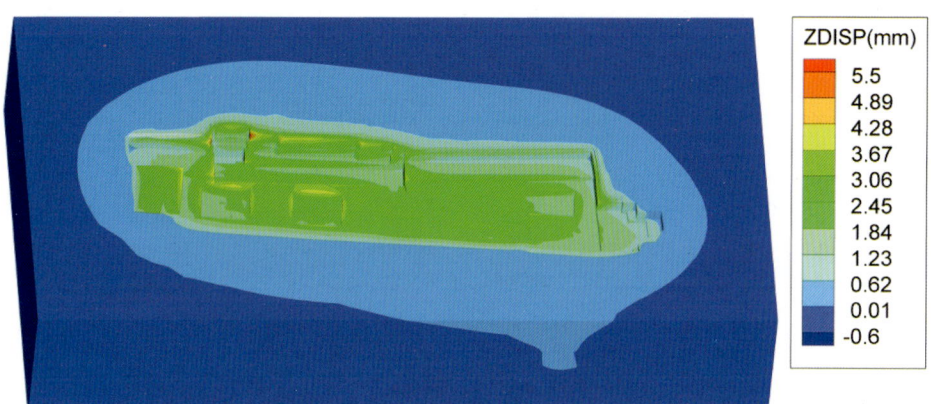

图 5-49　开挖后基坑竖直方向位移图

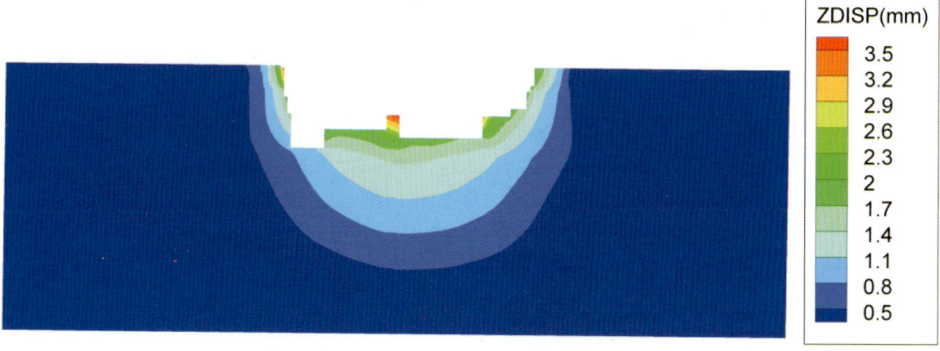

图 5-50　剖面 Y6 z 向位移云图

图 5-51　剖面 Y14 z 向位移云图

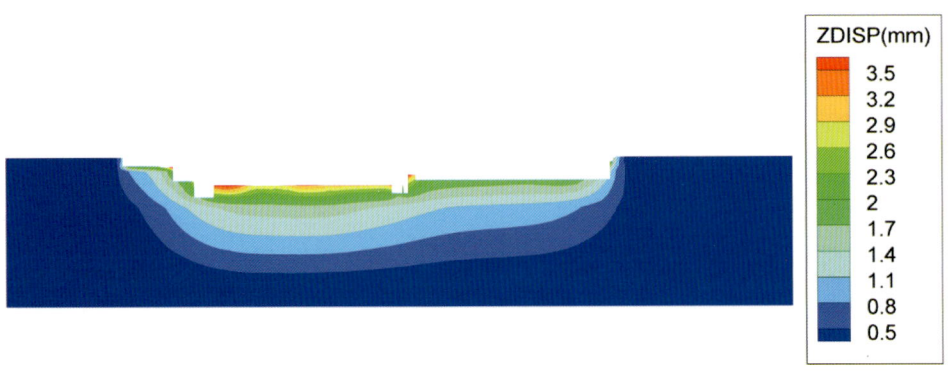

图 5-52　剖面 X6 z 向位移云图

（3）由各剖面位移云图可知，竖向最大位移发生在靠近基坑的位置，远离基坑侧壁的位置位移量逐渐减小。最大不均匀变形值为 0.9 mm，相应的倾斜度为 0.02‰，小于规范要求值，主要原因是岩体强度较高，抗变形能力较强。

4. 边墙应力分析

图 5-53～图 5-57 给出了开挖完成后，基坑整体以及各剖面最大和最小主应力云图。由图可知，基坑开挖完成后，边墙最大主应力基本与基坑底部平行，而最小主应力基本与基坑顶部垂直。主应力随深度的增加而增加，在基坑底部出现应力集中现象。风井基坑处最大主应力为 0.75 MPa，最小主应力为 0.25 MPa，华宇广场附近基坑处最大主应力为 0.70 MPa，最小主应力为 0.15 MPa。基坑顶部出现少量拉应力，但最大拉应力小于 0.05 MPa，满足规范要求。

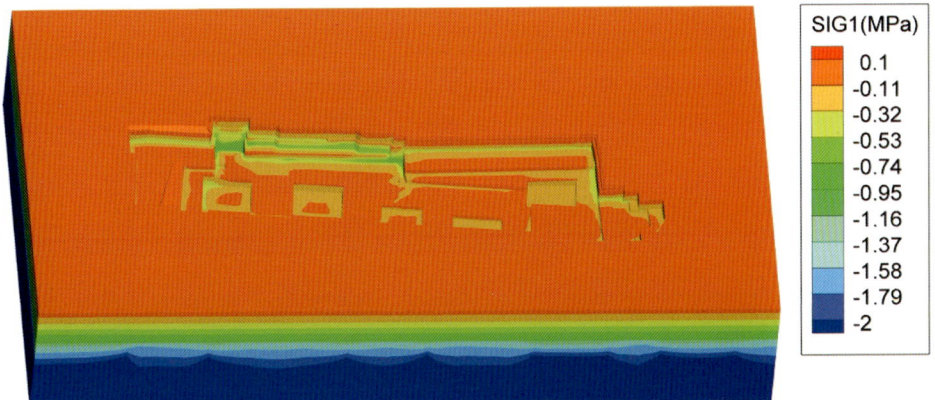

图 5-53 开挖后基坑最大主应力云图

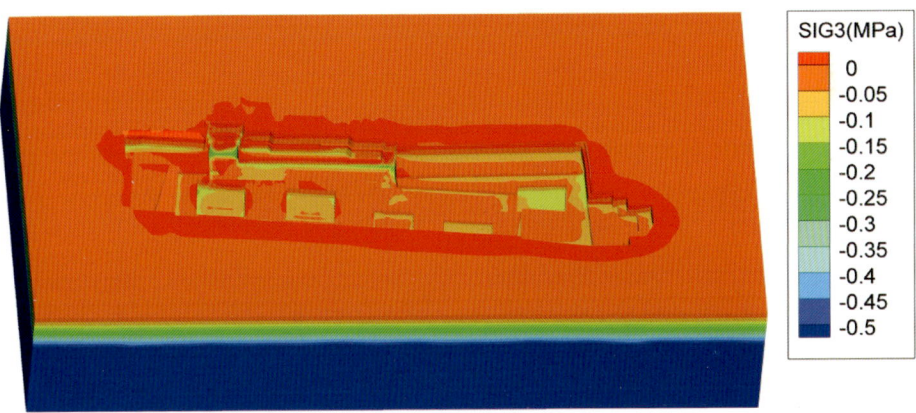

图 5-54 开挖后基坑最小主应力云图

(a) 最大主应力

(b）最小主应力

图 5-55　开挖后剖面 Y6 主应力云图

(a）最大主应力

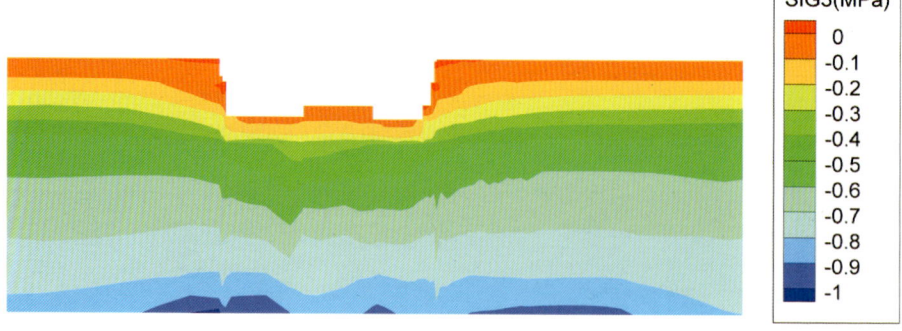

(b）最小主应力

图 5-56　开挖后剖面 Y14 主应力云图

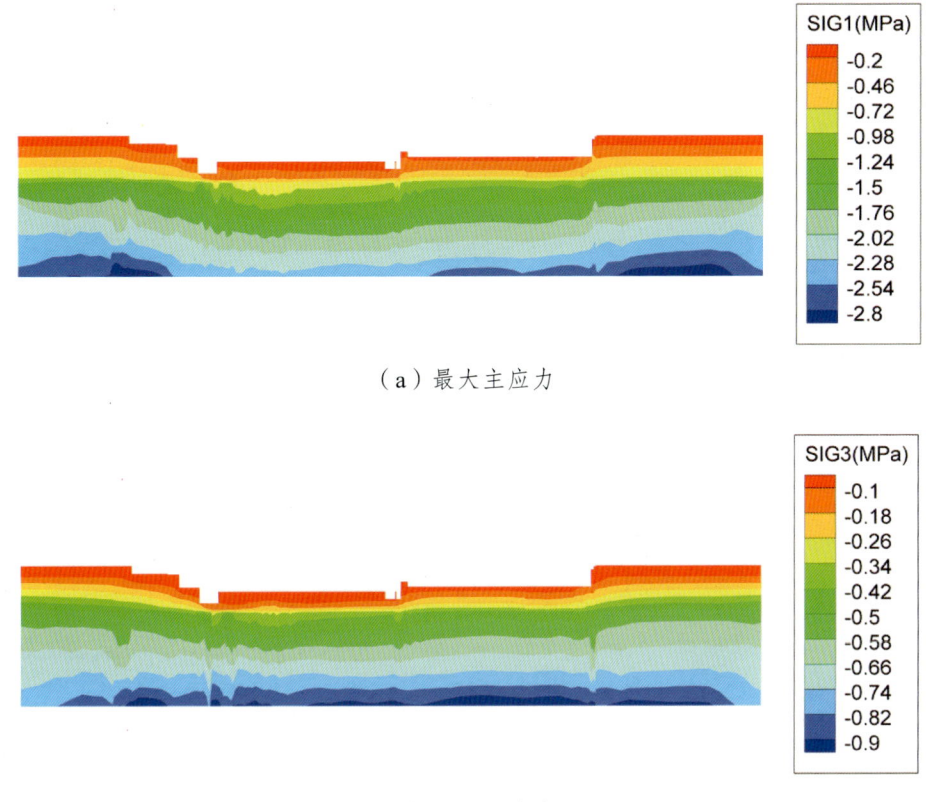

(a)最大主应力

(b)最小主应力

图 5-57 开挖后剖面 X6 主应力云图

5. 支护结构内力分析

图 5-58 为开挖完成支护后,锚杆的轴力图。由图可知,锚杆总体呈受拉状态,所承受的最大拉应力 70.2 kN,小于锚杆设计值,位于风井基坑处。各层锚杆轴力沿长度方向的分布是不均匀的,锚杆端头部位的轴力最大,沿锚杆方向逐渐减小。而各层下部锚杆发挥的锚固力大于上部锚杆发挥的锚固力。

6. 小 结

通过对沙坪坝整体基坑进行三维有限元分析,得到如下结论:

(1)各监测点现场监测变形值与数值模拟变形值对比可知,现场监测值与数值模拟值总体规律吻合较好,数值模拟能够反映基坑在开挖过程中的变形和应力分布特征。

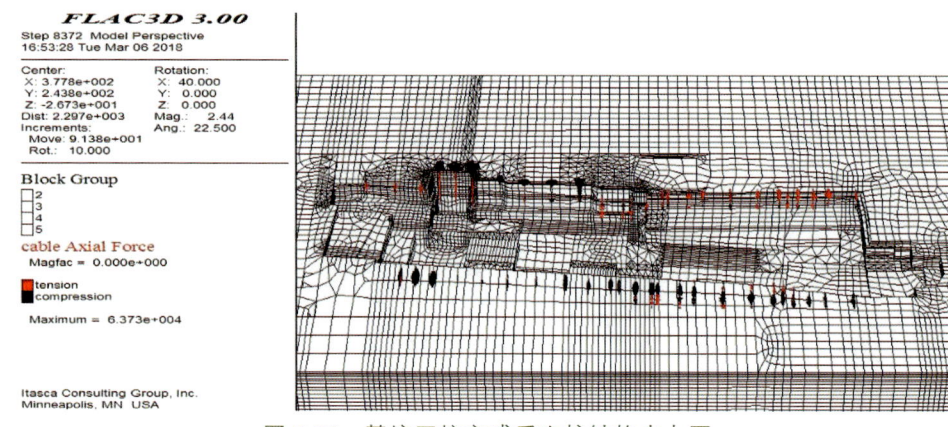

图 5-58 基坑开挖完成后支护结构内力图

（2）开挖完成后，最大位移为 10.2 mm，为基坑深度的 0.3‰，位于风井基坑处，符合规范的建议值（3‰~5‰）。基坑侧壁的水平位移沿深度方向逐渐减小，且呈曲线分布特征。由此可见，边墙的水平位移值均较小，能够满足工程要求。

（3）开挖后的基坑基本处于弹性状态，其变形以回弹的弹性变形为主。基坑顶部最大回弹变形为 5.3 mm，为基坑深度的 0.2‰，符合规范的建议值（3‰~5‰）。最大位移发生在靠近基坑的位置，远离基坑侧壁的位置位移量逐渐减小。由于岩体强度较高，抗变形能力较强，基坑开挖后不会导致周围建筑物发生较大的不均匀沉降。最大不均匀变形值为 0.9 mm，相应的倾斜度为 0.02‰，小于规范要求值。

（4）开挖导致原有的天然岩土体的应力平衡状态被打破，岩土体中的应力重新分布，形成二次应力场。边墙最大主应力基本与基坑底部平行，而最小主应力基本与基坑顶部垂直。主应力随深度的增加而增加，在基坑底部出现应力集中现象。风井基坑处最大主应力为 0.75 MPa，最小主应力为 0.25 MPa，华宇广场附近基坑处最大主应力为 0.70 MPa，最小主应力为 0.15 MPa。基坑顶部出现少量拉应力，但最大拉应力小于 0.05 MPa，满足规范要求。

（5）开挖完成后，锚杆总体呈受拉状态，所承受的最大拉应力 70.2 kN，小于锚杆设计值，位于风井基坑处。各层锚杆轴力沿长度方向的分布是不均匀的，锚杆端头部位的轴力最大，沿锚杆方向逐渐减小。而各层下部锚杆发挥的锚固力大于上部锚杆发挥的锚固力。

第 6 章

基坑爆破施工对岩体及临近结构的扰动机制

基坑开挖引起的水平位移和地层沉降会影响周围临近建筑物、道路和地下管线，该影响如果超过一定范围，则会影响其正常使用，甚至诱发事故。因此，基坑施工必须对开挖扰动效应进行分析和预测，进而采取合理措施来控制对周围环境的影响。

6.1 爆破振动反复扰动作用对边坡软弱结构面的影响

一方面，边坡在承受静荷载的同时还常常受到动荷载的影响，例如爆破作业产生的人工地震波使软弱结构面承受附加动应力的作用，进而使其力学性能劣化，并且爆破地震效应对边坡的影响有时还具有长期性，如矿山开采爆破往往持续几十年甚至上百年，大型建筑基坑或水电站大坝基坑的爆破开挖也可持续数月至数年。总体而言，爆破开挖引起的动荷载对软弱结构面的影响主要体现在瞬时损伤的累积和长期变形特征的改变两个方面。

另一方面，由于岩体软弱结构面的流变对岩土工程的稳定性影响较大，大量学者对软弱结构面的流变特征进行了系统研究，但目前对动力扰动下岩土体流变问题的研究很少。为此，针对爆破开挖长期扰动条件下受软弱结构面控制的岩质边坡，开展了初步的室内试验研究，对泥质软弱夹层在间歇性循环动荷载作用下的剪切流变特性进行了分析。

6.1.1 爆破地震波对软弱结构面瞬态扰动作用

在爆破地震等动荷载作用下，边坡可能会沿着软弱夹层等软弱结构面发生滑动变形，最终导致整个坡体发生失稳，而形成滑坡灾害。爆破地震对岩质边坡造成损伤，可能导致其稳定性降低。为研究软弱夹层对爆破地震波传播过程的影响，制作了简化相似实验模型。

1. 实验方案

（1）相似实验模型。

实验模型由两个尺寸相同的C20混凝土块与泥质软弱夹层组合而成，如图6-1所示。模型整体长50 cm，高37 cm，宽30 cm，具体尺寸见图6-1。模型内部的结构面呈平面形，与水平方向成17°夹角，上下界面间夹厚度为20 mm的重塑黏土，模拟泥质软弱夹层。经测试黏土的重度为21.6 kN/m3，变形模量0.42 GPa，黏聚力13 kPa，摩擦角12°，含水率80%。

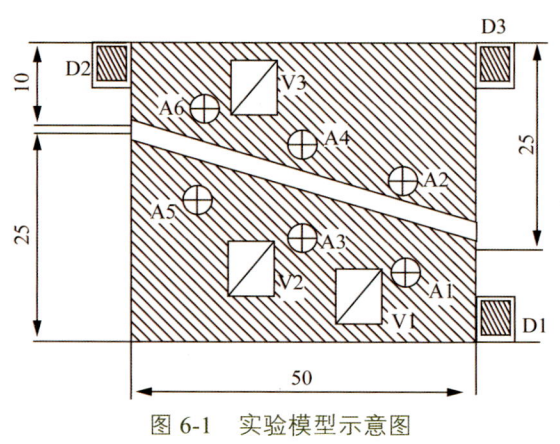

图6-1 实验模型示意图

（2）测试方案。

实验模型在D1、D2和D3（图6-1）处粘贴有10 cm×10 cm×5 cm的长方体形石膏块，石膏块中钻有小孔，可在小孔中放置约0.2 g黑火药，通过黑火药爆炸模拟爆破引起的振动波。每次石膏块破碎后重新粘贴新的石膏块进行爆破。

在模型软弱夹层两侧采用石膏粘贴振动速度计与加速度计。A1～A6点布置加速度计，每个测点安装两个DH105E加速度传感器，沿着夹层等距离对称布置，分别对x方向与y方向加速度进行监测（如图6-1）。加速度时程曲线采用DH5956动态信号采集系统进行采集。V1～V3点布置速度计，每个速度计可同时测量x方向与y方向的振动速度，上侧布置1个，下侧布置两个，各点距结构面距离相等（图6-2）。速度时程曲线采用TC4850测振仪进行记录。

2. 模型实验结果分析

（1）软弱夹层对振动速度衰减程度的影响。

对实验获取的混凝土块体峰值振动速度进行统计，并对夹层两侧的振动速度峰值取平均值。统计结果表明（表6-1、表6-2），靠近振源一侧测点的水平和竖直向振动速度总是大于软弱夹层另一侧测点的振动速度。地震波穿过软弱夹层后水平向振动速度衰减至 45%~63%，平均为 53%；而竖直方向振动速度则衰减至 30%~70%，平均为 51%。可见，软弱夹层两侧质点速度产生了明显的差异，软弱夹层对波的传播起到阻滞作用。

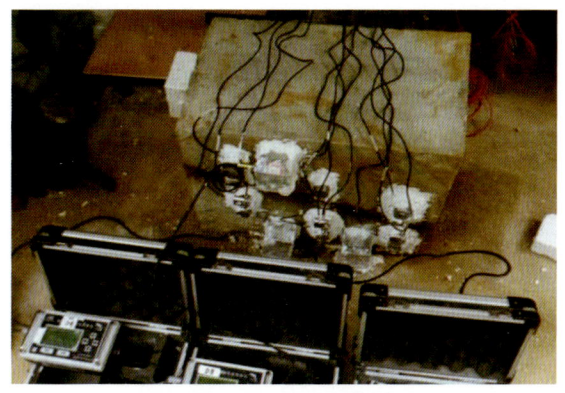

图 6-2　实验模型

表 6-1　夹层两侧水平向振动速度对比

测点	振源同侧振动速度 V_x/（m/s）	振源异侧振动速度 V_x'/（m/s）	V_x'/V_x
D1	0.313	0.142	0.45
D2	0.156	0.099	0.63
D3	0.564	0.281	0.50
平均值			0.53

表 6-2　夹层两侧竖直向振动速度对比

工况	振源同侧振动速度 V_y/（m/s）	振源异侧振动速度 V_y'/（m/s）	V_y'/V_y
D1	0.370	0.273	0.74
D2	0.417	0.114	0.27
D3	0.364	0.195	0.52
平均值			0.51

（2）软弱夹层对振动加速度衰减程度的影响。

对比各测线的质点加速度可知（表 6-3、表 6-4），地震波穿过软弱结构面后，质点的水平和竖直方向的加速度幅值同样发生显著降低，大致分别为振源侧的 30%~84%和 34%~77%，平均为 50%和 60%。这表明软弱夹层对质点加速度的影响同样十分显著，而加速度的差异将造成软弱夹层两侧岩体的惯性力的差异。

表 6-3　各测线水平向加速度对比

测点	测线	振源同侧加速度 a_x/(m/s^2)	振源异侧加速度 a_x'/(m/s^2)	a_x'/a_x
D1	A1—A2	48.821	25.832	0.53
D1	A3—A4	15.450	13.035	0.84
D1	A5—A6	10.822	8.290	0.76
D2	A1—A2	16.797	4.948	0.30
D2	A3—A4	10.258	3.715	0.36
D2	A5—A6	17.903	6.853	0.38
D3	A1—A2	17.780	5.450	0.31
D3	A3—A4	11.580	5.660	0.49
D3	A5—A6	10.650	5.960	0.56
平均值				0.50

表 6-4　各测线竖直向加速度对比

测点	测线	振源侧同加速度 a_y/(m/s^2)	振源异侧加速度 a_y'/(m/s^2)	a_y'/a_y
D1	A1—A2	32.638	24.326	0.75
D1	A3—A4	25.184	10.184	0.40
D1	A5—A6	13.841	8.291	0.60
D2	A1—A2	18.047	8.883	0.49
D2	A3—A4	15.531	9.550	0.61
D2	A5—A6	21.151	16.307	0.77
D3	A1—A2	13.070	4.390	0.34
D3	A3—A4	6.840	4.400	0.65
D3	A5—A6	32.638	24.326	0.75
平均值				0.60

6.1.2　软弱结构面爆破振动与蠕变效应实验

软弱结构面一般是指断层破碎带、软弱夹层等结合程度很差且抗剪强度极低的地质结构面。软弱结构面类型多且性质复杂，其中，充填性软弱结构面分布广、强度低、流变性显著且对爆破振动较为敏感，为此选取薄层状泥质夹层型软弱结构面进行研究。

在岩质边坡中，边坡软弱结构面始终承受上覆岩层的重力作用，并由此可导致结构面上承受法向应力与切向应力。在如图 6-3 所示的边坡中进行生产爆破时，爆破地震波将使结构面上覆岩体承受两个水平方向和一个竖直方向的地震惯性力，地震惯性力作用于软弱结构面后可形成法向和切向的附加动应力（图 6-4）。

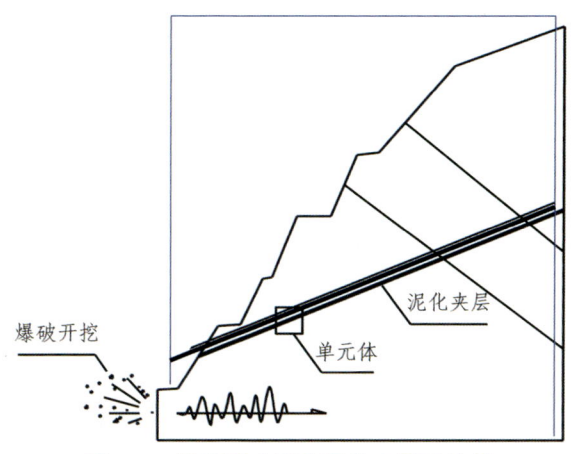

图 6-3　爆破影响下含泥化夹层的边坡

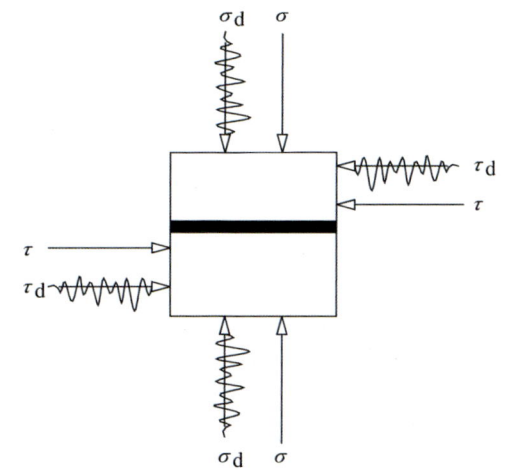

σ—初始正应力；σ_d—附加动正应力；τ—初始剪应力；τ_d—附加动剪应力。

图 6-4　爆破影响下含泥化夹层的边坡单元体

地震惯性力和附加动应力主要受爆破振动所引起的岩体振动速度和加速度影响。根据国家标准《爆破安全规程》（GB 6722—2014）规定，永久岩质边坡的安全允许质点振动速度值为 5～15 cm/s（振动频率 10～100 Hz），根据振动速度 v 与加速度 a 的理论换算关系为

$$a = 2\pi f v$$

相应的安全允许质点加速度值应大致在 3 ~ 15 m/s² 。一般而言,实际工程中为了保证边坡的稳定性,对爆破药量进行控制后,边坡上实测的加速度值一般在 0 ~ 3 m/s² 左右(距离爆源较远区域),即附加的地震惯性力为上覆岩体重量的 0 ~ 0.3 倍,因此法向和切向的附加动应力的峰值也为静态法向和切向应力的 0 ~ 0.3 倍。由于爆破振动影响区距离爆源较远其法向和切向的加速度并无固定的相位对应关系,而总体呈随机性,工程实践中往往仅考虑水平方向的加速度对边坡的影响。

为了研究爆破振动对软弱结构面的影响,制作了圆饼状饱和泥化夹层试样,通过附加了动力荷载的直剪流变仪,对试样的进行静态流变、循环剪切和循环动荷载扰动条件下的流变试验。

1. 试验仪器

试验采用南京土壤仪器厂生产的 ZLB-1 型三联流变直剪试验仪,如图 6-5 所示。该仪器在土样上施加一定法向压力,同时在剪切面上施加一定的剪切力,对土样的剪切变形量进行测试。该仪器的试样尺寸为 $\phi 61.8 \text{ mm} \times 20 \text{ mm}$,最大剪切力 1.8 kN,最大法向力 1.8 kN。仪器砝码底部装有信号发生器控制的电磁铁以施加简谐振动荷载,在试样上施加附加动态剪应力。

图 6-5　ZLB-1 型流变直剪试验仪

2. 试样制备

试样取自武汉一石英砂岩地层中 5 ~ 20 cm 厚的黏土状泥质夹层。夹层的各项物理力学指标见表 6-5。

表 6-5　试样基本参数

天然密度/(g/cm^3)	孔隙比	含水率	饱和度	黏聚力/kPa	摩擦角/(°)
1.85	0.82	24.8%	81.9%	5.0	14

3. 试验内容

制作直径为 61.8 mm，厚 20 mm 标准剪切试验试样，分别进行试样的静态剪切流变、循环剪切和附加间歇性动荷载条件下的剪切流变试验。试验前先在流变直剪仪的剪切盒中施加压力进行固结，固结时间为 24 小时。

（1）静态剪切流变实验：制作 3 个土样，试样上下透水石浸水，透水石与试样间夹橡胶膜。试样在法向压力 150 kPa 剪应力 22.5 kPa 的应力状态下固结 24 小时后，剪应力增大至 25 kPa、32 kPa、38 kPa，此时剪应力分别为其极限剪应力的 60%、75% 和 90%。试样施加荷载后保持不变，观测其流变变形特征。

（2）循环剪切试验：制作 3 组，每组 3 个，共 9 个土样。在法向压力 150 kPa，剪应力 22.5 kPa 的应力状态下固结 24 小时后，3 组试样的剪应力分别加至其极限剪应力的 60%、75% 和 90%，每组的 3 个试样再分别施加频率 30 Hz 峰值为 2.1 kPa，4.2 kPa，8.5 kPa 的动态剪切应力，波形呈正弦波，动荷载引起的峰值剪切应力约为其极限剪应力 5%，10% 和 20%。动荷载每施加 30 s 后暂停 30 s 测量最大变形量。

（3）间歇性动态剪应力作用下剪切流变试验：制作 3 组，每组 3 个，共 9 个土样。在法向压力 150 kPa，剪应力 22.5 kPa 的应力状态下固结 24 小时后，3 组试样的剪应力分别加至其极限剪应力的 60%、75% 和 90%，每组中的 3 个试样每间隔固定时间施加频率 30 Hz 峰值为 2.1 kPa，4.2 kPa，8.5 kPa 的简谐剪切应力，波形呈正弦波。工程实际中爆破动力扰动一般每日 1 次，为缩短试验时间动力扰动每日 5 次，时间为每天的 9:00、12:00、15:00、18:00 和 21:00，每次扰动时间为 1 s。

6.1.3　静态剪切流变变形特征

根据试验方案，试样在法向压力和剪应力作用下固结 24 小时后，剪应力增大后进行变形量测，此时应变量计为 0。因此，剪切变形曲线中（图 6-6）包含了试样的弹性变形增量。但试验过程中，在剪应力突然增大后，3 个试样剪切应变也快速增大，但剪应力增量均很小，突然增加的变形增量在 0.03 mm 以内，剪切应变在 0.5% 以内，因此弹性变形增量很小，在图 6-6 中显示不显著。因此，图中可显示的主要为试样的流变变形量。

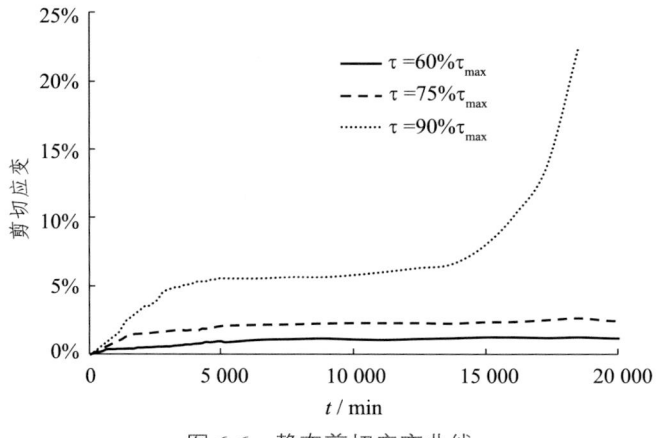

图 6-6 静态剪切应变曲线

在发生弹性变形阶段后,两个剪应力 τ 为 $60\%\tau_{max}$ 和 $75\%\tau_{max}$ 的试样,在前 5 000 min 内,变形随时间的流逝而逐渐增大,剪切应变不到 2%。5 000 min 后,变形增加量不显著,土样在试验期间没有发生破坏,因此,其变形可能主要是黏弹性变形。

而试样剪应力 τ 为 $90\%\tau_{max}$ 时,前 5 000 min 试样的剪应变持续增大,以黏弹性变形为主,在 5 000~15 000 min 期间应变量增加幅度较低,而在 15 000 min 后应变快速增大直至试样破坏,该阶段的变形主要是塑性变形。

根据剪切流变曲线,每 10 min 统计试样的变形增量,得到试样的流变速率曲线(图 6-7)。由于弹性变形较小,将其含在前 10 min 的变形增量中一起统计。统计结果表明,三种试样在前 1 000 min 以内的变形速率均相对较快,且 τ 为 $90\%\tau_{max}$ 的试样变形速率最快,τ 为 $60\%\tau_{max}$ 的试样变形速率最慢。

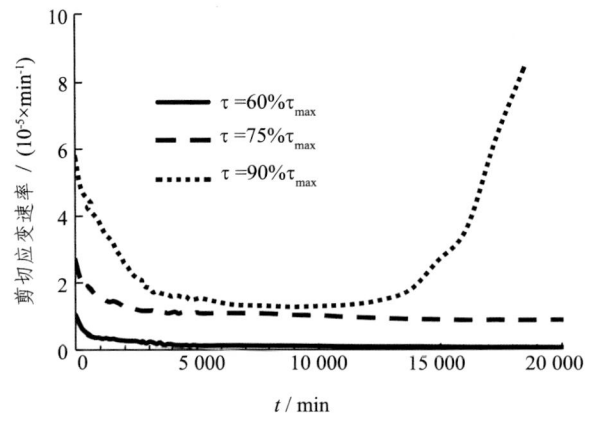

图 6-7 静态剪切流变应变速率变化曲线

随后试样的流变速率迅速减小，在 10 000 min 后，$\tau = 60\%\tau_{max}$ 的试样流变速率已经接近 0，而 $\tau = 75\%\tau_{max}$ 和 $\tau = 90\%\tau_{max}$ 的试样流变速率仍较高且变得较为接近，15 000 min 后剪应力 $\tau = 90\%\tau_{max}$ 的试样应变速率快速增大且在破坏前一直处于加速变形状态，而 $\tau = 75\%\tau_{max}$ 试样的应变速率则持续下降。

从试验结果可初步推断，在法向应力为 150 kPa 时，该土样长期抗剪强度可能是介于 $75\%\tau_{max}$ 与 $90\%\tau_{max}$ 之间的某个值，即

$$75\%\tau_{max}<\tau_{cr}< 90\%\tau_{max}$$

但受试验样本数量和仪器静态加载能力的限制，无法进一步准确确定该值。当所受剪应力小于该临界值时，只发生衰减蠕变，而当荷载大于该值时则会最终破坏。

6.1.4 循环动态剪切变形特征

循环剪切试验中，对处于不同剪应力状态的试样分别施加不同强度的附加动态剪应力，土样的应变随振动次数的增加而呈现不同的变化趋势。且土样的剪切应变与其承受的循环动态剪切应力水平和其初始剪应力状态密切相关。

当试样的初始剪应力水平较低时，例如其初始剪应力为极限强度的 60%时，即 $\tau = 60\%\tau_{max}$[图 6-8（a）所示]，循环动剪应力为其极限剪切强度的 5%，10%时，即 $\Delta\tau_p = 5\%\tau_{max}$ 和 $\Delta\tau_p = 10\%\tau_{max}$，土样的剪切应变在前几次循环加载后应变快速增大，随后总体保持稳定，基本不再增大。而当 $\Delta\tau_p = 20\%\tau_{max}$，应变增量先快速增加，随后增加缓慢，在施加了 120 000 次扰动后仍未发生破坏，其应变仍不到 1%。

当试样的初始剪应力水平较高时，例如其初始剪应力为极限强度的 90%时，即 $\tau = 90\%\tau_{max}$，即使循环剪切应力峰值 $\Delta\tau_p$ 较小，如为其极限剪切强度的 5%（$\Delta\tau_p = 5\%\tau_{max}$）[图 6-8（c）所示]，土样在经历约足够振动次数后也会发生破坏，且其应变先缓慢增大随后快速增大。而当动应力水平较高时，如 $\Delta\tau_p = 20\%\tau_{max}$ [如图 6-8（c）]，应变则基本保持持续加速增长趋势。

当试样的初始剪应力水平处于时中高水平时，例如其初始剪应力为极限强度的 75%时[如图 6-8（b）所示]，即 $\tau = 75\%\tau_{max}$，土样应变变化对循环动应力的变化更为敏感。当动剪应力较小时（如$\Delta\tau_p = 5\%\tau_{max}$），土样应变增长缓慢，最终应变率可能降低至 0。而当动剪应力较高时（如$\Delta\tau_p = 20\%\tau_{max}$），土样可能快速发生剪切破坏。

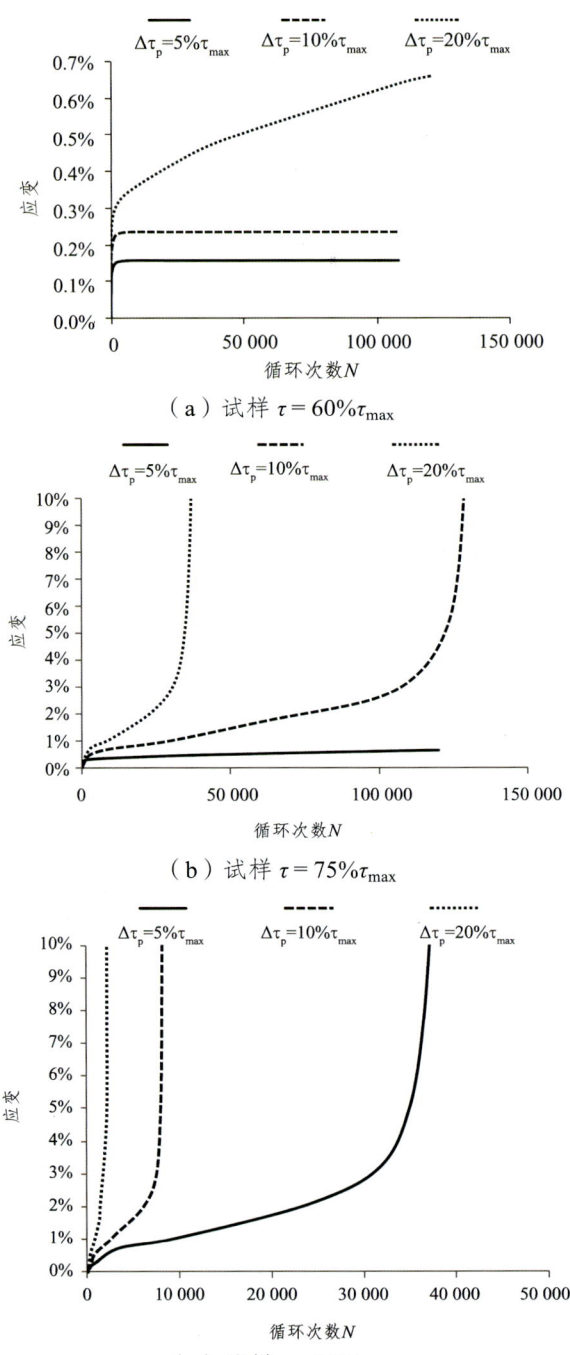

图 6-8 循环剪切条件下试样剪应变随循环次数的变化

试验结果表明，当动应力的频率相同，且试样的初始静应力与动应力峰值之和接近时，试样的变形特征也类似。如 $\tau = 60\%\tau_{max}$，$\Delta\tau_p = 20\%\tau_{max}$ 和 $\tau = 75\%\tau_{max}$，$\Delta\tau_p = 5\%\tau_{max}$ 的试样，在 120 000 次振动加载后，其应变量分别为 0.66%和 0.82%；$\tau = 75\%\tau_{max}$，$\Delta\tau_p = 20\%\tau_{max}$ 和 $\tau = 90\%\tau_{max}$，$\Delta\tau_p = 5\%\tau_{max}$ 的试样，分别在 37 800 次和 33 000 次振动加载后发生破坏，且其应变变化过程也相似。

循环动态剪切作用下试样的破坏同样存在一定的应力状态临界值，大于该应力状态临界值试样才能在附加动应力作用下发生破坏。本土样的应力临界值（静态剪应力与动态剪应力峰值之和）应当在 70%~80%剪切强度间，即

$$70\%\tau_{max} < (\tau + \Delta\tau_p)_{cr} < 80\%\tau_{max}$$

6.1.5　间歇性动态剪切作用下流变变形特征

对不同应力状态下试样每日施加 5 次间歇性动态剪切荷载，观测其流变变形特征。

1. 变形过程特征

与静态流变过程相比，间歇性动态剪切作用后试样的变形过程发生了显著的改变。

（1）初始静态剪应力与循环动态剪应力值均相对较低时，试样流变过程仍与静态流变过程相似，如图 6-9（a）中 $\tau = 60\%\tau_{max}$ 且 $\Delta\tau_p = 5\%\tau_{max}$ 的试样，在初始阶段应变快速增大后，随时间增加和动力扰动次数的增加，试样的剪应变无明显增加趋势。初始静态剪应力较低，但动态剪应力峰值较高时，如图 6-9（a）中 $\tau = 60\%\tau_{max}$ 且 $\Delta\tau_p = 10\%\tau_{max}$ 和 $\Delta\tau_p = 20\%\tau_{max}$ 的试样，随着流变时间和动力扰动次数的增加，应变持续增大，并最终发生破坏，而与之对应的静态流变和循环剪切试验的试样则未发生破坏，这表明循环动态剪切作用改变了试样的整体变形趋势。

（2）当初始静态剪应力处于中等应力水平时，例如 $\tau = 75\%\tau_{max}$ 工况，其流变变形过程对动力扰动较为敏感，在动态剪应力峰值较低时，如图 6-9（b）中 $\Delta\tau_p = 5\%\tau_{max}$ 试样，其前期变形速率缓慢增长，但在持续较长阶段后快速增大，与静态流变和循环剪切试验曲线相比，呈现典型的三阶段变形特征。

（3）当初始静态剪应力接近其极限强度时，例如 $\tau = 90\%\tau_{max}$ 工况，其流变变形过程对动力扰动很敏感，即使在动态剪应力峰值较低时，如图 6-9（c）中 $\Delta\tau_p = 5\%\tau_{max}$ 试样，其变形速率持续快速增长，表明接近极限平衡时，微弱的动荷载也可快速破坏其平衡状态。

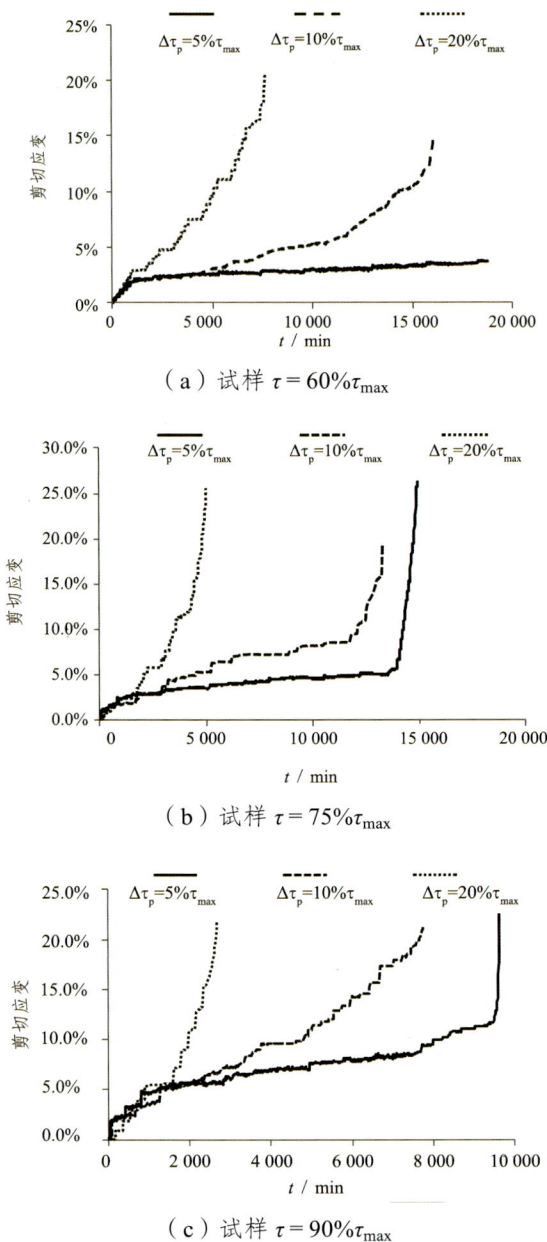

(a) 试样 $\tau = 60\%\tau_{max}$

(b) 试样 $\tau = 75\%\tau_{max}$

(c) 试样 $\tau = 90\%\tau_{max}$

图 6-9　间歇性动态剪切作用下试样流变曲线

（4）对比图 6-9 各试样的变形曲线可发现，动态剪应力还改变试样的局部流变过程。承受较低静态剪应力和动态剪切应力的试样变形曲线是相对平顺的，在变形曲线上难以直观分辨出扰动的时刻，而分别承受较高静态剪应力或较高动态剪切应力时，试样变形的跃升特征显著，变形曲线呈现较明显的阶梯状。

2. 应变速率特征

通过统计扰动前后的应变量和扰动持续时间，对扰动流变过程中平均流变速率进行分析。在初始静态剪应力较小或动态剪应力峰值较小时[图 6-10（a）]，试样的流变速率在初始阶段较高，随后保持较低水平并在某些时刻有无规律的突变，在接近破坏阶段流变速率增加至较高的水平。随着初始剪应力或动态剪切应力峰值的提高[图 6-10（b）]，应变速率在初始阶段和动力扰动时刻较高且逐渐显示出一定的规律性。而当初始剪应力接近极限强度或动态剪切应力峰值较高时[图 6-10（c）]，试样的流变速率将逐渐增大，且在扰动过程中应变速率陡增，从流变速率曲线可清晰的辨识动态扰动的时刻和次数。

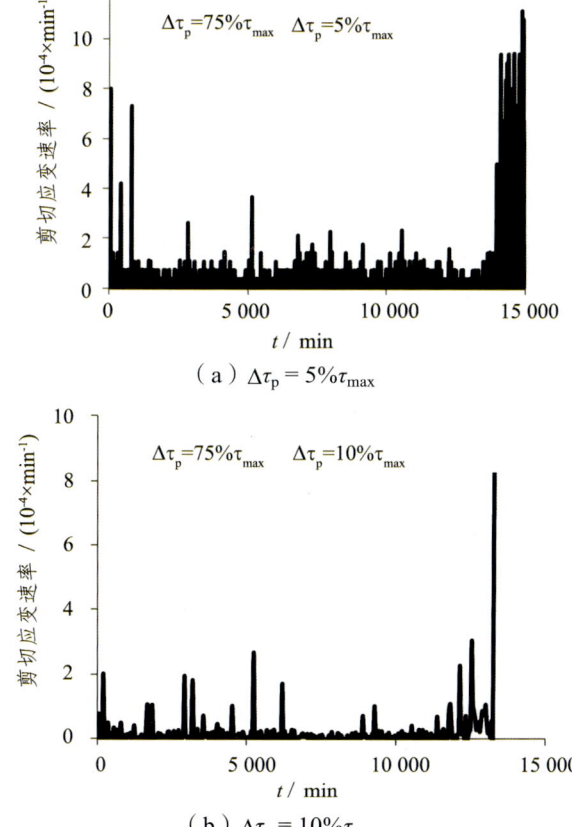

（a）$\Delta\tau_p = 5\%\tau_{max}$

（b）$\Delta\tau_p = 10\%\tau_{max}$

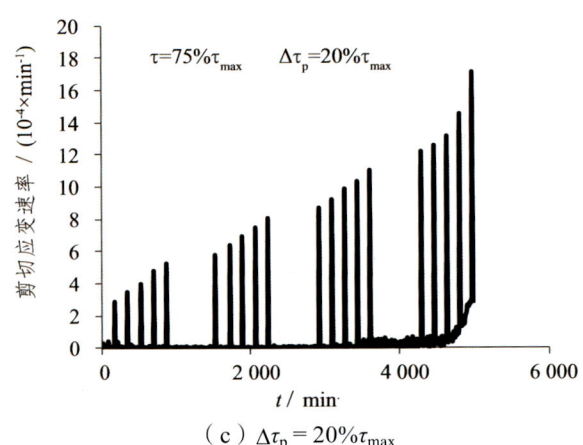

（c）$\Delta\tau_p = 20\%\tau_{max}$

图 6-10 间歇性动态剪切作用下试样流变速率变化曲线（$\tau = 75\%\tau_{max}$）

另外，当试样的循环动态剪应力相对较大时[图 6-10（c）]，在其扰动流变初期，相邻两次扰动间的静态流变速率基本不变，呈稳定流变状态，而在扰动流变过程后期，试样变形速度加快时，扰动时的动态变形速率逐次增大，且相邻两次扰动时刻间的静态流变速率亦会显著增加，这与扰动强度较小的情况有所不同[图6-10（a）]。

3. 变形增量特征

对试样临近破坏时某一时刻的应变增量进行统计，在相同初始应力状态下，使间歇性动态剪切流变实验的应变增量，与静态流变和循环剪切应变增量之和进行对比。例如，统计初始剪应力 $\tau = 60\%\tau_{max}$ 且循环动态剪应力峰值 $\Delta\tau_p = 5\%\tau_{max}$ 的试样的在 17 280 min 时的应变，此时试样变形共历时 12 天，承受 1 800 次动态扰动，因此对应统计相同初始应力状态下静态流变试样在 17 280 min 的应变量和循环动态剪切实验试样 1 800 次循环后的应变值，并将二者相加与间歇扰动流变的应变值进行对比。

统计结果表明（图 6-11），应力状态、流变时间和动力扰动次数相同时，循环动态剪切间歇性扰动作用下试样的变形量大于单纯静态剪切流变与单纯循环动态剪切变形量之和。且当试样最终发生破坏时，间歇扰动流变应变增量是后者的数倍，而越接近破坏的时刻，其差距越显著。

这表明流变变形和循环动态剪切变形相互影响相互促进，在趋近于破坏时，流变和动态剪切均促进了土体的损伤，降低了其强度，进而使二者的"加速变形"效应更为强烈。可见，微小而短暂的动力扰动可能对泥质软弱结构面的流变过程产生显著的推动作用，且扰动荷载越大其影响越强烈，而试样越接近其极限承载状态时对动力扰动越敏感。

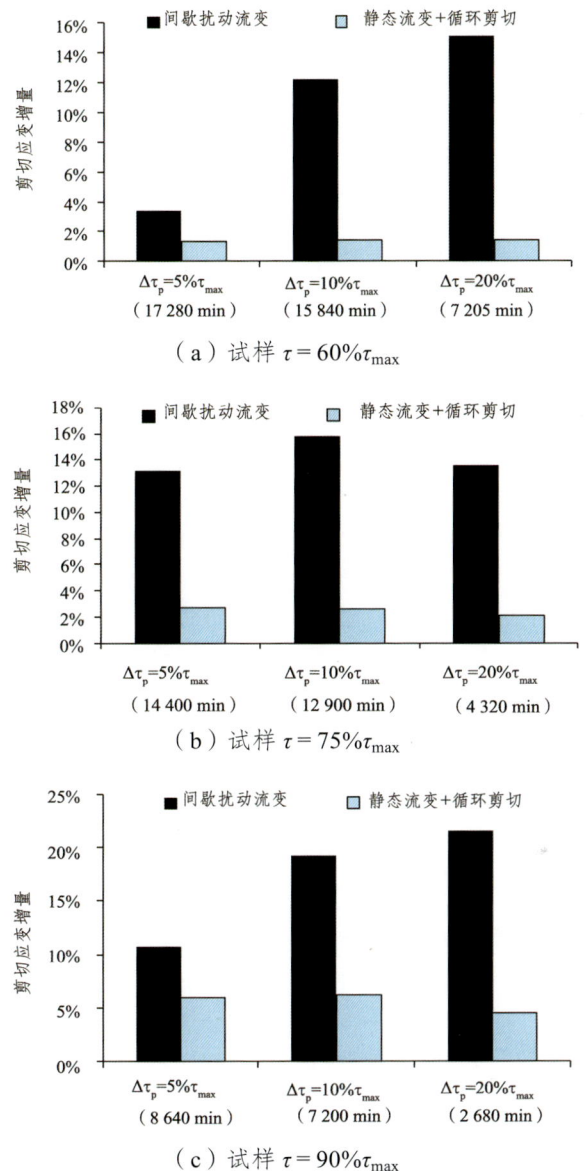

图 6-11 不同试验的流变应变增量对比

4. 流变寿命特征

将试样流变至完全失效的时间定义为试样的流变寿命 t_f。试验过程中,由于试样破坏时变形量不同,因此,当其加速流变阶段的应变量达 15%时,认为试样达到其流变寿命。

试样流变寿命 t_f 与恒定荷载和扰动荷载的关系曲线显示（图 6-12），试样的流变寿命 t_f 随其恒定剪应力和循环动态剪应力的增大而总体呈折线状降低，这表明扰动流变实验过程中同样存在某一控制试样能否最终破坏的临界应力状态。由图 6-12 和图 6-9（a）可发现，本实验土样的静态剪应力与动态剪应力的峰值在 65%~70% 的剪切强度时，试样可能最终发生破坏，即：

$$65\%\tau_{max} < (\tau + \Delta\tau_p)_{Mcr} < 70\%\tau_{max}$$

该组合应力门槛值可能要略低于纯静态流变实验和循环动态剪切实验试样的应力门槛值。当然由于试样性质的离散性，该组合应力门槛值还应进行大量实验验证。

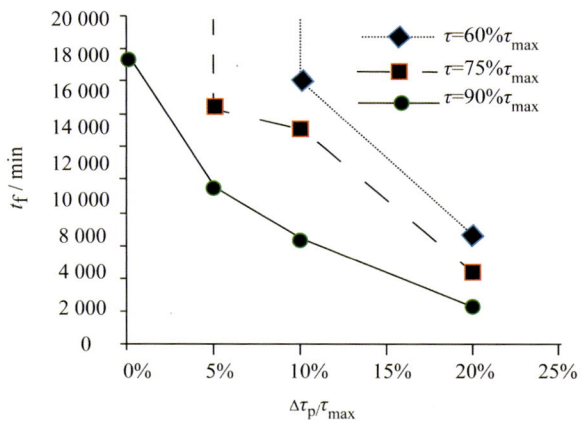

（a）流变寿命与动态剪应力峰值关系

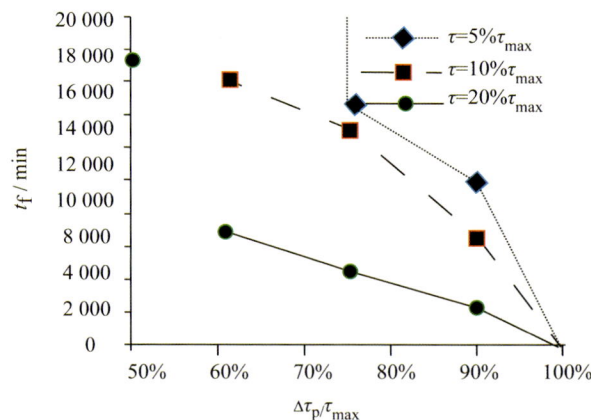

（b）流变寿命与恒定剪应力关系

图 6-12 流变寿命与恒定剪应力和动态剪应力峰值关系曲线

6.2 爆破开挖扰动对临近高层建筑的影响

大型基坑紧邻华宇广场 3 栋高层建筑物，基坑爆破振动可直接作用于建筑物桩基，长期扰动作用下对基础可能存在不利影响，为此，对开挖动载作用下华宇大厦桩基的影响机制进行了分析。

6.2.1 基桩峰值位移

采用 FLAC3D，建立了沙坪坝铁路枢纽基坑数值计算模型，并将华宇大厦简化后进行分析。华宇大厦上部结构采用刚度等效方法进行模拟，桩基则按实际参数进行建模，如图 6-13 所示。

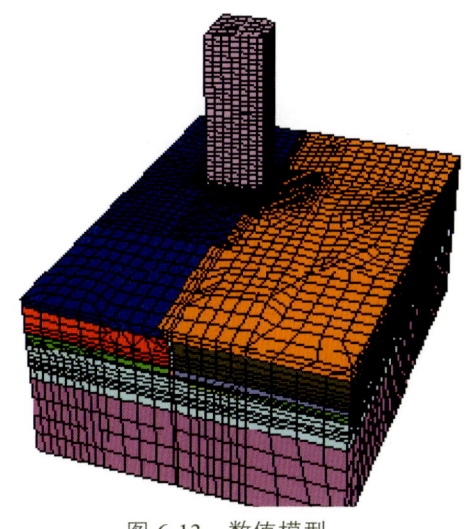

图 6-13 数值模型

在 FLAC3D 动力计算中，动载荷输入可以采用加速度时程、速度时程、位移时程和应力时程 4 种方式。若采用黏滞边界条件，则必须输入速度时程进行分析。

本次现场测得的爆破竖直 z 向和水平 x（x 方向为平行基坑边界方向，y 方向为垂直基坑边界方向，z 为垂直方向）向的振动速度时程曲线输入最大振动速度为 2 cm/s，振动主频率为 30 Hz（图 6-14）。

考虑到实际爆破开挖时一次爆破开挖的区域沿基坑轴向的长度约为 10 m，炮孔深度为 3 m，因此，爆破荷载施加在模型中部 10 m × 3 m 的区域。

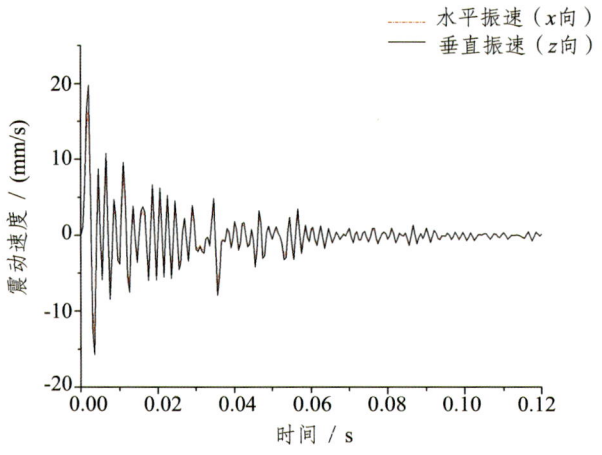

图 6-14 爆破荷载-时间曲线

图 6-15 为基坑爆破开挖动力扰动作用下高层建筑物群桩基础的位移动力响应云图,从图中可以看出,爆破会使群桩基在 x、y、z 三个方向均发生动位移,y 方向的位移值要大于 x 和 z 方向。在水平 x 方向,靠近爆破位置的桩基位移最大为 2.75～3.95 mm。在水平 y 方向,桩基在动力影响下向后侧发生一定倾斜,最大倾斜位移为 6.33 mm。在竖直 z 方向,靠近爆破位置的桩基最大位移指向 z 正方向,最大值为 3.34 mm。远离爆破位置的桩基位移指向 z 负方向最大值为 1.38 mm。

计算结果显示,爆破使结构发生振动,并引起位移,总体而言位移量最大为 6 mm 左右,相对较小,但仍可能引起居民的不适反应。

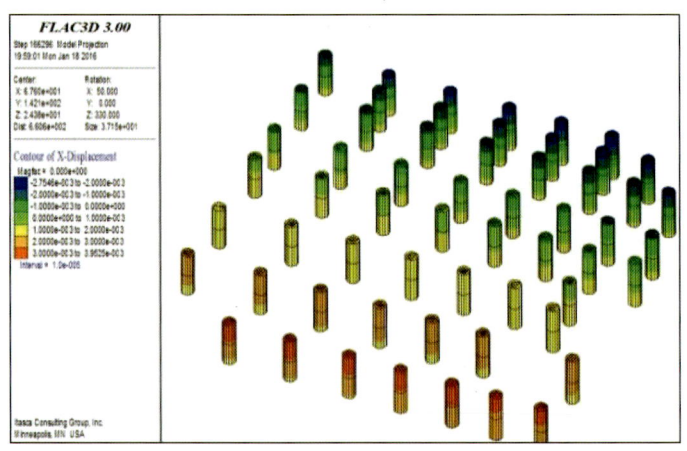

(a)桩基水平 x 向位移

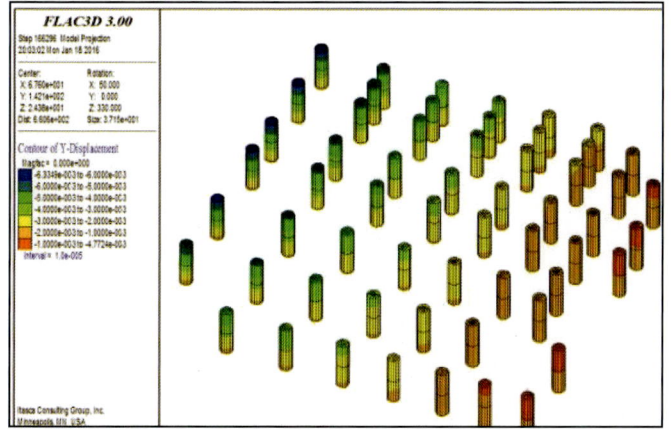

(b)桩基水平 y 向位移

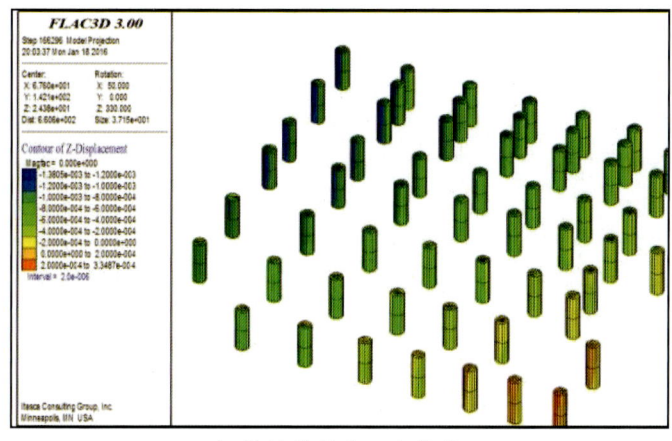

(c)桩基竖直 z 向位移

图 6-15　群桩桩基位移动力响应

由图中可以看出，不同位置处的基桩在动力作用下的桩身位移分布也不相同。总体而言，靠近基坑区域的桩基动位移量大于远离基坑的一侧，但前后的动位移量差值仅为 1 mm 左右，由于建筑物平面面积较大，位移梯度很小，对梁柱节点的影响很小，不会造成结构的损伤。

6.2.2　基桩峰值应力

图 6-16 为基坑爆破开挖动力扰动作用下高层建筑物群桩基础的主应力动力响应云图。背离爆破位置的桩基最大主应力为 16.7 MPa。计算结果显示动力扰动引起的附加动应力约为 0.17 MPa。

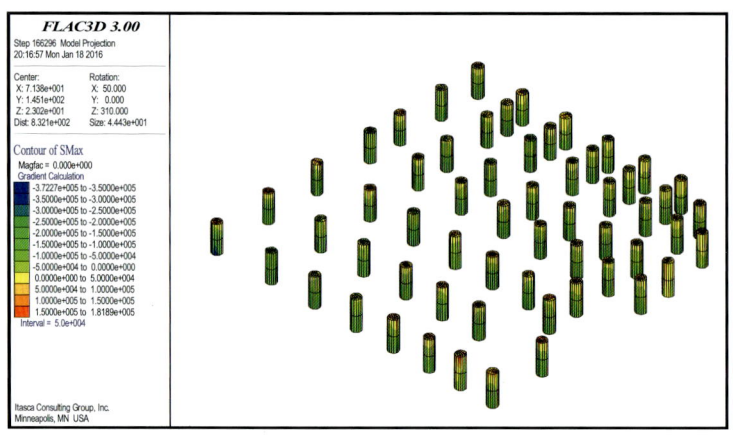

（a）最大主应力

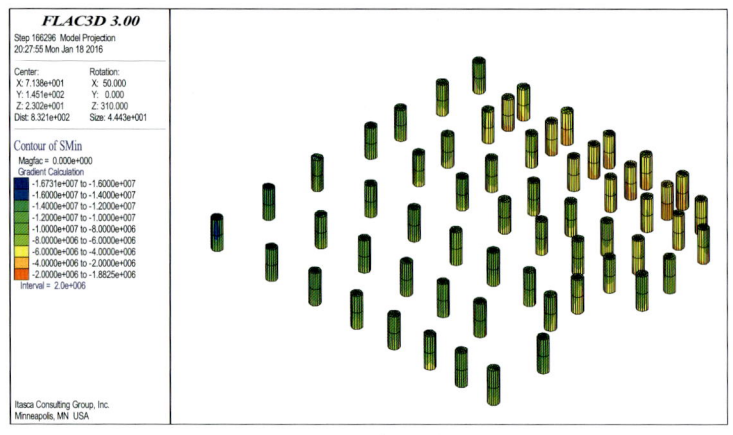

（b）最小主应力

图 6-16　群桩桩基主应力图

总体而言，桩基由动力作用所引起的附加动拉应力可达 0.1 MPa 量级，对钢筋混凝土结构而言无影响，但对桩与基岩的结合面可能会产生不利影响。

6.2.3　建筑物峰值位移

高层建筑在动力作用下的位移响应云图（图 6-17）表明，其最大位移主要位于顶部。朝向基坑方向的位移值要大于其他方向。在水平 x 方向，靠近爆破位置的建筑位移最大位移为 2.75～3.95 mm。在水平 y 方向，最大位移为 6.33 mm。在竖直 z 方向，最大值为最大值为 1.38～3.34 mm。建筑物顶部的位移量相对较大，可能会引起居民的一定程度的不适反应。

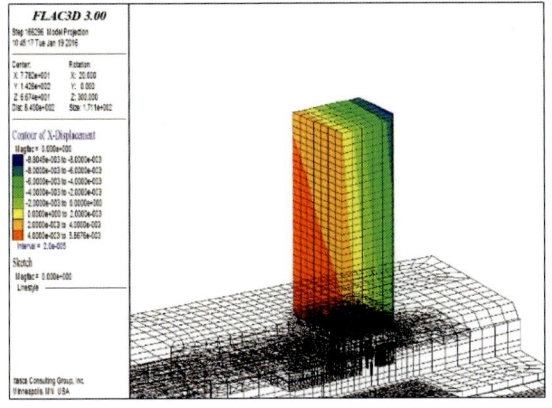

（a）高层建筑水平 x 向位移

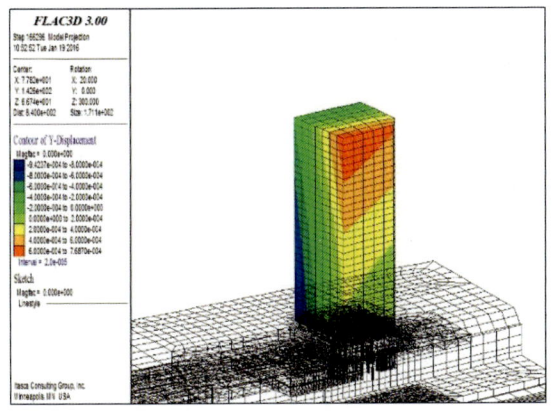

（b）高层建筑水平 y 向位移

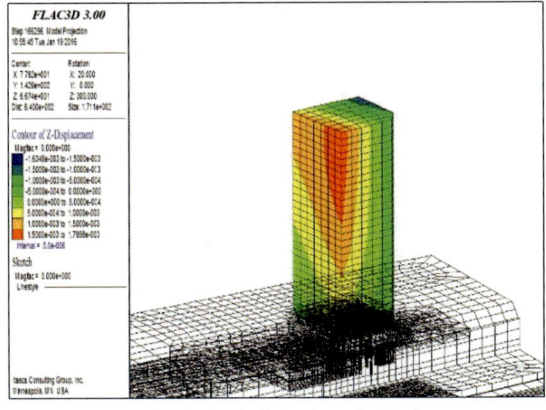

（c）高层建筑竖直 z 向位移

图 6-17　高层建筑在动力作用下的位移响应云图

6.2.4　爆破距离对于桩基和建筑物最大位移的影响

（1）侧向距离。

图 6-18 给出了爆破部位与建筑侧向距离分别为 5 m、25 m、45 m、65 m 时，桩基和高层建筑 x、y、z 方向各自的最大位移值。

由图可知，各方向的动位移均随着侧向距离的增大而逐渐减少，其中 x、y 方向的位移减小趋势呈抛物线状，而 z 方向的位移减小趋势接近直线状，且水平方向位移对距离更为敏感。总体而言，建筑物位移量随距离增大时，动位移量出现较为显著的降低。

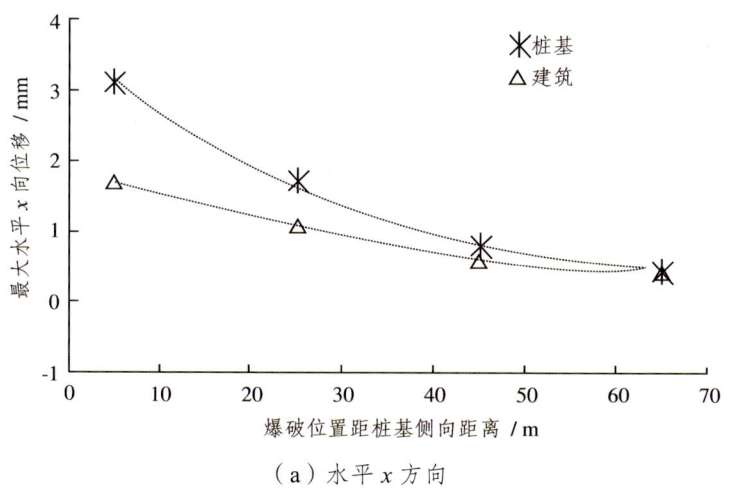

（a）水平 x 方向

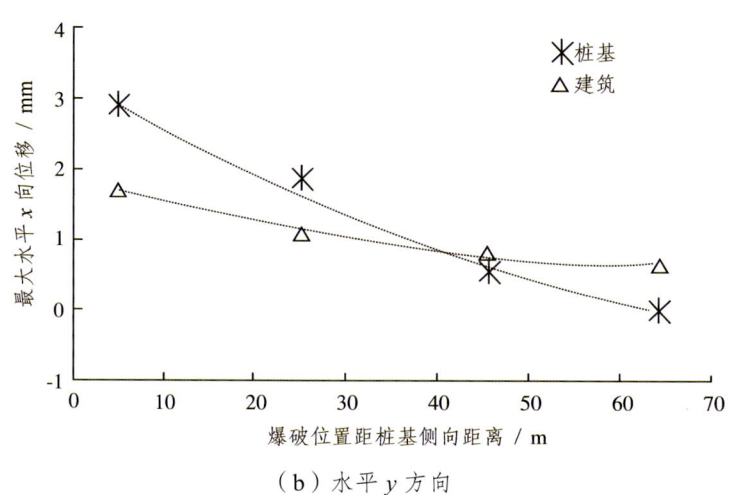

（b）水平 y 方向

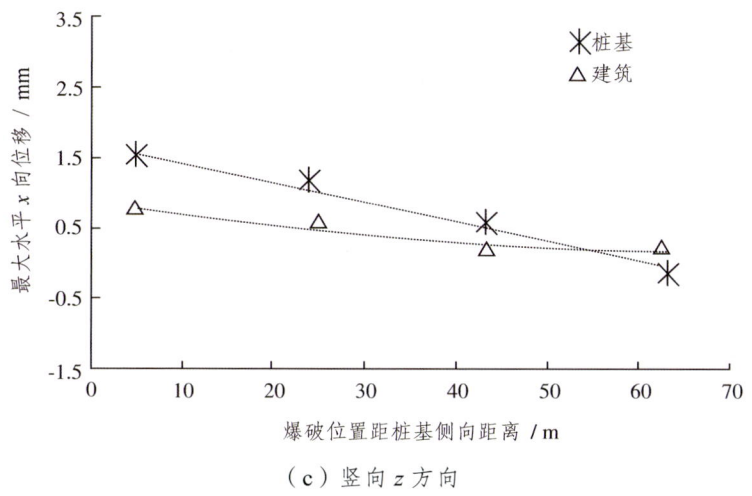

(c)竖向 z 方向

图 6-18 爆破侧向爆心距对最大位移的影响

(2)爆破正向距离。

图 6-19 给出了距离建筑物正向距离分别为 10 m、30 m、50 m、80 m 时,桩基和高层建筑 x、y、z 方向各自的最大动态位移值。各方向的位移均随着水平距离的增大而逐渐减少,x、z 方向的位移值明显大于 y 方向。

当爆破位置处于高层建筑正前方时,改变爆破距离对正对爆源方向动位移量有显著影响。

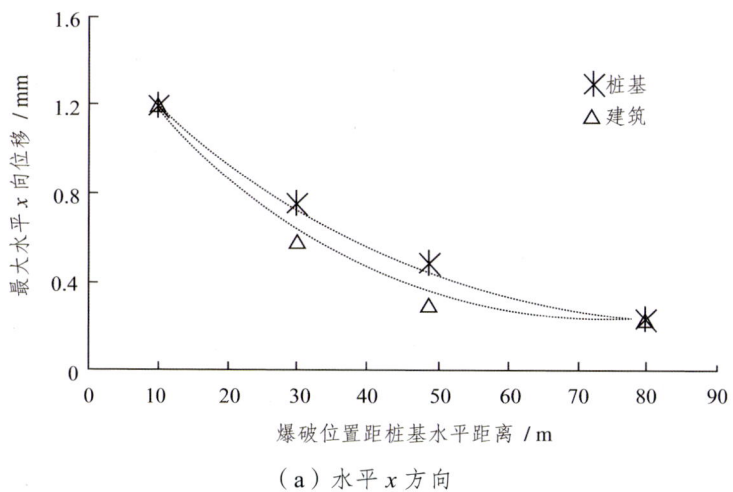

(a)水平 x 方向

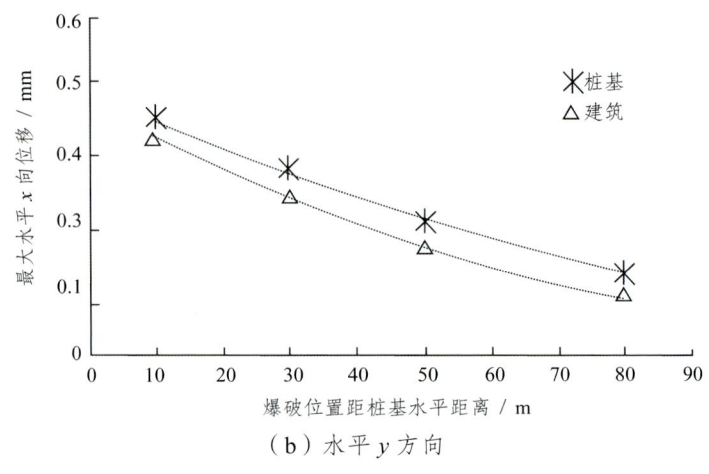

（b）水平 y 方向

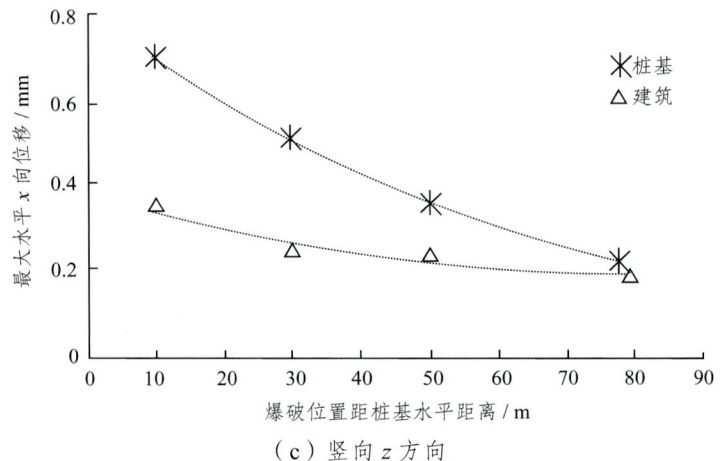

（c）竖向 z 方向

图 6-19　爆破水平向距离对最大位移的影响

6.3　爆破应力波对圆形隧道的影响

应力波对隧洞的损害主要来自于波在孔洞周边衍射所导致的应力扰动，而应力扰动的强度则往往与围岩质点振速密切相关，因此，在实际工程中，技术人员往往通过隧道围岩质点的振动速度峰值评价爆破地震波对地下洞室的影响，如国家标准《爆破安全规程》（GB 6722—2014）规定交通隧道的爆破振动安全振速为 10~20 cm/s。国内外也有学者对应力波衍射时引起的地下洞室振动规律进行研究，但对振动速度分布特征及其与动应力集中特征的相互关系的问题研究较少，为此，针对爆破应力波引起临近隧道的质点振动和动应力集中效应及其相互关系等问题,通过数值模拟的方式,对平面纵波(P 波)作用下,圆形隧道的动力扰动特征进行了研究。

6.3.1 计算模型

在地下工程中,许多地下洞室断面为圆形,如盾构法或 TBM 法隧道等,而当洞室断面为圆形时,可忽略入射波入射角度的变化对计算结果的影响。因此,为了研究的方便,主要对圆形隧道在 P 波作用下的动力响应问题进行了分析。

在 FLAC3D 中建立的数值模型如图 6-20 所示。圆洞直径 D 分别为 3 m、6 m 和 10 m,模型的整体尺寸为 100 m × 100 m × 2 m。视围岩为各向同性均质材料,本构模型采用线弹性模型(计算参数如表 6-6 所示),围岩无支护。围岩初始地应力侧压力系数 $\lambda = 1$,初始地应力的值为 1 MPa、5 MPa 和 15 MPa。P 波加载在模型的一侧,其振动频率为 10~100 Hz,边界上的最大动应力为 1 MPa 和 2 MPa。其他外边界设置为黏滞边界,防止波在外边界上的反射。

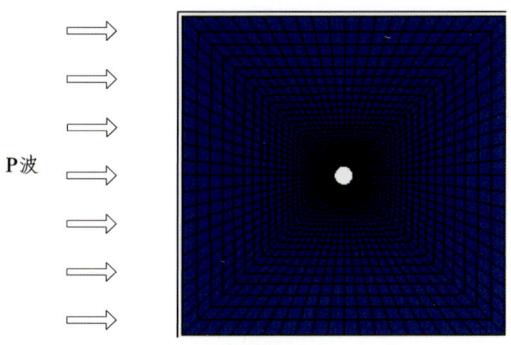

图 6-20 数值模型($D = 6$ m)

表 6-6 计算工况

洞径 D/m	弹性模量/GPa	泊松比	密度/(kg/m³)
3	10	0.3	2 600
3	25	0.27	2 600
3	35	0.26	2 750
6	10	0.3	2 600
6	20	0.25	2 700
6	30	0.25	2 750
10	12	0.32	2 500
10	27	0.28	2 650
10	35	0.26	2 750

6.3.2　P波对应力和质点运动方向的影响

1．P波对围岩主应力方向的影响

（1）静态加载下围岩的主应力方向。

为了比较动力扰动和静荷载作用对围岩的影响，进行了静荷载下围岩主应力和运动方向特征的分析。

将图6-20中的动荷载变为静荷载，模型上下边界固定，计算得到圆洞围岩中的主应力方向分布特征如图6-21（洞径10 m，弹性模量27 GPa，泊松比0.28，初始地应力的值为0，静荷载为1 MPa的工况）所示。

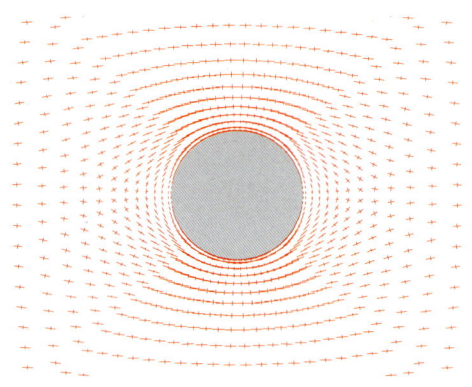

图6-21　静荷载作用下圆洞围岩主应力方向

计算结果显示，在洞壁及其附近区域，围岩最大主应力的方向与洞壁平行或接近平行；远离隧洞洞壁的围岩中，最大主应力方向与荷载方向一致；而在这两者之间的区域，围岩最大主应力方向从一种形态向另外一种形态过渡。围岩质点最大主应力迹线如图6-22中，三角形的区域主应力方向偏转较为显著。

（2）波作用下围岩附加动主应力方向。

在应力波通过圆洞时，围岩中同样会发生主应力偏转的现象，但初始地应力越高，其偏转程度越低，为此，仅分析了附加动荷载引起的附加主应力方向的偏转。

计算结果显示（以洞径10 m，弹性模量27 GPa，泊松比0.28，P波频率70 Hz，动荷载1 MPa工况为例），当圆洞整体处于压缩

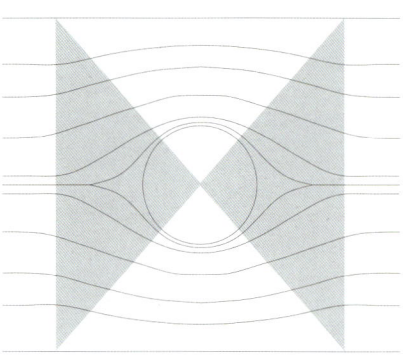

图6-22　荷载作用下圆洞围岩最大主应力迹线

波或拉伸波中时[图6-23（a）、（d）]，圆洞周边围岩中的附加动应力均呈压应力或拉应力，且附加动主应力的方向在洞壁处发生偏转，其偏转方向与偏转程度均与静态加载下的情况一致。

当圆洞一部分处于压缩波中，另一部分处于拉伸波中时[图6-23（b）、（c）]，围岩中的附加动应力的主应力方向与静态加载下的存在一定的差异，即在拉、压应力的分界线附近，附加最大主应力明显向圆洞中心方向偏转。

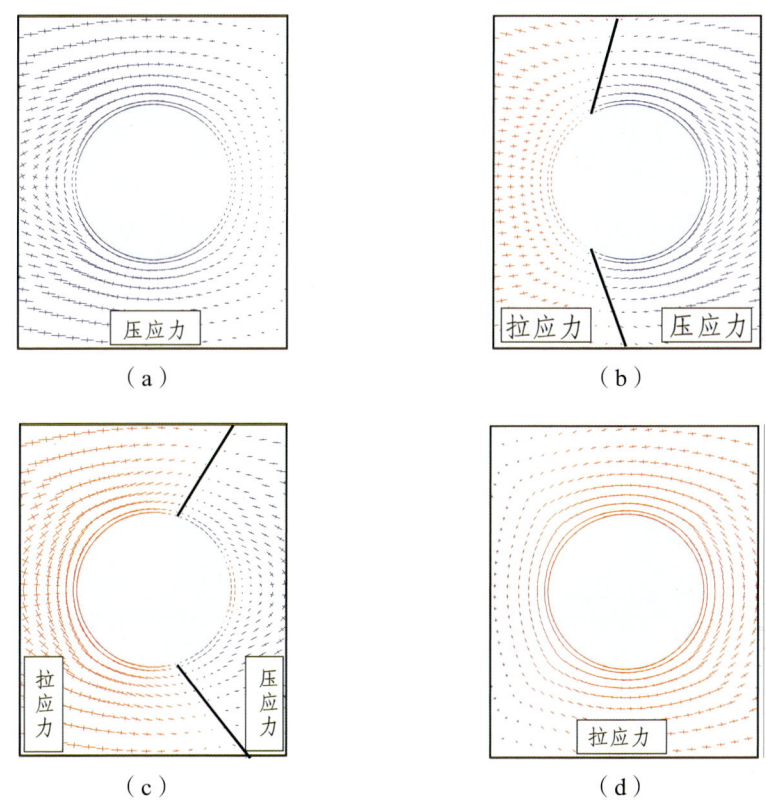

图 6-23　P波传播过程中围岩附加动主应力矢量图

上述计算结果表明，P波通过圆洞时围岩附加动主应力方向特征与静态加载时基本一致，但在围岩应力拉、压状态发生转换时，其附加主应力方向与静态加载时相比发生了小于90°的偏转。这表明爆破应力波将改变围岩中的主应力方向，相对于初始地应力，动应力越高其瞬间改变围岩主应力方向的效应越显著。

2. P波作用下围岩质点的运动方向特征

静荷载作用下，隧道围岩将发生一定的位移，但其运动速度为0。而在应力波作用下,围岩质点将发生往复式的振动。

计算结果显示,在应力波通过圆洞时,围岩质点的运动方向总体与振源一致,但在特定时刻和局部区域将发生振动方向的偏转。如图 6-24(a)所示,应力波到达圆洞且圆洞整体处于压缩波或拉伸波中时,围岩中各质点的运动方向与波的传播方向一致,而在靠近洞壁的上下侧围岩中质点的振动略向洞内方向偏转。

当圆洞一部分处于压缩波中,另一部分处于拉伸波中时[图 6-24(b)、(c)、(d)],一部分质点的运动方向与波的传播方向一致;一部分则与波的传播方向相反;而在振动方向分界线附近围岩质点的运动方向将发生显著的偏转,且其方向向洞内或洞外偏转。

上述计算结果表明,P 波通过圆洞时,围岩质点的运动方向总体与振源的运动方向接近,但在洞壁附近围岩质点在发生运动方向的转换时发生较明显的偏转。

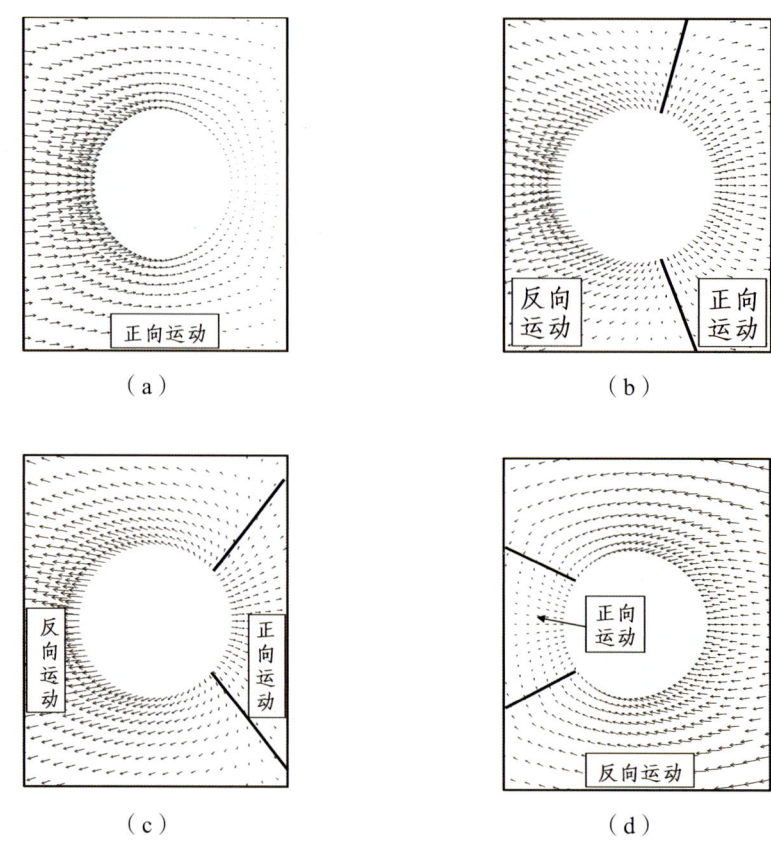

图 6-24 P 波传播过程中围岩质点运动矢量图

6.3.3　P 波对应力和质点振速量值的影响

1．P 波作用下围岩的动应力集中特征

（1）静态加载作用下的应力集中效应。

含缺陷介质在动、静态荷载作用下，会发生应力集中现象，且其动、静应力集中效应有所差异，为了对动应力集中效应更好地进行分析，对静态加载下圆洞的应力集中效应进行了分析。

计算结果表明，在水平向静态加载，上下边界固定的情况下，圆洞围岩中附加最大主应力的应力集中现象显著，由最大主应力与施加荷载之比定义应力集中系数：

$$\eta = \sigma_{\max}/[\sigma]$$

在圆洞断面的上下极点处应力集中系数最大，η 为 2.75（泊松比为 0.28），水平向两侧极点处的应力集中系数最小，为 0.3。这表明上下极点附近的围岩受附加荷载的影响较大，而水平向两侧极点附近的围岩受附加荷载影响相对较小，如图 6-25 所示。

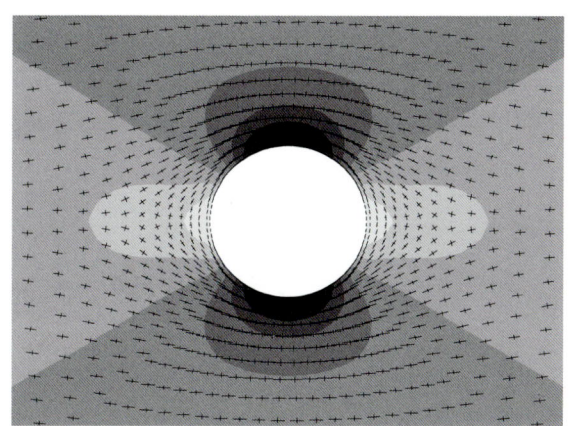

图 6-25　附加最大主应力分布云图

（2）P 波作用下的应力集中效应。

P 波作用下，动荷载对圆洞围岩的扰动特征与静态加载时的特征相似，围岩的动应力集中现象也较为显著。由附加动荷载产生附加最大主应力 $\sigma_{d\max}$ 与入射波应力强度 σ_0 之比定义动应力集中系数：

$$\eta_d = \sigma_{d\max}/\sigma_0$$

洞壁围岩上的动应力集中系数的分布形状与静态加载时的形状较相似，在圆洞断面的上下极点处应力集中系数最大，η_d 为 2.1，水平向两侧极点处的应力集中系数最小，为 1，表明上下极点附近的围岩受 P 波动荷载的影响强烈，而水平向两侧极点附近的围岩受附加动荷载影响相对较小（图 6-26）。

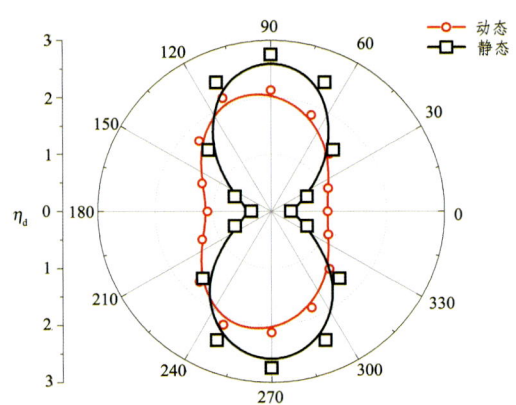

图 6-26　洞壁围岩的附加应力集中系数分布雷达图

但动静态下的应力集中系数分布也存在差异。在左右两侧洞壁上，P 波动态加载时的动应力集中系数要大于静态加载工况，且分布更为平滑，应力集中系数略大于 1；而在上下两侧洞壁上，P 波动态加载时的动应力集中系数要略小于静态加载工况（如图 6-26 所示）。

与静态加载时相似，随着距离洞壁距离的增大，围岩内部的应力集中现象逐渐减弱，直至与远离圆洞处的应力状态相同。

2. P 波作用下围岩质点振动速度集中特征

在应力波传播过程中，除了发生动应力集中的现象之外，而其质点的振动速度也会发生类似的现象。

计算结果表明，P 波通过圆洞时，由其诱发的洞壁围岩质点振动方向和频率与振源是基本一致的。其次，与波的传播方向相垂直的振动方向上，质点振动速度相对较小，可忽略不计。

而洞壁围岩质点的振动速度与振源不一致，将发生放大或缩小。为此对洞壁围岩的最大水平向振动速度分布特征进行了统计分析。因为工程实践中人们关注的多是质点的最大振动速度，因此主要对其振动速度的放大效应进行研究。定义洞壁质点的最大振速 V_{max} 与振源振速 $[V]$ 之比为振速集中系数 K：

$$K = V_{max}/[V]$$

统计数据显示（仍以前述动态工况为例），不同工况下圆洞对 P 波振动速度的放大效应具有大致相同的规律，即距离振源较近的半个圆洞断面上，洞壁质点的最大振动速度略大于振源振速；而距离振源较远的半个圆洞断面上，洞壁质点的最大振动速度略小振源（图 6-27）。

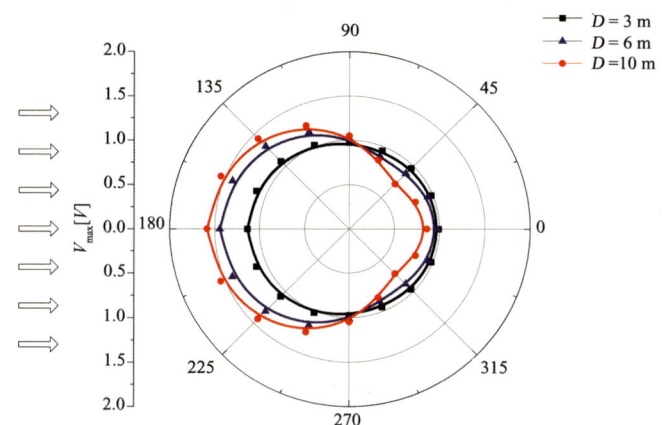

图 6-27　不同直径圆洞围岩质点水平向振动速度放大系数分布雷达图

分析表明，与洞壁上围岩质点的振动规律相比，围岩内部各质点的振动周期亦与振源一致，而随着质点距离洞壁距离的增大，其振动速度的幅值逐渐接近振源的振幅，直至完全一致。

6.3.4　几个问题的讨论

在实际工程中，评价爆破对地下洞室稳定性的影响或制定相应的安全控制标准常采用质点振速法。质点振速法在 20 世纪 60 年代起普遍应用于地面建筑物爆破安全判据的制定，后来其应用领域扩展至地下工程，即认为爆破对隧洞的影响与围岩质点速度直接相关，质点振动速度越大，爆破对围岩的扰动越大。但上述分析表明，实际上 P 波对围岩的应力与质点振动特征的扰动影响既有相似之处也有差异。

（1）P 波对围岩真实主应力影响。

实际上，地下工程都是处于某一初始地应力场中的，地下工程开挖后原始的应力场发生了改变，形成了二次应力场。

以圆形洞室为例，在"洞壁上"的围岩中，最大主应力方向为圆洞的切向，最小主应力为轴向。P 波作用下，动荷载产生的附加应力的主应力方向与其原来的主应力方向是一致的，洞壁围岩微元上的受力特征如图 6-28 所示。

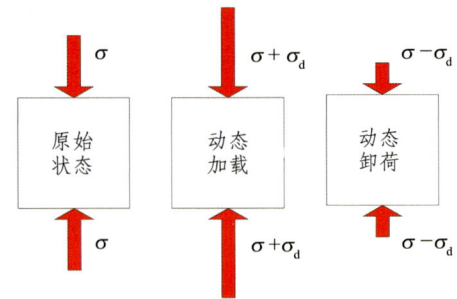

图 6-28 洞壁围岩应力状态变化

在"洞壁"以外的围岩中，其主应力方向将受到初始地应力场的影响，而动荷载产生的附加应力的主应力方向同样要受到振源的方位的影响，因此其岩体微元上主应力方向将发生偏转，其受力特征如图 6-29 所示。

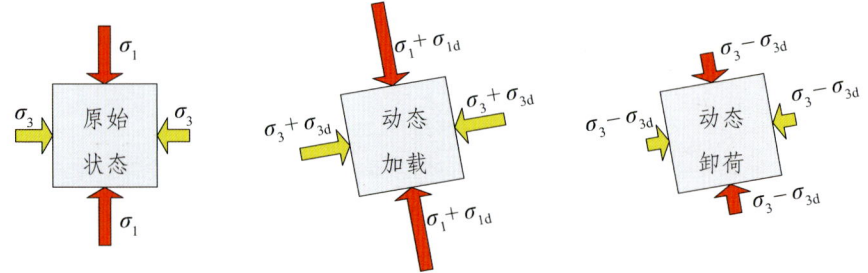

图 6-29 洞壁内部围岩应力状态变化

上述分析表明，当洞壁附近围岩的静态应力接近其极限承载能力状态时，爆破开挖诱发的动荷载扰动将可能使其受力状态超过临界荷载而发生破坏，例如，围岩处于极限压应力时，同时叠加 P 波诱发的压应力，其合应力将超过其极限荷载；而当围岩压应力很小甚至受拉时，P 波诱发的拉应力将使围岩由受压变为受拉，或者拉应力增大而发生破坏。

（2）动应力集中效应与振速集中效应的对比。

分析表明，P 波作用下圆洞围岩中不仅存在动应力集中现象，同时还存在振速集中现象。其中，洞壁附近围岩中动应力集中系数的分布特征与振速集中系数分布特征显著不同：动应力集中系数的最大值与振速集中系数的最大值在圆洞壁上相隔约 90°，即动应力集中最显著的部位，振动速度集中系数为 1 左右；而振动速度集中系数最大的部位，动应力集中系数却最小。

动应力集中系数和振速集中系数的量值也存在差异。根据动应力集中理论，地下圆洞的动应力集中系数在略大于 1~3，而振动速度集中系数为 1~2，可见动应力集中效应比振动速度集中效应更为显著。

（3）动应力集中效应与振速集中效应影响因素。

研究表明，振源频率、围岩性质以及洞室形状均对动应力集中效应与振速集中效应都有显著的影响，为了分析三者的综合影响规律，对P波的正则化波数αr对二者的影响规律进行了分析。

$$\alpha r = \omega r / c_P$$

式中，$\alpha = \omega / c_P$是P波的波数，r为圆洞的半径。

正则化波数αr包含了弹性模量E、泊松比μ、密度ρ、直径D和频率f的综合信息。研究表明，正则化波数αr对圆洞动应力集中效应与振速集中效应的影响具有显著的规律性。

根据鲍亦兴的研究成果，圆孔最大动应力集中系数随正则化波数的增加而先呈现先增大后减小的趋势（图6-30），当正则化波数$0.25<\alpha r<0.3$时，动应力集中系数最大为3左右，且对于任意给定泊松比μ，最大动应力集中系数总比相应的静力值高$10\%\sim15\%$，即最大动应力集中系数可超过3。当$\alpha r>1$时，最大动应力集中因子受αr的影响减弱，将变为$1\sim1.5$。

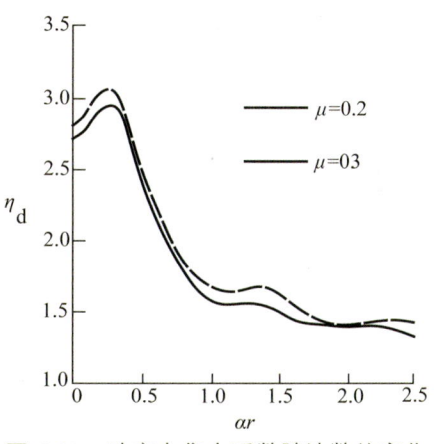

图6-30 动应力集中系数随波数的变化

对于振动速度集中系数，分别对洞径为3m、6m和10m的圆洞进行分析，得到了如图6-31所示的曲线。从图中可以看出，不同洞径下洞壁最大振速集中系数随着正则化波数αr的增大而增大。且当$\alpha r<0.3$时，振速集中系数增幅较大，但在0附近振动速度集中系数趋近于1；当$\alpha r>0.3$时，振动速度集中系数仍继续增大但增加量有限，并最终趋于一稳定值。这表明，当入射弹性波的频率接近0时，振动速度集中效应不显著，质点的振速接近振源的振速；而当入射弹性波的频率超过某一值时，振动速度集中效应将趋于稳定。

再者，洞径越大，振速集中系数对波数的变化越敏感，表明地下工程断面越大其振速集中效应越显著。

（4）工程应用讨论。

在我国的地下工程实践中，爆破开挖作用下地下洞室稳定性的动力安全性评价，主要是建立在振动速度监测工作基础上的。然而，与地面建筑不同，地下工程形态、所处介质和荷载状态都更为复杂，因此，确定其安全振动速度控制标准是十分困难的。

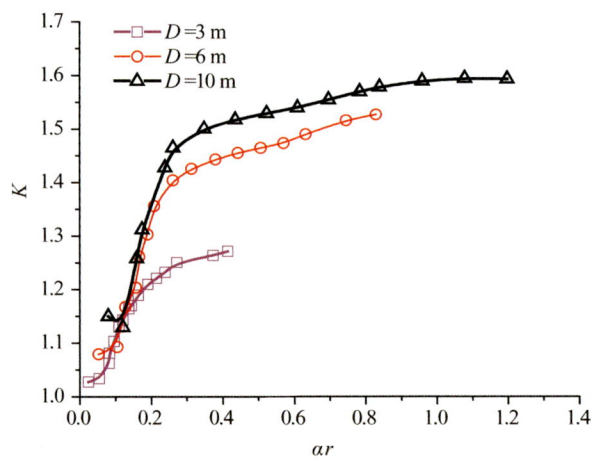

图 6-31　波数对洞壁最大振动速度放大系数的影响

首先，理论计算表明，地下洞室洞壁上的振动速度的大小与围岩的应力大小显然并不呈线性相关，即振动速度大的位置，围岩的附加动应力并不一定大，因此采用振动速度作为围岩扰动程度的评价手段时，其可靠性不高。

其次，爆破振动监测数据可用于反推爆破荷载的强度，即通过研究弹性波通过地下洞室时的动应力集中和质点振速集中规律，进而结合现场的实测数据，就可估算振源的等效振动速度（应力波在传播时实际是不断衰减的，由洞壁振速估算得到的是无阻尼介质远区振源的速度，并非真实振源的振速，因而称为等效振动速度），而根据 1996 年 Lysmer 和 Kuhlemeyer 提出的振速和应力换算公式就可得到振源的等效动荷载：

$$\sigma_n = -2(\rho C_p) v_n$$
$$\sigma_s = -2(\rho C_s) v_s$$

式中，σ_n、σ_s 分别为边界上的法向应力和切向应力，系数 2 表示施加的能量中只有一半是作为动力输入的，另一半向另一方向传播。

在得到振源施加的等效动荷载后，即可进行地下洞室动应力集中问题的分析，进而可得到围岩在动荷载下的稳定性，或者反推得到围岩的最大振动速度控制标准。

6.4　爆破应力波对直墙拱形隧道的影响

6.4.1　隧洞围岩质点振动响应的数值模型

为分析地震波 P 波传播过程中质点运动规律，在 FLAC3D 中建立了直墙拱形隧洞的数值模型（图 6-32 和图 6-33）。计算过程中，视围岩为各向同性均质介质，本构模型采用线弹性模型。计算尺寸取 100 m × 100 m × 2 m，外边界设置黏滞边界，防止波在外边界上的反射。在洞壁上设 F1 ~ F10 共 10 个监测点。

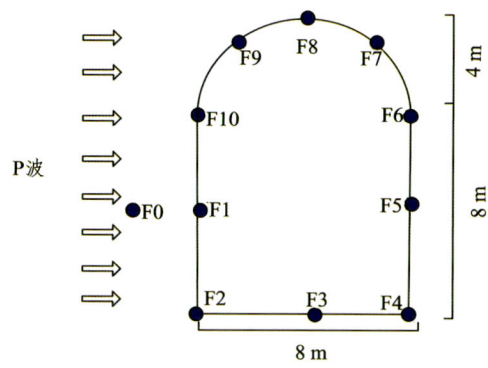
图 6-32　应力波与隧洞相互位置

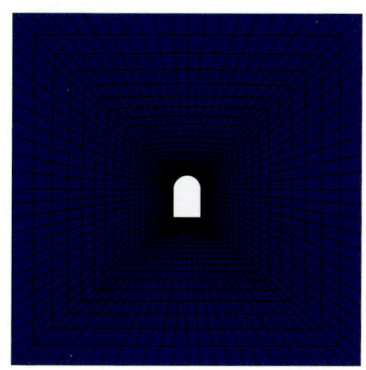
图 6-33　FLAC3D 模型（$D = 8$ m）

计算结果表明，爆破地震波在传播过程中遇到隧洞后将继续向前传播，且在隧洞边缘发生振动方向的偏转现象，其原因是波在洞壁边界上发生反射所导致的。不同工况下应力波通过直墙拱洞时围岩质点的运动规律基本相同。依据应力波的波峰波谷位置可大致划分为通过隧洞前、通过隧洞时和通过隧洞后几个阶段，通过运动矢量图可得围岩质点在各阶段的运动规律如下（质点速度 V 向右为正）：

（1）在应力波开始向隧洞方向传播时，围岩中各质点的运动方向与波的传播方向基本相同[图 6-34（a）]。

（2）在围岩全部处于首波的波峰段（$V>0$）时，围岩质点的运动方向与波的传播方向一致，且在靠近爆源侧空间范围内围岩质点的运动方向无偏转，在背离爆源侧空间范围内洞壁附近围岩质点的运动方向先向内侧偏转且速度增大，随后又向外侧偏转并伴随速度降低[图 6-34（b）]。

（3）当首波的波峰通过隧洞背离爆源侧（$V>0$），而靠近爆源侧处于波谷段（$V<0$）时，背离爆源侧围岩质点的运动方向与波的传播方向一致；靠近爆源侧质点运动方向与波的传播方向相反，而在振动方向分界线附近围岩质点的运动方向将发生显著的偏转，方向主要指向洞内[图 6-34（c）]。

（4）在围岩全部处于首波的波谷段（$V<0$）时，围岩质点的运动方向与波的传播方向相反，且在背离爆源侧空间范围内洞壁附近围岩质点的运动方向先向外侧偏转且速度增大，随后又向内侧偏转并伴随速度降低，而靠近爆源侧空间范围内洞壁附近围岩质点的运动方向先随振速的提高而向内侧发生偏转，随后随着振动速度降低而偏转现象消失[图 6-34（d）]。

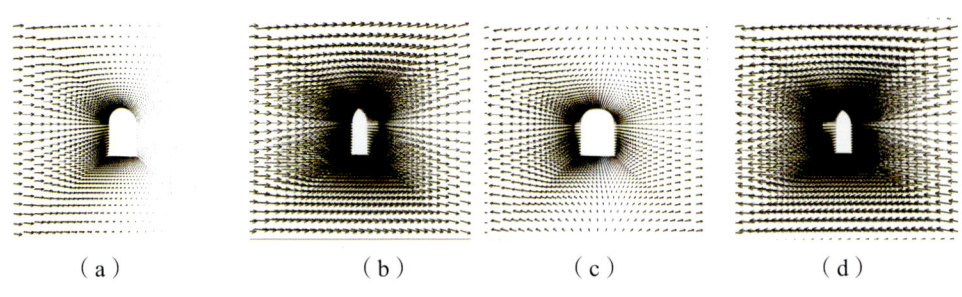

图 6-34　P 波传播过程中围岩质点运动矢量图

6.4.2　洞壁围岩质点振动速度规律

数值模拟计算结果表明，在 P 波作用下围岩质点的振动速度会在围岩及洞壁发生放大或缩小的现象。图 6-35 给出了洞壁上质点水平向振动波形图。取洞壁远区一质点 F0 为振源点，F1、F3、F5、F8 如图 6-32 所示。计算结构显示 F0 水平向的振动速度为 0.115 m/s，而振动传播至 F1 时，其水平向的最大振动速度为 0.165 m/s，明显大于振源振动速度；振动传播至洞壁顶部与底部 F8 和 F3 两点时，其水平向的最大振动速度与振源 F0 基本一致；当振动继续行至距离振源最远的点 F5 时，其最大水平向的振动速度略小于振源速度。

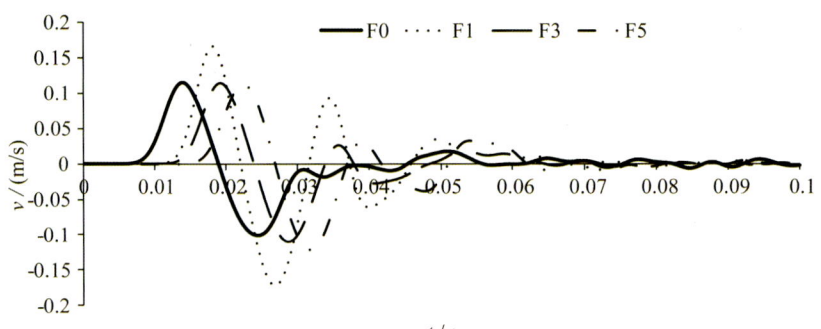

图 6-35　围岩质点水平向振动波形图

分析表明，P 波作用下洞壁围岩质点的振动周期与振源基本相同，但振动速度幅值存在较显著的差异，且各质点在竖直方向不发生或发生很小的振动。为了分析质点振动速度在洞壁上的分布特征，定义洞壁的峰值振速缩放系数 U：

$$U = V_{max}/V_0$$

式中，V_{max} 为围岩质点峰值振动速度，V_0 为振源峰值振动速度。

绘制洞壁围岩峰值振速缩放系数 U 分布可见图 6-36，距离振源较近的半个隧洞断面（即靠近爆源侧）上，洞壁质点的最大振动速度均大于振源；而距离振源较远的半个隧洞断面（即背离爆源侧）上，洞壁质点的最大振动速度均小于振源；而二者的分界点处，质点的最大振动速度与振源近似相等（图 6-36）。另外，靠近爆源侧振速与背离爆源侧振速之比为 2.1，这与现场实测的 2.3 也较为吻合。

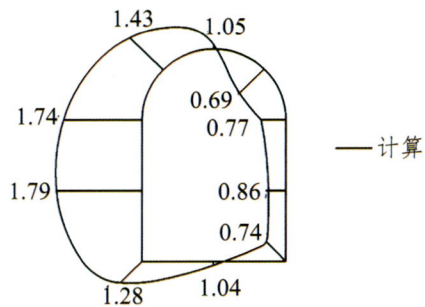

图 6-36　洞壁水平向最大振动速度缩放系数分布情况

6.4.3　洞壁围岩质点振动规律的影响因素分析

洞壁质点振动速度分布规律的影响因素的敏感性分析表明，其振动速度缩放效应主要影响因子包括：振源振动频率、隧洞尺寸、地震波的入射角度等。

1. 振动频率

计算结果显示，在其他参数保持不变的情况下，随着入射应力波振动频率的增大，洞壁上的振动速度缩放效应呈现非线性变化特征。如图 6-37 所示为跨度分别 8 m 和 12 m 的两个直墙拱形隧洞，当入射的地震波振动频率分别为 10～100 Hz 时，洞壁上最大振速放大系数变化曲线，主要呈现如下特征：

（1）振动频率在 10～40 Hz 时，洞壁上峰值振速放大系数随频率的增大呈近似线性增大，在 10 Hz 时，二者的振动速度放大系数相等，都约为 1，即此时洞壁上质点的最大振动速度与振源振速基本一致，而当频率增大至 20 Hz 和 30 Hz 时，洞壁上质点峰值振速最大放大系数开始大于 1，且跨度为 12 m 的隧洞上振速增大幅度大于跨度为 8 m 的工况。

（2）振动频率在 40～70 Hz 时，洞壁峰值振速缩放系数随频率的增大呈抛物线状缓慢增大，且 8 m 和 12 m 工况的振速增大幅度无显著差别。

（3）振动频率在 70～100 Hz 时，洞壁最大振速放大系数随频率的增大将基本保持不变，跨度为 8 m 工况的最大振速放大系数为 1.88，跨度为 12 m 工况的最大振速放大系数为 1.98。

由此可见，在地震波作用下，洞壁附近岩体的振动速度缩放效应具有一定的频率敏感区间，即在振动频率较低，大致在 10～40 Hz，振动频率对地下隧洞围岩的振速缩放效应影响较大；而频率较高时，即在 70～100 Hz，振动频率对地下隧洞的振速缩放效应影响可忽略。

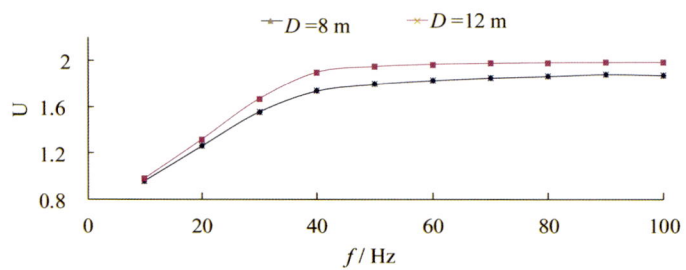

图 6-37　质点水平向最大振动速度放大系数随振动频率的变化曲线

2. 隧洞尺寸

选择 2 种频率的地震波（f = 50 Hz 和 80 Hz）进行计算，绘制洞壁最大振速放大系数随隧洞跨度的变化曲线（图 6-38）。计算结果显示，在入射应力波参数和围岩参数不变的条件下，随着跨度的增大，洞壁的最大振速放大系数呈现非线性增加，表明隧洞的尺寸越大，围岩振动对地震波的响应越强烈；而当其跨度超过 16 m 时，最大振速放大系数随跨度增加反而减小，这说明其尺寸效应具有区间性。

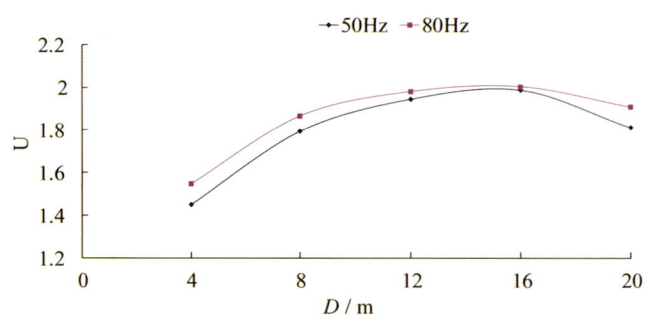

图 6-38　质点水平向最大振动速度放大系数随隧洞跨度的变化

分析频率 f = 50 Hz 的洞壁振速缩放系数分布图（图 6-39）显示，在靠近爆源侧洞壁围岩上，随着隧洞跨度的增大，其各围岩质点峰值振速放大效应越显著，但增长幅值越来越小；而在背离爆源侧围岩中，随着隧洞跨度的增大，其峰值振速逐渐减少且减小幅度近似相等；而对称轴区域的峰值振速与振源处峰值振速接近，振速放缩效应可忽略。因此，在工程实践中，要推测远离洞壁处的围岩的振动速度时，可隧洞底板中心处布置测点，再通过考虑衰减效应即可反推。

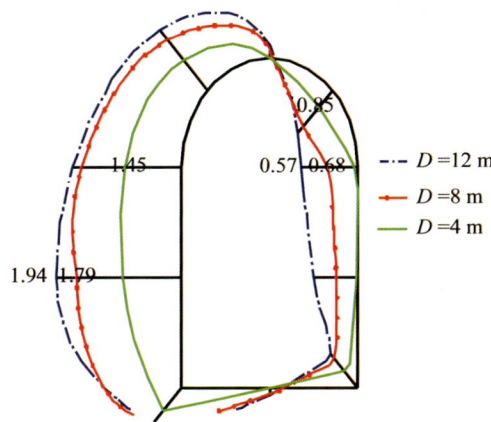

图 6-39　不同洞径时洞周质点水平向振动速度放大系数分布

3. 地震波入射角

当隧洞受到不同方向的地震波作用时，随着入射角的变化，洞壁上各个位置的应力状况会产生十分明显的变化[10]，因此，对洞壁质点振速缩放效应受入射角的影响规律进行了分析。频率为 30 Hz、50 Hz、80 Hz 和 100 Hz 的 P 波分别从隧洞的顶部、侧面和底部入射时，洞壁上的振动速度缩放效应主要呈现如下规律：

（1）尽管入射角有所不同，但靠近爆源侧围岩的质点峰值振速均大于振源振速，且在距离爆源最近点处达到最大，在背离爆源侧质点振速均小于振源振速；地震波从水平侧面入射时其振速放大和缩小的区域基本相等；而地震波自上或自下垂直入射时，振速放大区域较大，而振速缩小区则较小（图 6-40）。

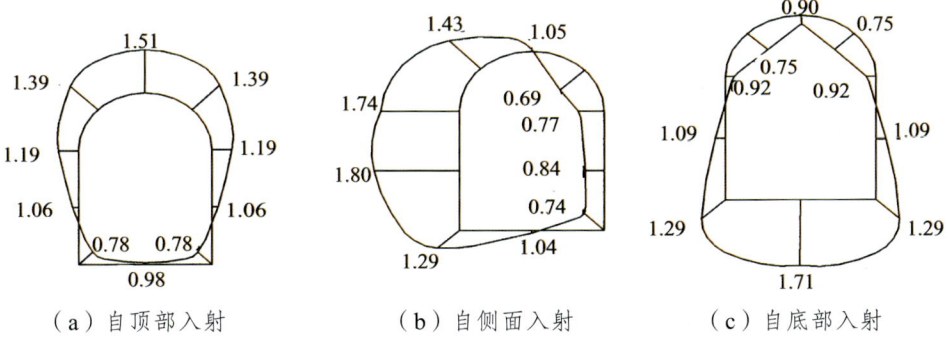

（a）自顶部入射　　　　（b）自侧面入射　　　　（c）自底部入射

图 6-40　不同入射角下围岩质点振速缩放效应分布

（2）地震波在自侧面入射时，其洞壁围岩的振动响应要比自顶部和底部入射更为强烈（表6-7）。

表 6-7 洞壁围岩最大振速放大系数与入射角间关系

入射部位	30 Hz	50 Hz	80 Hz	100 Hz
自顶部	1.31	1.51	1.58	1.60
自侧面	1.55	1.79	1.87	1.88
自底部	1.20	1.71	1.82	1.85

6.4.4 振速缩放效应与动应力集中效应的关系

爆破地震波作用于临近地下洞室时将会引起动应力集中现象[11]，动应力集中系数为围岩质点最大主应力与振源处水平应力之比：

$$\eta = \sigma_{\max}/\sigma_0$$

对比分析洞周围岩中的动应力集中效应与质点振动缩放效应发现（图6-40和图6-41），洞壁附近围岩中动应力集中系数的分布特征与振速集中系数分布特征显著不同：

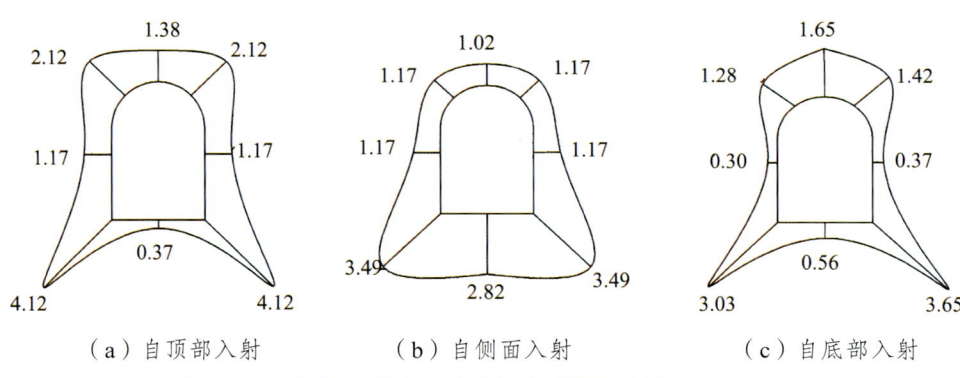

（a）自顶部入射　　　　（b）自侧面入射　　　　（c）自底部入射

图 6-41 洞壁围岩质点动应力集中系数分布图（$D=8\text{ m}$）

（1）最大集中系数位置不同。动应力集中系数的极大值点处于断面拐角处，而振速缩放系数最大值点则处于最靠近爆源处。

（2）最大集中系数量值不同。直墙拱形隧洞的动应力最大集中系数在1~5，而振动速度最大集中系数仅为1~2，可见动应力集中效应比振动速度缩放效应更为显著。

6.5 爆破开挖对临近地铁隧道的影响

基坑施工的开挖部分下穿九号线沙小区间两条既有地铁隧道。爆破施工队其影响较大，为此，正式开挖前对基坑开挖对隧道的影响进行了数值模拟研究根据实际的施工方案，选择靠近地铁站台层基坑的 ZDK0 + 920 断面，建立计算模型，断面如图 6-42 所示。

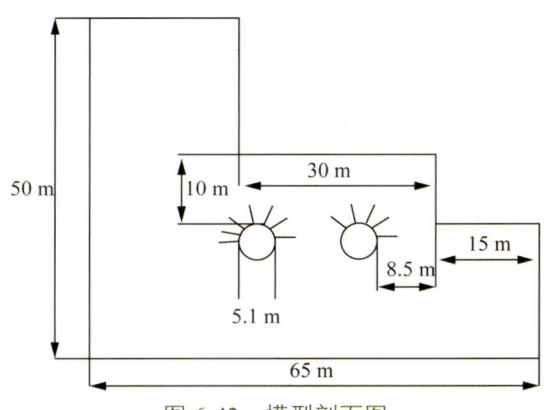

图 6-42　模型剖面图

6.5.1　数值模型

模型包括基坑北侧华宇大楼 C 栋所在地面部分、分析在 – 5F 基坑开挖时，对下穿两条既有地铁隧道的影响。

模型平面尺寸大致为 65 m × 50 m，既有地铁隧道为多心圆结构，直径约为 5.1 m，隧道距离基坑底部约为 10 m，距离右侧的直线距离为 8.5 m。沿隧道轴向取 50 m 的长度建立三维有限元模型进行计算。模型平面图及三维有限元模型如图 6-43 所示。

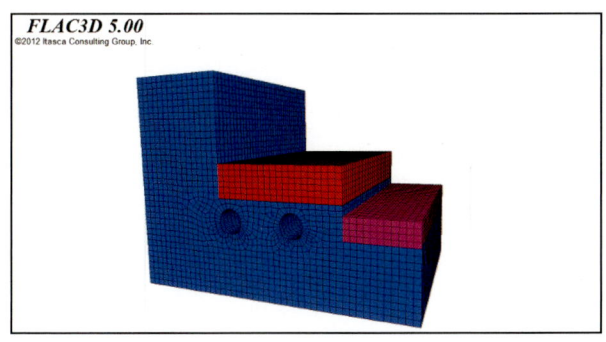

图 6-43　三维有限元模型

模型进行静力计算时，模型左、前、后三侧仅约束水平位移，模型底部同时约束水平和竖直位移，在数值模拟分析中不考虑排水固结影响。

当静力计算部分完成，进行动力部分计算时，将位移场与速度场清零，模型的右侧面与顶面设置为自由边界。其余5面均设为黏滞（不反射）边界，所谓黏滞边界是通过在边界的垂直方向和水平方向上设置独立黏壶以吸收模型内部的入射波。在流变部分计算时，将衬砌的位移场与速度场清零，模型的周围边界条件不变。

为便于分析基坑在爆破开挖过程中，爆破荷载引起的临近隧道支护结构的振速、应力及应变等动力响应分析。在开挖完成后岩石的流变效应对隧道衬砌、锚杆的影响。在本书在分析过程时，选取隧道二次衬砌结构轮廓线的一些特征点进行详细分析，如图6-44所示。

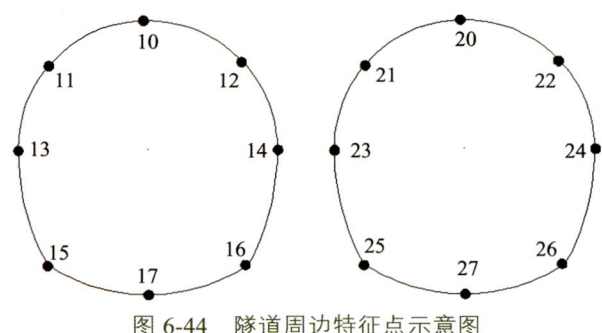

图 6-44　隧道周边特征点示意图

根据现场的工程地质情况，基坑的岩土层除去上覆的少量第四系全新统人工填土（Q_4^{ml}）和残坡积（Q_4^{ml+dl}）层外，下伏主要为侏罗系中统沙溪庙组（J_2s）粉砂岩、泥岩及砂岩。且该层的分布较为连续稳定，以砂岩居多，为使得模型相对简便，突出重要问题，因此将该层的砂岩作为模型土体建立的主要对象。土体及岩石均选用莫尔-库仑弹塑性材料。

混凝土标号为C30，弹性模量取30.0 GPa，泊松比取0.2。钢筋混凝土密度取2.5 g/cm³。衬砌及锚杆在模型计算过程中直接选用FLAC3D内部的结构单元进行简化模拟。锚杆各方向间距为1 m，为了方便观测不同深度锚杆的轴力差异，段数取3段。

在FLAC3D动力计算中，动荷载输入可以采用加速度时程、速度时程、位移时程、应力时程4种方式。若采用黏滞边界条件，则必须输入速度时程进行分析。由于此次没有直接采集爆破台阶炮孔位置的振动数据，取规则的正弦波，频率为25 Hz，速度为35 cm/s，方向沿着x轴负方向，振动总时长为0.3 s。动荷载加载在第二级台阶中间3 m宽高度的位置，如下图6-45黄色区域所示：

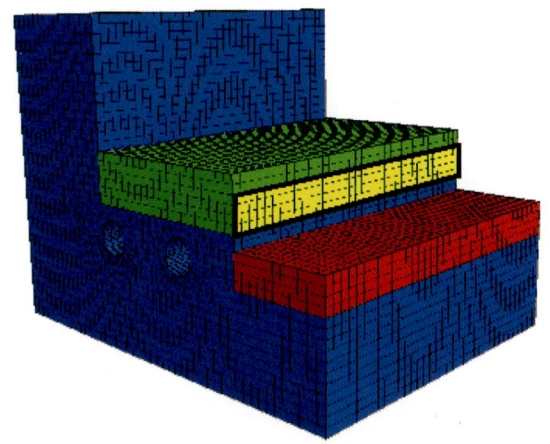

图 6-45 动荷载加载位置

根据依托工程的实际开挖情况,本次深基坑爆破开挖对临近地铁隧道的影响的动力部分计算过程为:建立总体模型,划分网格,并平衡初始地应力;开挖隧道,并使用内置结构单元加上隧道的衬砌与锚杆;开挖基坑的第一级台阶,并平衡地应力;开挖基坑的第二级台阶,并平衡地应力;将位移场与速度场清零,并在第二级台阶上下高 3 m 的位置输入爆破动荷载,观察隧道衬砌和锚杆的响应情况,如图 6-46 所示。

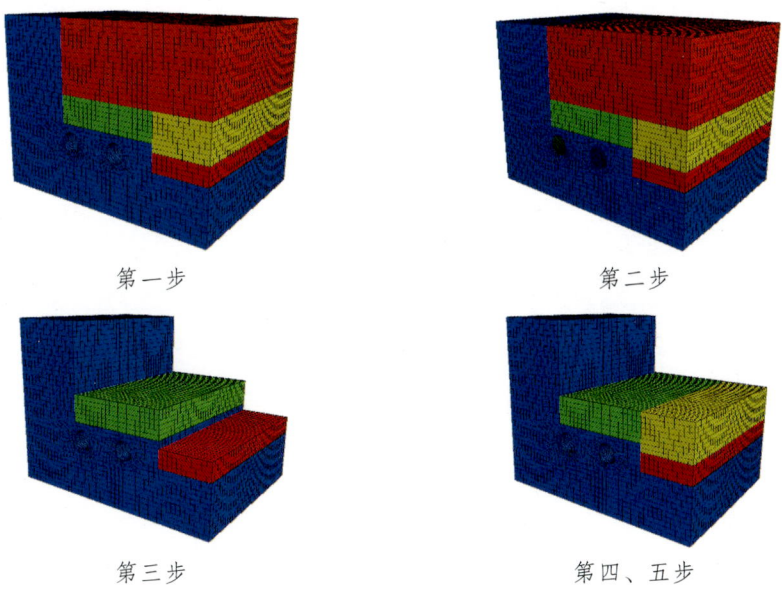

第一步　　　　　　　　　　第二步

第三步　　　　　　　　　　第四、五步

图 6-46 各阶段三维模型示意图

6.5.2 隧道锚杆轴力变化

在爆破开挖模拟时，隧道锚杆单元在爆破地震波的作用下，在极短时间内，其轴力迅速增大，锚杆总体的轴力分布图，如图 6-47 所示，取各根锚杆中轴力的峰值绘制在隧道结构线外侧，如图 6-48 所示。计算结果表明，在爆破地震波的作用下，既有隧道锚杆单元的轴力分布有以下规律：

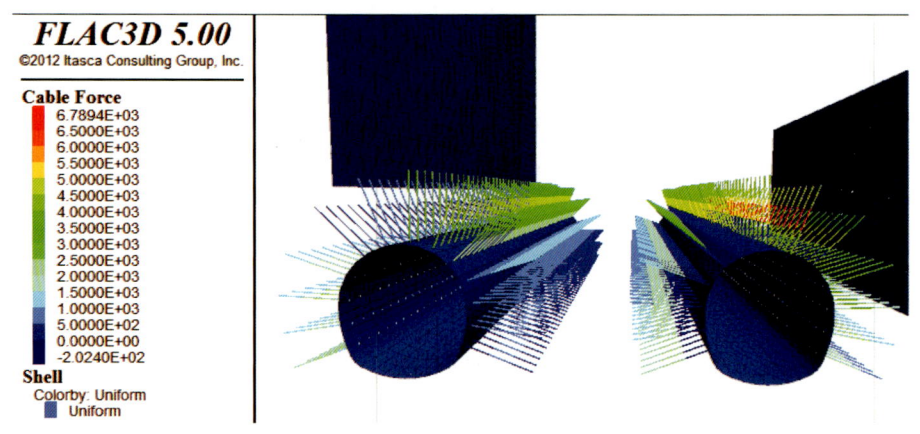

图 6-47　锚杆单元轴力分布图

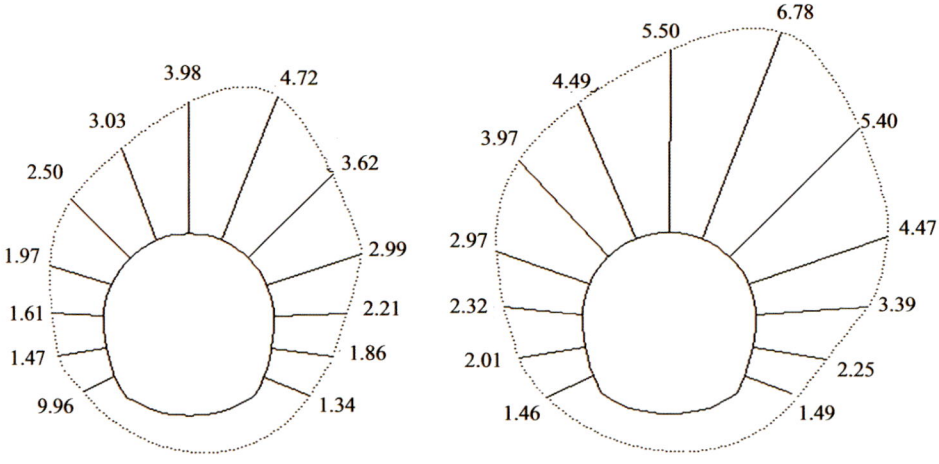

图 6-48　各锚杆轴力峰值（单位：kN）

（1）既有隧道锚杆单元的迎爆侧的拱腰及拱肩处锚杆的轴力最大，数值约为 6.78 kN，其次是拱顶处的锚杆，数值约为 6.00 kN。

（2）两隧道相邻边墙部分的锚杆轴力相对较小，并且两侧的锚杆的轴力峰值基本相同，轴力约在 1.3~2.5 kN。

（3）左侧隧道（背爆）的各位置锚杆轴力相对右侧隧道（迎爆）都较小，峰值数值在 4.8~9.5 kN。峰值最大的锚杆与右侧隧道位置相同，都在隧道的拱腰及拱肩处。

（4）在爆破动荷载作用下，迎爆侧的锚杆轴力大于背爆侧的锚杆轴力，说明爆破地震波对既有隧道的迎爆侧影响最大，而对背爆侧的影响相对较小。

（5）从总体的锚杆轴力分布图可以大致看出，从单个锚杆来看，锚杆在杆件中部轴力最大，并沿着轴向逐渐向两端减小。其中最大轴力处为右侧迎爆测隧道的顶肩部位，为 6.78 kN。

6.5.3　隧道衬砌结构的振动速度分析

本次动力部分计算模拟的动荷载的加载位置基本位于两条既有隧道的斜上方。在爆破开挖动荷载的影响之下，两条隧道衬砌的不同节点位置必然会受到影响。

受到爆破地震波影响时，衬砌各节点的 x 方向振动速度变化最为明显，其次为 z 方向振动速度，而 y 方向振动速度最小几乎可以忽略不计。且迎爆侧各节点的三向速度峰值也比背爆侧各节点要大。其中迎爆侧各节点 x 方向振动速度峰值约为 8~9 cm/s，而背爆侧各节点 x 方向振动速度峰值约为 6~7 cm/s。

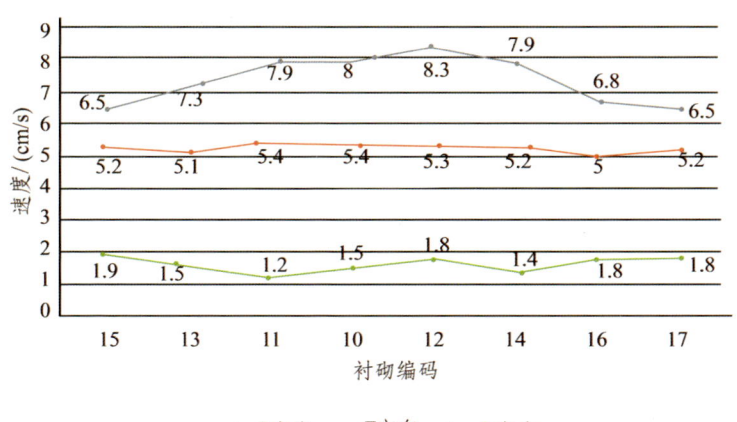

图 6-49　左侧隧道衬砌三向振速峰值变化

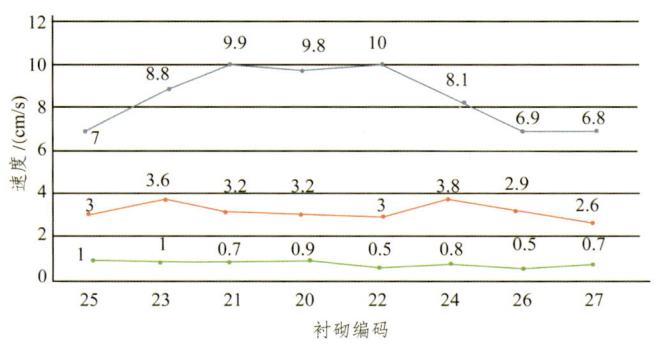

图 6-50　右侧隧道衬砌三向振速峰值变化

6.5.4　隧道衬砌结构应力分析

既有隧道的衬砌结构，在爆破地震波的作用下会发生复杂的动力响应，衬砌混凝土随时间承受着压缩波、拉伸波的反复作用，因此，其内部应力也会随着地震波的作用时而受压、时而受拉。衬砌结构单元的应力大小与其在空间的位置分布有关。

在爆破地震波影响下，隧道衬砌结构单元的应力变化因空间位置的不同而出现较大差异，其正负（压拉）应力峰值的差别也较大。迎爆侧单元的动压应力峰值明显大于其他位置的峰值，其中，最大的为位于迎爆侧拱脚处的 26 号单元，从动压应力方面来说，在一次爆破过程中，迎爆侧拱脚位置在整个既有隧道衬砌结构中最不利。

背爆侧与仰拱处的结构单元的动压力峰值均较小，位于仰拱处的单元的动压应力峰值变化很小，基本在 0.4～0.5 MPa，而隧道中墙位置处的 23 号单元的动压应力峰值在所有单元中最小，只有 0.23 MPa，如图 6-51 所示。

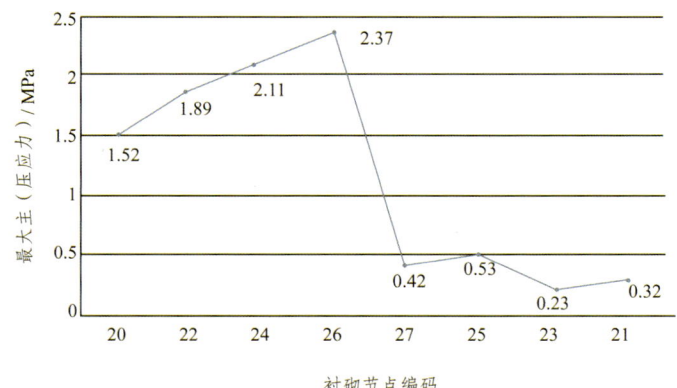

图 6-51　衬砌各点最大压应力峰值

在单元的最大主（拉）应力时间历程曲线中，与动压应力峰值相比，动拉应力值峰值要小得多，然而由于混凝土结构的抗压强度要比抗拉强度大很多，所以依然有必要对动拉应力进行分析。本小节对右侧隧道衬砌各点的拉应力峰值进行统计分析，绘出各节点单元的拉应力峰值折线图，如图 6-52 所示。

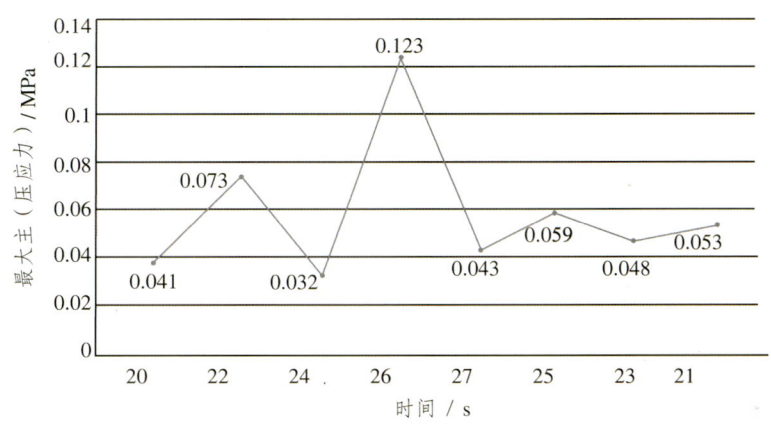

图 6-52　衬砌各点最大拉应力峰值

6.6　小　结

（1）爆破振动在边坡软弱结构面中引起动应力，将耗散振动能量，同时引起结构面的损伤，结构面越软弱损伤效应越显著。

（2）间歇性循环扰动作用下泥质夹层的长期强度和蠕变寿命都存在降低的可能。泥质夹层试样在流变过程中受到间歇性动态剪切扰动时，若初始剪应力水平和循环动态剪切应力峰值均较低，动力扰动对试样流变变形过程无显著影响。若初始剪应力水平接近其剪切强度，微弱的动力扰动也可显著促进其流变变形的快速增长。相同初始静态应力状态下，试样间歇性动态剪切扰动作用下的流变变形量大于单纯静态剪切流变与单纯循环剪切变形增量之和。相同初始应力状态下，间歇性动态剪切扰动作用下试样的流变寿命可能低于单纯静态剪切流变情况。对于受爆破开挖长期影响且受泥质夹层等流变性软弱结构面控制的岩质边坡，应进行瞬态动力稳定性和长期动力稳定性的综合评价。

（3）爆破振动会使临近建筑物群桩基在发生毫米级动态位移，同时诱发桩基中的附加动应力，但总体而言附加压应力对桩基无不利影响，但附加拉应力可引起混凝土和岩石界面的损伤。

（4）应力波通过隧道时，围岩中的主应力方向基本与等效静态加载时相似，而围岩中质点的振动方向总体与波的传播方向一致。应力波作用下圆洞洞壁的动应力集中系数分布与等效静态加载时大体相似，而P波衍射过程中还将导致振动速度集中现象，但二者在沿洞壁分规律和量值上存在显著的差异。在振动速度集中效应最显著的部位，动应力集中效应却最弱。P波产生的附加动应力仅使洞壁围岩的主应力量值增大和减小。爆破开挖对较近的地铁隧道影响较大，使锚杆轴力增大，并在隧道衬砌和围岩中引发拉应力，隧道振动速度可控制在 10 cm/s 以内。

第 7 章
深基坑总体开挖方案优化

城市中深基坑工程常处于密集的既有建筑物、道路桥梁、地下管线、地铁隧道或人防工程的附近，虽属临时性工程，但其技术复杂性却远甚于永久性的基础结构或上部结构，不合理的施工方案，可能造成临近建构筑物、道路桥梁和各种地下设施的损坏，并影响施工进度，因此，基坑总体开挖方案设计是关系施工安全和施工经济性的重要内容。

7.1 "鱼骨"形施工导槽高效减振开挖方法

不同基坑开挖方式引起的基坑变形和支护结构受力不同，合适的开挖方式对于控制基坑的变形有重要意义。目前传统基坑开挖模式主要分别是盆式开挖和中心岛式开挖两种。

（1）盆式开挖模式。

盆式开挖是目前基坑最主要的开挖模式。首先，开挖基坑中央部分，形成盆式形状，此时利用留置在坑内的土坡来保证围护结构的稳定，土坡即相当于锚杆；然后，再施工中央区域的基础底板及地下室结构。在地下室结构达到一定的强度后再开挖留置的土方，按照"边挖边撑，先撑再挖"的原则，在围护结构和底板或地下室之间设置锚杆，最后再施工边缘的地下室结构。这种开挖模式通过预留土体来抑制和减缓基坑和周边的变形，而后及时进行围护体系施工，通过围护来控制最后的变形。

（2）中心岛式开挖模式。

中心岛式开挖模式主要用于变形较大且基坑平面尺寸较大的工程。其先，开挖边缘部分的土方，将基坑中央的土方暂时留置，该土方有反压作用，可有效防止坑底土的隆起，有利围护结构的稳定。在锚杆布置完毕并达到一定强度后再开挖中央部分的土方。优先施工基坑四周支护，可较早发挥基坑围护体系抵抗基坑变形和基坑周围土体位移。

7.1.1 施工步骤

对于超大基坑而言,由于其平面尺寸大,难以采用钢管或钢筋混凝土支撑进行支护,且其开挖工期长。传统的开挖方式难以开拓更多的工作面,施工组织较为混乱。为此针对超大深基坑工程,提出了一种建筑密集区大型岩质深基坑"鱼骨"形施工导槽高效减震爆破开挖方法。

对临近高层建筑的大型岩质深基坑进行开挖时遵循以下顺序:

(1)在基坑外边缘钻设孔深超过基坑深度的竖直向减震孔,并预留厚度不小于 10 m 的保护带。减震孔可削弱爆破地震波的强度,保护临近建筑物;预留保护带最终将采用非爆破方式开挖,避免爆破对基坑壁岩体的损伤,同时减少了爆破振动对临近建筑的扰动。

(2)朝建筑物密集方向,采用浅孔松动爆破法开挖 1 条断面为倒梯形的主施工导槽。施工导槽槽的净深 5~8 m,施工导槽槽最终将为后期的扩挖提供良好的临空面,可降低炸药单耗、提高破碎效果且降低爆破震动,也为中深孔爆破提供了条件。

(3)垂直于主施工导槽,向其两侧开挖 2 条以上的辅助施工导槽,使主施、辅施工导槽形成"鱼骨"形,且施工导槽端部和边缘挖至预留保护带。"鱼骨"形施工导槽可形成多个爆破工作面,多个工作面可同时作业,有利于提高开挖施工效率。

(4)采用中深孔控制爆破,对辅助施工导槽间的岩体进行爆破扩挖,且爆破抛掷反冲方向应朝向建筑物稀疏方向,降低爆破震动与飞石对周边环境的影响。

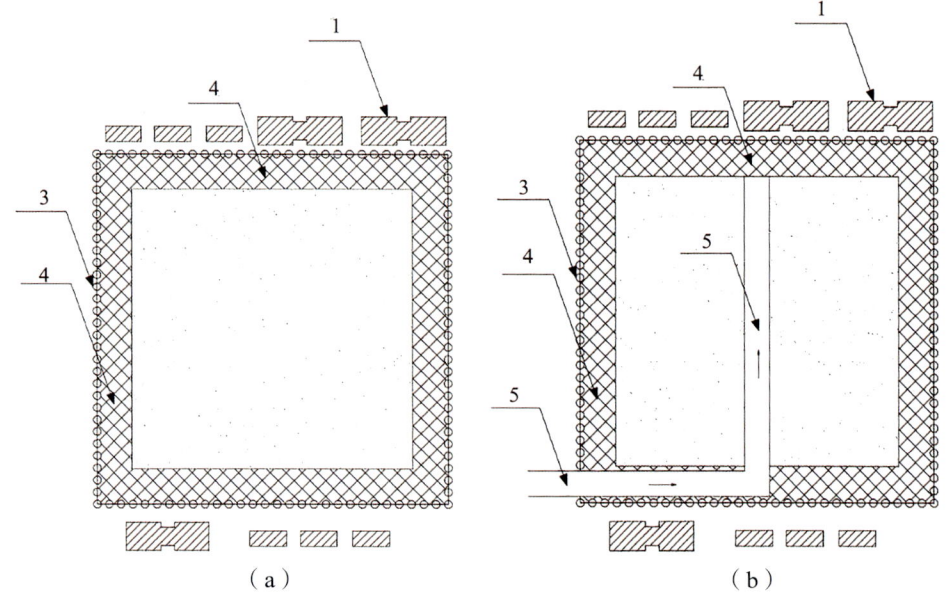

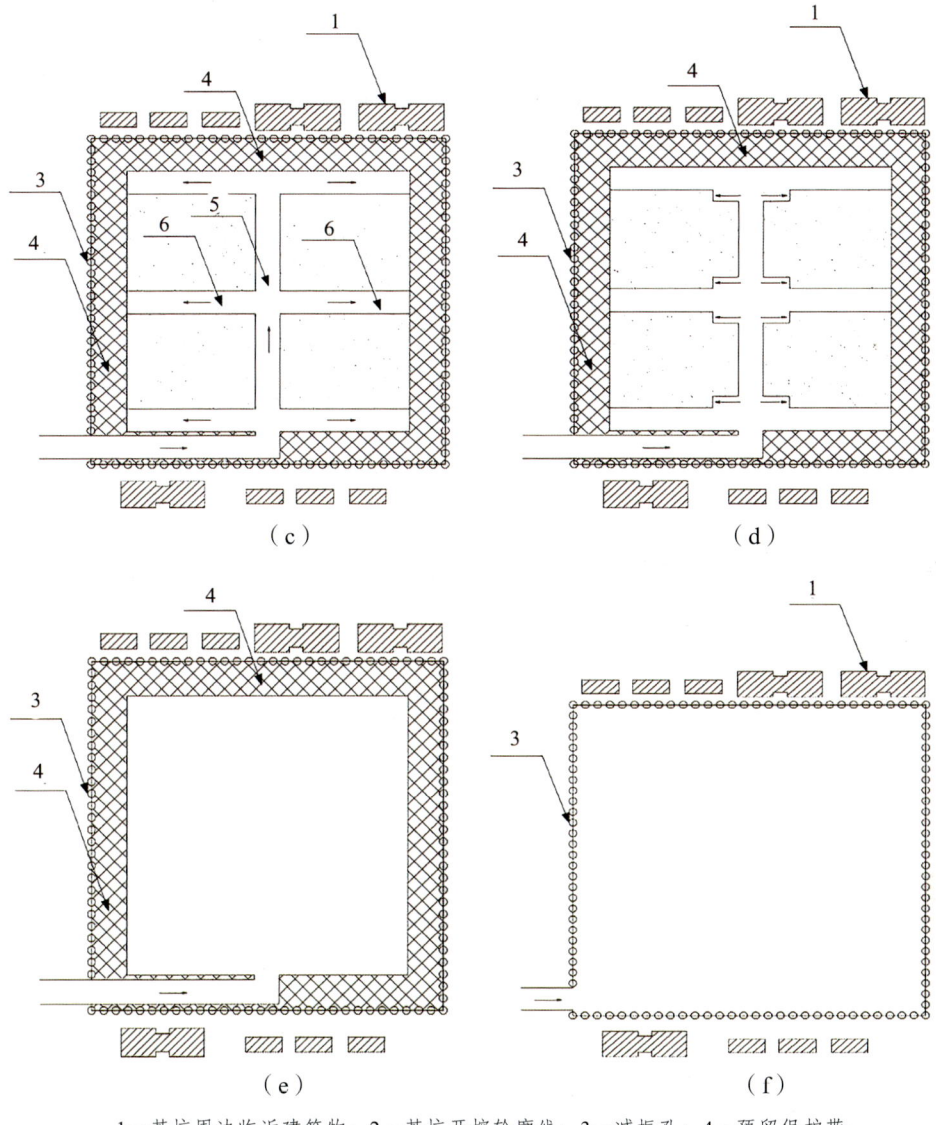

1—基坑周边临近建筑物；2—基坑开挖轮廓线；3—减振孔；4—预留保护带；
5—主施工导槽；6—辅助施工导槽。

图 7-1　施工顺序

（5）采用机械开挖方式开挖预留保护带至基坑边缘，降低对基坑围岩的动力扰动。

（6）对基坑壁进行支护。

（7）循环采用（2）～（5）的施工顺序进行基坑的分层开挖，直至挖至基坑建基面。

相对于现有技术，本工法具有如下优点：

（1）本工法提供的建筑密集区大型岩质深基坑高效爆破开挖方法，可以保证岩质基坑直立边坡在施工期整体稳定与安全。

（2）在基坑表层土体或强风化岩体开挖和施工导槽开挖中采用机械开挖方式可降低爆破振动和粉尘污染。

（3）采用基坑边缘"钻设减震孔＋预留保护带机械开挖"工艺可降低爆破振动对临近建筑和基坑围岩的扰动。

（4）采用先机械＋松动爆破开挖"鱼骨"形施工导槽，再中深孔爆破扩挖的工艺，为大型基坑开挖开拓了多个工作面，同时也为城市土石方开挖采用中深孔爆破提供了条件，可显著提高基坑的开挖效率。

7.1.2 整体开挖方案优化可行性分析

为研究沙坪坝基坑鱼骨式分区开挖过程中基坑变形情况，根据基坑形状及土层特征，用FLAC3D建立基坑三维数值模型，对其开挖过程进行模拟。

1. 数值模型

为简化计算，在建立几何模型时选取模型的四分之一为研究对象。计算尺寸取 296 m × 126 m × 40 m，而基坑长短边尺寸分别为 84 m 和 56 m，基坑开挖深度为 13.5 m，模型见图 7-2。

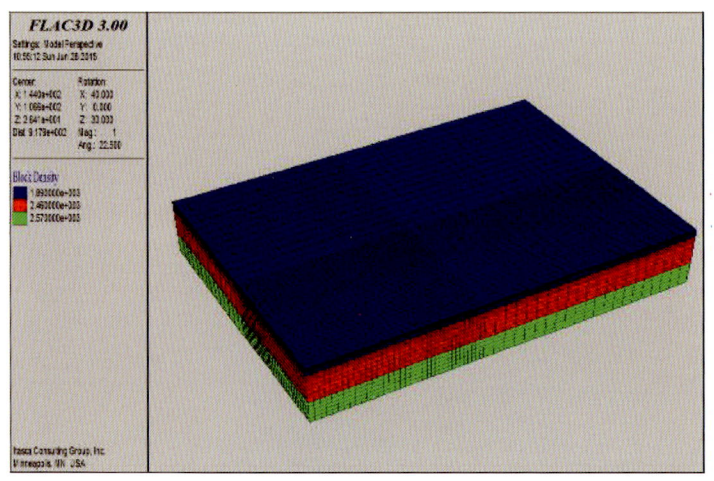

图 7-2　基坑简化模型

岩土体采用 Mohr-Coulomb 模型，模型中岩土体力学参数取值如表 7-1 所示。锚杆采用锚索单元模拟，锚杆和浆体计算参数分别为：锚杆弹性模量 E_n = 200 GPa，锚杆抗拉强度 F_t = 0.31 GPa，锚杆锚固体黏结强度 c_g = 150 kPa，内摩擦角 φ_g = 25°，刚度 k_g = 1 000 MN/m。混凝土面板采用壳单元模拟，弹性模量 E_c = 35 GPa，泊松比 v_c = 0.2，重度 γ_c = 25 kN/m。

表 7-1 土体计算参数

层号	土名	厚度/m	ρ/(kN/m³)	C/kPa	ψ/(°)	v_c	E/MPa
1	人工填土	7	1 890	5	12.75	0.25	4.64
2	砂岩	27	2 460	1 200	35.83	0.30	840
3	泥岩	19	2 570	324	30	0.252	2 690

计算过程中，分 6 层模拟开挖支护过程，即分别开挖至 -3.0 m、-5.2 m、-7.5 m、-9.1 m、-11.0 m、13.5 m 时，进行支护，再向下开挖。

2. 不同开挖方式比较

（1）坑壁水平位移。

开挖结束后基坑坑壁长边和短边最大水平位移如图 7-3 所示。基坑长边和短边坑壁最大水平位移均位于基坑中上部，在上部土层开挖时，坑壁水平位移沿着坑壁向下逐渐减少并且在到达岩质开挖面时位移发生骤减。

鱼骨式分区开挖长短边位移最大值分别为 47.1 mm 和 43.0 mm。在长边方向，相比盆式开挖和中心岛式开挖分别降低了 4.6 mm 和 10.2 mm。在短边方向，相比盆式开挖和中心岛式开挖分别降低了 2.5 mm 和 7.3 mm。

（2）锚杆轴力。

不同开挖步中，第一排锚杆轴力最大值如图 7-4 所示。在进行上部土体开挖时锚杆轴力增长较快，在进入到岩层开挖时轴力增长较慢。

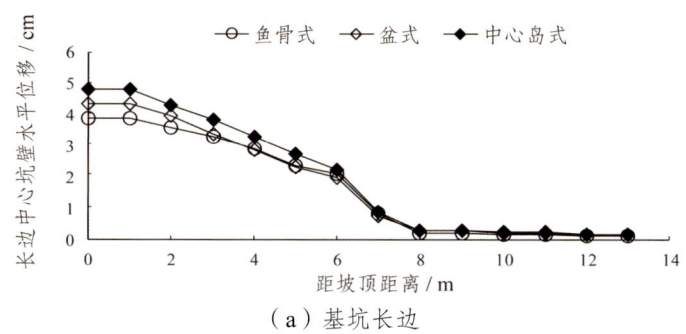

（a）基坑长边

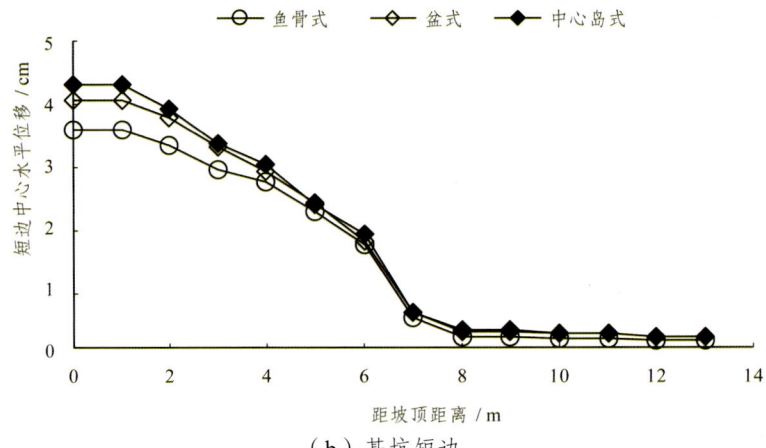

（b）基坑短边

图 7-3　基坑中心土体水平位移

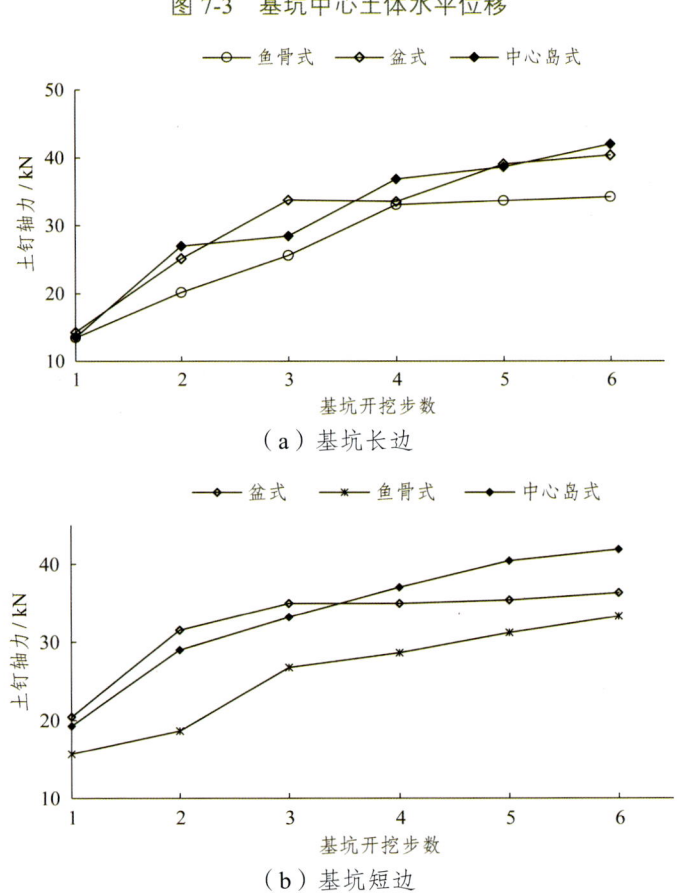

（a）基坑长边

（b）基坑短边

图 7-4　第一排锚杆最大轴力分布（单位：kN）

鱼骨式分区开挖方式长边最大锚杆轴力达到 34.22 kN，相对盆式开挖和中心岛式开挖分别下降了 6.14 kN 和 7.78 kN。而短边最大锚杆轴力为 33.31 kN，相对盆式开挖和中心岛式开挖分别下降了 3.00 kN 和 8.49 kN。

7.2 总体开挖方案优化设计

基坑开挖首先在基坑北侧、东侧、南侧、西侧与怡馨大厦西侧开挖 5~10 m 不等的减振沟区，减振区深度应一次成型，超过爆破孔深 0.5~1.0 m，紧靠敏感点部位使用高频或低频液压破碎机开挖，对振动控制要求不高的区域采用控制爆破。在整个基坑开挖至距基坑底设计标高 0.5 m 左右时，采用人工配合机械开挖，确保建筑物底部岩层的完整性。

7.2.1 总体开挖顺序优化设计

总体施工顺序：土石方开挖选择自上而下，分层分段逆作法梯段开挖，及时支护，严禁无序大开挖、大爆破作业。

基坑开挖方法：基坑土石方开挖采取"机械+谨慎控制爆破"施工。基坑土层采用机械开挖；基坑岩层地段采用机械开挖的有基坑四周距重要建（构）筑物 10 m 以内、距基坑设计边坡面 5 m 以内，基坑内距设计边坡面 2 m 以内，风井段采用内支撑的部分，以及基坑底以上 0.5 m 岩层。

一期基坑开挖分为五步，具体开挖顺序为：

步骤一：拆除站东路、三峡广场基坑范围内的地下建筑，对基坑范围内松散土或地表土层进行挖除，基坑下挖约 3 m，完成面高程约为 247 m，见图 7-5。

步骤二：从 DK296+756 处便道入口开始，采取机械开挖，拉槽至基坑内，作为车辆进入坑内的坡道。再以该槽为自由面向北、东、西三侧采用机械进行扩挖，下挖深度约 5 m，基坑完成面高程约为 242 m，见图 7-6，形成鱼骨状施工平面。

步骤三：自便道口从南向北采取松动爆破形成自由面，向两侧扩槽到能满足设备工作的宽度。再以该槽为自由面向北、东、西三侧扩挖，下挖深度约 7~8 m，基坑完成面高程约为 234 m。在基坑内南侧（靠近站台侧）由西向东开挖一条宽 7 m 运渣便道进入基坑，见图 7-7。

步骤四：采用同样的方式继续爆破向下开挖，基坑下挖 7 m 左右，基坑大面达到设计高程为 226.8 m。施工便道继续向东延伸至 2 号通道（新建车行通道）附近，进入基坑，同时在双子塔、高层公寓、轨道交通九号线站台层基坑外侧安装塔吊。

步骤五：双子塔、轨道交通九号线站台层、电缆槽及轨道交通九号线与环线共用风井，采用分层开挖。开挖均采取浅孔松动爆破，周边机械开挖成形。依此顺序，直至基底。坑中坑采用挖掘机、自卸车装运。运输路线为沿基坑壁开挖形成 7 m 宽便道至基坑底，进行出渣。最后无法挖装部分利用塔吊垂直提升，见图 7-8。

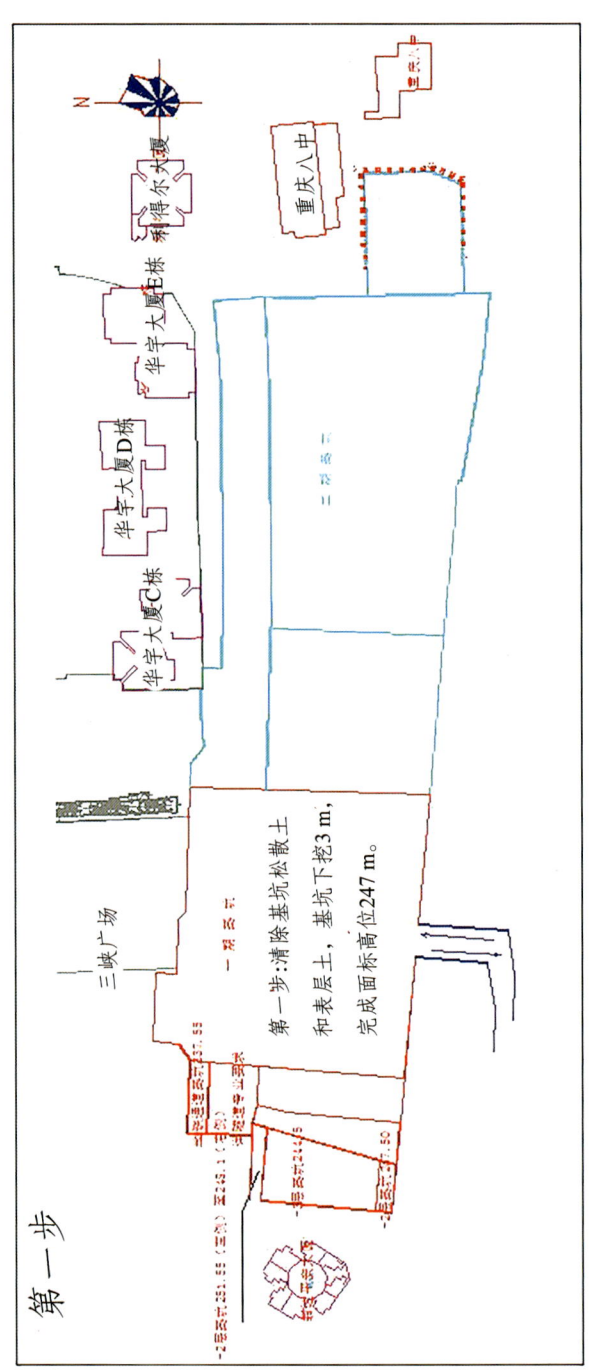

图 7-5 第一步开挖后基坑平面图

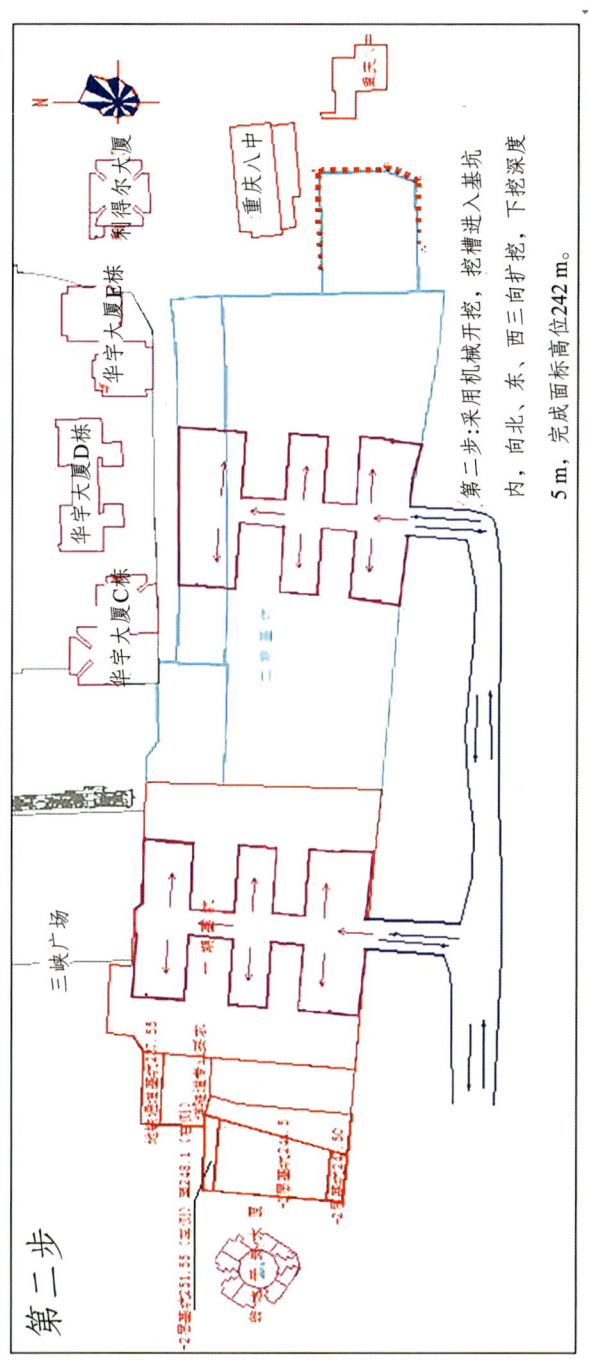

图 7-6 第二步开完后基坑平面图

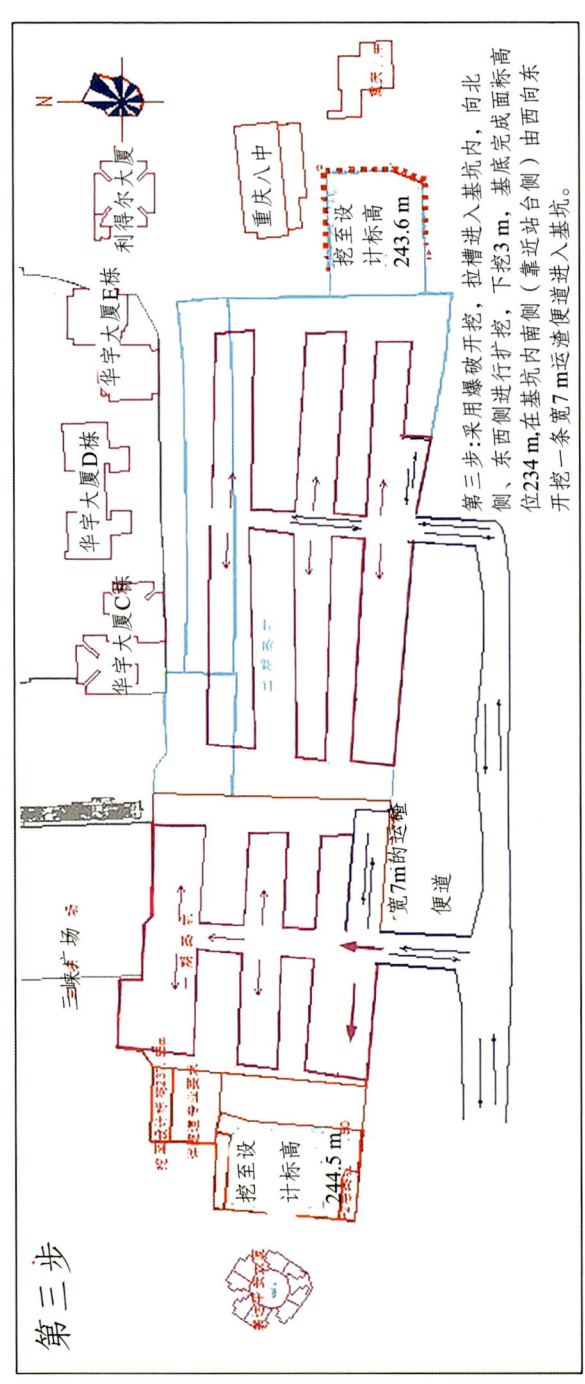

图 7-7 第三步开完后基坑平面图

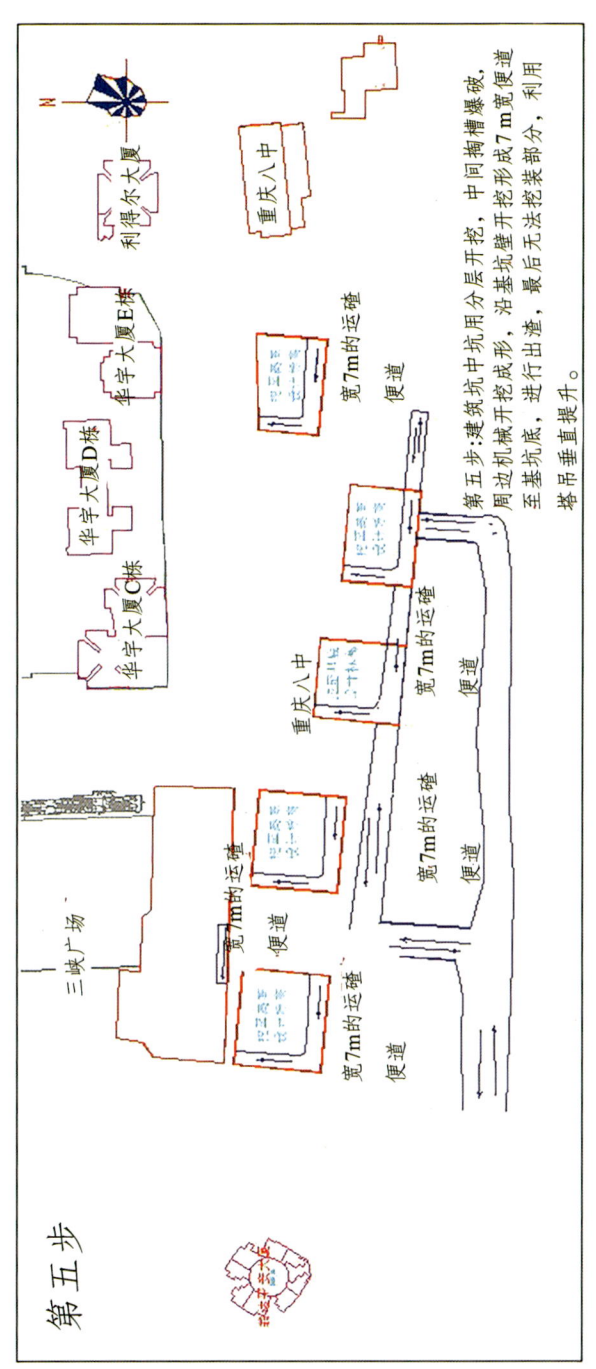

图 7-8 第五步开挖后基坑平面图

7.2.2 局部开挖顺序优化设计

（1）临近基坑边缘开挖支护"横向间隔作业"。

由于华宇大厦桩基础较浅，基坑边缘稳定性对其变形尤为重要。考虑其稳定性特征，建议开挖后及时对坑壁实施锚杆支护。局部区域先开挖支护，利用两侧未开挖岩体的所谓的"支脚"或"压坡脚"效应控制变形，锚杆支护完毕后再进行临近区域的岩体的开挖，提高锚杆支护的作用效果。如图7-9所示。

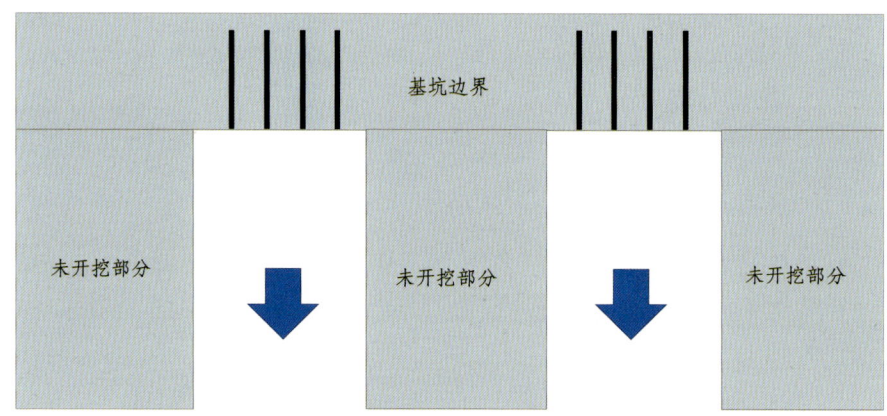

图7-9 临近基坑边缘开挖支护"横向间隔作业"示意图

（2）开挖边界抛掷方向优化。

爆破开挖时，岩石后冲向振动最大，其他方向振动略小。因此建议在爆破时控制爆破抛掷方向。爆破时宜先小断面向基坑边界拉槽（可采用V形起爆），形成临空面后再沿基坑边界方向两侧扩挖，并使抛掷方向与该临近华宇大厦侧的基坑边界平行。如图7-10和图7-11所示。

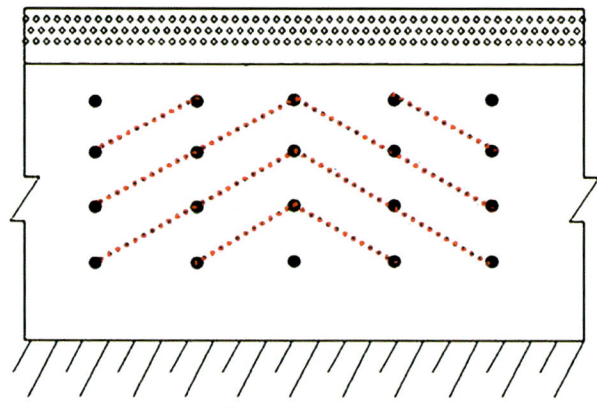

图7-10 向基坑边界方向拉槽采用V形起爆顺序

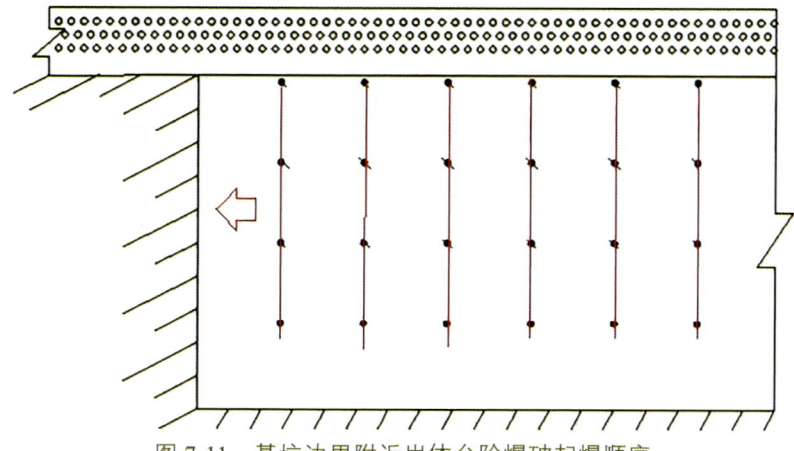

图 7-11 基坑边界附近岩体台阶爆破起爆顺序

（3）隔振带结构优化。

原方案采用了钻设密集空孔形成隔振带的控制措施，但根据现场开挖条件发现，钻设减振孔的岩体仍较完整，其弹性模量弱化效果可能有限，同时孔径对于地震波波长而言过小，减振效果不显著。提出了在多排减振孔基础上增加预裂爆破孔的措施，形成贯通的隔振带或隔振沟，且隔振带深度大于炮孔深度，最大限度地隔绝振动，可提高其他区域的爆破规模。如图 7-12 所示。

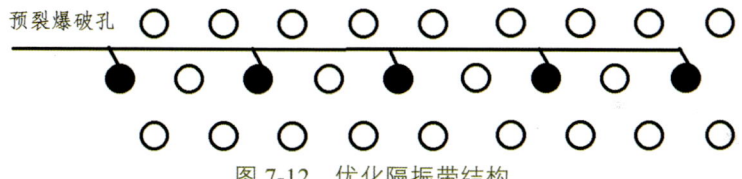

图 7-12 优化隔振带结构

7.3 小 结

发明了一种新型鱼骨式分区基坑开挖方式，其施工导槽宽度的选择会对基坑的最终位移产生一定影响。本方法可以保证岩质基坑直立边坡在施工期整体稳定与安全。在基坑表层土体或强风化岩体开挖和施工导槽开挖中采用机械开挖方式可降低爆破振动和粉尘污染。采用基坑边缘"钻设减震孔＋预留保护带机械开挖"工艺可降低爆破振动对临近建筑和基坑围岩的扰动。为大型基坑开挖开拓了多个工作面，同时也为城市土石方开挖采用中深孔爆破提供了条件，可显著提高基坑的开挖效率。根据该方法对沙坪坝基坑进行了优化，并对局部施工方案进行了改进。

第 8 章

临近高层建筑开挖爆破技术优化

沙坪坝铁路枢纽改造工程超大基坑的周边环境十分复杂，安全要求高、工期紧，拟采用浅孔数码电子雷管微差起爆进行开挖。设计采用 $\phi 42$ mm 钻孔分层浅孔爆破开挖，台阶深度控制在 1.5～2.5 m。每天组织 2 次较大面积的爆破，利用数码雷管精确的延期时间控制起爆时间，达到减振目的。

8.1 总体爆破方案设计

8.1.1 爆破参数设计

临近建筑区土石方开挖台阶高度不大于 2.8 m，距东、北侧建筑物 10～30 m 及距底部轨道交通 9 号线 8～10 m 钻孔直径 42 mm，台阶高度 1.5～2 m，钻眼深度 1.7～2.2 m，炮眼间距≤1.2 m；距东、北侧建筑物 30～50 m、距基底 5 m 范围内及距底部轨道交通 9 号线 10～36 m 范围内钻孔直径 42 mm，台阶高度 2～2.5 m，钻眼深度 2.2～2.7 m，炮眼间距≤1.3 m，见图 8-1。

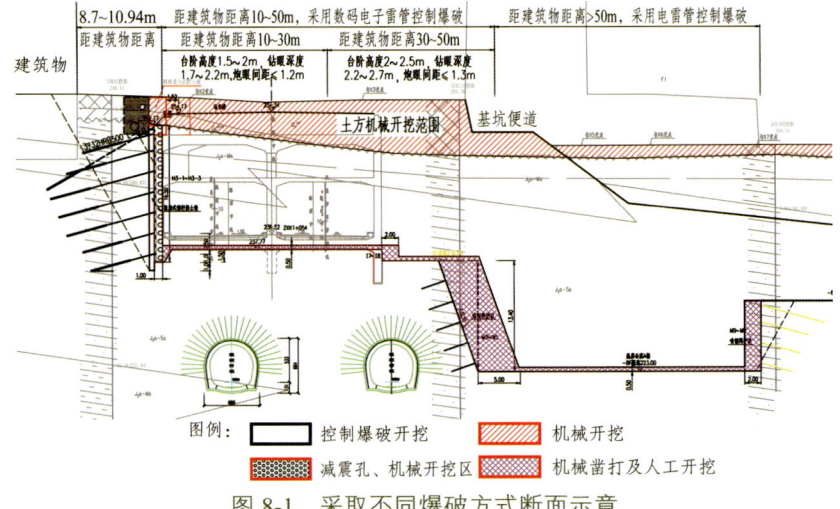

图 8-1 采取不同爆破方式断面示意

不同台阶高度的孔网参数见表 8-1。装药结构如图 8-2 所示。

表 8-1 爆破孔网参数

台阶高度 H/m	炮孔深度 L/m	孔距 a/m	排距 b/m	每孔药量 Q/(kg/孔)	堵塞长度 L_c/m	钻孔孔径 D/mm
	$L=H+h$	$a=W$	$b=0.8a$	$Q=q.a.b.H$	$L_c>0.75w$	
1.5	1.6	1.2	1.0	0.50	1.0	42
2	2.2	1.3	1.2	0.90	1.3	42
2.5	2.7	1.3	1.2	1.3~1.4	1.3~1.5	42
3	3.3	1.5	1.3	1.8~2.0	1.6	70

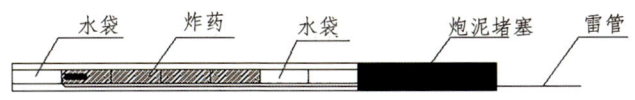

图 8-2 孔底柔性垫层装药结构

8.1.2 起爆网络设计

爆破器材选用数码电子雷管起爆，使用 2#岩石乳化炸药。起爆能源选用专用数码电子雷管起爆器起爆。

基坑南侧已开挖完成，临空面设于南侧，由南向北起爆，具体起爆网络采用单孔顺序起爆，为保证间隔时间精确，采用数码电子雷管单孔顺序微差起爆系统。数码电子雷管起爆系统（图 8-3）间隔时间可根据需要任意设置，精度误差仅为 1 ms。

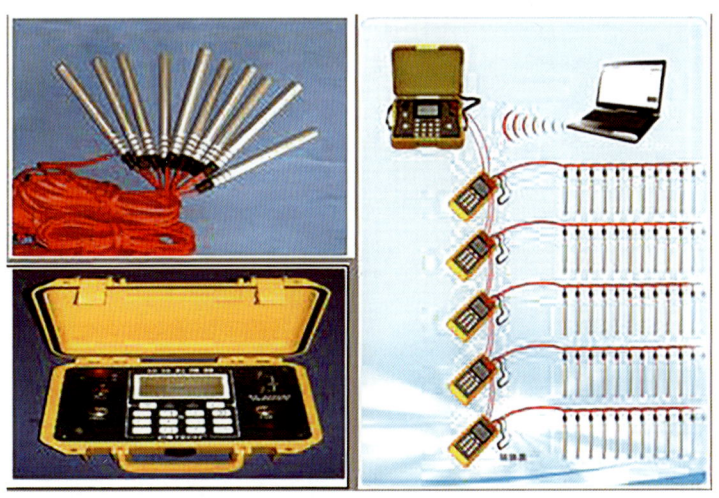

图 8-3 数码电子雷管起爆系统

各雷管脚线并联接入起爆主线上，目前常采用的延时时差是孔间 17 ms，排间 120 ms，如图 8-4 所示。

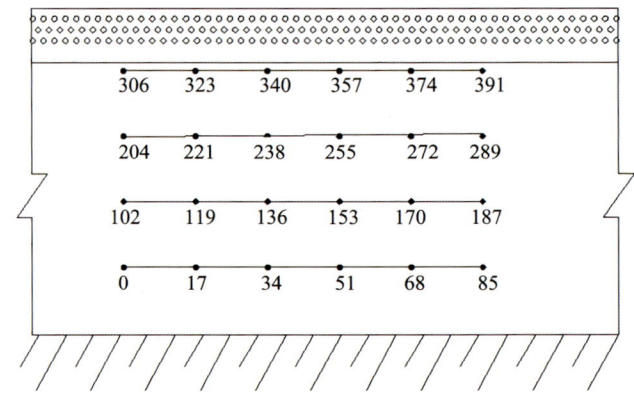

(a) 只有一个临空面的起爆网络图

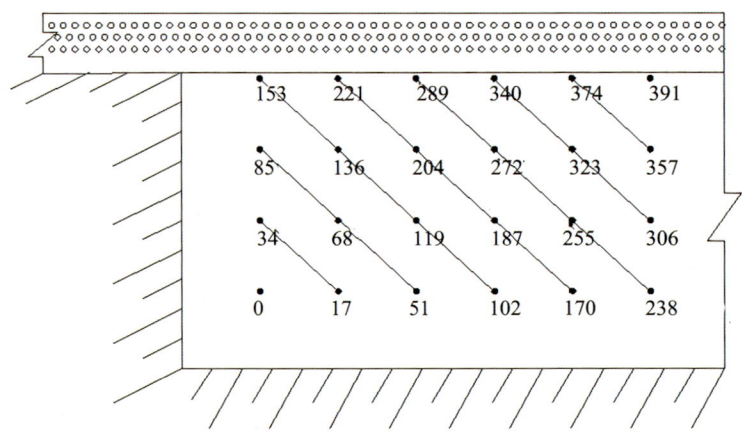

(b) 有二个临空面的起爆网络图

图 8-4　数码电子雷管单孔顺序微差起爆网络图

8.1.3　爆破振动控制

为了严格控制爆破振动对周围建筑物的影响，采取了周边钻多排减振孔、微差延迟起爆、不耦合装药等多种措施。根据爆破安全规程规定，并结合本工程特点，周边高层建筑物的爆破振动控制初步确定在 1.0 cm/s 以内；对轨道交通 9 号线的爆破振动控制在 1.0 cm/s 以内，各种建筑物的振速控制详见表 8-2。

表 8-2　周边建筑爆破振动安全允许标准

序号	保护对象类别	安全允许振速/（cm/s）		实际控制振速/（cm/s）
		振动频率为 10~50 Hz	振动频率为 50~100 Hz	振动频率为 10~100 Hz
1	一般砖房、非抗震的大型砌块建筑物（八中）	2.3~2.8	2.7~3.0	0.5~1.0
2	钢筋砼结构房屋（华宇高层、地铁通道）	3.5~4.5	4.2~5.0	0.5~1.0
3	永久性岩石高边坡	8~12	10~15	5~8
4	交通隧道	8~12	12~15	0.5~1.0
5	新浇大体积混凝土（C20）： 龄期：初凝~3 天 龄期：3~7 天 龄期：7~28 天	2.0~3.0 3.0~7.0 7.0~12		

注：表中振动频率为主振频率，系指最大振幅对应波的频率。

8.2　开挖爆破扰动特征

为评估开挖扰动对基坑边坡和临近建筑的影响，对现场爆破进行了振动监测。现场监测对象包括基坑边缘地面振动和华宇大厦地下室、1 楼、10 楼、20 楼和 30 楼的三个方向爆破振动速度，以及华宇大厦剪力墙动应变。采用仪器为中科测控生产的 TC-4850 爆破测振仪。

8.2.1　爆破振动监测成果

自 2017 年 3 月 18 日—3 月 29 日，进行了连续跟踪监测。
（1）3 月 18 日 12:00 监测成果。
监测点布置如图 8-5 所示，监测结果如表 8-3 所示。
（2）3 月 19 日 12:00 监测成果。
监测点布置如图 8-6 所示，监测结果如表 8-4 所示。

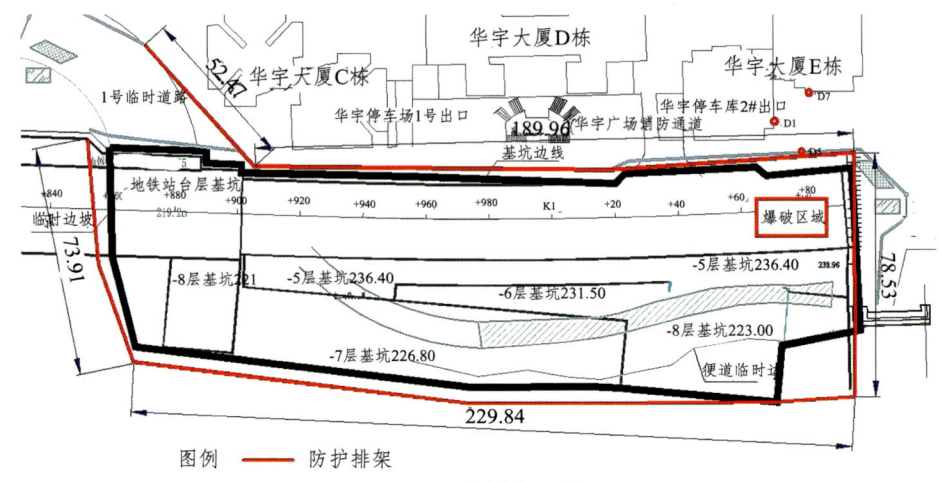

图 8-5 监测位置图

表 8-3 2017 年 3 月 18 日 17:00 监测成果表

点号	水平方向 x（正对振源）		水平方向 y（垂直 x 向）		竖直方向 z	
	峰值振速 /(cm/s)	主频率/Hz	峰值振速 /(cm/s)	主频率/Hz	峰值振速 /(cm/s)	主频率/Hz
D1	1.427	76.923	1.674	66.667	1.405	71.428
D5	3.391	18.018	1.628	31.250	3.839	37.736
D7	1.102	25.000	0.376	25.316	0.622	27.027
D10	0.243	66.667	0.350	52.631	0.309	28.985

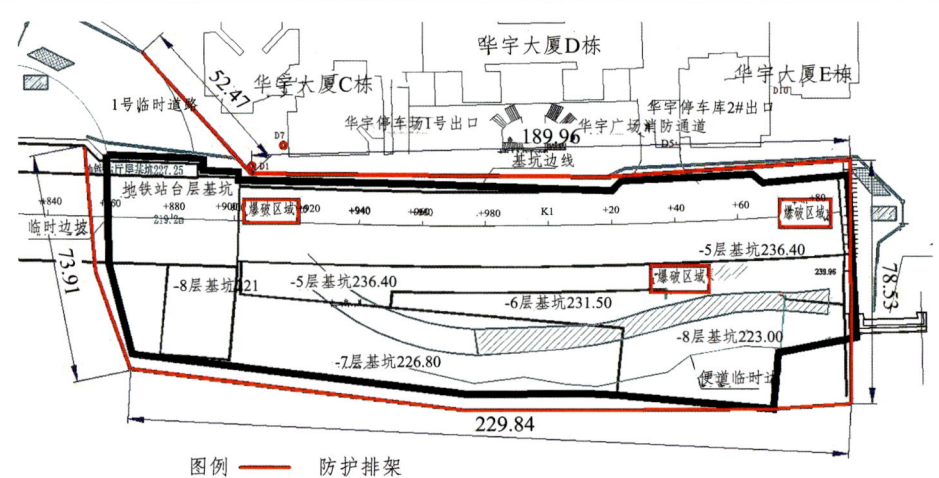

图 8-6 监测位置图

· 248 ·

表 8-4 2017 年 3 月 19 日 12:00 监测成果表

点号	水平方向 x（正对振源）		水平方向 y（垂直 x 向）		竖直方向 z	
	峰值振速/（cm/s）	主频率/Hz	峰值振速/（cm/s）	主频率/Hz	峰值振速/（cm/s）	主频率/Hz
D1	1.249	86.961	1.718	58.826	1.043	80.001
D5	6.058	19.048	3.691	105.263	7.521	50.000
D7	0.886	18.349	0.593	30.303	0.709	31.250
D10	0.812	17.391	0.524	22.222	5.278	55.556

（3）3 月 19 日 17:00 监测成果。

监测点布置如图 8-7 所示，监测结果如表 8-5 所示。

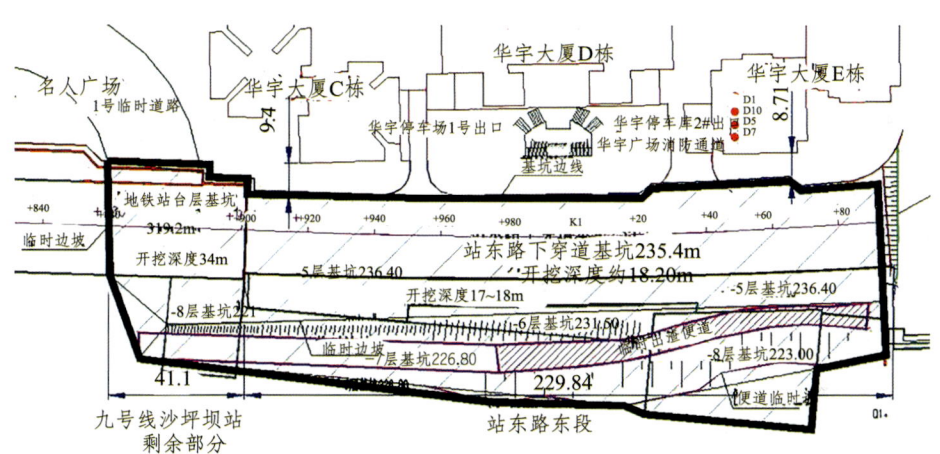

图 8-7 监测位置图

表 8-5 2017 年 3 月 19 日 17:00 监测成果表

点号	水平方向 x（正对振源）		水平方向 y（垂直 x 向）		竖直方向 z	
	峰值振速/（cm/s）	主频率/Hz	峰值振速/（cm/s）	主频率/Hz	峰值振速/（cm/s）	主频率/Hz
D1	1.311	32.787	0.738	50	1.868	35.714
D5	0.44	19.048	0.627	18.182	0.538	29.412
D7	0.131	23.810	0.142	24.096	0.094	23.810
D10	0.164	22.727	0.289	23.256	0.173	37.736

（4）3月20日11:00监测成果。

监测点布置如图8-8所示，监测结果如表8-6所示。

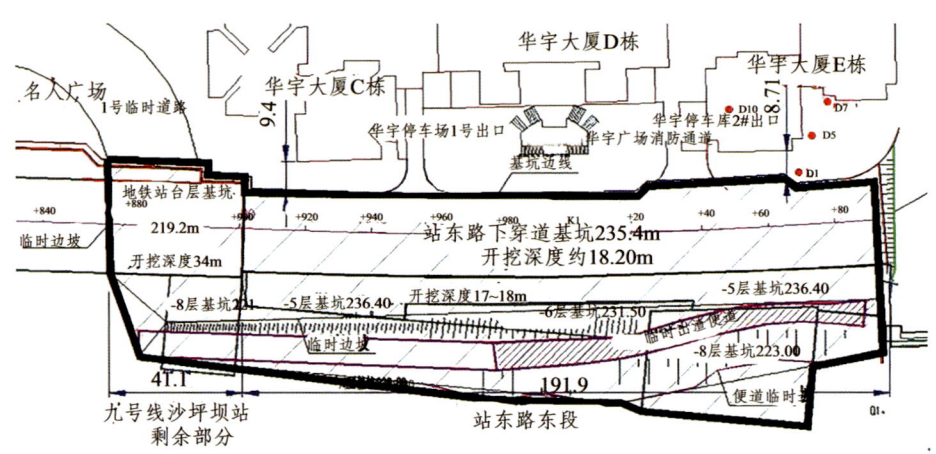

图 8-8 监测位置图

表 8-6 2017 年 3 月 20 日 11:00 监测成果表

点号	水平方向 x（正对振源）		水平方向 y（垂直 x 向）		竖直方向 z		位置
	峰值振速/（cm/s）	主频率/Hz	峰值振速/（cm/s）	主频率/Hz	峰值振速/（cm/s）	主频率/Hz	
D1	0.095	31.250	0.052	12.821	0.133	18.349	华宇大厦（30楼）
D5	1.147	10.363	1.108	10.204	0.098	14.286	华宇大厦（10楼）
D7	0.606	52.632	1.352	54.054	0.327	76.923	华宇大厦（1楼）
D10	0.088	28.169	0.057	19.417	0.136	36.365	华宇大厦（20楼）

（5）3月20日17:00监测成果。

监测点布置如图8-9所示，监测结果如表8-7所示。

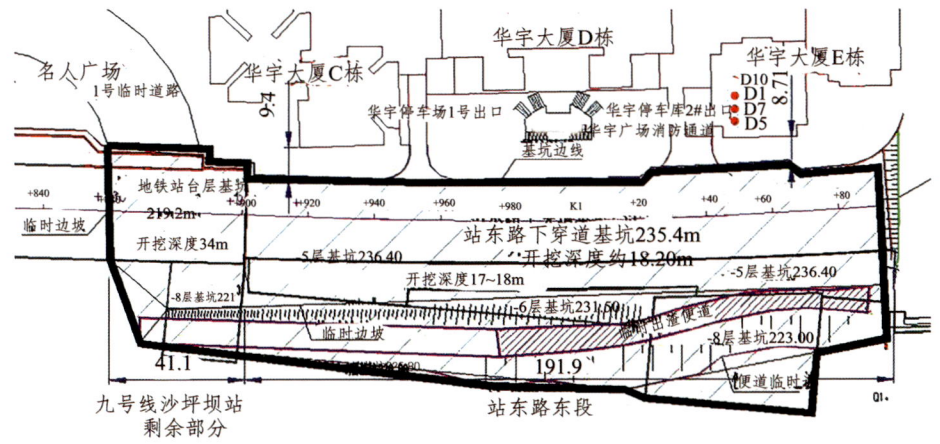

图 8-9 监测位置图

表 8-7 2017 年 3 月 20 日 17:00 监测成果表

点号	水平方向 x（正对振源）		水平方向 y（垂直 x 向）		竖直方向 z		位置
	峰值振速 /（cm/s）	主频率 /Hz	峰值振速 /（cm/s）	主频率 /Hz	峰值振速 /（cm/s）	主频率 /Hz	
D1	0.789	20.408	0.378	20.408	1.989	20.619	距离爆源 20 m
D5	0.289	22.472	0.387	39.216	0.567	52.632	距离爆源 30 m
D7	0.330	51.282	0.215	40.816	0.506	36.364	距离爆源 40 m
D10	0.663	62.500	0.696	117.647	1.172	50.000	华宇大厦（1 楼）

（6）3 月 21 日 16:00 监测成果。

监测点布置如图 8-10 所示，监测结果如表 8-8 所示。

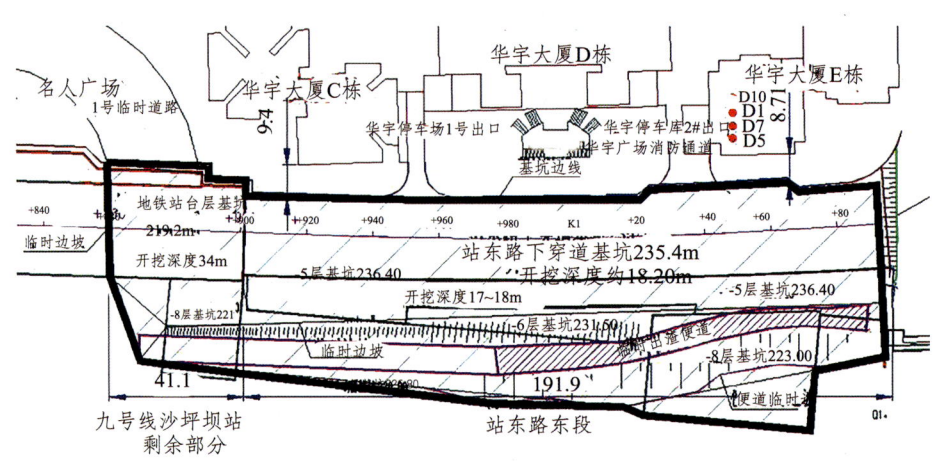

图 8-10　监测位置图

表 8-8　2017 年 3 月 21 日 16:00 监测成果表

点号	水平方向 x（正对振源）		水平方向 y（垂直 x 向）		竖直方向 z		位置
	峰值振速 /(cm/s)	主频率 /Hz	峰值振速 /(cm/s)	主频率 /Hz	峰值振速 /(cm/s)	主频率 /Hz	
D1	0.199	400.000	0.457	400.000	0.429	285.713	华宇大厦（1楼）
D5	0.046	17.544	0.055	19.802	0.121	60.606	华宇大厦（20楼）
D7	0.056	13.158	0.064	28.986	0.127	47.619	华宇大厦（10楼）
D10	0.043	19.417	0.057	21.739	0.146	12.658	华宇大厦（30楼）

（7）3 月 26 日 14:00 监测成果。

监测点布置如图 8-11 所示，炮孔与减振孔相关参数如表 8-9 所示，监测结果如表 8-10 所示。

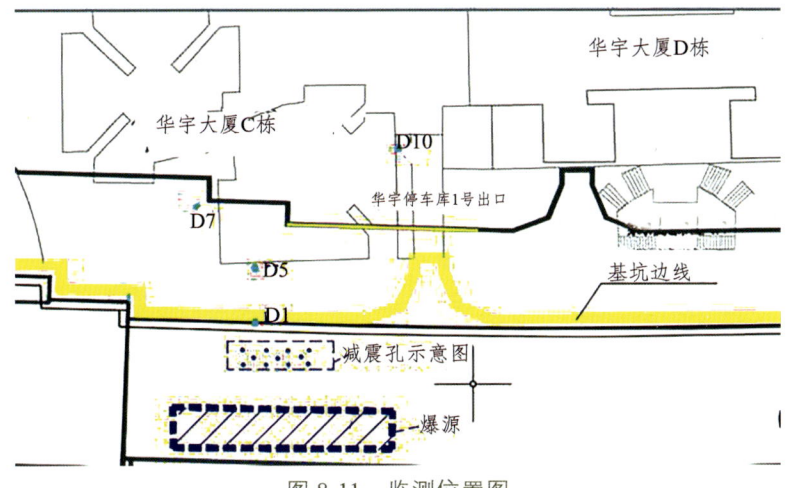

图 8-11 监测位置图

表 8-9 炮孔与减振孔相关参数

炮孔	炮孔直径	深度	炮孔间距	炮孔排距	单孔药量	单响药量	总装药量
	75 mm	2.2 m	1.2 m	1.3 m	0.91 kg		46.4 kg
减振孔	孔径	深度	间距	排距	排数		
	100 mm	3.6 m	0.2 m	0.2 m	5		

表 8-10 2017 年 3 月 26 日 14:00 监测成果表

点号	水平方向 x（正对振源）		水平方向 y（垂直 x 向）		竖直方向 z		位置
	峰值振速 /(cm/s)	主频率 /Hz	峰值振速 /(cm/s)	主频率 /Hz	峰值振速 /(cm/s)	主频率 /Hz	
D1	2.129	32.787	0.738	50	1.868	35.714	距离爆源 10 m
D5	0.771	33.33	0.464	95.238	1.237	80.0	距离爆源 15 m
D7	0.581	40.816	0.353	39.216	1.193	71.429	距离爆源 20 m
D10	0.092	32.787	0.128	35.714	0.158	83.333	地下车库二层

（8）3 月 27 日 12:00 监测成果。

监测点布置如图 8-12 所示，炮孔与减振孔相关参数如表 8-11 所示，监测结果如表 8-12 所示。

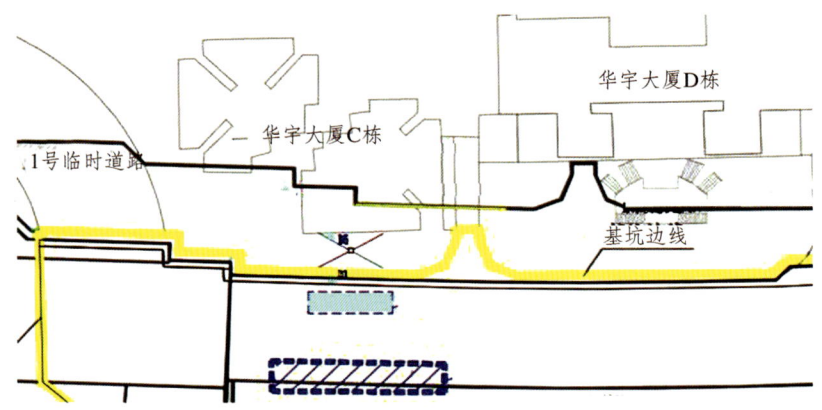

图 8-12　监测位置图

表 8-11　炮孔与减振孔相关参数

	炮孔直径	深度	炮孔间距	炮孔排距	单孔药量	单响药量	总装药量
炮孔	75 mm	2.2 m	1.2 m	1.3 m	0.91 kg		46.4 kg
	孔径	深度	间距	排距	排数		
减振孔	100 mm	3.6 m	0.2 m	0.2 m	5		

表 8-12　2017 年 3 月 27 日 12:00 监测成果表

点号	水平方向 x（正对振源）		水平方向 y（垂直 x 向）		竖直方向 z	
	峰值振速/(cm/s)	主频率/Hz	峰值振速/(cm/s)	主频率/Hz	峰值振速/(cm/s)	主频率/Hz
D1	1.6	18.081	0.983	8.0	1.838	60.606
D5	0.754	15.267	0.444	27.397	1.334	46.512
D7	0.472	46.512	0.342	71.429	0.87	66.667

（9）3 月 27 日 15:30 监测成果。

　　监测点布置如图 8-13 示，炮孔与减振孔相关参数如表 8-13 所示，监测结果如表 8-14 所示。

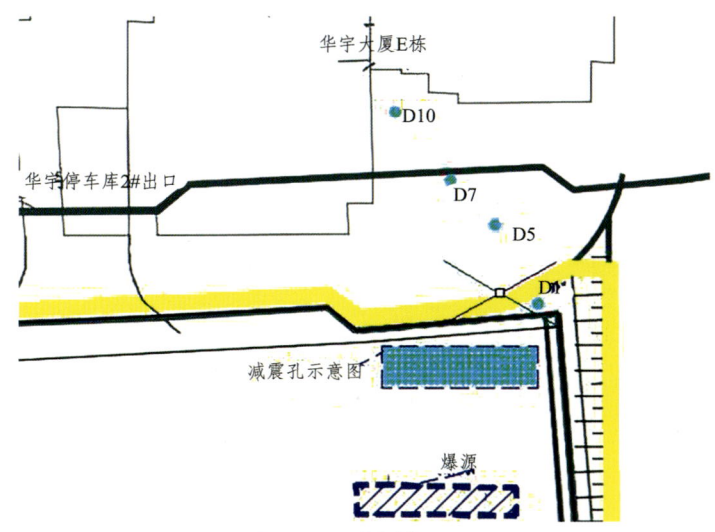

图 8-13 监测位置图

表 8-13 炮孔与减振孔相关参数

炮孔	炮孔直径	深度	炮孔间距	炮孔排距	单孔药量	单响药量	总装药量
	75 mm	2.2 m	1.2 m	1.3 m	0.95 kg		40.8 kg
减振孔	孔径	深度	间距	排距	排数		
	100 mm	3.6 m 或 10 m	0.2 m	0.2 m	4 或 2		

表 8-14 2017 年 3 月 27 日 15:30 监测成果表

点号	水平方向 x（正对振源）		水平方向 y（垂直 x 向）		竖直方向 z	
	峰值振速 /（cm/s）	主频率 /Hz	峰值振速 /（cm/s）	主频率 /Hz	峰值振速 /（cm/s）	主频率 /Hz
D1	1.212	29.85	0.749	33.898	1.344	29.851
D5	0.799	12.50	0.718	43.418	1.237	37.736
D7	0.006	0.733	0.429	43.478	1.153	23.256
D10	0.321	45.455	0.277	41.667	0.683	37.073

（10）3 月 28 日 12:00 监测成果。

监测点布置如图 8-14 所示，炮孔与减振孔相关参数如表 8-15 所示，监测结果如表 8-16 所示。

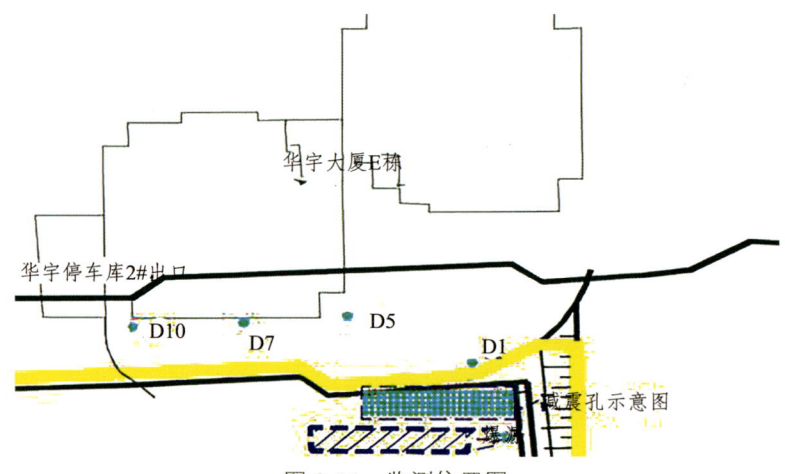

图 8-14 监测位置图

表 8-15 炮孔与减振孔相关参数

炮孔	炮孔直径	深度	炮孔间距	炮孔排距	单孔药量	单响药量	总装药量
	75 mm	2.2 m	1.2 m	1.3 m	0.95 kg		40.8 kg
减振孔	孔径	深度	间距	排距	排数		
	100 mm	3.6 m 或 10 m	0.2 m	0.2 m	5 或 2		

表 8-16 2017 年 3 月 28 日 12:00 监测成果表

点号	水平方向 x（正对振源）		水平方向 y（垂直 x 向）		竖直方向 z	
	峰值振速/(cm/s)	主频率/Hz	峰值振速/(cm/s)	主频率/Hz	峰值振速/(cm/s)	主频率/Hz
D1	2.239	26.667	1.655	15.267	4.113	40.816
D5	2.200	28.571	1.173	32.787	2.701	34.483
D7	0.872	39.21	0.711	39.216	1.401	50.00
D10	0.502	35.714	0.551	42.553	1.162	55.556

（11）3 月 28 日 17:30 监测成果。

监测点布置如图 8-15 所示，炮孔与减振孔相关参数如表 8-17 所示，监测结果如表 8-18 所示。

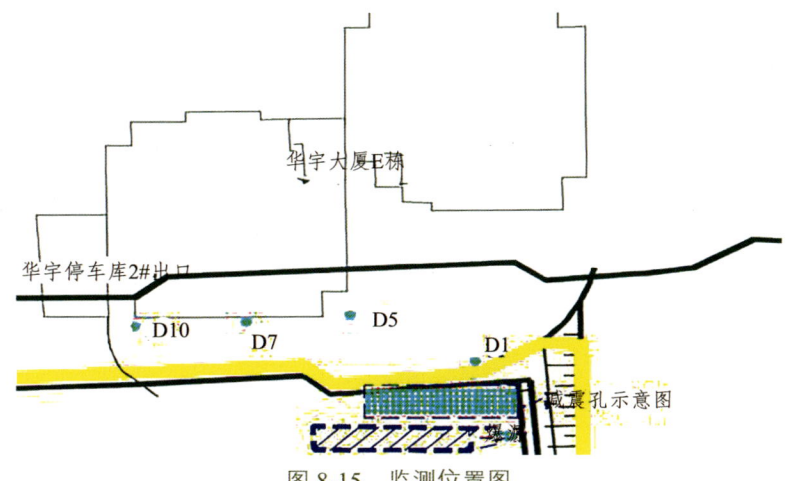

图 8-15　监测位置图

表 8-17　炮孔与减振孔相关参数

炮孔	炮孔直径	深度	炮孔间距	炮孔排距	单孔药量	单响药量	总装药量
	75 mm	2.2 m	1.2 m	1.3 m	0.95 kg		40.8 kg
减振孔	孔径	深度	间距	排距	排数		
	100 mm	3.6 m 或 10 m	0.2 m	0.2 m	5 或 2		

表 8-18　2017 年 3 月 28 日 17:30 监测成果表

点号	水平方向 x（正对振源）		水平方向 y（垂直 x 向）		竖直方向 z	
	峰值振速 /(cm/s)	主频率 /Hz	峰值振速 /(cm/s)	主频率 /Hz	峰值振速 /(cm/s)	主频率 /Hz
D1	3.571	16.260	1.809	35.714	3.249	29.412
D5	1.985	20.619	0.674	33.898	1.763	30.303
D7	0.897	16.807	0.675	34.483	0.791	48.780
D10	0.447	23.256	0.489	25.316	0.726	31.250

（12）3 月 29 日 12:00 监测成果。

监测点布置如图 8-16 所示，炮孔与减振孔相关参数如表 8-19 所示，监测结果如表 8-20 所示。

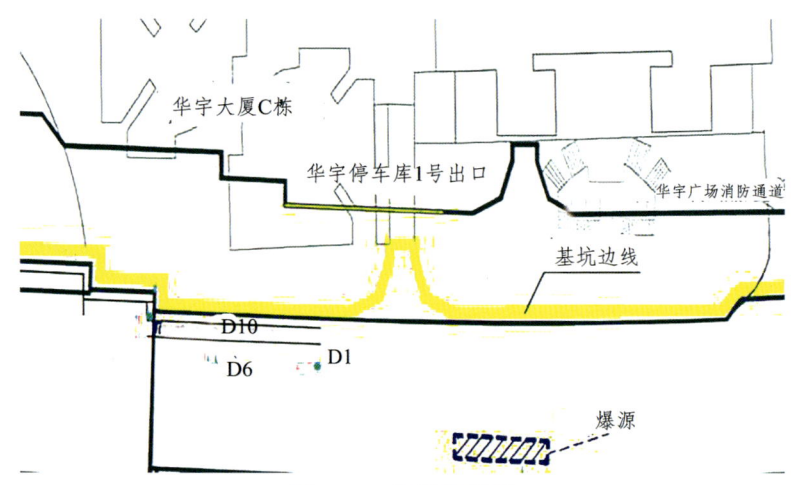

图 8-16　监测位置图

表 8-19　炮孔与减振孔相关参数

	炮孔直径	深度	炮孔间距	炮孔排距	单孔药量	单响药量	总装药量
炮孔	75 mm	2.2 m	1.2 m	1.3 m	0.95 kg		40.8 kg
减振孔	孔径	深度	间距	排距	排数		
	100 mm	3.6 m 或 10 m	0.2 m	0.2 m	5 或 2		

表 8-20　2017 年 3 月 29 日 12:00 监测成果表

点号	水平方向 x（正对振源）		水平方向 y（垂直 x 向）		竖直方向 z		位置
	峰值振速/(cm/s)	主频率/Hz	峰值振速/(cm/s)	主频率/Hz	峰值振速/(cm/s)	主频率/Hz	
D1	0.122	30.769	0.113	35.714	0.193	29.412	
D5	0.324	31.250	0.270	31.250	0.509	29.851	
D7	0.366	26.667	0.176	22.222	0.346	28.986	
D10	0.270	21.739	0.199	22.727	0.426	35.088	

（13）3 月 29 日 17:30 监测成果。

监测点布置如图 8-17 所示，炮孔与减振孔相关参数如表 8-21 所示，监测结果如表 8-22 所示。

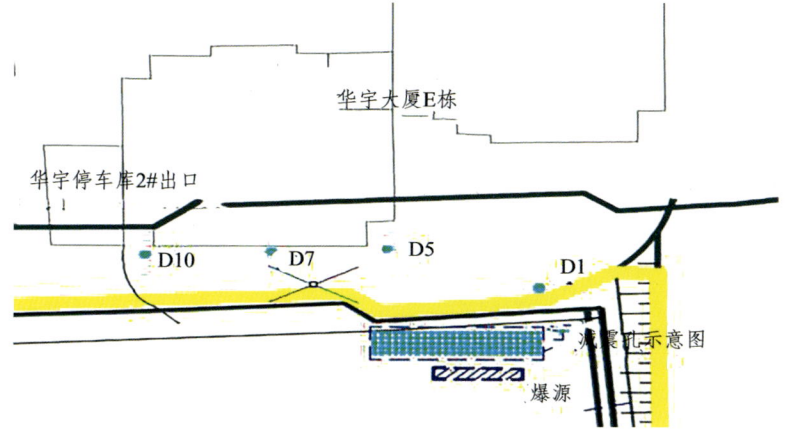

图 8-17 监测位置图

表 8-21 炮孔与减振孔相关参数

炮孔	炮孔直径	深度	炮孔间距	炮孔排距	单孔药量	单响药量	总装药量
	75 mm	2.2 m	1.2 m	1.3 m	0.95 kg		40.8 kg
减振孔	孔径	深度	间距	排距	排数		
	100 mm	3.6 m 或 10 m	0.2 m	0.2 m	5 或 2		

表 8-22 2017 年 3 月 29 日 17:30 监测成果表

点号	水平方向 x（正对振源）		水平方向 y（垂直 x 向）		竖直方向 z		位置
	峰值振速 /(cm/s)	主频率 /Hz	峰值振速 /(cm/s)	主频率 /Hz	峰值振速 /(cm/s)	主频率 /Hz	
D1	1.314	17.857	1.196	20.833	2.386	22.472	
D5	0.498	76.923	0.634	71.492	1.216	90.909	
D7	0.756	21.978	0.475	25.316	1.157	40	
D10	0.727	19.231	0.621	15.748	0.809	30.769	

8.2.2 爆破振动效应特征

监测结果表明，临近基坑边缘进行爆破开挖时，所产生的爆破振动速度约在 0.1～2.7 cm/s，振动主频率范围为 10～100 Hz，平均在 50 Hz 左右。竖直方向振动速度相对较大，3 月 28 日临近华宇大厦部位 D5 测点测得最大竖直方向振动速度为 2.7 cm/s，主频为 34 Hz。

根据 2017 年 3 月 29 日监测结果，减振孔前后的爆破振动速度变化不大，其减振效果不显著。

建筑物的振动速度已高于国家标准《爆破安全规程》（GB 6722—2014）的控制标准规定的 2.5 cm/s 的允许振动速度，且考虑爆破开挖的周期长，扰动次数多，加之大厦基础相对较浅，频繁爆破振动可能对华宇大厦局部缺陷部位产生不利影响。因此，应确定合理的爆破振动控制标准，提高爆破经济性，同时还应严格控制爆破振动，合理安排开挖与支护作业。

8.2.3 华宇大厦承重结构附加动应变

为研究基坑开挖爆破振动对临近建筑物的影响，采用动态应变仪对爆破过程中华宇大厦的动态响应进行了监测。

1. 应变监测点方案

根据现场爆破开挖情况，应变监测主要对在华宇大厦两栋建筑负一楼承重构件进行监测。第一次监测点布置在华宇大厦 E 栋双子塔连接处立柱上。第二次监测点布置在华宇大厦 E 栋负一楼与一楼间步梯间剪力墙上，如图 8-18～图 8-20 所示。

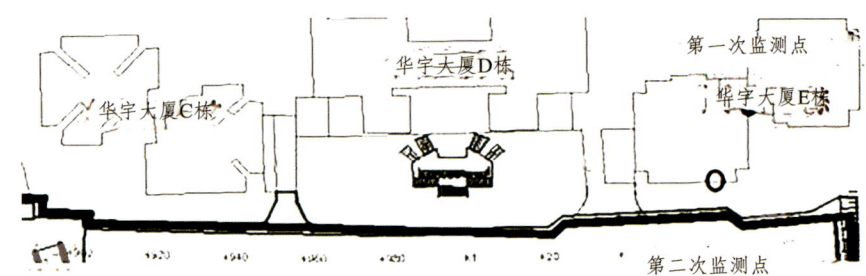

图 8-18　测点布置平面图

图 8-19　第一次测点布置位置示意图

图 8-20　第二次测点布置位置示意图

在钢筋混凝土立柱和剪力墙上粘贴 10 cm 长 120 Ω的混凝土应变片，先剥离饰面层，在混凝土上用 502 进行粘贴，固化时间为 24 小时。应变片连接桥路为 1/4 桥，采用 DH3817 动静态应变测试仪采集数据，采样频率设置为 1 kHz，仪器如图 8-21 所示。

图 8-21　DH3817 动静态应变测试仪现场测试

2. 应变监测点结果分析

（1）第一次监测结果。

第一次监测结构为华宇大厦内部立柱，监测时间为 2017 年 3 月 19 日 17:00，爆破振动速度峰值 0.289 cm/s，主频率为 23 Hz，有效监测点应变片数据如图 8-22 所示。

由图 8-22 可知，约 2.9 s 时，监测点受到爆破振动影响发生压缩在约 3.5 s 时到达最大压应变值，约为 1.8 με；在约 3.6 s 时，应变值迅速恢复到初始值 0 附近。此次爆破附加动应变持续了约 0.7 s。整个过程具有单峰性特征。

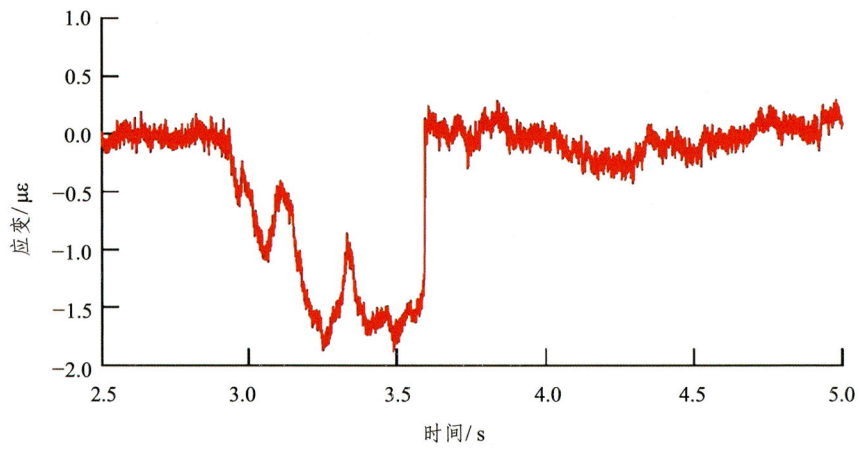

图 8-22 第一次监测点应变-时间曲线

（2）第二次监测结果。

第二次监测结构为华宇大厦外侧剪力墙，监测时间为 2017 年 3 月 20 日 17:00，监测点布置如图 8-23 所示。爆破振动速度峰值为 1.172 cm/s，振动主频率为 50 Hz，各应变片数据如图 8-24 所示。由于剪力墙横向应变很小，1#测点未能取得有效数据。

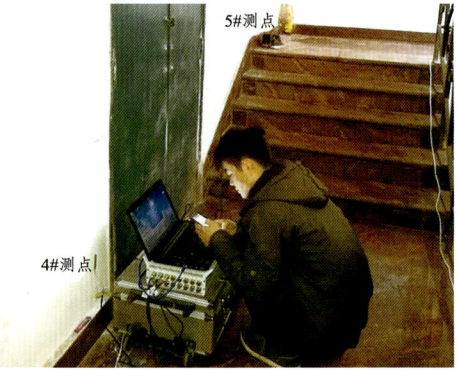

（a）1#、2#测点布置示意图　　　　（b）4#、5#测点布置示意图

图 8-23 第二次监测点布置示意图

监测结果如图 8-24 所示，各测点竖向应变-时间曲线情况基本一致，表明结构振动过程中，负一楼至一楼楼梯间剪力墙的振动属于整体振动；测点在 1.0 s 时，结构开始受到爆破传递而来的振动作用，使得剪力墙布置测点一面受到压应变作用；在约 1.8 s 时，测点逐渐变为受拉，并在约 2.1 s 时，到达最大拉应变值 2.0 με；随后，剪力墙各测点又发生压缩应变，并在约 2.5 s 时达到最大压应变值

2.2 με，与最大拉应变值相近；约 4.0 s 时，剪力墙内应变波动消失，测点应变值恢复到初始 0 值。附加动应变波动持续了约 3 s，经历了约 5 个振动周期，平均振动周期约为 0.6 s，平均振动频率为 1.7 Hz，显著低于爆破振动频率。

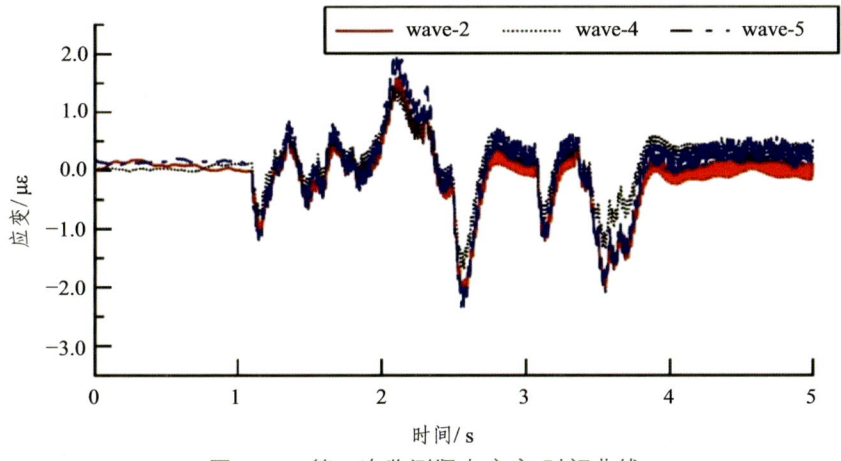

图 8-24　第二次监测竖向应变-时间曲线

（3）两次监测结果分析。

监测结果表明，以剪力墙结构为 C50 混凝土来验算，弹性模量 $E = 3.45 \times 10^{10}$ Pa，两次监测结果应变片最大拉应变为 2.0 με，最大压应变为 2.2 με，则对应测点的最大拉应力值为 69 kPa，最大压应力为 76 kPa，远小于混凝土材料的屈服强度，因而爆破振动不会对结构产生不利影响。

第 2 次爆破振动速度是第 1 次振动速度的 4 倍，但第 2 次的动应变量值并未呈倍数增长，仅略大，说明爆破振动对结构的影响并非呈线性。

两次爆破振动结构振动频率均远低于爆破振动频率，因此，爆破振动不会直接引起结构的受迫振动而发生快速振动，而将在爆破振动作用下发生动力响应，按照其自振频率发生振动，因而近区爆破对结构影响相对较小。

8.3　爆破振动速度控制标准优化

针对爆破振动有害效应的控制问题，20 世纪 20 年代，国外开始进行爆破振动控制标准的研究工作，并在 1950 年—1960 年期间提出了多种控制标准。1986 年，我国颁布实施《爆破安全规程》（GB 6722—1986），规定了隧洞和巷道岩体的质点安全允许振动速度，但并未规定边坡岩体的振动速度控制标准，为此，最新版的《爆破安全规程》对此进行了修订。

围绕边坡振动速度控制标准问题，许多学者开展了相关的研究，如卢文波等基于实验技术提出了三峡工程坝基开挖爆破时边坡的振动速度安全控制标准。刘美山等通过爆破试验确定了小湾水电站岩石高边坡的爆破振动安全判据。陈明则通过理论分析的方法确定了小湾水电站边坡的允许爆破振动速度。长沙矿冶研究院曾建议矿山工程中稳定边坡坡脚允许爆破振动速度为35~45 cm/s，较稳定边坡坡脚允许爆破振动速度为28~35 cm/s，不稳定边坡坡脚允许爆破振动速度为22~28 cm/s。

而许多大型水电工程的建设部门则通过理论研究和工程经验制定了专门的爆破振动控制标准，如小湾水电工程中，边坡Ⅱ、Ⅲ、Ⅳ级岩体的允许振动速度分别为10~15 cm/s、7.5~10 cm/s、5~7.5 cm/s；溪洛渡水电工程中，边坡Ⅱ、Ⅲ、Ⅳ级岩体的允许振动速度分别为10~15 cm/s、5~10 cm/s、3~5 cm/s。

综合大量的研究成果，国家标准《爆破安全规程》（GB 6722—2014）规定了永久岩质边坡的安全允许振动速度为5~15 cm/s（表8-23），并指出永久性岩石高边坡爆破振动允许值的确定，应综合考虑边坡的重要性、边坡的初始稳定性、支护状况和开挖高度等，但如何综合考虑却并未进一步规定和解释。

表8-23 《爆破安全规程》（2014）边坡爆破振动安全允许标准

保护对象类别	安全允许质点振动速度/（cm/s）		
	$f \leq 10$ Hz	10 Hz$< f \leq 50$ Hz	$f > 50$ Hz
永久性岩石高边坡	5~9	8~12	10~15

注：表中 f 为振动频率。

目前，工程实践中爆破振动允许振动速度的确定往往是通过多年的工程实践和工程类比来确定的，缺乏相应的理论基础。国家标准《爆破安全规程》（GB 6722—2014）中允许振动速度并未解释应如何考虑岩体级别的差异以及边坡的几何形态（如表8-23所示），对不同质量的岩体选择相同的振动速度控制标准可能缺乏合理性。为此通过对爆破地震波传播特征的分析，同时考虑边坡地质条件，对爆破振动作用下岩质边坡岩体的安全允许振动速度进行了探讨。

岩质边坡主要存在均质碎裂边坡和受软弱结构面控制的边坡两种，而软弱结构面的发育情况与性质复杂，需具体问题具体分析，因此，主要对爆破开挖影响下岩质边坡浅层的均质碎裂岩体的爆破振动速度控制标准问题进行了探讨。

8.3.1 边坡浅层岩体动应力与速度场解析解

在岩质边坡表面或边坡附近进行露天爆破作业时，炸药破岩的同时将部分的能量转化为地震波，主要包括体波和面波（图 8-25），体波包括纵波（简称 P 波）和剪切波（简称 S 波），面波包括瑞利波（简称 R 波）和拉夫波等。地震波传播过程中伴随着能量的衰减，且体波衰减快于面波的衰减速率，因此不同类型地震波的影响范围存在差异。

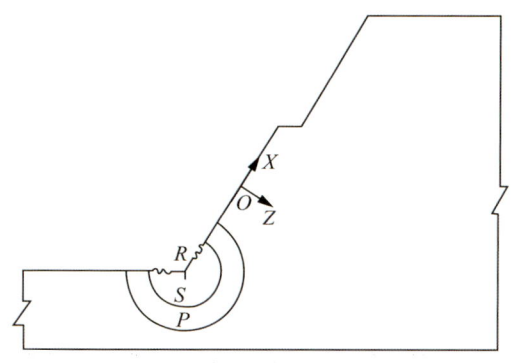

图 8-25　边坡中爆破地震波示意图

实践证明，爆破地震波的能量分布与观测点至药包中心的距离和药量密切相关，因此，曾有学者根据集中药包装药量 Q 和观测点至药包的距离 R 划分爆破地震波影响区。在 $R \leqslant 6\sqrt[3]{Q}$ 范围内，P 波强度最高，其水平振动能量是地震波能量的主体，该区可定义为体波主影响区；在 $6\sqrt[3]{Q} \leqslant R \leqslant 30\sqrt[3]{Q}$ 范围内，随着爆心距的增加，地震波能量中 P 波占比减弱，面波占比增长并逐渐成为主体，该区可定义为复合影响区；$R \geqslant 30\sqrt[3]{Q}$ 范围内，面波能量占地震波能量的主体，该区定义可为面波主影响区。

工程实践中，目前很少采用集中药包进行爆破开挖，而是主要采用钻孔爆破方式。但距离爆源不同区域中地震波能量的分布特征仍是相似的，仍可借用体波主影响区和面波主影响区的概念。根据目前爆炸力学的基本理论，150 倍装药半径影响范围内属于爆源近区，即体波主影响区；大于 150 倍装药半径的区域属于爆源远区，即面波主影响区。但爆炸过程和岩土体性质的复杂性，实际难以严格划分爆源近区和远区，工程实践中应根据装药情况以及地震波的衰减特征进行综合判断。

除了大型硐室爆破外，一般钻孔爆破的单响起爆药量相对较小，引起的地震效应较弱且仅对距离较近的边坡岩体存在一定的影响，同时其振源范围小而浅其影响范围也具有局部性。因此，主要对爆破地震波局部影响条件下岩体的动态响应进行了分析，边坡与震源采用如图 8-25 所示宏观整体模型。

1. 体波主影响区

由于在体波影响区，体波对岩体的作用占主导地位，仅分析体波在坡体中的传播特征。单个炮孔爆炸所形成的 P 波和 S 波主要以柱面波的形式传播,多个炮孔的体波则发生波的干涉更为复杂。但在某一观测点附近,P 波和 S 波的传播可近似为理想面波的传播问题,且假定以距离炮孔足够远处观测点附近的某一平面为振源,观测点与振源的距离小至可忽略地震波能量的衰减。

在远离振源的区域,沿波的传播方向上局部岩体横断面保持为平面,且在横断面上应力分布是均匀的,取横断面在 x 方向 M 点处为相对振源面,取 M 至 N 点间的单元体,若单元 M 点断面上的附加动正应力为 σ_{xx},附加动剪应力为 σ_{xy},则单元 N 点的附加动应力为 $\sigma_{xx} + \frac{\partial \sigma_{xx}}{\partial x}\delta_x$,$\sigma_{xy} + \frac{\partial \sigma_{xy}}{\partial y}\delta_y$。设岩体密度 ρ,单元体横断面面积 W。

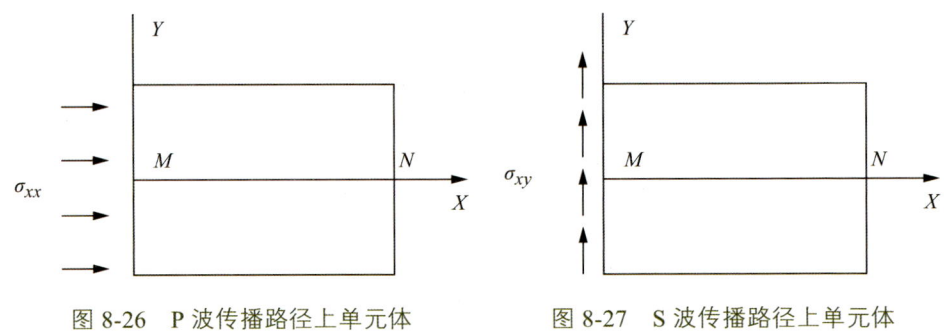

图 8-26　P 波传播路径上单元体　　　图 8-27　S 波传播路径上单元体

动应力引起的单元位移均为 u_x,根据牛顿第二定律,应力增量与加速度的关系得微分方程:

$$\begin{cases} \rho W \delta_x \dfrac{\partial^2 u_x}{\partial t^2} = W \dfrac{\partial \sigma_{xx}}{\partial x}\delta_x \\ \rho W \delta_y \dfrac{\partial^2 u_x}{\partial t^2} = W \dfrac{\partial \sigma_{xy}}{\partial y}\delta_y \end{cases}$$

且应力应变关系有

$$\begin{cases} \sigma_{xx} = (\lambda + 2\mu)\dfrac{\partial u_x}{\partial x} \\ \sigma_{xy} = \mu \dfrac{\partial u_x}{\partial y} \end{cases}$$

式中,λ 和 μ 为拉梅系数。设 E 为弹性模量,υ 为泊松比,可表示为

$$\begin{cases} \lambda = \dfrac{\upsilon E}{(1+\upsilon)(1-2\upsilon)} \\ \mu = \dfrac{E}{2(1+\upsilon)} \end{cases}$$

对 u_x 的通解分别对时间和 x 求导后进行替代，得到平行坡面 x 方向振动速度可表示为

$$\begin{cases} V_x = \dfrac{\partial u_x}{\partial t} = C_P \dfrac{\sigma_{xx}}{\lambda + 2\mu} = \dfrac{\sigma_{xx}}{\rho C_P} \\ V_x = \dfrac{\partial u_x}{\partial t} = C_S \dfrac{\sigma_{xy}}{\mu} = \dfrac{\sigma_{xy}}{\rho C_S} \end{cases}$$

式中，C_P 和 C_S 分别为岩土介质的纵波和横波波速，可表示为

$$\begin{cases} C_P = \sqrt{\dfrac{\lambda + 2\mu}{\rho}} \\ C_S = \sqrt{\dfrac{\mu}{\rho}} \end{cases} \tag{8-1}$$

2. 面波主影响区

随着与振源间距离的增大，体波快速衰减至较低水平，此时面波对边坡岩体的作用占主导地位。在面波主影响区中仅分析面波在坡体中的传播特征。由于爆破地震波振源在地表附近，而天然地震波在深部地壳中，爆破地震波主要诱发 R 波，而拉夫波产生的可能相对较小或不显著。因此，边坡的面波影响区仅考虑 R 波的对岩体的影响。与上述研究方法类似，分析 R 波的传播时，假定远离爆源的坡面处为相对振源点，观测点与相对振源面的距离小至可忽略地震波能量的衰减。

R 波是一定条件下非均匀 P 波和非均匀 S 波干涉所形成的，因此假定存在以相同波速 C_R 传播的一对 P 波和 S 波，其位移势函数分别由 ϕ 和 ψ 表示：

$$\begin{cases} \phi = A e^{-rz} e^{ik(x - C_R t)} \\ \psi = B e^{-sz} e^{ik(x - C_R t)} \end{cases}$$

式中，A、B 为幅值；C_R 为 R 波的波速；$k = \dfrac{\omega}{C_R}$，ω 为 R 波的圆频率；而 r 和 s 分别为

$$r = k\sqrt{1 - \left(\dfrac{C_R}{C_P}\right)^2}$$

$$s = k\sqrt{1-\left(\frac{C_R}{C_S}\right)^2}$$

R 波引起的边坡岩体附加动位移 u_x、u_z 可表示为

$$\begin{cases} u_x = \dfrac{\partial \phi}{\partial x} - \dfrac{\partial \psi}{\partial z} \\ u_z = \dfrac{\partial \phi}{\partial z} + \dfrac{\partial \psi}{\partial x} \end{cases}$$

对位移通解展开后得

$$\begin{cases} u_x = \mathrm{i}Ak\left(\mathrm{e}^{-rz} - \dfrac{2rs}{k^2+s^2}\mathrm{e}^{-sz}\right)\mathrm{e}^{\mathrm{i}k(x-C_R t)} \\ u_z = Ar\left(-\mathrm{e}^{-rz} + \dfrac{2k^2}{k^2+s^2}\mathrm{e}^{-sz}\right)\mathrm{e}^{\mathrm{i}k(x-C_R t)} \end{cases} \quad (8\text{-}2)$$

位移函数式（8-2）对时间求导并取实部后，可得到方向和 z 方向的速度为.

$$\begin{cases} v_x = Ak\omega\left(\mathrm{e}^{-rz} - \dfrac{2rs}{k^2+s^2}\mathrm{e}^{-sz}\right)\cos(kx-\omega t) \\ v_z = Ar\omega\left(-\mathrm{e}^{-rz} + \dfrac{2k^2}{k^2+s^2}\mathrm{e}^{-sz}\right)\sin(kx-\omega t) \end{cases} \quad (8\text{-}3)$$

R 波引起的边坡岩体附加动应力表示可表示为

$$\begin{cases} \sigma_{xx} = (\lambda+2\mu)\dfrac{\partial u_x}{\partial x} + \lambda\dfrac{\partial u_z}{\partial z} \\ \sigma_{zz} = (\lambda+2\mu)\dfrac{\partial u_z}{\partial z} + \lambda\dfrac{\partial u_x}{\partial x} \\ \sigma_{zx} = \mu\left(\dfrac{\partial u_z}{\partial x} + \dfrac{\partial u_x}{\partial z}\right) \end{cases}$$

将式（8-2）带入后取实部得附加动应力

$$\begin{cases} \sigma_{xx} = A\left[(\lambda r^2 - \lambda k^2 - 2\mu k^2)\mathrm{e}^{-rz} + \dfrac{4\mu rsk^2}{k^2+s^2}\mathrm{e}^{-sz}\right]\times\cos(kx-\omega t) \\ \sigma_{zz} = A\left[(\lambda r^2 - \lambda k^2 + 2\mu r^2)\mathrm{e}^{-rz} - \dfrac{4\mu rsk^2}{k^2+s^2}\mathrm{e}^{-sz}\right]\times\cos(kx-\omega t) \\ \sigma_{zx} = 2A\mu rk(\mathrm{e}^{-rz} - \mathrm{e}^{-sz})\sin(kx-\omega t) \end{cases} \quad (8\text{-}4)$$

而自由表面上的应力边界条件为

$$\begin{cases} \sigma_{zz}|_{z=0} = 0 \\ \sigma_{zx}|_{z=0} = 0 \end{cases} \tag{8-5}$$

由式（8-4）和式（8-5）可得计算 C_R 的方程：

$$\left(\frac{C_R^2}{C_S^2}\right)^3 - 8\left(\frac{C_R^2}{C_S^2}\right)^2 + \left(24 - 16\frac{C_S^2}{C_P^2}\right)\frac{C_R^2}{C_S^2} + 16\frac{C_S^2}{C_P^2} - 16 = 0 \tag{8-6}$$

方程（8-6）可得 3 个精确解，取满足 $C_P > C_R$ 的解并对其函数表达式进行简化后得到其近似解为

$$C_R = \frac{0.86 + 1.14\upsilon}{1+\upsilon} C_S \tag{8-7}$$

至此，上述位移和应力表达式中除了幅值 A 外，其他变量均可确定，可得到动应力和质点振动速度的解析表达式。

8.3.2　边坡浅层岩体动应力与振动速度峰值

1. 体波主影响区

在地表进行开挖爆破时，仅在炮孔深度范围左右的深度内可认为质点的振动速度与附加动应力在不同深度内近似相等。而随着深度的增加，其能量将迅速衰减，速度和应力也迅速降低，因此，在地表进行开挖爆破时，坡面上体波产生的附加应力对表层岩体的影响是最为显著的。

根据体波主影响区振动速度的表达式（8-1），可得到由振动速度表示的附加动正应力和附加动剪应力的数学表达式为

$$\begin{cases} \sigma_{xx} = V_x \rho C_P \\ \sigma_{xy} = V_x \rho C_S \end{cases} \tag{8-8}$$

对比波阵面上的附加动正应力和附加动剪应力发现，由于在体波主影响区中 P 波波速大于 S 波，在振动速度相同时边坡岩体内附加动正应力大于附加动剪应力。

2. 面波主影响区

（1）附加动应力分布特征。

对式（8-4）分析表明，平行坡面方向的附加动正应力 σ_{xx} 在坡面上时（$z = 0$

绝对值最大，且随深度增大而快速减小，在较深处变为 0。在深度方向上，附加动正应力σ_{zz}在坡面上（$z=0$）为 0，随深度增大其绝对值先快速增大后缓慢减小，在较深处变为 0，即存在一特定深度使其达到峰值。附加动剪应力σ_{zx}随深度变化与σ_{zz}类似，但其峰值间存在 π/2 的相位差。

针对σ_{zz}和σ_{zx}存在峰值深度的问题，为计算其峰值深度对下列方程进行求解：

$$\begin{cases} \dfrac{\partial \sigma_{zz}}{\partial z}=0 \\ \dfrac{\partial \sigma_{zx}}{\partial z}=0 \end{cases}$$

得到σ_{zz}处于峰值时的深度为

$$z=\frac{1}{r-s}\ln\left[\frac{(k^2+s^2)(\lambda r^2+2\mu r^2-\lambda k^2)}{4\mu k^2 s^2}\right]$$

而σ_{zx}处于峰值时的深度为

$$z=\frac{1}{r-s}\ln\left(\frac{r}{s}\right) \tag{8-9}$$

两深度之比化简后为仅为泊松比υ的函数，且在$\upsilon=0\sim0.5$内二者之比近似等于 1，因此σ_{zz}和σ_{zx}处于峰值的深度近似相等，可采用更为简洁的式（8-9）式表示该深度z_{cr}。$0\sim z_{cr}$深度范围可视为爆破 R 波强烈影响范围。

将$z=0$带入式（8-4）中的σ_{xx}表达式，将式（8-9）带入式（8-4）中的σ_{zz}表达式，可得的两个方向正应力的最大值为

$$\begin{cases} \sigma_{xx\max}=A\left(\lambda r^2-\lambda k^2-2\mu k^2+\dfrac{4rs\mu k^2}{k^2+s^2}\right) \\ \sigma_{zz\max}=A\left[(\lambda r^2-\lambda k^2+2\mu r^2)\left(\dfrac{r}{s}\right)^{\frac{-r}{r-s}}-\dfrac{4k^2 rs\mu}{k^2+s^2}\left(\dfrac{r}{s}\right)^{\frac{-s}{r-s}}\right] \end{cases}$$

分析$\sigma_{xx\max}/\sigma_{zz\max}$的绝对值发现，二者之比简后仅为泊松比的函数，不受其他参数的影响，且在泊松比为 0.05~0.5 内$\sigma_{xx\max}$约为$\sigma_{zz\max}$的 3.4~3.9 倍（图 8-28）。由此可见由同一 R 波在边坡岩体中所诱发的动应力中，其最大值存在$\sigma_{xx\max}>\sigma_{zz\max}$的关系。因此，对于 R 波引起的附加动正应力而言，可仅关注σ_{xx}对岩体的影响。

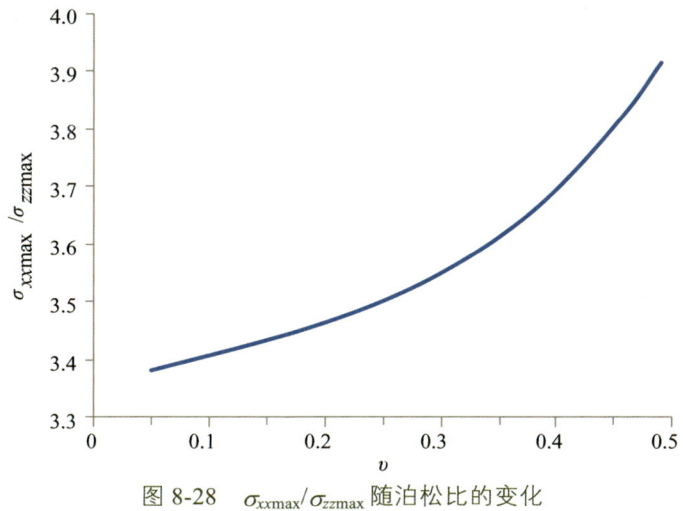

图 8-28 $\sigma_{xxmax}/\sigma_{zzmax}$ 随泊松比的变化

（2）边坡岩体质点振动速度峰值分布特征。

分析式（8-3）发现，在波的传播方向即平行坡面方向上，v_x 在坡面上（$z=0$）时绝对值最大。在深度方向上，速度 v_z 在坡面上（$z=0$）的值较高，且随深度 z 增大先略有增大后缓慢减小至 0，表明其速度极值并非出现在地表而是在地下且距离地表很近的位置。

令 $z=0$，根据式（8-3）对比坡面上两个方向上的振动速度，则 v_x 和 v_z 的峰值振动速度绝对值可简化为

$$\frac{v_{xmax}}{v_{zmax}} = \frac{k(k^2 - 2rs + s^2)}{r(k^2 - s^2)}$$

分析 v_{xmax}/v_{zmax} 绝对值发现，二者之比简后仅为泊松比的函数，不受其他参数的影响，且在泊松比为 0~0.5 内 v_{xmax} 约为 v_{zmax} 的 0.77~0.54 倍（图 8-29）。由此可见由同一 R 波在边坡表面同一点处所诱发的质点振动速度峰值存在 $v_{zmax} > v_{xmax}$ 的关系。因此，为了安全起见对于 R 波引起的岩体振动而言，若要控制振动速度则应主要控制地震波传播方向上的振动速度即 v_x。

（3）附加动应力与振动速度的数学关系。

工程实践中，工程技术人员希望通过振动速度的测量来考察爆破振动对边坡岩体的影响程度，因此，对速度与应力的对应关系进行分析具有实际意义，由前述分析可知，应力应主要关注 σ_{xx}、σ_{xy}，而振动速度则应关注 v_x，因此分别推求 σ_{xx}、σ_{xy} 与 v_x 间的关系。

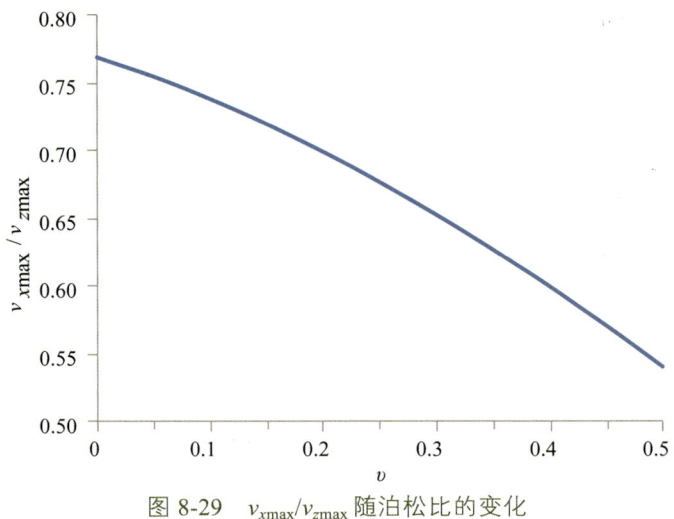

图 8-29 v_{xmax}/v_{zmax} 随泊松比的变化

首先，对 $\dfrac{\sigma_{xx}}{v_x}$ 的表达式进行整理得

$$\frac{\sigma_{xx}}{v_x}=\frac{4k^2rs\mu\mathrm{e}^{rz}-(k^2+s^2)(-r^2\lambda+\lambda k^2+2\mu k^2)\mathrm{e}^{sz}}{k\omega[-2rs\mathrm{e}^{rz}+(k^2+s^2)\mathrm{e}^{sz}]} \qquad (8\text{-}10)$$

由于正应力和振动速度在坡面上即 $z=0$ 时大致处于峰值，重点分析坡面处的特征更有意义。因此，当 $z=0$ 时，式（8-10）变为

$$\left.\frac{\sigma_{xx}}{v_x}\right|_{z=0}=\frac{4k^2rs\mu-(k^2+s^2)(-r^2\lambda+\lambda k^2+2\mu k^2)}{k\omega(k^2+s^2-2rs)} \qquad (8\text{-}11)$$

将式（8-11）改写后可得到坡面上由振动速度表示的附加正应力的计算公式：

$$\left.\sigma_{xx}\right|_{z=0}=\frac{4k^2rs\mu-(k^2+s^2)(\lambda k^2-r^2\lambda+2\mu k^2)}{k\omega(k^2+s^2-2rs)}\times v_x\big|_{z=0} \qquad (8\text{-}12)$$

其次，对 $\dfrac{\sigma_{zx}}{v_x}$ 的表达式进行整理，由于应力与速度存在相位差因此仅取其峰值表达式进行相比，整理得到

$$\frac{\sigma_{zx}}{v_x}=\frac{2r\mu(k^2+s^2)(\mathrm{e}^{sz}-\mathrm{e}^{rz})}{\omega(k^2\mathrm{e}^{sz}+s^2\mathrm{e}^{sz}-2rs\mathrm{e}^{rz})}$$

坡面上附加动剪应力 σ_{zx} 为 0，对边坡无影响，因此需通过坡面振动速度推求某一

深度 z 处振动速度，进而获得该深度处的附加动剪应力。垂直坡面方向任意深度 z 处的振动速度峰值 v_x 与坡面振动速度峰值之比可表示为

$$\frac{v_x|_z}{v_x|_{z=0}} = \frac{k^2 \mathrm{e}^{-rz} + s^2 \mathrm{e}^{-rz} - 2rs\mathrm{e}^{-sz}}{k^2 + s^2 - 2rs}$$

由 $v_x|_{z=0}$ 确定的任意深度 σ_{zx} 为

$$\sigma_{zx} = \frac{\sigma_{zx}}{v_x|_z} \times \frac{v_x|_z}{v_x|_{z=0}} \times v_x|_{z=0}$$

得到由坡表振动速度表示的垂直坡面方向任意深度 z 处的附加动剪应力计算公式为

$$\sigma_{zx} = \frac{2r\mu(k^2 + s^2)(\mathrm{e}^{-rz} - \mathrm{e}^{-sz})}{\omega(k^2 - 2rs + s^2)} \times v_x|_{z=0} \quad （8\text{-}13）$$

因此，由式（8-12）和式（8-13）即可表示岩体附加动应力与坡面质点振动速度间的数学关系。

8.3.3　岩体无剪切破坏振动速度允许值

1. 岩体无剪切破坏时振动速度控制要求

爆破地震波作用下，边坡岩体将承受一定的附加动态剪切作用，当静态剪切力与附加动态剪切力之和超过其抗剪能力时将发生损伤破坏。

判断边坡岩体是否发生剪切破坏可通过计算坡体任意点处的剪应力进行判断，但由于的边坡几何形状和岩体力学参数对其岩体应力均有影响，任意点的剪应力的难以计算，也无法进一步进行允许振动速度的分析。

实践表明，爆破振动诱发的边坡岩体的滑动往往规模小，且主要集中在边坡的表层和浅层，其圆弧状滑动面形态不显著，因此为计算坡体任意深度处的剪应力状态，采用如图 8-30 所示边坡模型进行计算。假定边坡的主滑动面和坡面倾角均 θ；z 为垂直于坡面方向的滑动面深度，γ 为岩体容重。

偏于安全考虑，不考虑滑体顶部和底部的过渡滑动面对边坡稳定性的贡献时，边坡主滑动面处的剪应力可近似表示为

$$\tau \approx \gamma z \sin\theta$$

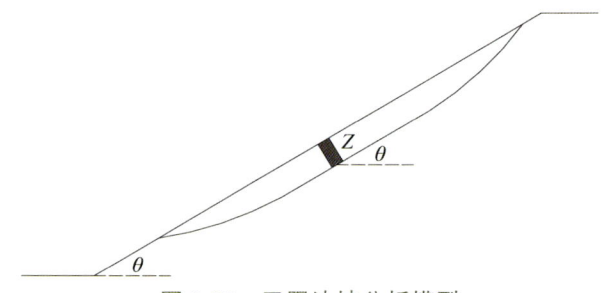

图 8-30　无限边坡分析模型

爆破地震 R 波作用下，滑动面上的附加动剪应力沿坡面方向呈正弦或余弦分布。当滑动面长度超过波长时，附加动应力将相互抵消，偏于安全考虑，假定滑体的滑动面远小于波长，近似认为滑动面上附加剪应力相同。此时静态剪应力附加动态剪应力后可表示为

$$\tau + \tau_d \approx \gamma z \sin\theta + \sigma_{zx}$$

要使岩体不发生剪切破坏，则剪应力大于抗剪力，同时考虑一定的安全系数 f_s 时，得：

$$c + \gamma z \cos\theta \tan\phi > f_s(\sigma_{zx} + \gamma z \sin\theta)$$

得到岩体的允许动剪应力为

$$\sigma_{zx} < \frac{c + \gamma z \cos\theta \tan\phi}{f_s} - \gamma z \sin\theta \tag{8-14}$$

根据应力与速度间的关系式（8-13），并以坡面质点振动速度为控制指标时，联立式（8-14）得到体波主影响区允许爆破振动速度为

$$V_x\big|_{z=0} < \frac{1}{\rho C_S}\left(\frac{c + \gamma z \cos\theta \tan\phi}{f_s} - \gamma z \sin\theta\right) \tag{8-15}$$

根据应力与速度间的关系式（8-13），联立式（8-14）得到面波主影响区允许爆破振动速度为

$$v_x\big|_{z=0} < \frac{\omega(k^2 - 2rs + s^2)\left(\dfrac{c + \gamma z \cos\theta \tan\phi}{f_s} - \gamma z \sin\theta\right)}{2r\mu(k^2 + s^2)(e^{-rz} - e^{-sz})} \tag{8-16}$$

在式（8-15）和式（8-16）中，如确定岩体的物理力学参数和边坡的几何特征则可得到其爆破振动速度允许值。

2. 不同级别岩体物理力学参数估算

目前岩体的物理力学参数主要通过工程类比法确定。国家标准《工程岩体分级标准》（GB/T 50218—2014）给出了各类岩体级别定性和定量的分级方法，并给出了Ⅰ～Ⅴ级岩体的物理力学参数的取值范围（表8-24）。

表8-24　岩体物理力学参数

级别	BQ	$\gamma/(kN/m^3)$	$\varphi/(°)$	c/MPa	E/GPa	υ
Ⅰ	>550	>26.5	>60	>2.1	>33	>0.2
Ⅱ	550～451	>26.5	60～50	2.1～1.5	33～16	0.2～0.25
Ⅲ	450～351	26.5～24.5	50～39	1.5～0.7	16～6	0.25～0.3
Ⅳ	350～251	24.5～22.5	39～27	0.7～0.2	6～1.3	0.3～0.35
Ⅴ	<250	<22.5	<27	<0.2	<1.3	>0.35

根据表8-24给出的不同级别岩体的物理力学参数建议值，可得到Ⅱ～Ⅴ岩体参数的上限值（表8-25）。

表8-25　各级岩体参数的上限值

参数	$\gamma/(kN/m^3)$	$\varphi/(°)$	c/MPa	E/GPa	υ
Ⅱ级岩体上限	26.5	60	2.1	33	0.2
Ⅲ级岩体上限	26.5	50	1.5	16	0.25
Ⅳ级岩体上限	24.5	39	0.7	6	0.3
Ⅴ级岩体上限	22.5	27	0.2	1.3	0.35

3. 不同级别岩体爆破振动速度允许值

根据国家标准《建筑边坡工程技术规范》（GB 50330—2013）等规范关于边坡安全系数的规定，地震作用下，边坡的动力安全系数一般可取1.05～1.15。爆破地震波作用较天然地震要弱得多，因此爆破地震波作用下的边坡安全系数f_s达到1.05时满足工程要求。

在体波主影响区，炮孔作用区域与保留区域的应力差是形成剪切波的主要原因之一，因此在爆源近区炮孔深度范围内岩体的附加动剪切力较为显著，在无法准确确定潜在滑动面位置时，深度 z 可取炮孔深度 h 进行估算，分别取 5 m 和 10 m 两种工况，并由式（8-15）计算允许振动速度，且所述的振动速度方向为正对震源方向且平行坡面的振动速度。

计算结果表明（表 8-26），采用 Ⅱ、Ⅲ 级岩体参数上限值进行计算时，得到的允许振动速度接近。岩体质量进一步下降后，允许振动速度则大大降低。且深度 5 m 和 10 m 处的允许振动速度也较为接近。

表 8-26　体波主影响区 x 方向（平行坡面）允许振动速度　　单位：cm/s

参数	$z = 5$ m			$z = 10$ m		
	dip = 30°	dip = 45°	dip = 60°	dip = 30°	dip = 45°	dip = 60°
Ⅱ 级岩体上限	49	34	33	37	35	33
Ⅲ 级岩体上限	36	35	34	38	35	33
Ⅳ 级岩体上限	29	27	26	30	26	23
Ⅴ 级岩体上限	17	14	—	17	11	—

在 R 波主影响区，R 波传播造成的附加动剪应力在 z_{cr} 处达到峰值，因此滑动面深度可近似取 z_{cr}。由于 Ⅴ 级岩体很难在 60° 坡度下自稳，因此未考虑该工况。分别取 R 波振动频率 f 为 10 Hz 和 50 Hz 时，由式（8-16）计算岩体允许振动速度。

计算结果表明（表 8-27），随着岩体级别的降低，岩体的允许振动速度显著降低。而岩体的振动频率对不同的级别岩体的允许振动速度影响也有所差异，岩体质量好时低振动频率对岩体更为有利，而岩体质量较差时高振动频率对岩体更有利，其原因是振动频率和岩体参数对附加动剪切力最大值所处深度有影响。

表 8-27　面波主影响区 x 方向（平行坡面）允许振动速度　　单位：cm/s

参数	$f = 10$ Hz			$f = 50$ Hz		
	dip = 30°	dip = 45°	dip = 60°	dip = 30°	dip = 45°	dip = 60°
Ⅱ 级岩体上限	50	40	29	34	32	30
Ⅲ 级岩体上限	38	31	23	31	29	28
Ⅳ 级岩体上限	24	18	12	22	21	20
Ⅴ 级岩体上限	11	6	—	12	11	—

综合分析发现，爆源近区和远区，不同深度，不同振动频率条件下各级岩体的允许振动速度较为接近，因此由表 8-26 和表 8-27 综合得到边坡不发生浅层滑动时的允许振动速度值（如表 8-28）。

表 8-28 岩体无剪切破坏 x 方向（平行坡面）允许振动速度　　单位：cm/s

岩体级别	体波主影响区	面波主影响区	
		$f = 10\ Hz$	$f = 50\ Hz$
Ⅰ～Ⅱ级岩体	33～49	23～50	28～34
Ⅲ级岩体	23～33	12～23	20～28
Ⅳ级岩体	11～23	6～12	11～20
Ⅴ级岩体	<11	<6	<11

由表 8-28 可知，以局部岩体不发生剪切破坏为控制条件时，岩体的强度和边坡的形态对允许振动速度有较大的影响，且不同级别岩体的允许振动速度差别较大，计算得到Ⅰ、Ⅱ级岩体的允许振动速度可达 30 cm/s 的量级，这与长沙矿冶研究院建议的稳定和较稳定矿山边坡坡脚允许振动速度为 28～45 cm/s 的量级较为接近的。而计算得到的Ⅲ～Ⅴ级岩体允许振动速度 5～12 cm/s 则与国家标准《爆破安全规程》（GB 6722—2014）规定的 5～15 cm/s 量级也较接近。

必须指出的是，以上为了得到便于工程应用的振动速度允许值，对简单边坡模型进行了简化计算分析。而对于软弱结构面控制的复杂边坡，由于结构面地质特征更为复杂，且其与边坡形态存在多种组合关系，采用简化计算可能存在较大的误差，并未进行讨论，上述振动速度控制值也不适用，应根据其具体条件进行更加准确的分析。

8.3.4 岩体无张拉破坏安全允许振动速度

1. 岩体无张拉破坏时振动速度控制要求

爆破开挖诱发的体波和面波所诱发的附加动应力中，坡面上的附加动正应力是最大的，尽管由于作用时间短且应变量小的原因，一般无法造成岩体的强烈张拉破裂，但可能造成岩体的张拉损伤，因此爆破地震波诱发的附加动应力应低于岩体的抗拉强度，根据应力速度关系式（8-8）、式（8-12）得到体波影响区正应力应满足：

$$\sigma_{xx} = V_x |_{z=0}\, \rho C_P < \sigma_{tm} \tag{8-17}$$

而面波影响区正应力应满足：

$$\sigma_{xx}|_{z=0} = \frac{4k^2 rs\mu - (k^2 + s^2)(-r^2\lambda + \lambda k^2 + 2\mu k^2)}{k\omega(k^2 + s^2 - 2rs)} v_x |_{z=0}$$
$$< \sigma_{tm} \tag{8-18}$$

以坡面质点振动速度为控制指标时，（8-17）和式（8-18）式可分别改写为

$$V_x |_{z=0} < \frac{\sigma_{tm}}{\rho C_P} \tag{8-19}$$

$$v_x\big|_{z=0} < \frac{k\omega(k^2+s^2-2rs)}{4k^2rs\mu-(k^2+s^2)(-r^2\lambda+\lambda k^2+2\mu k^2)}\sigma_{tm} \qquad (8\text{-}20)$$

2. 不同级别岩体抗拉强度估算

根据岩体抗拉强度则可确定不同级别岩体的允许振动速度，而 Mohr-Coulomb 强度准则和 Hoek-Brown 强度准则均可确定岩体的抗拉强度。其中，Mohr-Coulomb 强度准则中岩体的理论抗拉强度通过岩体黏聚力 c 和内摩擦角 φ 进行计算：

$$\sigma_{tMC} = \frac{2c\cos\phi}{1-\sin\phi}$$

而 Hoek-Brown 强度准则中岩体的理论抗拉强度则由岩体的岩性参数 m_i、岩体质量指标 GSI 和完整岩块单轴抗压强度 σ_{ci} 确定。

$$\sigma_{tHB} = \frac{s}{m}\sigma_{ci}$$

式中，$m = m_i e^{\frac{GSI-100}{28-14D}}$；$s = e^{\frac{GSI-100}{9-3D}}$；$\sigma_{3n} = \frac{\sigma_{3max}}{\sigma_{ci}}$；$\alpha = \frac{1}{2} + \frac{1}{6}(e^{\frac{-GSI}{15}} - e^{\frac{-20}{3}})$；$\sigma_{ci}$ 为完整岩石试样的单轴抗压强度；m_i 为完整岩石无量纲常数；GSI 为岩体的地质强度指标值；D 为表征岩体的受扰动程度的参数。

一般而言，Mohr-Coulomb 强度准则计算的抗拉强度要大于 Hoek-Brown 强度准则的计算值。而 Hoek 认为 Mohr-Coulomb 强度准则确定的岩体强度反映的是大尺度岩体的整体强度特性，而 Hoek-Brown 强度准则确定的岩体强度则主要是反映岩体破坏起始点的强度特征。因此，他认为对于大尺度岩体整体破坏问题采用 Mohr-Coulomb 强度准则计算的抗拉强度相对合理。

另外，由于爆破振动频率较高，应变率较高，峰值应力所保持的时间短，采用较大的抗拉强度相对更为合理。

根据国家标准《工程岩体分级标准》（GB/T 50218—2014），由各级岩体物理力学参数建议值，可大致确定各级岩体的爆破振动抗拉强度取值范围（表 8-29）。

表 8-29　岩体抗拉强度计算值

岩体参数	抗拉强度/MPa
Ⅱ级岩体上限	1.13
Ⅲ级岩体上限	1.09
Ⅳ级岩体上限	0.67
Ⅴ级岩体上限	0.25

3. 不同级别岩体爆破振动速度允许值

根据岩体的抗拉强度（表 8-29）以及坡面不发生张拉损伤时的力学条件，由式（8-19）、式（8-20）计算得到不同岩体强度参数下岩体的允许振动速度值（正对震源方向且平行坡面的振动速度）。计算结果显示（表 8-30），岩体的安全允许振动速度值几乎不受岩体级别的影响，且振动频率对安全允许振动速度影响不显著。面波主影响区的允许振动速度比体波主影响区小。

表 8-30　岩体无拉裂破坏 x 方向（平行坡面）允许振动速度　　单位：cm/s

岩体参数	体波主影响区	面波主影响区
Ⅱ级岩体上限	11.5	6.8
Ⅲ级岩体上限	15.3	9.1
Ⅳ级岩体上限	15.1	9.1
Ⅴ级岩体上限	11.5	7.2

需要指出的是，以不发生张拉破裂为控制条件时，不同岩体级别岩体的抗拉裂安全允许振动速度相近的结论，与"岩体越软弱安全允许振动速度应越小"的感性认识是不同的，其原因是安全允许振动速度取决于岩体抗拉强度与岩体的波阻抗等参数的比值，而岩体级别下降时，岩体抗拉强度 σ_{tm} 在降低的同时，其波阻抗 ρC_P 的参数也在同时下降，且根据国家标准《工程岩体分级标准》（GB/T 50218—2014）中给出的岩体参数建议值，波阻抗 ρC_P 随岩体级别并非呈线性降低的，因此，并未呈现岩体安全允许振动速度随其级别而不断降低的规律。

8.3.5　岩体爆破振动速度允许值的讨论

通过上述分析得到了分别满足抗剪切和抗张拉破裂条件时边坡浅层岩体的安全允许振动速度。其中，抗剪切破坏的允许振动速度是以"一定深度"内的岩体不发生破坏为控制要求的。而抗张拉破坏的允许振动速度是以边坡"表面"岩体不发生破坏为控制要求的。

由附加动张拉应力和土压力沿深度方向的分布规律可知，张拉应力随着深度的增加而迅速衰减，但水平方向压力则呈线性增长，因此，仅以坡面岩体不发生张拉破坏为控制要求是过于偏于安全的。

另外，考虑边坡浅层岩体的整体稳定性时，沿潜在滑动面发生剪切破坏是边坡失稳的必要条件，而岩体发生张拉破坏则不是其必要条件，更不是充分条件，因此，边坡的爆破振动速度应以不发生浅层剪切破坏为主要控制条件，其允许的平行坡面且正对爆源方向（图8-31的x方向）振动速度取值范围应在6～50 cm/s（如表8-28）。

该允许振动速度的方向是平行坡面且正对爆源方向的，这与采用振动传感器进行爆破振动监测时的绝对水平方向是不同的。目前，工程实践中主要采用磁电式传感器，需水平安装，并要求传感器x方向正对爆源。因此，根据边坡面与监测点的相对位置关系可对表8-28所述的控制振动速度进行换算。设传感器x方向与震源间在铅直面内的夹角（即边坡在测点处的视倾角）为γ（图8-31）。地震波平行坡面方向峰值速度和垂直坡面峰值速度存在相位差，因此，可根据速度分解原理，将震源至传感器连线方向的振动速度V_x分解为传感器x向和垂直z向的振动速度。由此可知测振仪测得的x向峰值速度Vt_x应不大于平行坡面速度$V_x\cos\gamma$。

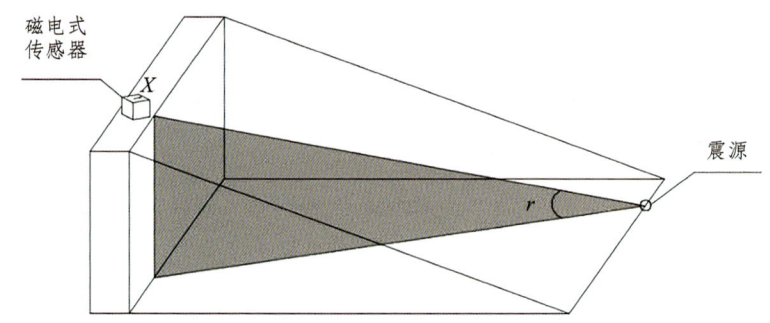

图8-31 振动传感器与震源相对位置图

因此，可得到测振仪水平安装且x方向正对震源时，γ分别为30°和60°时测点处水平方向振动速度允许值分别如表8-31和表8-32所示。由表可知，坡度越陡，允许的爆破振动速度越小，控制越严格。在γ取0至60°内的值时，可通过表8-31和表8-32进行插值或参考确定。

表8-31 测点正对震源时水平向允许振动速度（$\gamma=30°$）　　单位：cm/s

岩体级别	体波主影响区	面波主影响区	
		$f=10$ Hz	$f=50$ Hz
Ⅰ～Ⅱ级岩体	29～42	20～43	24～29
Ⅲ级岩体	20～29	10～20	17～24
Ⅳ级岩体	10～20	5～10	10～17
Ⅴ级岩体	<10	<5	<10

表 8-32　测点正对震源时水平向允许振动速度（$\gamma=60°$）　　　单位：cm/s

岩体级别	体波主影响区	面波主影响区	
		$f=10\ Hz$	$f=50\ Hz$
Ⅰ~Ⅱ级岩体	17~25	12~25	14~17
Ⅲ级岩体	12~17	6~12	10~14
Ⅳ级岩体	6~12	3~6	6~10
Ⅴ级岩体	<6	<3	<6

对比上述理论分析结果，国家标准《爆破安全规程》（GB 6722—2014）规定的永久岩质边坡的安全允许振动速度为 5~15 cm/s（如表 8-31 所示），整体上是较为合理的，大致能够同时满足抗张拉和抗剪切破坏的双重要求，但对于爆破近区岩体和岩体级别较高的岩体而言，其控制标准较为保守，工程实践中难以达到控制要求，而要达到控制要求则其爆破施工的经济性显著下降。因此，应结合理论分析和工程经验，综合分析围岩特征、边坡几何特征以及爆破振动特征等因素，对边坡的爆破振动控制标准进行细化，使得爆破振动控制标准更科学和更具可操作性。

8.4　基坑建基面损伤控制技术

基坑底部为永久结构的基础，爆破损伤可影响其稳定性。原爆破方案主要为浅孔爆破，直径 42 mm 钻孔，但其钻进效率低，单孔装药量小，经济性不高，为此对原爆破方案相关参数进行了数值模拟优化。

8.4.1　数值模型及参数

数值模拟计算所选取的模型为双孔单排实体模型，孔深 3.3 m，炮孔堵塞长度为 1 m，孔距 a 为 1.5 m，排距 b 和抵抗线 W 均为 1.3 m。起爆方式为孔底单点同时起爆。

采取 SOLID164 六面体单位分别对炸药、岩石、水及空气进行空间离散化。由于模拟工况不同，所需建模数目较多，且模型尺寸太大，离散化后单元数过多，计算时间过长，为简化计算，实际计算中采用单层实体网格建模。

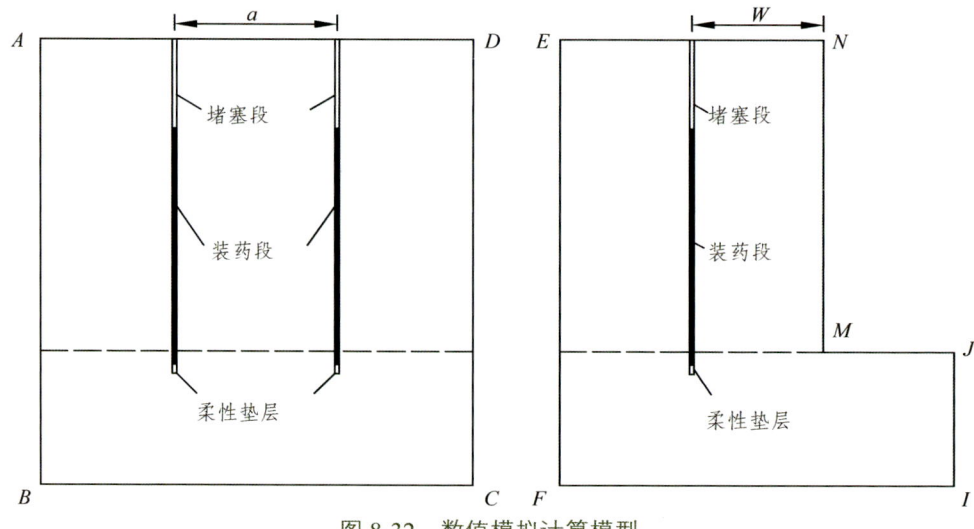

图 8-32 数值模拟计算模型

岩石是一种复杂的材料,在爆炸冲击过程中涉及其材料塑性流动、硬化软化、损伤断裂、应变率效应等多方面力学现象,与其静态行为完全不同。尽管有很多岩石材料模型,但这些模型通常不适用于爆炸冲击过程的模拟计算,而且在工程实际中,一般只能得到材料的基本参数,如杨氏模量、泊松比、硬化模量、最大抗压抗拉强度等,如果材料模型中包含许多无法从简单实验确定的材料参数,模型就会失去其实用价值。的数值模拟中,采用岩石的弹塑性本构模型,用关键字"*MAT_PLASTIC_KINEMATIC"来定义。此材料模型不仅考虑了材料的弹塑性性质,而且还能够描述材料的强化效应和应变率变化效应,同时还带有失效应变。岩石材料参数见表 8-33。

表 8-33 岩石材料参数

密度 ρ /(kg/m³)	弹模 E/GPa	泊松比 μ	屈服应力 /MPa	切线模量 /GPa	纵波速 /(m/s)	横波速 /(m/s)
2 600	10	0.20	60	2	4 390	3 410

LS-DYNA 中由关键字 "*MAT_HIGH_EXPLOSIVE_BURN" 来义炸药材料模型,由关键字 "*EOS_JWL" 来定义描述状态方程,其中压力与体积应变之间的关系为

$$P = A\left(1 - \frac{\omega}{R_1 V}\right)e^{-R_1 V} + B\left(1 - \frac{\omega}{R_2 V}\right)e^{-R_2 V} + \frac{\omega E}{V}$$

式中，P 为压力；V 为爆轰产物的相对体积；E 为单位体积内能；A、B、R_1、R_2、ω 为待定常数。

计算模型所选用的炸药材料参数见表 8-34。

表 8-34 炸药材料参数

密度 ρ /(kg/m³)	爆速 D /(m/s)	A /GPa	B /GPa	R_1	R_2	ω	PCJ/MPa	E_0/GPa
1 100	3 525	371.2	3.231	4.15	0.95	0.3	3.169 3	4.5

在流体材料处理的过程中，需要同时使用 2 种方式来描述材料，用本构模型和状态方程来同时描述这种材料的特性。LS-DYNA 中提供了 1 种空材料模式，用关键字"*MAT-NULL"来描述流体行为的材料（如空气或水等）。该材料模式本身提供本构模型来描述材料的偏应力（黏性应力）：

$$\sigma_{ij}^v = \sigma_{ij}' = \mu \dot{\varepsilon}_{ij}'$$

使用状态方程 EOS 来提供体积变形和压力之间的关系。这样两者共同提供材料整个应力张量：

$$\sigma_{ij} = \sigma_{ij}' + \frac{1}{3}\sigma_{kk}\delta_{ij} = \mu\varepsilon_{ij}' + P\delta_{ij}$$

模型中分别建立了水和空气的模型。水材料的 Gruneisen 状态方分两种情况。

（1）材料受冲击压缩时（即 $\mu > 0$）的状态方程为

$$P = \frac{\rho_0 C^2 \mu \left[1 + \left(1 - \frac{\gamma_0}{2}\right)\mu - \frac{\alpha\mu^2}{2}\right]}{\left[1 - (S_1 - 1)\mu - S_2 \frac{\mu^2}{1+\mu} - S_3 \frac{\mu^3}{(1+\mu)^2}\right]^2} + (\gamma_0 + \alpha\mu)E$$

（2）材料膨胀（即 $\mu < 0$）时的状态方程为

$$P = \rho_0 C^2 \mu + (\gamma_0 + \alpha\mu)E$$

式中，P 为压力；$\mu = \frac{\rho}{\rho_0} - 1$；$\rho_0$ 为材料密度；E 为初始单位体积内能；C 为水中声速；S_1、S_2 和 S_3 为 Gruneisen 系数；γ_0 为 Gruneisen 伽马；α 是对 γ_0 的一阶体积修正。

其中所选用的水材料参数见表 8-35。

表 8-35　水材料参数

密度ρ/ (kg/m^3)	声速C/ (m/s)	S_1	S_2	S_3	γ_0	α
1 000	1 480	2.56	1.986	1.228 6	0.11	0.3

空气材料的状态方程为

$$P = C_0 + C_1\mu + C_2\mu^2 + C_3\mu^3 + (C_4 + C_5\mu + C_6\mu^2)E$$

式中，P 为压力；C_0、C_1、C_2、C_3、C_4、C_5、C_6 为空气材料常数，详见表 8-36；E 为单位体积内能。$C_0 = C_1 = C_2 = C_3 = C_6 = 0$，$C_4 = C_5 = \gamma - 1$，$\mu = \dfrac{\rho}{\rho_0} - 1$。也即

$$P = (\gamma - 1)\dfrac{\rho}{\rho_0}E \tag{8-21}$$

式中，γ 为比热率，ρ，ρ_0 别为空气当前密度和初始密度。

表 8-36　空气材料参数

密度ρ/ (kg/m^3)	C_1	C_2	C_3	C_4	C_5	C_6
1.29	0	0	0	0.4	0.4	0

模拟和分析了孔径，超深，柔性垫层以及炮孔密集系数四种因素的变化对建基面所造成的影响。所选取的反映台阶爆破对建基面影响的指标为孔底岩石的损伤深度。因为 LS-DYNA 软件中没有反映岩石的 Mohr-Coulomb 屈服准则和 Drucke-Prager 屈服准则的分析参量，且由岩石的爆破破碎机理及考虑到模型所选岩石材料的性质，认为爆炸冲击荷载是导致岩石的主要损伤因素，所以，主要对第三主应力进行分析，以第三主应力达到岩石的屈服应力就认为岩石受到损伤。

8.4.2　炮孔直径优化

计算模型如图 8-33 所示。模型由炸药、岩石两部分组成，其中炸药采用欧拉网格建模，岩石采用拉格朗日网格建模，炸药与岩石之间采用流固耦合算法。孔径分别为 80 mm，90 mm，100 mm。

数值模拟计算结果以第三主应力等值线图的形式给出，见图 8-34 ~ 图 8-36。计算结果分析表明，

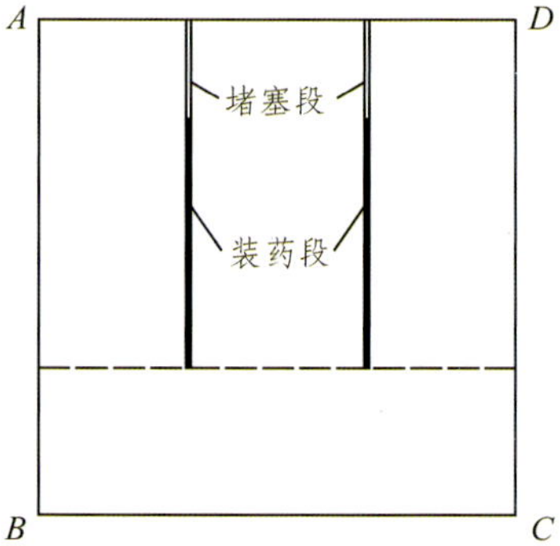

图 8-33　计算模型图

随着炮孔直径的增大，台阶爆破对建基面的损伤深度也将增大。从能量的角度来说，随着孔径的增大，在炮孔底部的同段装药量也相应增大，爆破时的能量增大，势必增大对建基面的垂直损伤（影响）范围。

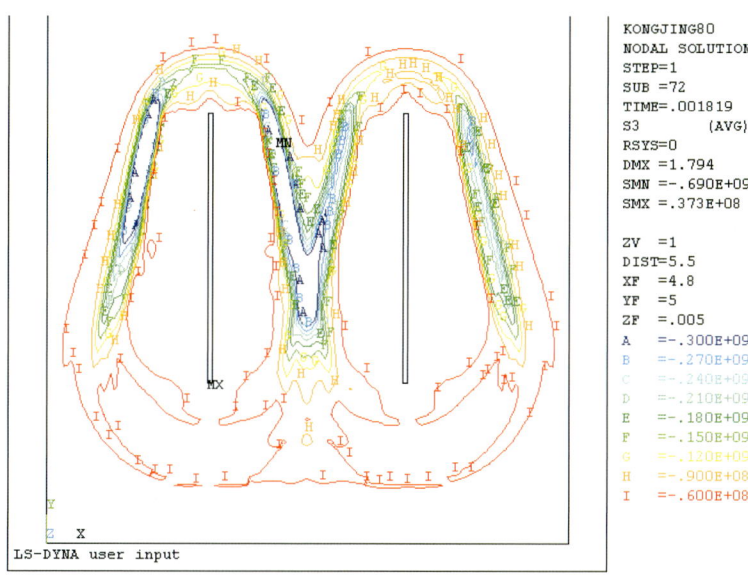

图 8-34　孔径为 80 mm 时第三主应力等值线图

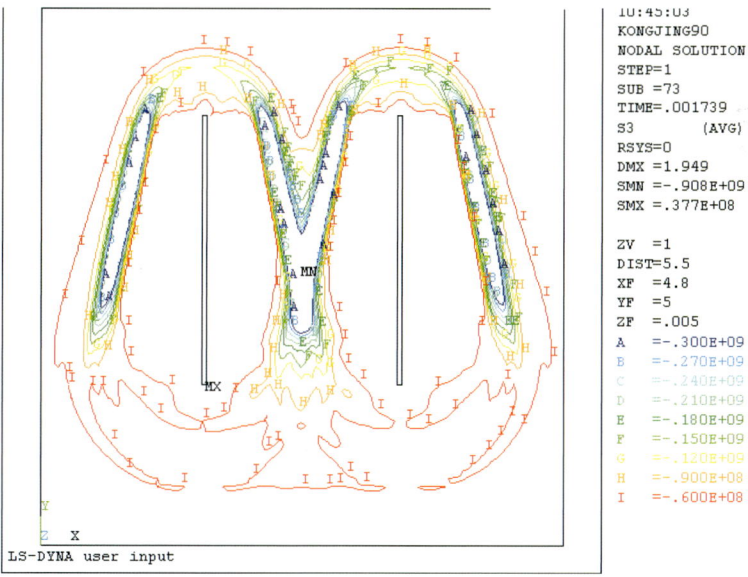

图 8-35　孔径为 90 mm 时第三主应力等值线图

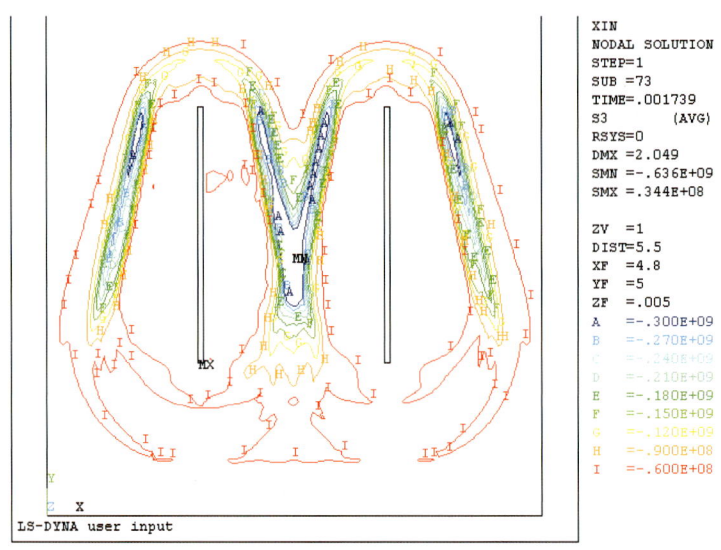

图 8-36 孔径为 100 mm 时第三主应力等值线图

根据国内外的许多研究资料以及国内的一些工程实例，孔底的损伤深度因岩石的硬度而异：对于中等坚硬岩石，药包底以下的损伤深度为 12~25 倍药径，而对坚硬岩石，药包底以下的损伤深度仅为药径的 4~8 倍。因此，建议采用 80 mm 左右的钻孔直径，实际采用 75 mm 钻孔。

由图得各工况下的最大损伤深度见表 8-37。

表 8-37 不同工况下的损伤范围

孔径/m	0.08	0.09	0.10
最大损伤深度/m	1.91	2.03	2.24
损伤深度与孔径之比	23.9	22.6	22.4

8.4.3 炮孔孔距优化

炮孔（眼）密集系数 m 是指孔距与排距之比，为分析 m 对损伤的影响，分别取 m 为 2，2.5，3，3.5，4，4.5 和 5 进行分析。数值模拟计算结果如图 8-37~图 8-43。不同炮孔密集系数时的最大损伤深度见表 8-38。

表 8-38 不同炮孔密集系数时的底部损伤范围

炮孔密集系数 m	2	2.5	3	3.5	4	4.5	5
最大损伤深度/m	1.75	1.82	1.88	1.65	1.65	1.65	1.65

（1）从数值模拟的情况来看，宽孔距爆破技术能在一定程度上减小台阶爆破对建基面的损伤深度。由表 8-38 知，当炮孔密集系数 2<m<3 时，建基面损伤深度随增大而增大，但增幅很小，只有 0.13 m；当 3<m<5 时，建基面损伤深度的保持不变，且损伤深度均小于炮孔密集系数在 2～3 时的损伤深度。

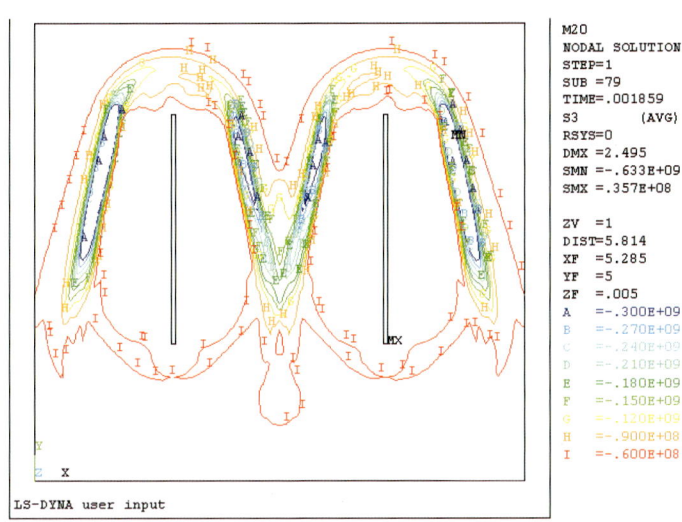

图 8-37　$m = 2$ 的第三主应力等值线图

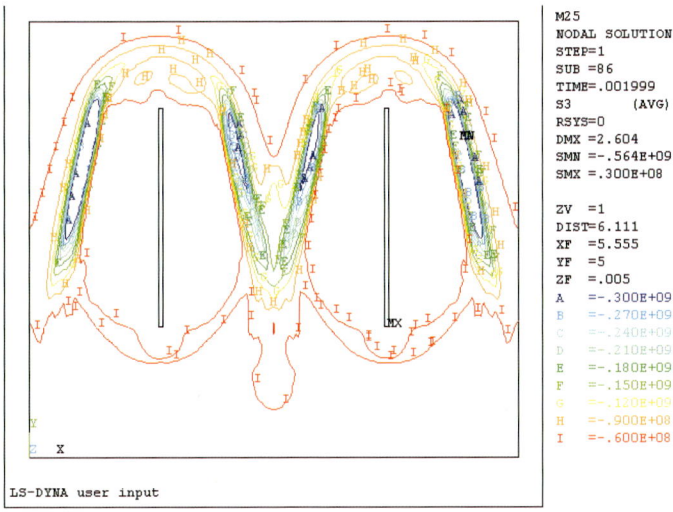

图 8-38　$m = 2.5$ 的第三主应力等值线图

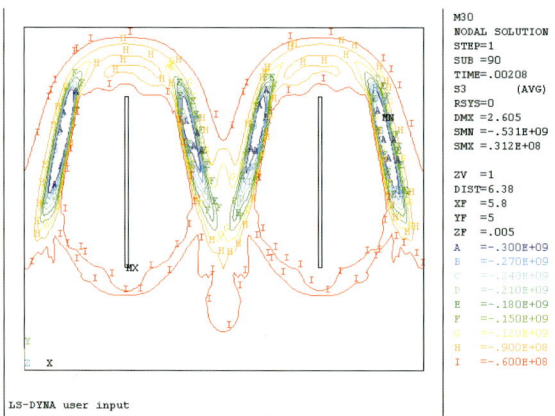

图 8-39 $m=3$ 的第三主应力等值线图

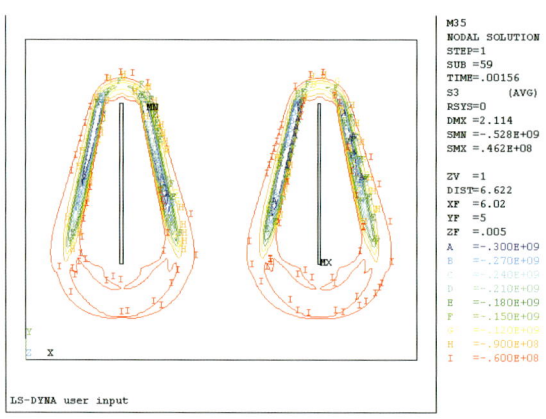

图 8-40 $m=3.5$ 的第三主应力等值线图

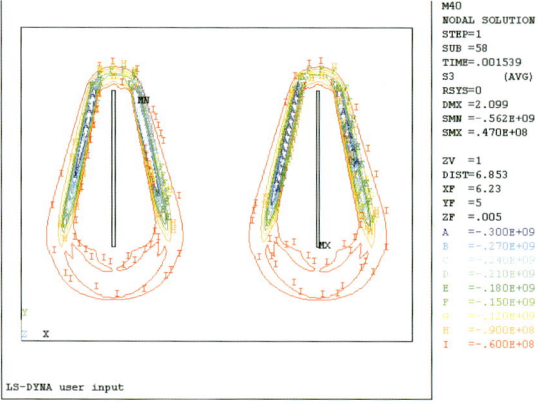

图 8-41 $m=4$ 的第三主应力等值线图

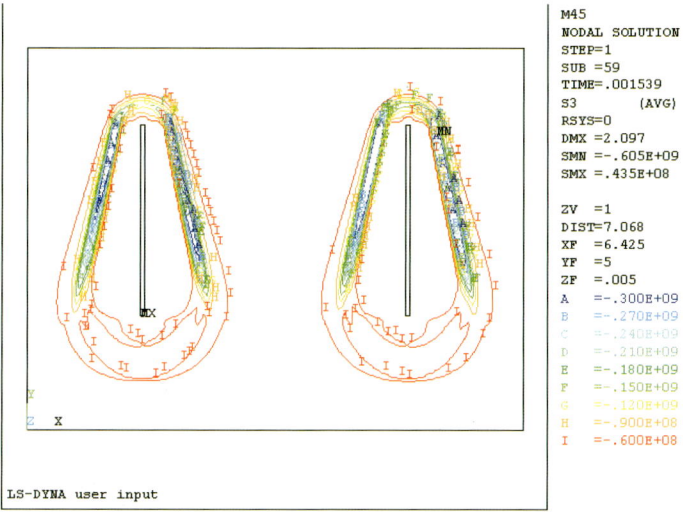

图 8-42　$m = 4.5$ 的第三主应力等值线图

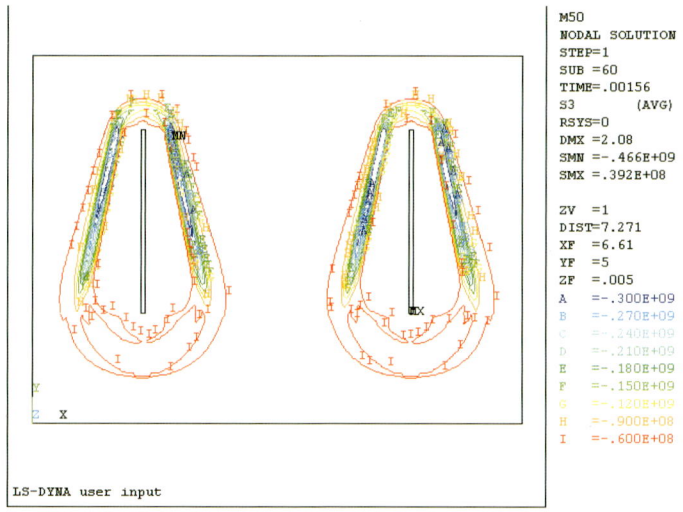

图 8-43　$m = 5$ 的第三主应力等值线图

（2）从等值线图可以看出，当炮孔密集系数在 2~3 时，建基面损伤最深处位于相邻两炮孔的中间部位，从而可以推断造成这种现象的原因是由于相邻两炮孔爆后产生的应力波叠加而使得中间部位岩石受力加强而受损；当炮孔密集系数在 3.5~5 时，建基面损伤深度最大处出现在炮孔正下方，这说明相邻两孔间的相互作用抵消，此时爆破对建基面的损伤深度与炮孔密集系数无关，而与单孔爆破情况有关。

（3）整体而言，炮孔间距对孔低损伤深度影响较小，建议设置为 2 左右。

8.4.4 孔底柔性垫层参数优化

孔底柔性垫层是控制炮孔底部损伤程度的一种技术措施。采用孔径 0.08 m、模型,对孔底柔性垫层参数进行优化。垫层厚度 10 cm、30 cm、50 cm、80 cm 和 100 cm,介质为水和空气。模型由岩石、炸药和柔性垫层三部分组成,其中炸药和柔性垫层采用欧拉网格建模,岩石采用拉格朗日网格建模,炸药、柔性垫层与岩石之间采用流固耦合算法。计算模型见图 8-44。

柔性垫层数值模拟计算结果,见图 8-45 至图 8-54。柔性垫层各工况下的最大损伤深度见表 8-39,不同工况同时刻建基面损伤深度见表 8-40 和表 8-41。计算结果表明:

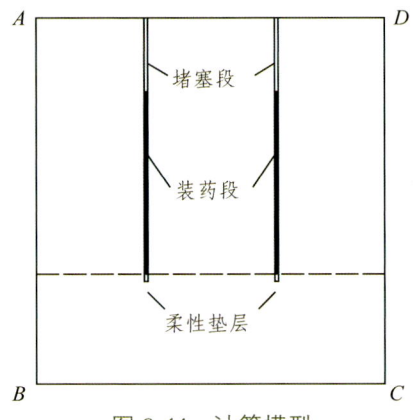

图 8-44　计算模型

(1) 当水垫层所占体积比为达到 2%、6%、10%、16%、20%时,爆破作用的损伤深度分别只有无垫层时的 90.6%、75.4%、63.4%、34.8%和 22.3%;当空气垫层体积比达到 2%、6%、10%、16%、20%时,爆破作用的损伤深度分别只有无垫层时的 92.4%、78.6%、69.2%、51.8%和 38.8%。由此可见,柔性垫层对建基面的影响是显著的,随着柔性垫层所占体积比增加,建基面的损伤深度逐渐减小。

(2) 随着柔性垫层厚度的增加,建基面所受损伤深度减小。由于柔性垫层的存在,加大了爆轰波到达孔底岩石的距离,降低了到达孔底岩石的初始冲击压力,从而有利于减少孔底岩石的损伤深度。存在一个临界体积比值,当体积比值等于或大于该值时,建基面的损伤深度将保持在一个稳定的范围。

(3) 爆破对建基面的损伤影响程度因材料不同而有所。在减小对建基面损伤的效果上,同等厚度的水垫层要优于空气垫层;与空气相比,更能有效的降低到达孔底岩石的初始冲击压力,减小了建基面岩石的损伤深度。

(4) 不同垫层材料在减小建基面损伤效果的差异,随着垫层厚度的增加而表现得更为明显,而 30 cm 左右的柔性垫层具有较高的性价比。

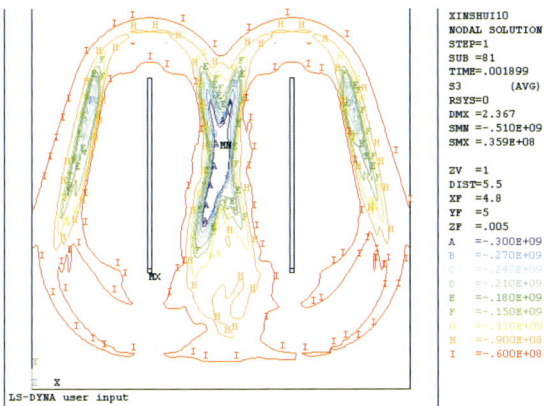

图 8-45 水垫层厚 0.1 m 时的第三主应力等值线图

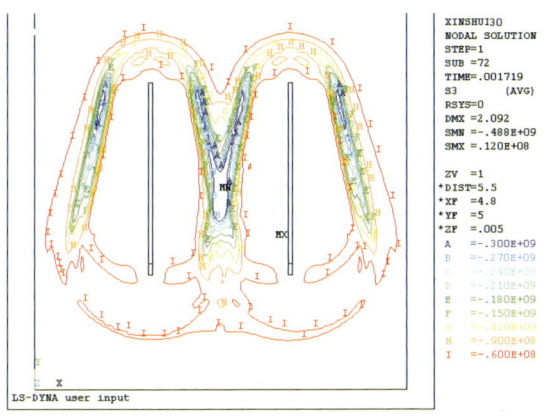

图 8-46 水垫层厚 0.3 m 时的第三主应力等值线图

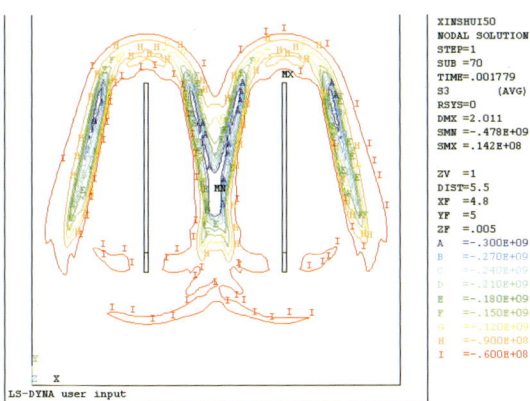

图 8-47 水垫层厚 0.5 m 时的第三主应力等值线图

· 291 ·

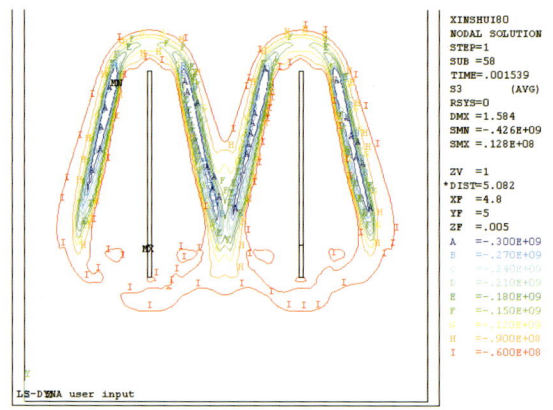

图 8-48 水垫层厚 0.8 m 时的第三主应力等值线图

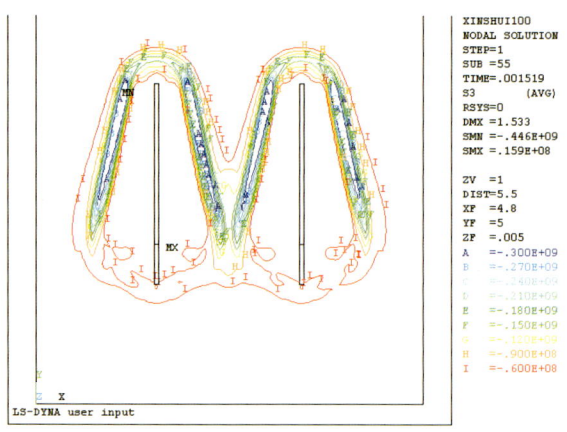

图 8-49 水垫层厚 1.0 m 时的第三主应力等值线图

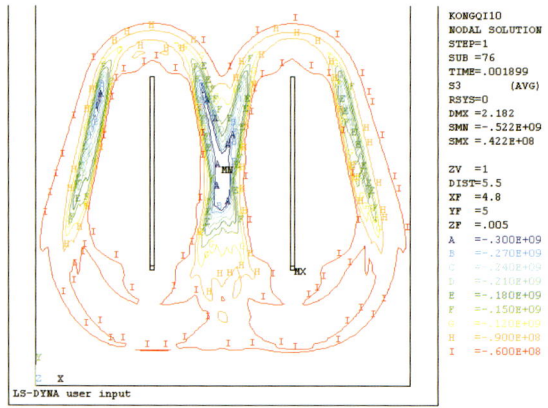

图 8-50 空气垫层厚 0.1 m 时的第三主应力等值线图

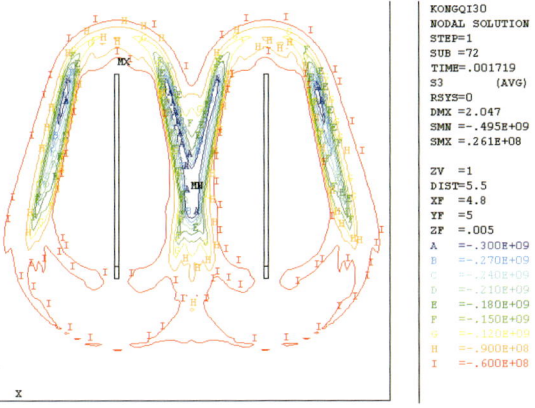

图 8-51　空气垫层厚 0.3 m 时的第三主应力等值线图

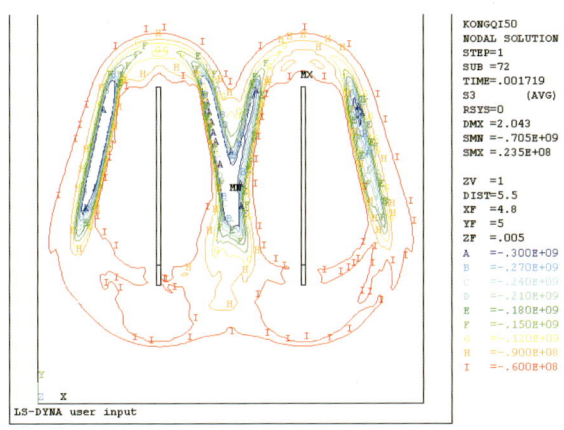

图 8-52　空气垫层厚 0.5 m 时的第三主应力等值线图

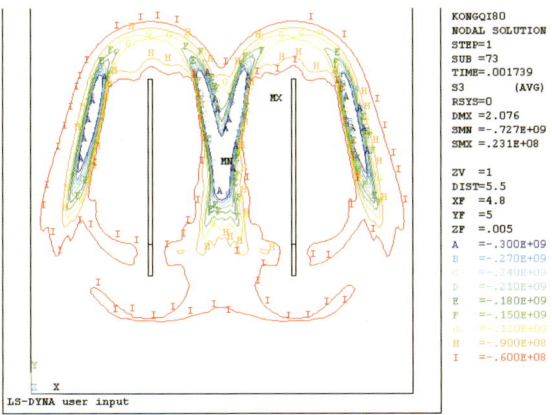

图 8-53　空气垫层厚 0.8 m 时的第三主应力等值线图

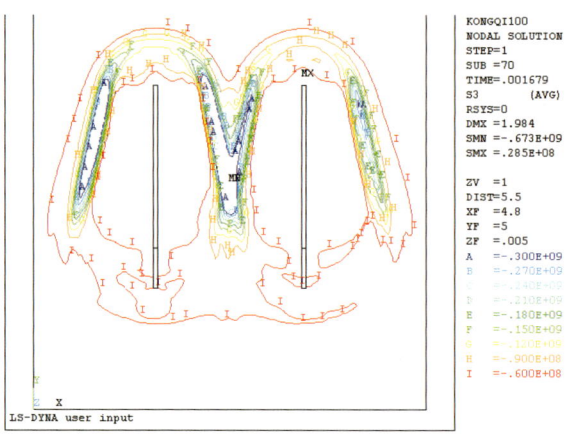

图 8-54 空气垫层厚 1.0 m 时的第三主应力等值线图

表 8-39 柔性垫层在不同工况下的损伤深度

垫层厚度/m	0	0.1	0.3	0.5	0.8	1.0
垫层所占体积比	0	0.02	0.06	0.10	0.16	0.20
水垫层最大损伤深度/m	2.24	2.03	1.69	1.42	0.78	0.50
空气垫层最大损伤深度/m	2.24	2.07	1.76	1.55	1.16	0.88
因材料不同造成的差值/m	0	0.04	0.07	0.13	0.38	0.38

表 8-40 水垫层在不同工况下同时刻建基面损伤深度

损伤深度/m		垫层厚度/m					
		0	0.1	0.3	0.5	0.8	1.0
时刻/s	0.9×10^{-3}	1.05	0.94	0.64	0.42	0.06	−0.03
	0.001 10	1.34	1.29	1.05	0.78	0.34	0.13
	0.001 26	1.61	1.55	1.29	0.94	0.59	0.27
	0.001 46	1.91	1.87	1.42	1.13	0.78	0.27
	0.001 60	2.14	2.03	1.55	1.29	0.43	0.27
	0.001 98	1.47	1.61	1.10	0.99	0.68	0
	0.002 08	1.35	0.78	0.60	0.50	0.27	−0.27

表 8-41 空气垫层在不同工况下同时刻建基面损伤深度

损伤深度/m		垫层厚度/m					
		0	0.1	0.3	0.5	0.8	1.0
时刻/s	0.9×10^{-3}	1.05	0.99	0.78	0.56	0.30	0.19
	0.001 10	1.34	1.32	1.10	0.87	0.47	0.42
	0.001 26	1.61	1.41	1.34	0.99	0.68	0.50
	0.001 46	1.91	1..83	1.47	1.29	0.88	0.68
	0.001 60	2.14	2.07	1.61	1.42	1.05	0.84
	0.001 98	1.47	1.34	0.99	0.65	0.42	0.26
	0.002 08	1.35	0.88	0.74	0.53	0.34	0.19

8.5 爆破根底与粉尘控制技术

8.5.1 降低爆破根底率炮孔钻进技术

在岩石爆破开挖过程中，常采用台阶爆破开挖成型相对平整的建基面，但在工程实践中往往因多种因素形成爆破根底，即爆破后出现电铲难以挖掘的凸出采掘工作面的一定高度的硬坎、岩梗。根底产生的原因主要有：孔网参数选择不当；起爆顺序和毫秒间隔时间不合理；底部装药不足等。

而工程实践中，施工工艺也直接影响根底的形成。主要是钻孔过程中由于钻孔深度不一，孔底很难保持在同一水平面上，炮孔间的相互作用减弱，易形成超欠挖问题，且欠挖时需进行二次爆破，施工效率低。因此，控制好钻孔精度是消除根底问题的重要途径。

在实际作业过程中，现场工人一般需通过水准仪进行钻孔深度控制，必须专人值守，作业效率低，降雨和灰尘大时难以观测控制。因此，很多情况下工人仅大致估算钻孔深度，爆破成型效果差，开挖面超欠挖问题突出，或开挖成倾斜面。

发明了一种控制岩石爆破根底的炮孔钻进深度高效控制方法。其特征是包括以下步骤：

步骤一：在台阶爆破开挖范围内选择一个基准点，在基准点上架设激光扫平仪。

步骤二：调整激光扫平仪的高度和水平度，使激光水平面高于开挖区地表的最高点。

步骤三：根据爆破设计方案布置所有的炮孔平面位置，并用标尺量测所有炮孔顶部到激光水平面的高度 X_i，计算 X_i 的平均值 X。

步骤四：根据炮孔设计深度 D、炮孔顶部到激光水平面的平均高度 X、钻机钻杆总长度 L，确定每个炮孔钻进时激光水平面以上的钻杆的控制长度 H，即：$H = L - D - X$。

步骤五：分别进行各个炮孔的钻进，并使钻机钻杆与激光水平面相交，用标尺量测激光水平面以上钻杆的长度 h，当 h 达到控制长度 H 时停止钻进，采用该步骤依次完成所有炮孔的钻进。

相对于现有技术，本发明具有如下的积极意义和效果：

（1）炮孔钻进施工时，通过激光扫平仪形成一个可见参照面，不需专人值守，节约人力。

（2）炮孔深度通过激光水平面和一根标杆即可进行控制，方便快捷。

（3）本方法不受降雨、大雾和灰尘的影响。

（4）激光平扫仪价格便宜。

（5）开挖区全部炮孔孔底基本位于同一水平面，爆破时炮孔相互作用显著，岩石破碎效果好，可有效的减少根底和大块的形成，减少二次作业，形成的开挖面光滑平整，提高了爆破效果。

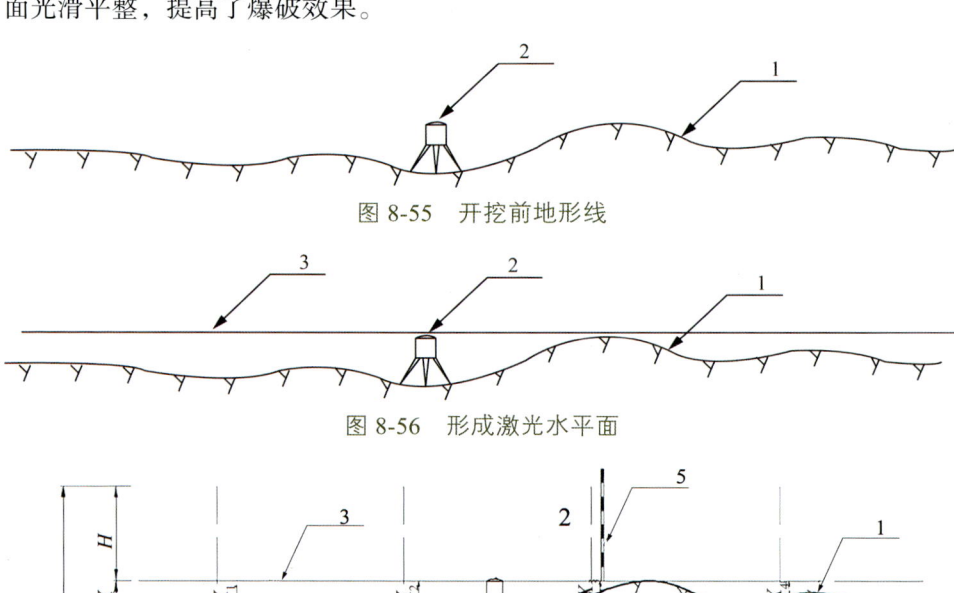

图 8-55　开挖前地形线

图 8-56　形成激光水平面

图 8-57　控制钻孔深度

8.5.2 闹市区爆炸水雾降尘技术

爆炸水雾降尘法是利用爆炸能量驱动雾化抛撒水，形成具有压力、一定粒径、速度和浓度的水雾，通过雾滴对尘粒的碰撞、拦截和捕获和沉降，达到液态的雾滴与固态的尘粒凝结成较大的颗粒后加速沉降的目的。

水雾降尘试验采用密封塑料水袋进行水雾降尘试验，水袋充满水后长 5.6 m，宽 0.9 m，高 15.5 cm。

共进行 2 次试验，第一次试验共布置 3 个药包，其中 2 个压在水袋下，最右侧的药包直接放在水袋中，每个药包药量 50g，用即发电雷管同时起爆 3 个药包；第二次试验共布置 4 个药包，均压在水袋下，每个药包药量 50g，用即发电雷管同时起爆 4 个药包。

图 8-58　单个药包爆炸形成的水雾

图 8-59　4 个药包爆炸形成的水雾

实验结果表明：

（1）水袋下 4 个药包起爆产生的柱状水雾扩散范围更广，在空中的历时更长，因此，4 个药包同时起爆时水雾降尘的效果将会更好。

（2）爆破后水雾的范围沿水袋的轴向覆盖长度约 10 m，垂直于水袋的轴线方向也覆盖有约 10 m（两侧各 5 m），因此，单个水袋爆炸后水雾的覆盖范围约为 100 m^2，实际爆破中，受到水袋下部介质爆破的空气冲击波及介质运动的影响，水雾的影响范围将更大。设计时可按 100 m^2 范围布置 1 个长 6 m、宽 0.9 m 的水袋。

（3）水雾在空中的持续时间至少在 1.6 s 以上，且在起爆后 50 ms 就形成明显的柱状水雾，因此，水袋应先于其覆盖介质起爆，时差可在 50～500 ms 均可。

根据试验结果，建议采用爆破水雾降尘措施，即在炮孔上方先铺设胶皮网，再在胶皮网上布设水袋，视开挖宽度布置适当宽度的水袋，一般可布置一条 1 m 宽左右的水袋置于爆区中轴线上。在水袋下方放置药包，并超前炮孔 200～500 ms 起爆。

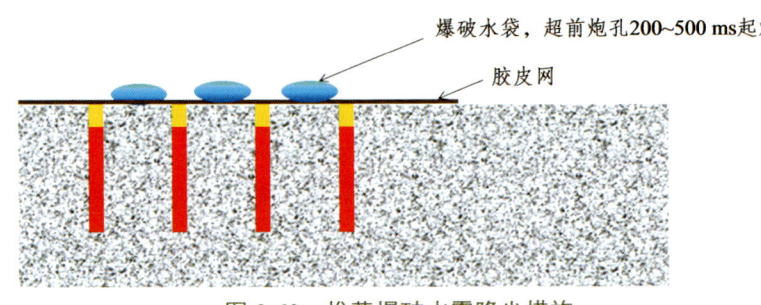

图 8-60　推荐爆破水雾降尘措施

8.6　小　结

（1）根据临近高层建筑物时的爆破方案，进行了现场爆破振动监测与华宇大厦动力响应监测。监测结果表明，临近基坑边缘进行爆破开挖时，所产生的爆破振动速度约在 0.1～2.7 cm/s，振动主频率范围为 10～100 Hz，平均在 50 Hz 左右。竖直方向振动速度相对较大。应变观测结果表明，爆破引起的结构动应力远小于混凝土材料的屈服强度，结构振动频率均远低于爆破振动频率，因此，爆破振动不会直接引起结构的受迫振动而发生快速振动，而将在爆破振动作用下发生动力响应，按照其自振频率发生振动，因而近区爆破对结构影响相对较小。

（2）针对工程爆破中岩质边坡允许振动速度未考虑岩体地质特征且缺乏理论依据问题，对露天开挖爆破条件下，爆源近区体波和远区面波的传播特征进行了理论分析。露天爆破诱发的地震波在边坡浅层岩体中引起的附加动应力较为显著。同一瑞利波在边坡浅层岩体中所诱发的附加动应力中沿传播方向上正应力总是最大的，对岩体的影响最显著。瑞利波在坡体中引起的附加动剪切应力和垂直坡面方向附加动拉应力在某一深度处达到峰值，且瑞利波的频率和岩体的密度越低或岩体的弹性模量越高，该深度值越大。当该深度与边坡潜在滑动面重合时对边坡的抗滑稳定性最不利。岩体强度、边坡坡度、滑动面深度和爆破地震波频率等均对边坡的安全允许振动速度存在影响。根据爆破地震波引起的动应力特征和边坡的失稳机制，提出了不同级别岩体的安全允许振动速度推荐值。

（3）随着炮孔直径的增大，台阶爆破对建基面的损伤深度也将增大。因此建议采用低于 80 mm 的钻孔直径。随着柔性垫层厚度的增加，建基面所受损伤深度减小。在减小对建基面损伤的效果上，同等厚度的水垫层要优于空气垫层。不同垫层材料在减小建基面损伤效果方面有差异，而 30 cm 左右的柔性垫层具有较高的性价比。

（4）发明了一种控制岩石爆破根底的炮孔钻进深度高效控制方法，开挖区全部炮孔孔底基本位于同一水平面，爆破时炮孔相互作用显著，岩石破碎效果好，可有效地减少根底和大块的形成，减少二次作业，形成的开挖面光滑平整，提高了爆破效果。提出了爆破水雾降尘措施，即在炮孔上方先铺设胶皮网，再在胶皮网上布设水袋，视开挖宽度布置适当宽度的水袋，一般可布置一条 1 m 宽左右的水袋置于爆区中轴线上。在水袋下方放置药包，并超前炮孔 200~500 ms 起爆。

第 9 章

沙坪坝基坑监测设计与监测成果分析

9.1 基坑场地条件与周边环境

沙坪坝铁路枢纽综合改造工程主体结构施工时，形成的基坑南北长度约 125 m，东西长度约 540 m。轨道交通 9 号线与环线共用的风井尺寸 17.3 m × 27.3 m，基坑底高程为 210.65 m，基坑最大深度约 43 m；轨道交通 9 号线车站基坑底高程为 219.07 m，基坑深度约 35 m；双子座 A、B 座基坑底高程为 214.90 m，基坑总深度约 40 m；高层公寓 A、B、C、D 座基坑底高程为 220.6 m，基坑总深度约 35 m；站东路下穿道 ZDK0 + 646 ~ + 708 段隧道基坑底高程为 235.18 ~ 235.55 m，基坑深度约 18.0 m；站东路下穿道 ZDK0 + 901 ~ ZDK1 + 140 段隧道基坑底高程为 235.55 ~ 239.46 m，基坑深度约 18.0 m。基坑地面面积约 6 万平方米，属于超大深基坑。

场地属低丘地貌单元，整个地势较平坦，地形坡角多为 8° ~ 13°。最高点位于场地东南侧原铁路隧道洞口，高程约 258.50 m；最低点位于场地西南侧拟建站南路起点附近，高程约为 235.80 m，场地最大高差 35 m。根据钻探揭露，沙坪坝铁路枢纽综合改造工程地层从新至老依次为第四系全新统人工填土（Q_4^{ml}）、坡残积（Q_4^{el+dl}）层，下伏侏罗系中统沙溪庙组（J_2s）粉砂岩、泥岩及砂岩。场区内未发现滑坡、泥石流、崩塌、危岩、活动性断层等不良地质现象。

本工程位于原重庆市沙坪坝三峡广场附近，周边环境极为复杂，四周楼房林立，属于人员活动密集区。项目区位示意图见图 9-1。

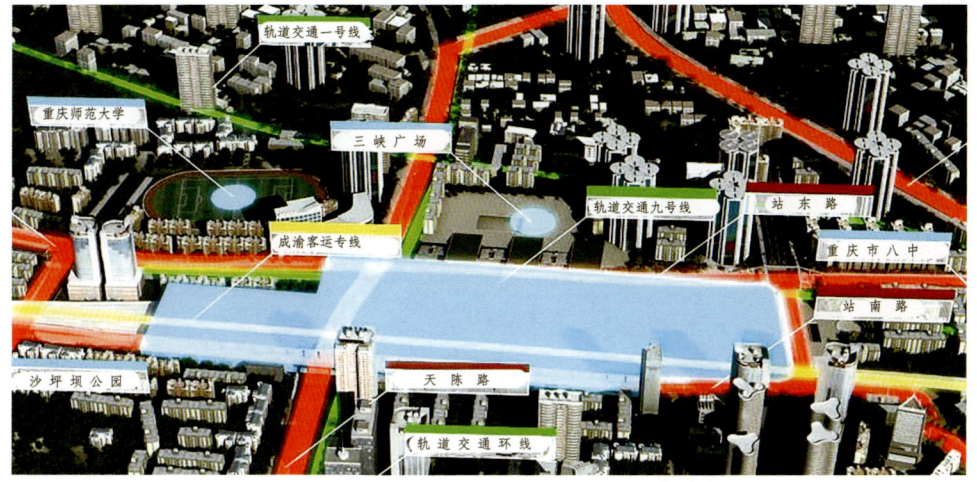

图 9-1　沙坪坝铁路枢纽项目区位示意图

本项目北侧位于站东路的北侧边缘，由东向西依次为华宇广场的多栋 34 层商住楼及其商业街区、丽苑大酒店，该处高层建筑均为框架结构或框剪结构；基坑与人员活动密集的三峡广场相邻，并与其地下通信商城邻接（地下商城靠南侧部分在开挖边界内）。基坑边界距华宇广场正门的高层建筑约 50 m（此处的基坑开挖深度为 35.4 m），与华宇广场高层商住楼（商业街区）的最小距离约为 16 m（此处的基坑开挖深度为 34.8 m），距 18 层的丽苑大酒店约 57~85 m（此处的基坑开挖深度为 34.8 m），开挖区边界距丽苑大酒店的地下水泵房、地下职工餐厅和地下停车场约 30~50 m。

本项目南侧与铁路站台相邻，基坑边坡长度为 540 m，基坑深度为 17.5~38.1 m，最深处为双子塔基坑。基坑南侧由东向西的主要建筑依次为 7 层砖混住宅楼、11 层框架结构住宅楼和 5 层框架结构的爱德华医院（其上为 32 层框剪结构的商住楼），基坑南侧边界距 7 层住宅楼约 80 m，距 11 层住宅楼 88 m，距爱德华医院 96 m。基坑西侧与翁达平安大厦相邻，二者间的最小距离约 14 m，基坑形成两级台阶，基坑边坡长度为 56 m，基坑深度为 8.5~17.5 m。基坑东侧与重庆八中紧邻。

9.2　基坑监测设计原则与依据

沙坪坝基坑属于超大深基坑（超过 30 m），地质条件为较特殊的土岩组合地层，而且周边环境复杂，因此基坑的设计条件已超出我国现行规范的范围。为了控制工程质量、确保工程安全，需要对基坑支护结构的受力、变形及周边环境变形进行全面监测，同时开展专项科研工作。基坑边坡安全等级为一级，该边坡工程变形监测拟按照国家标准《工程测量规范》（GB 50026—2007）中的一等精度要求实施。为满足现场施工和科研需要，现场监测点分为两类，一类是施工监测点，按规范要求进行布置，以指导现场施工为目的，见重庆南江地质工程勘察设计院提供的《沙坪坝铁路枢纽综合改造工程监控量测项目监测方案》；另一类为科研监测点，布置于若干重点支护断面，监测项目较系统，以兼顾科研和现场施工为目的。

本基坑监测的目的主要有以下三个方面：

（1）及时反馈监测数据，保证施工安全。通过将观测结果加以分析，与预估值比较，验证开挖施工方案的可行性，必要时立即采取工程措施，使得监测成果成为施工人员判别工程安全的重要依据。

（2）分析监测数据，为设计与施工提供修改方案的依据。基坑设计与施工方案是采用抽象的数学分析方法展开计算，加上长期的工程经验制订的，但每个场地的地质条件、施工工艺、周围环境都有较大的差异，所以，要根据监测成果分析原设计与施工方案是否安全、适当、经济，必要时及时修改开挖方案与支护体系。

（3）整理监测成果，为理论分析研究提供基础。通过对典型断面的应力和变形进行系统监测，总结支护体系和周边环境的受力变形规律，完善现有设计理论，为类似工程提供指导。

本项目监测设计的依据如下：

（1）《建筑边坡工程技术规范》（GB 50330—2013）；
（2）《工程测量规范》（GB 50026—2007）；
（3）《建筑基坑工程监测技术规范》（GB 50497—2009）；
（4）《国家一、二等水准测量规范》（GB 12897—2006）；
（5）《建筑变形测量规范》（JGJ 8—2007）；
（6）《建筑基坑支护技术规程》（JGJ 120—2012）；
（7）《沙坪坝铁路枢纽综合改造工程总体施工组织（第一版）》；
（8）沙坪坝铁路枢纽综合改造工程的地质勘察报告、施工图设计及现场地形及地质环境调查等资料；
（9）重庆南江地质工程勘察设计院提供的《沙坪坝铁路枢纽综合改造工程监控量测项目监测方案》及有关图纸。

本项目监测设计原则主要为以下几点：

（1）建立简捷有效的监测网络，建立系统化、立体化监测网络，在治理、施工全过程中及时测定和预报位移变化情况，确保施工安全，并为长期稳定性预测研究提供资料。

（2）监测点尽可能进行长期监测贯彻全过程监测的工作思路，包括地面变形监测、施工安全监测、防治效果监测，以监测结果作为反馈设计、指导施工和检验防治效果的依据。工程完工后变形监测点、防治效果监测点应转为长期监测点。

（3）监测仪器选择原则如下：
① 仪器的可靠性和长期稳定性；
② 足够的测量精度、灵敏度及相应量程；
③ 现场使用比较方便、简单；
④ 仪器不易损坏，尤其是长期监测仪器应具有防风、防雨、防腐、防潮、防震、防雷电干扰等与环境相适应的性能。

9.3 监测方案与监测内容

沙坪坝基坑监测方案分为施工监测与科研监测。科研监测与施工监测的区别主要为：科研监测增加了测斜孔（由于施工期间设置测斜孔遭破坏，基坑测斜数据缺失，难以分析）、增加了锚杆钢筋计的数量和增加地下水和环境监测。

9.3.1 监测物理量与仪器

根据规范、设计方案的要求，结合监测方案，监测物理量与仪器选用如表 9-1。

表 9-1 监测物理量与仪器选用

类型	监测项目	仪器
位移	水平位移	精密全站仪
	垂直位移	精密全站仪、铟钢尺或条码尺
应力	锚杆应力	频率读数仪、钢筋计
	锚固桩应力	频率读数仪、钢筋计
	肋板式挡土墙内力	频率读数仪、钢筋计
	挡土墙土压力	频率读数仪、土压力计
裂缝	地标裂缝	游标卡尺或小钢卷尺
倾斜	建筑物倾斜	精密全站仪
降雨量	降雨量	当地水文观测或简易水文观测站

（1）基坑开挖施工期间，监测侧重于基坑变形和对周围环境的影响。主要的观测项目为基坑边坡变形、临近地下管线位移和高层建筑物倾斜。常规性监测为基坑支护结构和临近建筑的裂缝观测，降雨与地下水的观测和常规的地质巡查工作。

（2）基坑开挖完成后进行效果监测。监测的内容与开挖期间类似，主要有支护结构变形和应力应变、地表变形、其他构筑物的变形监测及边坡挡墙变形等。

9.3.2 监测基网设置

依据实际地形、通视条件与监测点的布置，合理地在施工影响范围之外的、视野开阔利于长期保存的稳定性区域内，设立4个水平位移基准点（平面基准点）编号为 G1~G4。平面基准点能满足两两互相通视，构成边角全测的大地四边形，建立起精确统一的平面控制测量系统。根据现场的需求，可设立工作基点，能够满足至少与平面基准点的通视条件。

垂直位移监测系统应结合实际地形条件与监测点的布置，在满足通视条件下，在利于长期保存的稳定区域设立4个垂直监测基准点（高程基准点）编号为 BM1~BM4。基准点位布置示意图如图9-2所示。

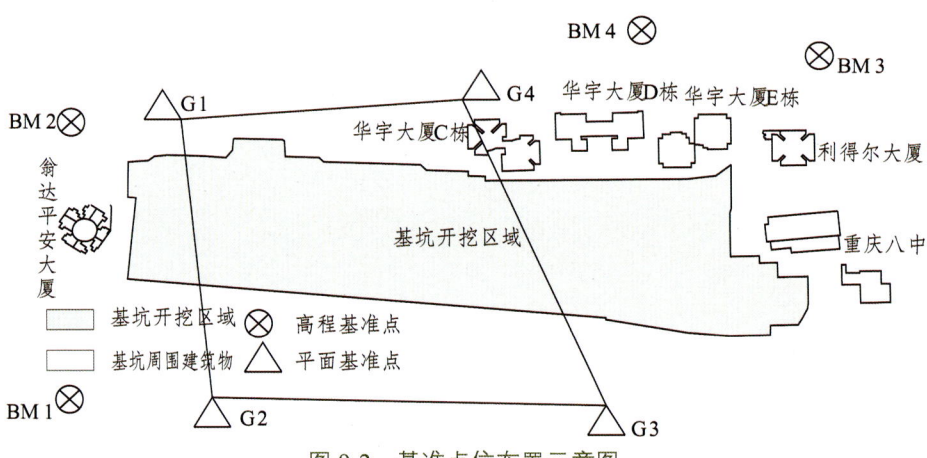

图9-2 基准点位布置示意图

水平位移监测基准点（平面基准点）应建造具有强制对中装置的观测墩，或者埋设专门观测标石强制对中装置的对中误差不应超过 ±0.1 mm，观测墩的制作与埋设可参照规范的要求。平面基准点观测点侧立面与正投影示意图如图9-3所示。高程基准点应建设在基坑周围的基岩或者比较稳定坚固的建筑物上。

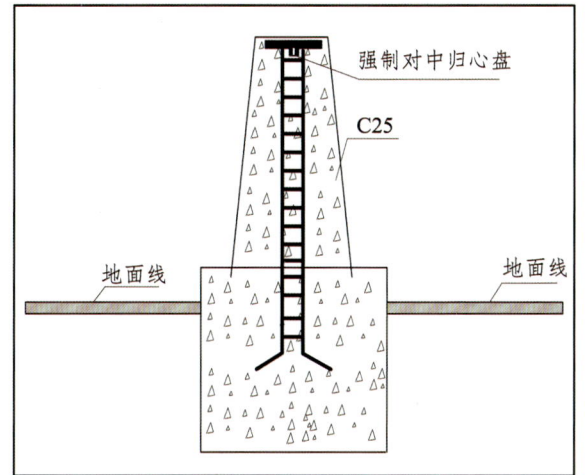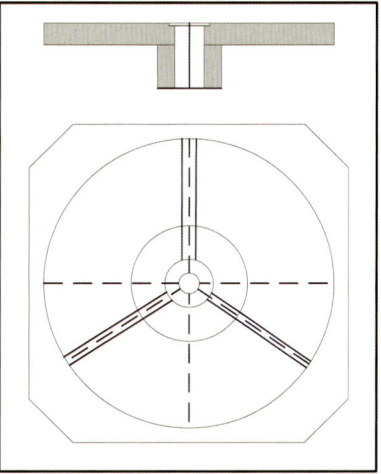

图 9-3　平面基准点侧立面与正投影示意图

9.3.3　施工监测

沙坪坝基坑工程施工监测主要内容为坡顶、临近建构筑物的水平位移、垂直位移监测和高层建筑物倾斜监测，辅以支护结构的应力应变监测、裂缝量测、降雨观测及地下水、渗水观测、地质巡视调查。

1. 位移监测

针对施工过程，主要对坡顶地面变形及临近建筑物变形的水平位移和垂直位移进行监测，监测点的布置情况为：

在站东路下穿道 DZK0＋660～ZDK0＋718 隧道（含地铁通道）附近共设置四条监测剖面，共 8 个监测点，编号为 J1～J8；在风井段基坑顶地面及基坑平台附近设置两条监测剖面，编号为 J9～J17；在地铁车站基坑顶靠三峡广场地面及基坑平台附近设置七条监测剖面，编号为 J18～J38；在站东路下穿道 DZK0＋900～ZDK1＋093 隧道基坑北侧顶地面附近九条监测剖面，编号为 J39～J65；在华宇大厦建筑物段应适当加密并设置在基坑开挖对建筑物影响大的地段；在华宇大厦每栋建筑物顶设置，编号为 J66～J77；利得尔大厦顶部设置 3 个监测点，编号为 J78～J80；翁达平安大厦顶部设置 3 个监测点，编号为 J81～J83；重庆八中的建筑物顶部设置 3 个监测点，编号为 J84～J86；在建筑基坑南侧与火车站站台北侧的基坑边坡的地面及基坑平台应设置 18 条监测剖面，编号为 J87～J122；在建筑基坑东侧与东连接路西侧的基坑边坡地面设置六条监测剖面，编号为 J123～J128；在建筑基坑西侧与天陈路东侧的基坑边坡地面编号为 J129～J131；在高层公寓 D 基坑边坡与重庆八中之间共设置 9 个监测点，编号为 J132～J140；在丽苑大酒店设置 3 个监测点，编号为 J141～J143；在拆迁区房屋布置 17 个监测点，编号为 CJ1～CJ10，CJ12～CJ18。在施工期间布设位移监测点共 172 个，典型监测点的平面位置和现场实施情况如图 9-4 和图 9-5 所示。

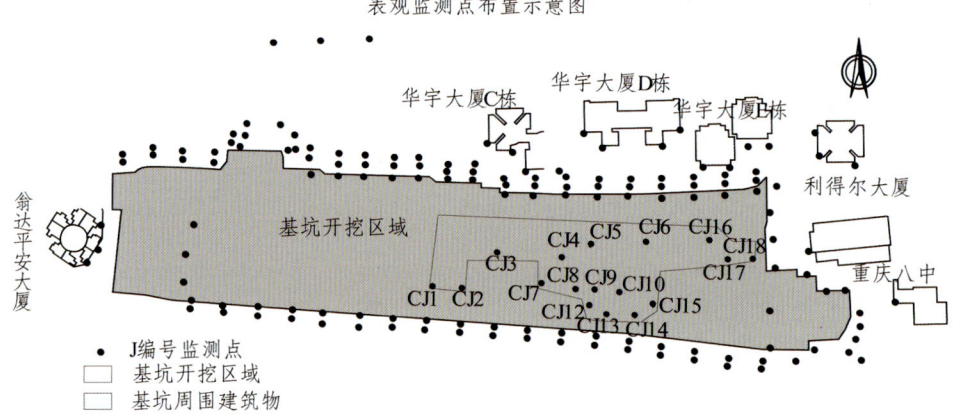

图 9-4　表观监测点布置示意图

图 9-5　表观监测点实际布置示意图

基坑的监测布置点是根据其施工的过程中逐一布置的，根据现场的实际情况，可以监测点进行调整，在某些区域增加一些监测点，如图 9-6 所示。

图 9-6 临时增加监测点布置示意图

2. 支护结构受力监测

本基坑边坡工程对支护结构如锚杆应力、锚固桩内力、板肋式挡土墙内力、挡土墙土压力等进行监测，应力应变监测设备在支护结构施工时埋设，适时监测。

（1）锚杆应力应变监测。

为了解支护结构的受力及变形情况，在支护结构锚杆施工时应埋设应力应变设备，待施工完成后应定期进行测试，以了解锚杆的工作状态，为支护结构工程效果的可靠性提供科学依据。锚杆内力监测宜采用专用的测力计、钢筋应力计或应变计，当锚杆采用钢筋束时宜监测每根钢筋的受力。招标文件建议的锚杆应力应变监测的部位位于站东路下穿道 DZK0+660~ZDK0+718 段隧道基坑边坡锚杆应力应变监测的锚杆排数共 4 排，每排锚杆不小于 2 个，编号为 MG1~MG8；风井基坑北侧、东侧、西侧边坡锚杆应力应变监测的锚杆排数共 4 排，每排锚杆不小于 4 个，编号为 MG9~MG24；地铁车站基坑北侧边坡锚杆应力应变监测的锚杆排数共 10 排，每排锚杆不小于 4 个，编号为 MG25~MG64；站东路下穿道 DZK0+900~ZDK1+093 段隧道基坑边坡锚杆应力应变监测的锚杆排数共 14 排，每排锚杆不小于 4 个，编号为 MG65~MG120；建筑基坑南侧与沙坪坝火车站站台边坡的锚杆应力应变监测的锚杆排数共 20 排，每排锚杆不小于 3 个，边坡最高处的锚杆应力应变监测点每排锚杆不小于 4 个，编号为 MG121~MG180。设置的锚杆应力应变点应根据基坑边坡高度和受力大小来确定，在基坑边坡最高处，锚杆竖向方向在边坡高的 1/3、1/2、2/3 处部位及边坡底设置应力应变监测点。每根锚杆上应在锚固段设置 1~2 个，锚杆自由段设置 1~3 个应力应变监测点。对于非预应力锚杆的应力应变监测根数不宜小于各种类型锚杆总数的 5%。预计共设置 180 个锚杆进行应力应变监测（详见图 9-7）。

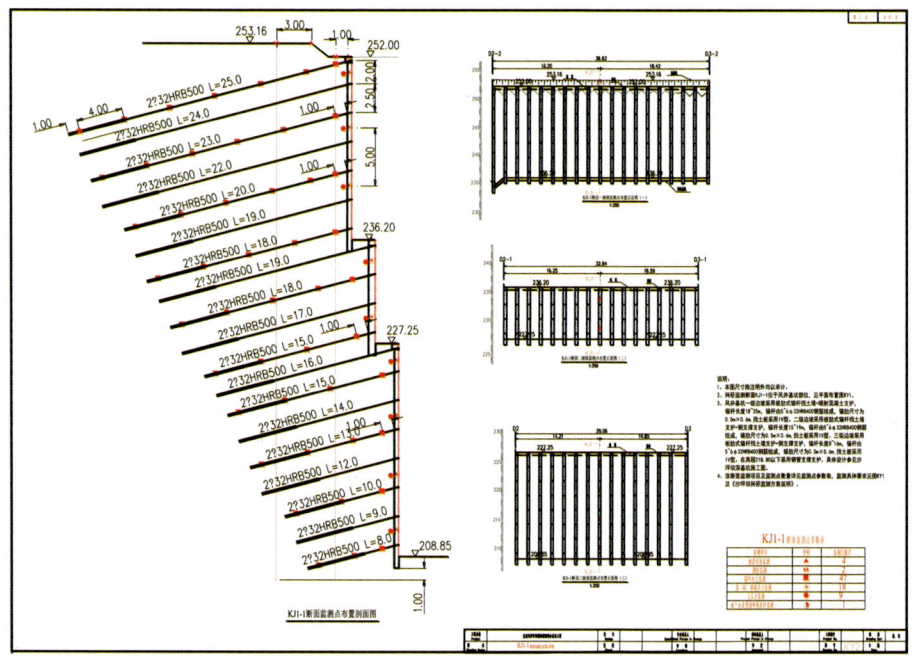

（a）KJ1 剖面监测方案与测点布置

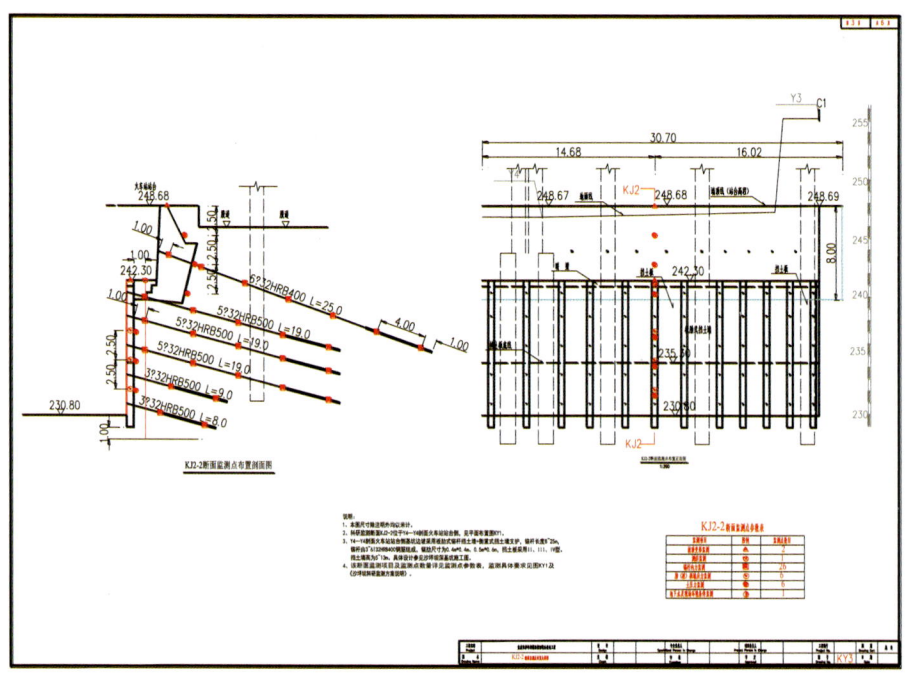

（b）KJ2 剖面监测方案与测点布置

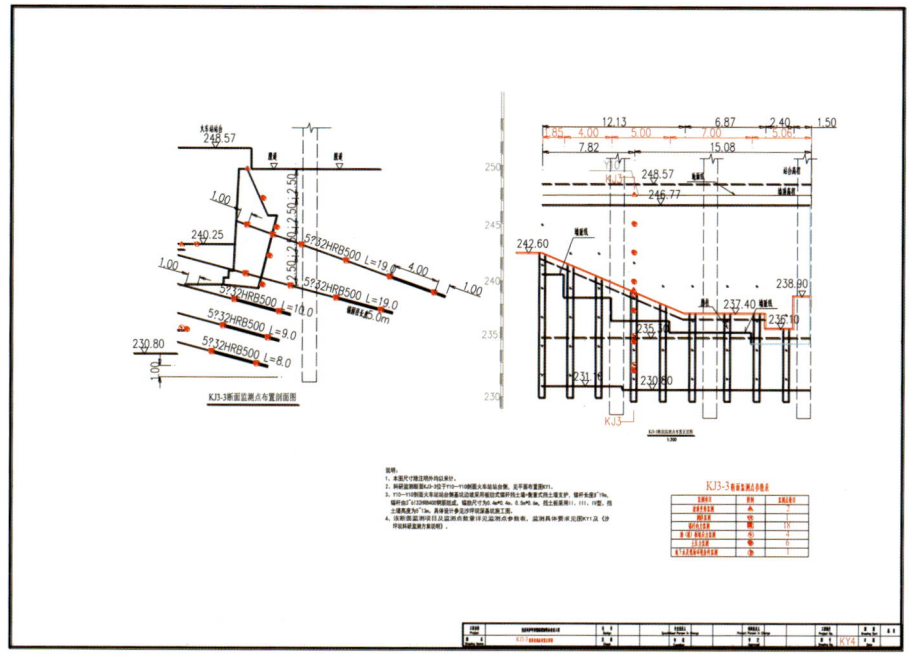

(c) KJ3 剖面监测方案与测点布置

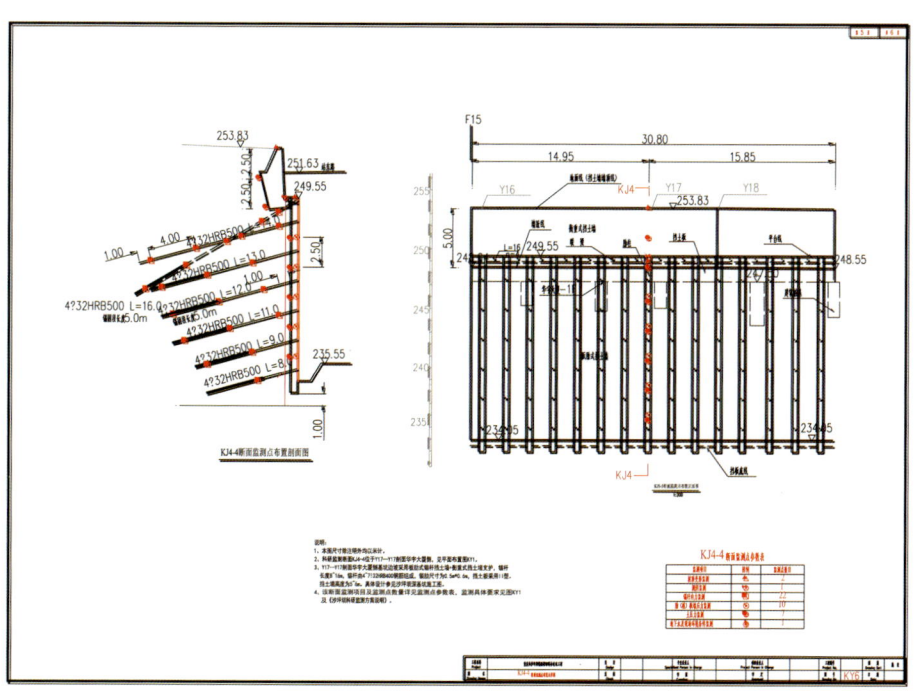

(d) KJ4 剖面监测方案与测点布置

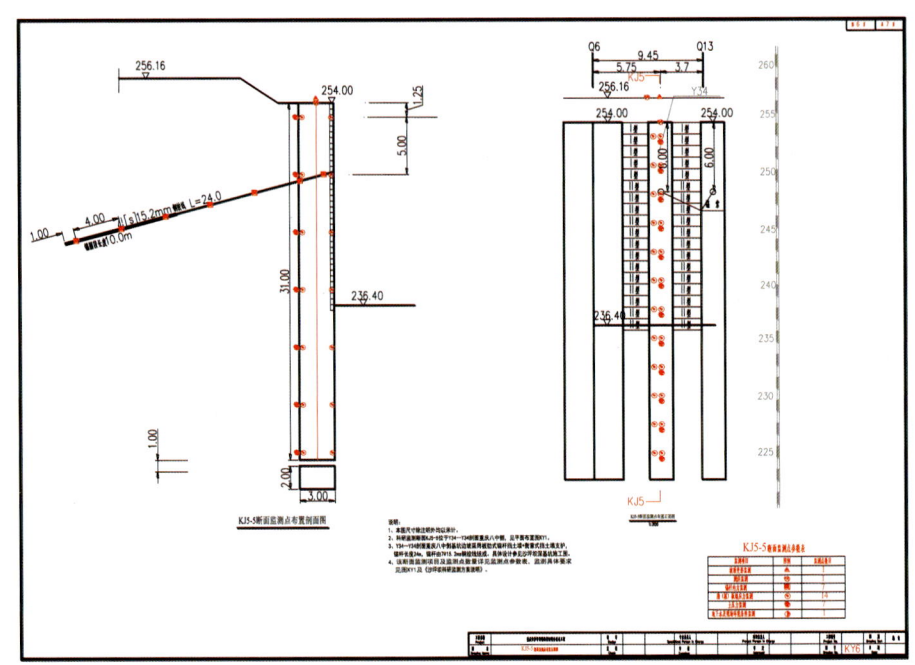

(e) KJ5 剖面监测方案与测点布置

图 9-7 监测方案与测点布置

（2）支护结构变形监测。

施工完成后应对支护结构的变形进行水平位移和垂直位移监测。监测点主要设置在支护结构顶（含肋柱）及基坑平台。施工过程安全监测设置的监测点应调整为支护结构顶设置，转入效果监测。建筑基坑南侧与沙坪坝火车站站台边坡支护结构顶及基坑平台各设置不小于 24 个监测点；在高层公寓 D 与重庆八中之间的边坡设置的桩板墙地段应设置不小于 5 个监测点；建筑基坑北侧与三峡广场的边坡支护结构顶及基坑平台顶设置不小于 40 个监测点。预计共设置 69 个水平位移、垂直位移监测点。

（3）锚固桩内力监测。

为监测锚固桩结构的受力及变形情况，在锚固桩浇筑前在预定位置预埋钢筋应力计，待桩体浇注完后定期进行桩身应力测试。每根桩应不少于 3 个应力应变监测点，在弯矩最大处必须有应力应变监测点。在高层公寓 D 与重庆八中之间的边坡设置的桩板墙地段选择 5 根锚固桩进行监测，编号为 MN1～MN15。建筑基坑西侧与翁达平安大厦之间的边坡桩板墙地段选择 2 根锚固桩进行监测，编号为 MN16～MN21。

（4）板肋式挡土墙内力监测。

为监测肋柱结构的受力及变形情况，在肋柱浇筑前在预定位置预埋钢筋应力计，待柱体浇注完后定期进行柱身应力测试。每根柱应不少于 3 个应力应变监测点，应在肋柱弯矩最大处、肋柱最长者、肋柱锚杆最多者必须设置应力应变监测点。预计布设肋柱内力监测的肋柱根数共 45 根，编号为 LQ1～LQ135。

（5）挡土墙土压力监测。

沿挡墙高度每隔 3 m 设置 1 个土压力计，每组约 10 个土压力计。土压力监测位置应选择挡土墙墙高的地段，基坑南侧与火车站站台北侧的挡土墙和锚杆挡土墙选 3 条断面布设 21 个监测点，编号为 DT1～DT21；风井处的板肋式锚杆挡土墙选 1 条断面布设 10 个监测点，编号为 DT22～DT31；地铁车站段的板肋式锚杆挡土墙选 2 条断面布设 16 个监测点，编号为 DT32～DT48；华宇大厦地段的板肋式锚杆挡土墙选 2 条断面布设 12 个监测点，编号为 DT49～DT60。共计布设土压力监测点 60 点。

3. 地面巡视与裂缝监测

宏观地质巡视主要针对边坡与临近建筑物巡视观察，查明是否新增裂缝，出现裂缝是应做好标记便于对后去趋势的定量观测并填巡视记录表。并在巡视检查过程中，在裂缝出现区域进行影像记录。

9.3.4 科研监测

1. 监测剖面及测点布置

科研监测断面的具体布置，综合考虑基坑开挖深度、对周边建筑物的影响程度、支护型式及高度等因素，确定了风井段基坑边坡，华宇大厦建筑物段基坑边坡，Y6—Y6、Y10—Y10 剖面火车站站台侧的边坡及重庆八中侧锚固桩等为重点监测区域。

科研监测断面分为两种，板肋式锚杆挡土墙科研监测断面和桩板式挡墙科研监测断面。其中，板肋式锚杆挡土墙科研监测断面共 4 个，桩板式挡墙科研监测断面共 1 个，断面位置及监测内容见表 9-2。监测剖面的监测点布置如图 9-7 所示。

表 9-2 科研监测断面参数表

断面编号	断面支护形式	开挖深度	断面位置	监测内容
KJ1-1	板肋式锚杆挡土墙	44.6 m	Y6—Y6 剖面风井基坑侧	锚杆（索）应力、肋板墙内力、坡体倾斜、土压力、坡顶变形、温度、湿度及地下水位
KJ2-2	板肋式锚杆挡土墙	17.9 m	Y4—Y4 剖面火车站站台侧	
KJ3-3	板肋式锚杆挡土墙	17.8 m	Y10—Y10 剖面火车站站台侧	
KJ4-4	板肋式锚杆挡土墙	19.8 m	Y17—Y17 剖面华宇大厦侧	
KJ5-5	桩板式挡墙	19.8 m	重庆八中侧 9#锚固桩处	板桩墙内力、坡体倾斜、土压力、坡顶变形、温度、湿度及地下水位

2. 重点监测内容

（1）变形监测。

沉降及水平位移监测，通过对不同部位预埋测点进行监测，掌握建筑物、支护结构、坡顶及临近地下管线的沉降及水平位移变化情况。变形测量等级采用Ⅰ级。垂直位移测量变形点的高程中误差为 ±0.3 mm；水平位移测量变形点的点位中误差为 ±1.5 mm。水平、垂直位移监测点公用一点，并在施工现场进行保护和标志。测量成果包括：沉降、水平位移日报表和时程曲线，坡顶沉降断面图。其他未尽事宜详见有关测量规范规定。

（2）测斜监测。

测斜监测内容包括施工过程中的支挡结构及坡体深层侧向位移，采用埋设测斜管的方式进行测量。

对于肋板式锚杆挡墙，每个测点布置一根测斜管（对于断面1需布置两根），埋设于肋柱后1 m范围内的坡体内，测斜管深度应超过基坑深度至少1 m并进入完整稳定岩石；测斜管采用钻孔埋设后，管孔之间的缝隙应用细砂回填密实。

对于桩板式挡墙，每个测点布置一根测斜管，埋设于桩体内，深度同桩深。桩身测斜管埋设在桩基施工时完成，需要注意以下几点：

① 测斜管管底需先盖上底盖，管间对接需良好，无缝隙，管间接头需牢固固定、密封。

② 测斜管安放时，管底伸至钢筋笼底靠上小段距离，调整好正方向，确保有一条槽位垂直基坑方向，然后绑扎测斜管，确保管身与钢筋笼之间连接紧固。

③ 绑扎完毕后，盖上顶盖，保持管内通畅，平直，管顶应高出地面150～200 mm，做好清晰标志。

④ 在进行破桩制作冠梁时，应及时对接好受损的测斜管，并盖上顶盖。在基坑开挖前，应采取辅助措施检查、清通被堵的测斜管，确保监测工作的顺利进行。

（3）锚杆内力监测。

科研监测断面每根锚杆均应进行监测，每根锚杆选择1根钢筋，测定内容包括锚杆锁定时的锚固力以及在施工过程中锚固力的变化情况。对预应力锚杆，锚固段按间距3～5 m均匀布置应力计，自由段设置1～2个应力计（长者取大值）；对非预应力锚杆，顶部距锚杆头0.5 m，底部距锚杆尾1.0 m，中间按间距3～5 m均匀布置应力计。应力计建议采用钢弦式测力计，各测点具体布置详见监测断面其他未尽事宜详见有关监测规范规定。

（4）肋（桩）板墙应力监测。

监测内容为肋柱（桩）的应力监测。测点每隔2.5 m布置一层（对于断面1

每 5 m 布置一层），每个测点 2 个应变计，分别沿肋柱（桩）内、外侧对称布置；挡板内力主要为水平力，肋柱（桩）内力主要为竖向内力。测力计布置详见各监测断面大样图。安装时，应变计应贴到钢筋受力最大处，然后将导线沿着钢筋笼内的测斜管顺出，绑到测斜管的顶端，并做好导线末端的保护。待混凝土浇筑完成后，将导线末端进行处理，接上应变箱，采集数据，检查应变计的情况。其他未尽事宜详见有关规范规定。

（5）土压力监测。

土压力测点要求每 2.5 m 布置一层（对于断面 1 每 5 m 布置一层），肋柱（或桩）和挡板背后应分别埋设土压力盒且标高一致。为了便于监测数据的综合分析，土压力测点深度还宜与围护结构应力测点一致。土压力盒布置详见各监测断面大样图。

仪器埋设时注意在压力盒周围回填一定厚度中粗砂并密实，使受力面与岩土体充分接触并平行于基坑开挖面；土压力计的量程应满足被测压力的要求，其上限可取设计压力的 2 倍，精度不宜低于 0.5%FS，分辨率不宜低于 0.2%FS；土压力盒和导线应具有较好的防水防潮性能。其他未尽事宜详见有关规范规定。

（6）地下水及现场环境条件监测。

地下水及现场环境条件监测内容包括现场温度和湿度、坡面渗流量、地下水位。现场温度和湿度采用温湿度计测量，坡面渗流量则根据现场情况采取目测或流量计测定。地下水位通过观测孔监测，观测孔布置在基坑内部和外部一定范围内的土体内，观测方法具体如下：

① 用 PVC32 管材来制作观测管，观测管上面设置成梅花型的透水孔，其下部大约 6 m 的长度使用土工织布包裹后，再放入钻孔内，以免土体等杂物进入观测管，将观测管堵住。

② 按设计要求的孔位和孔深来钻孔，埋设观测管，一般钻孔的孔径为 110 mm，孔深应超过基坑最大开挖深度 2 m。

③ 在观测孔 5 m 以下深度内四周的空隙中回填中粗砂；上部大约 5 m 深度内四周回填黏土，用保护盖将管口封好；观测管安装完成之后测出管口的高程，便于计算地下水位的高程。

④ 观测设备一般采用钢尺式的电测水位计。

9.4　监测数据处理与预测分析

9.4.1　监测数据粗差与滤噪处理

工程现场环境复杂、施工干扰和监测工作实施困难等因素，使得现场监测数据可靠性降低。监测数据存在客观性误差和主观性错误，监测测量误差有：粗差、偶然误差和系统误差。因此，原始监测成果在整编前，需要进行粗差检查。整编后，进行可靠性检验，运用统计检验方法对于监测数据的精度和可靠性进行评估。

1. 粗差检查

监测值异常原因有粗差与监测量变化规律改变引起的。异常值处理，应进行重点跟踪观察 2~3 轮，如果恢复到正常水平，可以认为粗差引起异常值出现。剔除异常值，将跟踪监测值平均值作为正确观测值。如果异常值跟踪监测仍处于正常范围之外，是监测物理量本身的规律发生改变引起异常，应对监测对象深层次的分析研究。

粗差的甄别方法，常用的是绘制监测值时间变化图和空间分布图，结合常识与经验来对原因量（如时间、温度）变化情况综合分析，从离群尖点中剔除粗差。在岩土工程监测值粗差检查方法有：测值范围检查法、数学模型法及统计经验法。

（1）测值范围检查法。

仪器出厂具有工作参数，如测试精度、误差、灵敏度等。测值在量程或 3 倍仪器中误差（σ）范围之外，则为粗差应舍去。即：某监测值与前后二次差值皆大于三倍中误差，该监测值为粗差舍去。现场监测次数较少（$n \leqslant 10$），3σ 标准难以剔除，肖维勒准则和格鲁布斯准则是比较合理的标准。表 9-3 是肖维勒准则和格鲁布斯准则误差极限表，其中 ∂ 为置信度，n 为观测次数。3σ 标准作为误差界限大约需要测量 200 次。而肖维勒准则，当 $n=5$，误差限界为 1.68σ。

表 9-3　肖维勒准则和格鲁布斯准则误差极限表

n	肖维勒准则（Chauvent）	格鲁布斯准则（Grubbs）	
		$\partial = 0.05$	$\partial = 0.01$
5	1.68	1.67	1.75
6	1.73	1.82	1.94
7	1.79	1.94	2.1
8	1.86	2.03	2.22
9	1.92	2.11	2.32
10	1.96	2.18	2.41
12	2.03	2.29	2.55
14	2.1	2.37	2.66
18	2.2	2.5	2.82
20	2.24	2.56	2.88
30	2.39	2.75	3.1

（2）数学模型检验法。

通过建立数学模型，比较实际监测值 x_j 与数学模型预报值 $\hat{x}_j$ 差值，当其差值大于 kM 时，判定监测值为粗差，即

$$d_j = |\hat{x}_j - x_j| > kM \tag{9-1}$$

式中，k 为系数，与置信水平及样本数 n 有关，一般取 3 或依据表 9-3 取值；M 为观测值中误差，可根据长期监测数据计算或者经验取值。

现场监测值较为简单的可以采用一级差分方程进行估计。然后根据式（9-1）判断，对于观测序列 $\{x_1, x_2, x_3 \cdots x_n\}$，一级差分方程为

$$\hat{x}_j = x_{j-1} + (x_{j-1} - x_{j-2}) \ (j = 3, 4, 5, \cdots n)$$

一级差分方程按照上次观测发展速率，可能将正常的监测值突变误判称粗差，应从长期监测数据及临近数据分析。且可靠性收模型精度影响较大，应谨慎使用。

（3）统计检验法。

统计检验法根据监测值自身变化趋势检验粗差，监测数据序列：$\{x_1, x_2, x_3 \cdots x_n\}$，描述其变化趋势的变化特征为

$$d_j = 2x_j - (x_{j+1} + x_{j-1}) \ (j = 2, 3, 4, \cdots, n-1)$$

由 n 个监测数据得到 $n-2$ 个 d_j，由此可以计算得出统计均值与均方差：

$$\bar{d} = \sum_{j=2}^{n-1} \frac{d_j}{n-2}, \quad \bar{\sigma} = \sqrt{\sum_{j=2}^{n-1} \frac{(d_j - \bar{d})^2}{n-3}}$$

根据 $q_j = \dfrac{|d_j - \bar{d}|}{\bar{\sigma}}$ 进行判断，当 $q_j > 3$，则判定 x_j 为粗差，应剔除。但实际中，判定条件 $q_j > 3$，只有在粗差特别大才能满足。根据实际应用，依据监测曲线的趋势发展，提出简单粗差估计方法。

$$\hat{x}_j = (x_{j+1} + x_{j-1})/2 \ (j = 2, 3, 4, \cdots, n-1)$$

粗差判定条件：$\hat{x}_j > 3\sigma$。

2. 小波滤噪

针对监测数据去除系统误差和偶然误差的方法目前一般采用小波滤噪方法。小波滤噪方法主要通过有效地分离有用信号和噪声，有用信号表征着监测物理量的趋势，噪声实质是监测仪器精度。常用的小波去噪算法主要有：硬阈值去噪和软阈值去噪。

（1）硬阈值去噪。

在绝对值低于阈值的小波系数作归零处理，再根据处理后的小波系数进行重构，得到硬阈去噪值。

（2）软阈值去噪。

在绝对值低于阈值的小波系数作归零处理，在绝对值大于阈值，小波系数取原始系数和阈值差值，再根据处理后的小波系数进行重构，得到硬阈去噪值。

Dohoho 与 Johnstone 给出硬阈值和软阈值的小波去噪系数公式为：

$$T_{\text{hard}}(d_{j,k},\lambda) = d_{j,k}I(|d_{j,k}| \neq -\lambda)$$

$$T_{\text{Soft}}(d_{j,k},\lambda) = \text{sgn}(d_{j,k})\max(|d_{j,k}|-\lambda)$$

式中，$I(\cdot)$ 为单位跃阶函数，$\text{sgn}(\cdot)$ 为符号参数，λ 为阈值。

根据阈值设立规则和去噪小波系数处理公式，对于低于阈值的小波系数，采取归零剔除方式，认为较小的小波系数由噪声造成，在大于设定阈值的小波系数，硬阈值方法采取保留原始系数后重构，软阈值采取两者差值作为新系数，因此，两种去噪方法得出的结果大于阈值的小波系数而有所差异。

根据阈值设立规则，阈值的选取是小波分解系数核心，阈值选取直接果影响处理结果，确定各级阈值主要有二种方法：原始信号中确定和样本估计阈值缺定。其中，原始信号确定有缺省的阈值确定模型、Birge-Massart 策略和小波包 Penalty 策略。基于样本估计阈值确定包括：基于 Stein 无偏似然估计（SURE）软阈值估计、长度对数阈值（Sqtwolong）、启发式 SURE 阈值、最大极大方差阈值（Minimax）。根据文献本书将炫选定最大极大方差阈值方法确定阈值。

（3）小波滤噪实例。

以沙坪坝基坑 J90 观测点数据为例，在 MATLAB 中通过小波滤噪进行剔除系统误差处理。图 9-8 是 J90 观测点水平与竖直位移随监测时间的变形规律，监测开始日期是 2014/4/30，监测数据为与首轮监测值相比的差值。由图可知，在 80~100 天内，监测值在 ±0.5 mm 左右波动。可能由于测试方法与监测仪器造成的的系统误差，运用 MATLAB 中 Wavelet Toolbox 工具箱进行小波滤噪处理。

图 9-9 是采用 Sym4 小波对 J90 观测点竖向位移数据分解 3 层，其中 S 表示原始信号，$a_1 \sim a_3$，$d_1 \sim d_3$ 表示各层近似信号和细节信号，有图可知 a_3 较为光滑，说明 $d_1 \sim d_3$ 误差信号已经有效滤出。图 9-10 是用 Sym4 小波对 J90 观测点竖向位移数据滤噪结果，分别采用 Minimax 软阈值和硬阈值，黑线代表滤噪后的结果。

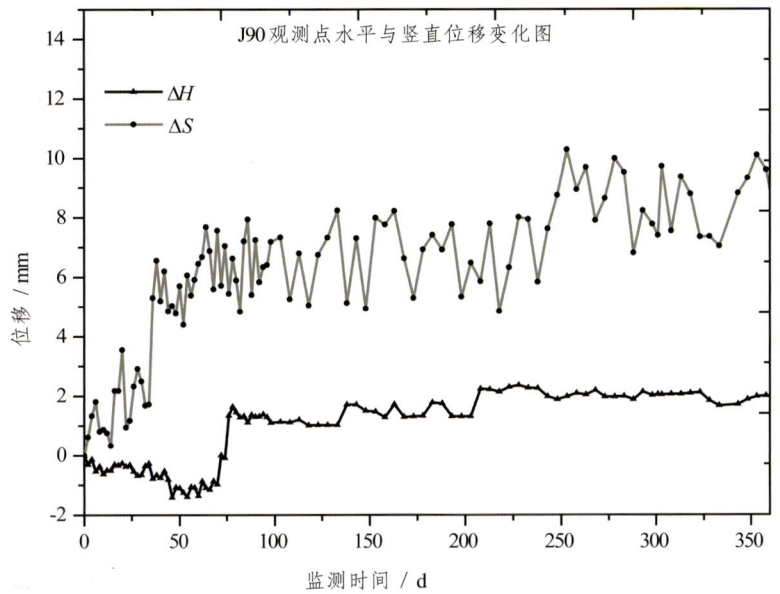

图 9-8　J90 观测点水平与竖直位移变化图

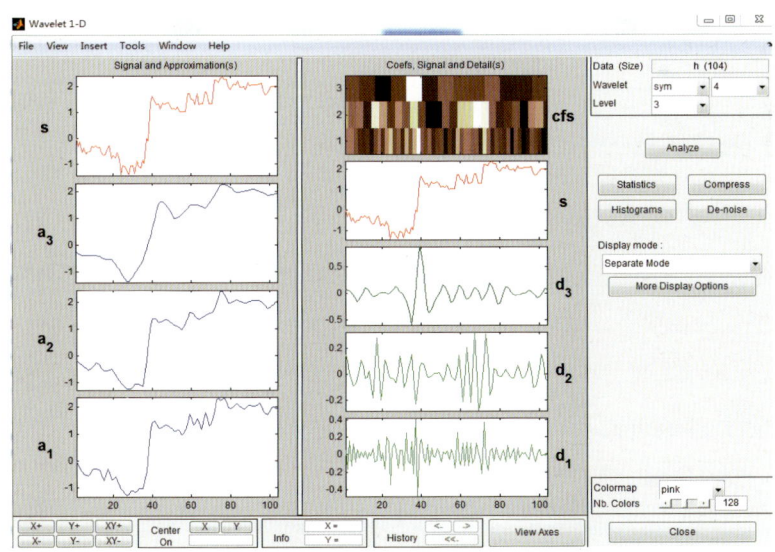

图 9-9　Sym4 小波对 J90 竖向位移数据分解到 3 层

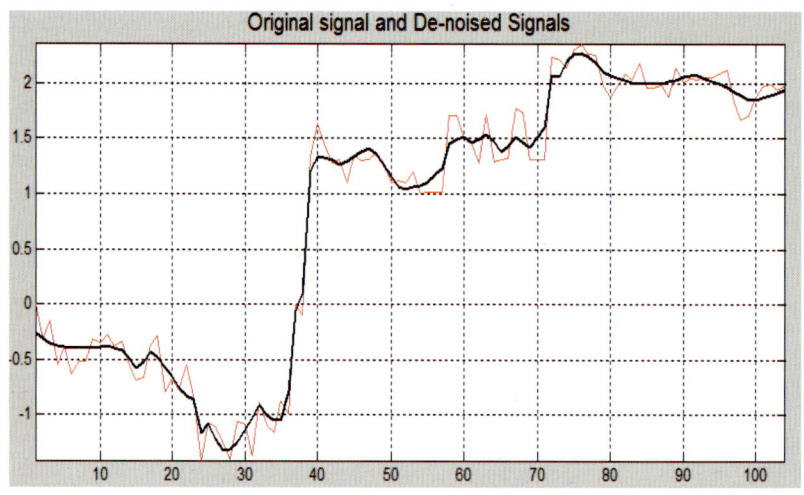

(a) Minimax, 软阈值

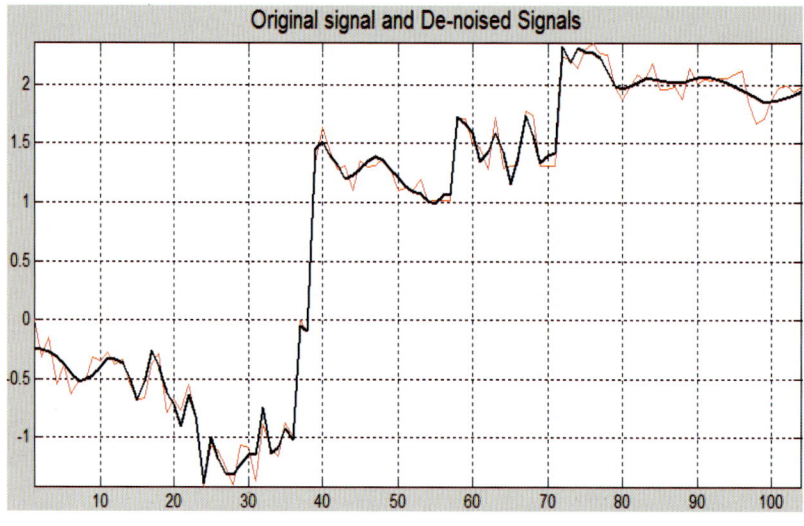

(b) Minimax, 硬阈值

图 9-10 Sym4 小波对 J90 竖向位移监测值滤噪结果

根据残差序列可得均方根离差为

$$\sigma = \sqrt{\sum \frac{\Delta^2}{n}} \qquad (9\text{-}2)$$

其中，σ 可作为噪声（误差）大小。用 Sym4 小波对 J90 观测点竖向位移数据分解三层，$\sigma_H = 0.237$ mm

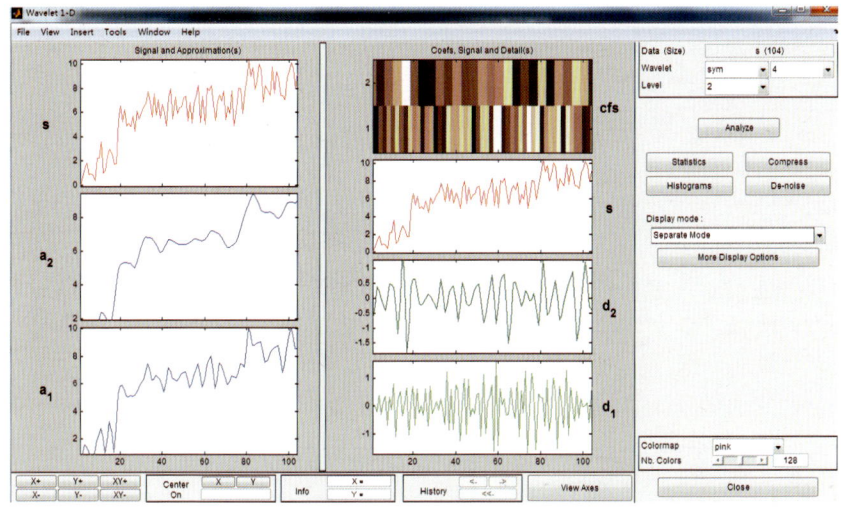

图 9-11　Sym4 小波对 J90 水平位移监测值分解到 2 层

同样，图 9-11 是用 Sym4 小波对 J90 观测点水平位移变化数据分解 2 层，其中 S 表示原始信号，$a_1 \sim a_2$，$d_1 \sim d_2$ 表示各层近似信号和细节信号，如图可知 a_2 较为光滑，说明 $d_1 \sim d_2$ 误差信号已经有效滤出。图 9-12 是用 Sym4 小波对 J90 观测点水平位移变化滤噪结果，分别采用 Minimax 软阈值和硬阈值，黑线代表滤噪后的结果。用 Sym4 小波对 J90 观测点高程变化数据分解 2 层，$\sigma_S = 0.569$ mm。

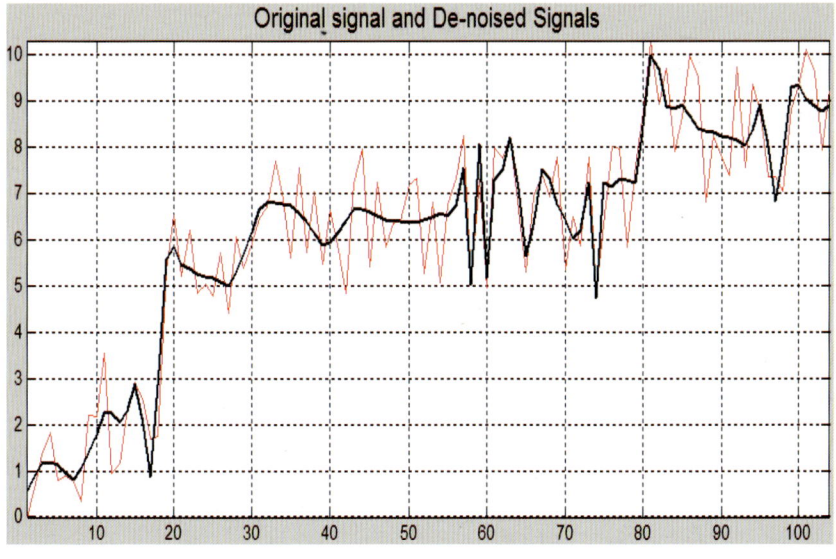

（a）Minimax，软阈值

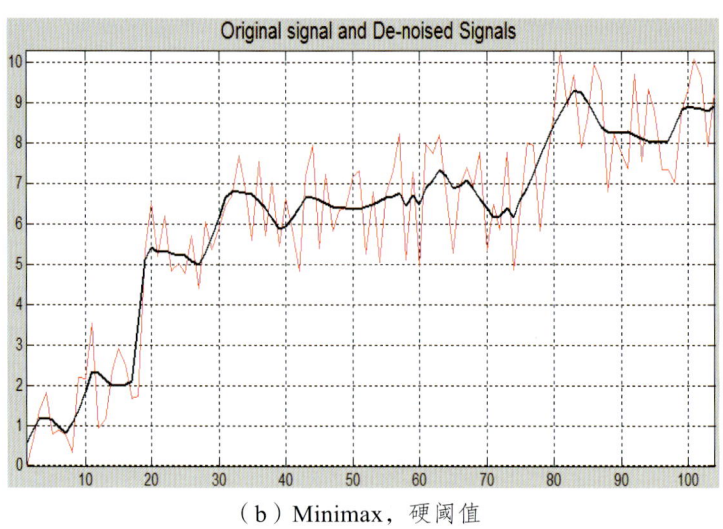

(b) Minimax,硬阈值

图 9-12 Sym4 小波对 J90 水平位移监测值滤噪结果

9.4.2 监测数据预测模型

基坑变形预测通常将监测数据分成时间序列,然后运用各种数理统计理论模型或智能方法进行预测研究。通常,基于数理统计的预测模型有:多元线性回归预测模型、一次指数平滑预测模型、灰色理论预测模型等。基于智能算法预测模型有:BP 神经网络预测模型、SVM 预测模型等。基于数理统计的变形预测模型对于监测数据的要求较为严格,要求监测数据的时间序列变化平稳。BP 神经网络和 SVM 算法是通过学习训练方式建立预测模型,对于数据的平稳性要求较小。

基坑的变形具有模糊性与非线性的特征,针对基坑监测数据随着时间的更新问题,现有预测模型对于监测数据后期的预测准确性出现很大程度的下降。本书采用 BP 神经网络和 SVM 算法模型,并结合滚动预测的方法,可以根据更新的监测值重新多次训练 BP 神经网络与 SVM 算法的预测模型,从而提高预测的精度。在进行监测数据建模之前,首先根据粗差判定方法剔除粗差,然后运用小波分析方法对监测数据进行降噪处理,在此基础上开展监测数据的建模与预测分析。

1. 神经网络(BPNN)模型

BPNN 的算法原理主要是通过网络训练,使其具有联想记忆与预测能力。BP 神经网络的训练步骤主要有:

(1)网络初始化。

BP 神经网络的拓扑结构如图 9-13 所示。根据输入输出序列(X, Y)确定网络参数，主要有输入层节点数 n、隐含层节数 l，输出节点数 m，初始化输入层、隐含层、输出层之间连接权值 w_{ij}，w_{jk}。初始化隐含层阈值 a，输出层阈值 b，设定学习速率与神经元激励函数。

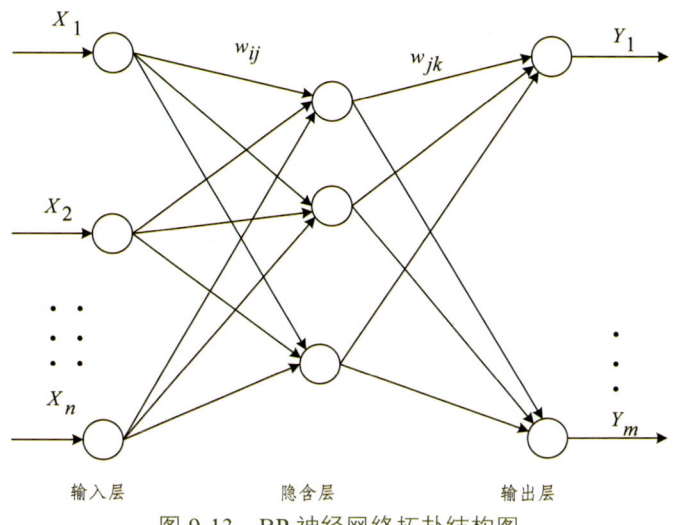

图 9-13　BP 神经网络拓扑结构图

（2）隐含层输出计算。

根据输入 X、输入层与隐含层连接权值 w_{ij}、隐函数阈值 a，计算隐含层输出 H：

$$H_j = f(\sum_{i=1}^{n} w_{ij} x_i - a_j) \ (j = 1, 2, \cdots, l)$$

式中，l 为隐含层节点数；f 为隐函数的激励函数，该函数有多中表达式，常见的函数表达式为

$$f(x) = \frac{1}{1 + e^{-x}}$$

（3）输出层计算。

根据隐含层输出 H、连接权值 w_{jk} 和阈值 b，计算预测输出 O_k：

$$O_k = \sum_{j=1}^{l} H_j w_{jk} - b_k \ (k = 1, 2, \cdots, m)$$

（4）误差计算。

由预测输出 O 和期望输出 Y，计算误差：

$$e_k = Y_k - O_k \ (k = 1, 2, \cdots, m)$$

(5)权值更新。

由预测误差 e 与连接权数 w_{ij} 和 w_{jk} 关系,更新权值:

$$w_{ij} = w_{ij} + \eta H_j(1-H_j)x(j)\sum_{k=1}^{m}w_{jk}e_k \ (i=1,2,\cdots,n;j=1,2,\cdots,l)$$

$$w_{jk} = w_{jk} + \eta H_j e_k \ (j=1,2,\cdots,l;k=1,2,\cdots,m)$$

(6)阈值更新。

由预测误差 e,更新阈值 a,b:

$$a_j = a_j + \eta H_j(1-H_j)\sum_{k=1}^{m}w_{jk}e_k \ (j=1,2,\cdots,l)$$

$$b_k = b_k + e_k \ (k=1,2,\cdots,m)$$

(7)判定算法迭代是否结束,若未结束返回(2)。

2. 支持向量机模型

支持向量机(Support Vector Machines,SVM)原理是基于学习机器在测试数据上的泛化误差率以训练误差率和一个依赖于 VC 维(Vapnik-Chervonekis dimension)的项的和为界,在可分模式下对于前一项的值为零,并使第二项最小化。

支持向量机的优点具有:

(1)通用性,可以广泛的函数集中构造函数;

(2)鲁棒性,不需要集中函数;

(3)有效性,可以有效的解决实际工程问题;

(4)计算简单,方法实现简单,Matlab 工具箱功能完善;

(5)理论完善,基于 VC 维推广性的理论框架。

支持向量机算法关键在于 x_i 和输入空间抽取向量 X 之间的内积核构造支持向量机,算法从监测数据中的训练样本开始。其结构体系图如图 9-14 所示。

图 9-14 中 K 为核函数,主要有:

线性核函数:$K(x,x_i) = x^T x_i$。

多项式核函数:$K(x,x_i) = (\gamma x^T x_i + r)^p, \gamma > 0$。

径向基核函数:$K(x,x_i) = \exp(-\gamma\|x-x_i\|^2), \gamma > 0$。

两层感知器核函数:$K(x,x_i) = \tanh(\gamma x^T x_i + r)^p$。

根据支持向量机的原理,可以通过对 n 个实际监测位移进行学习,即对 $n-p$ 个位移序列 $X_i, X_{i+1}, \cdots, X_{i+p-1}$,$i = 1, 2, \cdots, n-p$ 的学习,获得非线性关系:

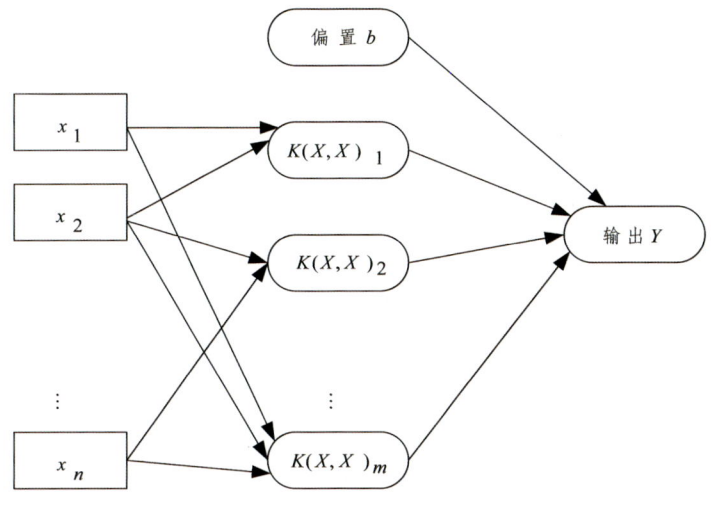

图 9-14　SVM 体系结构图

$$f(X_{n+m}) = \sum_{i=1}^{n-p}(\alpha_i - \alpha_i^*)K(X_{n+m}, X_i) + b$$

$$X_{n+m} = (x_{n+m-p}, x_{n+m-p+1}, \cdots, x_{n+m-1})$$

$$x_i = (x_i, x_{i+1}, \cdots, x_{i+p+1})$$

式中，$f(x_{n+m})$ 为第 $n+m$ 时刻位移值；$X_{(n+m)}$ 为第 $n+m$ 时刻前 p 个时间的位移值；X_i 为第 $p+i$ 时刻前 p 个时刻的位移值；$K(\cdot)$ 为核函数。

α, α^* 和 b 的解以下二次规划问题得到：

Max：

$$W(\alpha, \alpha^*) = -\frac{1}{2}\sum_{i,j=1}^{n-p}(\alpha_i - \alpha_i^*)(\alpha_j - \alpha_j^*)K(X_i, X_j) + \sum_{i=1}^{k}X_{i+p}(\alpha_i - \alpha_i^*) - \varepsilon\sum_{i=1}^{n-p}(\alpha_i + \alpha_i^*)$$

Subject to：

$$(s.t): \sum_{i=1}^{n-p}(\alpha_i - \alpha_i^*) = 0, (0 \leqslant \alpha_i; \alpha_i^* \leqslant C; i = 1, 2, \cdots, n-p)$$

3. 滚动预测方法

采用 BP 神经网络和支持向量机进行位移时间序列预测，为保证充分利用最新监测数据信息，提高预测的准确度，需要采用滚动预测方法。其基本原理为：对于监测数据的时间序列 $\{x_t\}$ 进行预测研究。预测的最佳历史节点为 p，预测步数为 m（p,m 需要根据实际工程确定）。m 个时间序列 $\{x_0, x_1, \cdots x_{n-1}\}$。滚动预测方法步骤主要有两步，第一步构造 $\{X_i, X_{i+1}, \cdots X_{i+p-1}, X_{i+p}\}$ ($i = 0,1,2,\cdots n-p-1$)，$n-p$ 组数据，预测 n 时刻后 $\{X_n, X_{n+1}, \cdots X_{n+p-1}\}$ 的 m 个时间数据；第二步，随着后面的 m 个时序数据的获得，替代前面的 m 个 $\{X_0, X_1, \cdots X_{m-1}\}$ 时序数据，进行下一步的预测。

9.4.3 基坑变形预测分析

1. 基于 BPNN 滚动预测模型

以沙坪坝基坑 J90 观测点数据为例，从 2014/3/20 至 2015/3/23 历时一年的监测数据进行小波分析滤噪处理。选取 2014/3/20 至 2014/12/28 时间的 87 个监测数据作为 BP 神经网络训练样本，结合滚动预测方法不断根据新的监测数据重新训练预测模型进行下一步的预测。预测步骤可参考图 9-15。

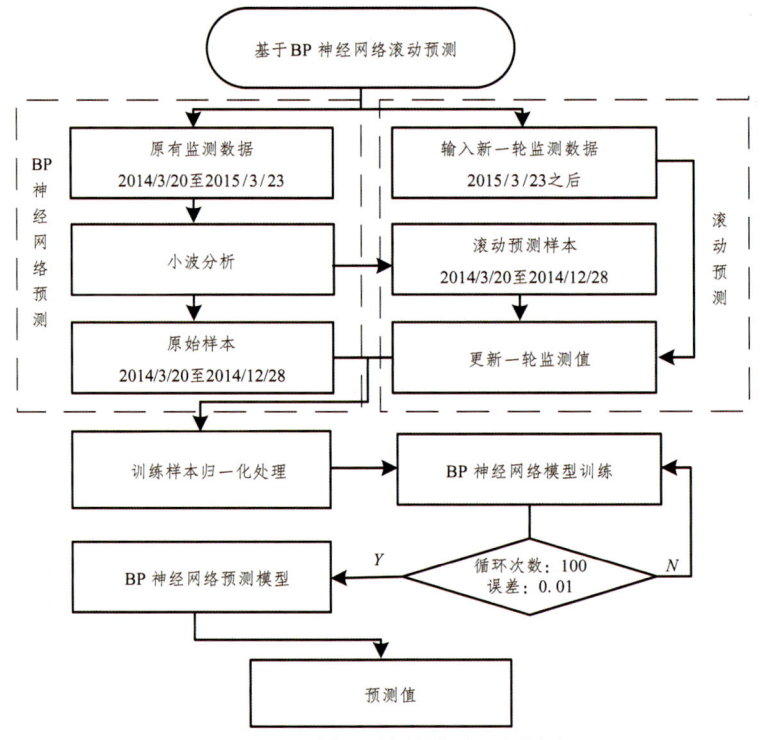

图 9-15　BP 神经网络的滚动预测流程图

步骤1：监测数据小波滤噪。

步骤2：监测数据归一化处理。

步骤3：BPNN 模型训练，设置循环的次数为 100 次，最小误差为 0.01。

步骤4：输入预测输入数据进行预测。

步骤5：更新监测数据，重新训练 BPNN 模型，返回步骤 4。

预测步骤中的步骤 4 与步骤 5 是针对监测数据更新与原有预测精度降低的问题设置的。滚动预测的方法比较简单实用，图 9-15 给出了基于 BP 神经网络模型的滚动预测流程图。对 J90 点位移变化趋势进行滚动预测，首先选取 2014/3/20 至 2014/12/28 时间的 87 个训练样本进行 BP 神经网络预测模型训练，预测的第 88 轮数据，将第 84、85、86、87 轮监测数据作为输入层，即可预测输入第 88 轮数据。进行多步变形预测时，将 85、86、87 轮数据与 88 轮预测值四个数据作为预测值，可预测下二轮的预测值。滚动预测的方法就是通过更新 88 轮的实际监测数据，重新进行 BP 神经网络训练，再进行下一轮的变形预测。

图 9-16 给出了 J90 观测点在 2014/3/20 至 2015/3/23 期间监测值与 BPNN 模型预测结果的对比分析，图 9-17 和表 9-4 给出了 J90 观测点从 2015/1 到 2015/3 期间的滚动预测结果。对比分析发现，基于 BP 神经网络的滚动预测方法原理简单，操作方便，预测精度高，工程实用性强。

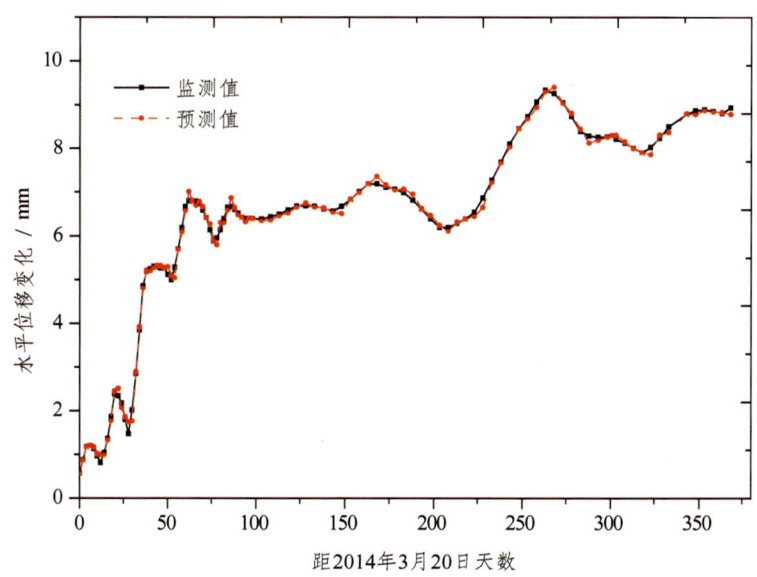

图 9-16　BP 神经网络预测与监测值对比

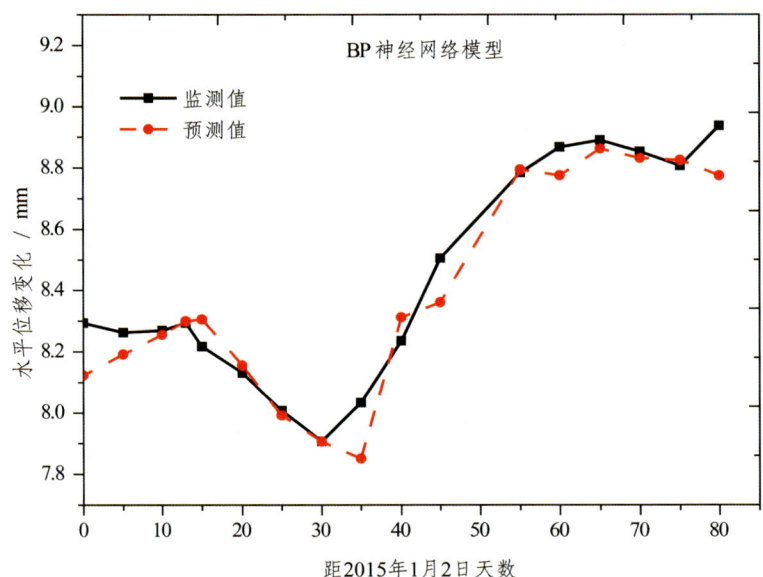

图 9-17　滚动预测结果（2015/1~2015/3）

表 9-4　BP 神经网络滚动预测表

观测时间	监测值/mm	预测值/mm	误差/mm	相对误差
2015/1/2	8.293	8.122	0.172	2.068%
2015/1/7	8.263	8.190	0.073	0.880%
2015/1/12	8.269	8.255	0.014	0.172%
2015/1/15	8.294	8.299	0.006	0.067%
2015/1/17	8.216	8.305	0.088	1.074%
2015/1/22	8.131	8.155	0.025	0.304%
2015/1/27	8.007	7.992	0.015	0.189%
2015/2/1	7.907	7.906	0.001	0.008%
2015/2/6	8.033	7.850	0.183	2.273%
2015/2/11	8.236	8.312	0.076	0.922%
2015/2/16	8.505	8.360	0.145	1.710%
2015/2/26	8.784	8.794	0.009	0.105%
2015/3/3	8.867	8.774	0.093	1.046%
2015/3/8	8.890	8.862	0.028	0.317%
2015/3/13	8.853	8.831	0.022	0.248%
2015/3/18	8.807	8.825	0.018	0.205%

2. 基于 SVM 滚动预测模型

基于 SVM 滚动预测模型，对基坑变形趋势进行预测的实施步骤可参考图 9-18。

步骤 1：监测数据经小波滤噪。
步骤 2：监测数据归一化处理。
步骤 3：选择训练样本进行模型训练
步骤 4：输入预测数据进行变形预测。
步骤 5：更新监测数据，重新训练 SVM 模型，返回步骤 4。

图 9-18 给出了基于 SVM 模型的滚动预测流程图。需要说明的是，基于 SVM 算法滚动预测，基于 MATLAB 平台采用台湾大学林智仁教授开发的 LIBSVM 的工具包实现，采取线性核（Linear Kernel）作为核函数。与其他核函数相比，线性核函数不要进行参数调节，免去了寻找最优参数的烦琐过程。预测相对于选择需要算法优化参数的其他核函数，精度上有所欠缺，但预测结果避免了人为主观因素影响。

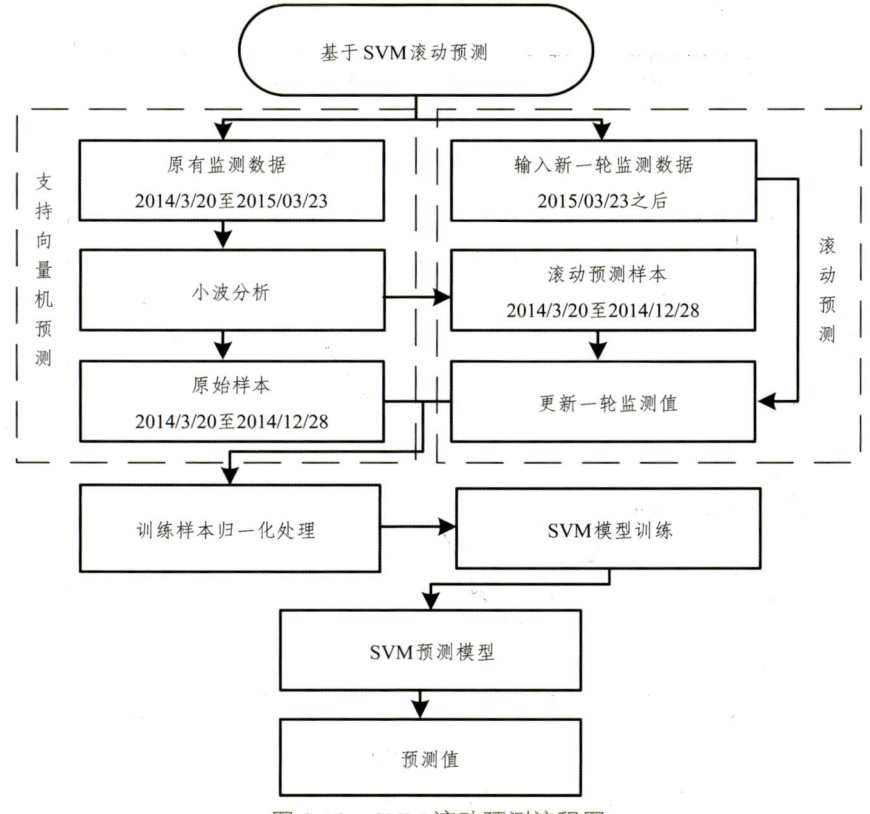

图 9-18　SVM 滚动预测流程图

图 9-19 给出了 J90 观测点在 2014/3/20 至 2015/3/23 期间监测值与 SVM 模型预测结果的对比分析,图 9-20 和表 9-5 给出了 J90 观测点从 2015/1 到 2015/3 期间的滚动预测结果。对比分析发现,基于 SVM 滚动预测具有较高的预测精度。

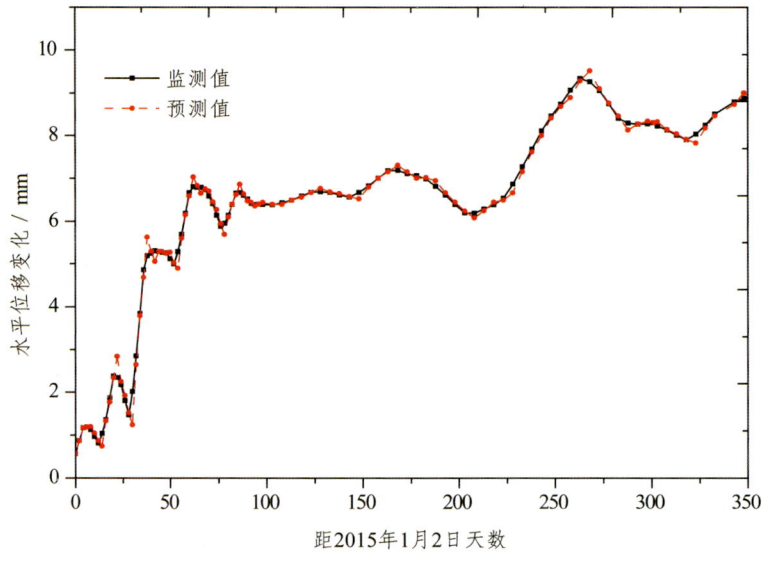

图 9-19 SVM 预测与监测值对比

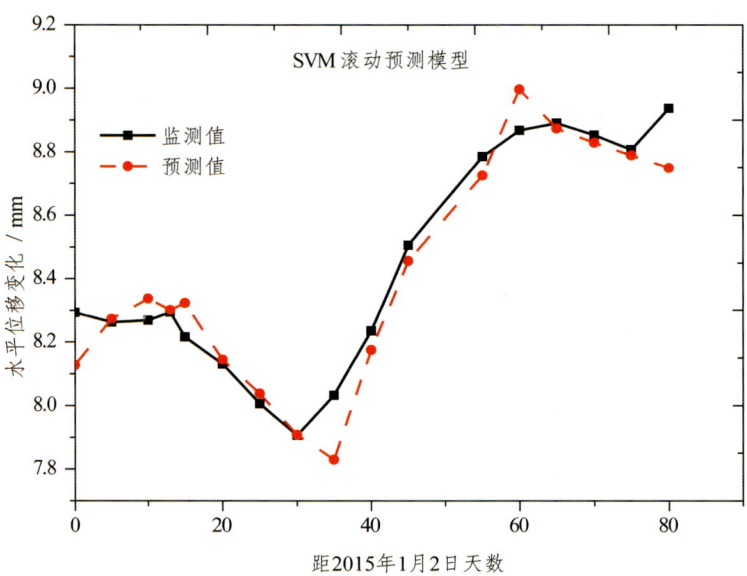

图 9-20 滚动预测结果(2015/1FF5E2015/3)

表 9-5 SVM 算法滚动预测表

观测时间	监测值/mm	预测值/mm	误差/mm	相对误差
2015/1/2	8.293	8.129	0.165	1.986%
2015/1/7	8.263	8.274	0.011	0.133%
2015/1/12	8.269	8.338	0.069	0.833%
2015/1/15	8.294	8.302	0.008	0.100%
2015/1/17	8.216	8.324	0.107	1.305%
2015/1/22	8.131	8.145	0.015	0.183%
2015/1/27	8.007	8.039	0.032	0.401%
2015/2/1	7.907	7.909	0.002	0.021%
2015/2/6	8.033	7.830	0.203	2.531%
2015/2/11	8.236	8.176	0.059	0.722%
2015/2/16	8.505	8.457	0.049	0.572%
2015/2/26	8.784	8.725	0.059	0.672%
2015/3/3	8.867	8.996	0.129	1.458%
2015/3/8	8.890	8.874	0.016	0.185%
2015/3/13	8.853	8.829	0.024	0.269%
2015/3/18	8.807	8.789	0.017	0.197%

3. 不同预测模型对比分析

分别采取一次指数平滑预测模型、灰色系统理论模型、BP 神经网络、SVM 模型对 J90 观测点在 2015/1/2 到 2015/3/23 期间的变形趋势进行预测，预测结果如图 9-21 所示。从图 9-21 可以看出，一次指数平滑预测模型、灰色模型由于其预测模型较为简单，预测工程监测量在短时间的变化趋势较为适用。两种常规的预测方法均能大致的反映 J90 监测值的变化趋势，但由于受监测值数据序列的变化幅度影响较大，模型预测精度有时难以保证。BP 神经网络和 SVM 模型可以较好反映基坑监测点位移值在相当长的一段时间的变化趋势。其预测模型为非线性模型，因此受数据变化幅度影响较小，滚动预测在下一阶段的时间序列中可以有效提高预测的精度。

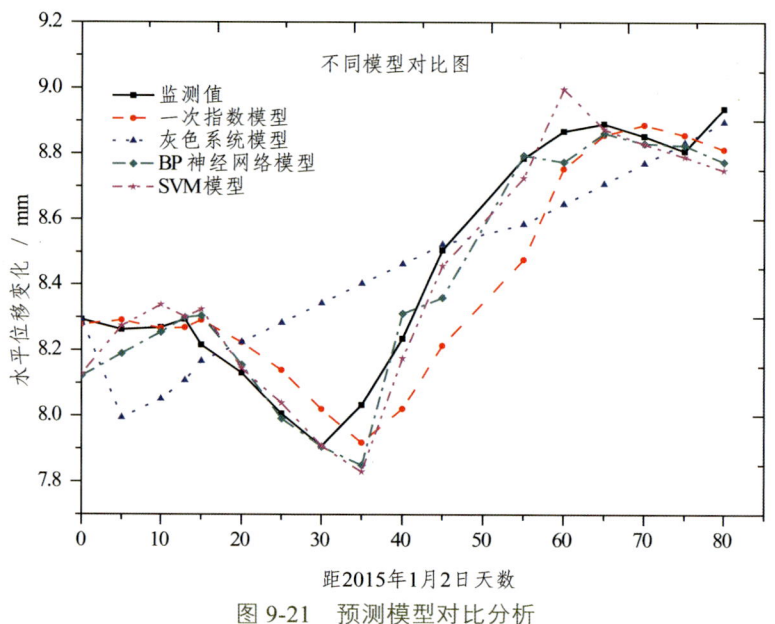

图 9-21　预测模型对比分析

9.5　基坑监测成果分析

在沙坪坝基坑的监测方案中，设置了一般性施工监测和五个科研监测剖面。图 9-6 为无人机拍摄的基坑俯瞰图，五个科研监测的剖面分别位移风井基坑周围、火车站站台侧、华宇大厦 C 栋和重庆八中四个位置区域。

表 9-6　基坑分区

编号	区域位置	工程特点	开挖深度	科研剖面
A	风井区域附近	开挖深度最大	44.6 m	KJ1-1
B	火车站站台侧	施工进度最快	17.9 m	KJ2-2、KJ3-3
C	火车站站台东侧	施工进度最快	17.8 m	
D	华宇广场、八中附近	建筑物最近	19.8 m	KJ4-4、KJ5-5

由于沙坪坝基坑周围建筑物密集，开挖规模大，根据基坑的工程特点和开挖施工进度情况，将整个基坑划分成四个区域，如表 9-6 和图 9-22 所示。其中，A 区域位于风井区域，为本基坑中开挖深度最大位置，达 44.6 m，已经开挖施工已完成。B、C 区域位于火车站站台侧和火车站站台东侧，开挖深度最大的位置约

17.9 m，基坑开挖施工完成较早。D 区域位于华宇广场附近，周围建筑分布密集，分布有华宇大厦 C 栋、D 栋、E 栋、利得尔大厦、重庆八中等。

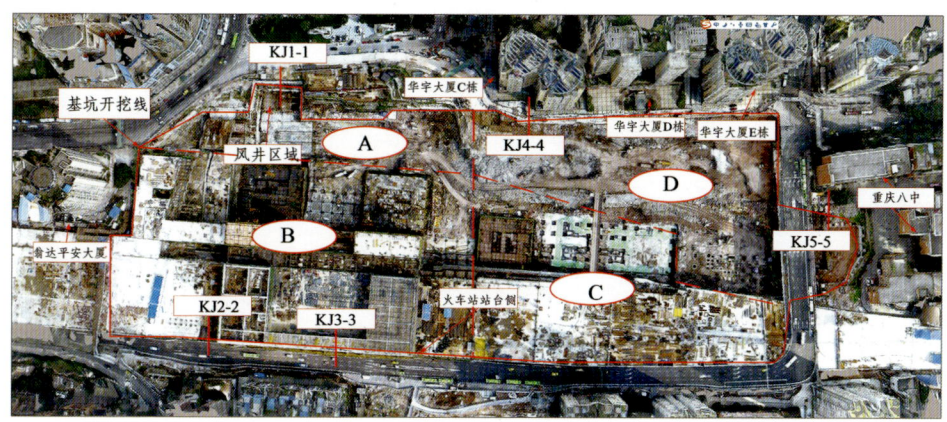

图 9-22　基坑俯瞰图

9.5.1　基坑边墙水平变形分析

选取沙坪坝工程深基坑风井附近区域进行分析，该部位外观测点监测布置如图 9-23 所示。选取 J18/J25/J32、J19/J26/J33、J20/J27/J34、J21/J28/J35 四个剖面作为研究对象，在不同开挖进度情况下，分析其边墙的水平变形以及地表沉降变形情况。

该部位基坑开挖深度达 25.9 m，根据其支护结构设计为二道肋板支护，一道肋板深度为 16.9 m，第二道肋板深度为约 9.0 m。

图 9-23　风井附近区域外观点监测布置示意图

图 9-24 给出了基坑边墙顶部测点 J32-35 共 4 个测点随边坡开挖下切的变形演化规律。从中可以看出，第一步开挖过程中基坑边墙水平位移在开挖初始变形量较大，随后基本在平衡位置波动，开挖诱发指向坡外的水平位移为 1.5～2.0 mm。第二步的开挖基坑边墙水平位移有一个明显的跳跃增长，诱发边坡产生的水平位移增量约为 3 mm，第 2 步开挖完成后边墙最大水平位移达 5 mm。随着基坑往下开挖，边墙顶部测点远离开挖工作面，开挖对顶部测点位移影响较小，除 J34 测点外，边坡顶部水平变形基本在平衡状态呈现波动.

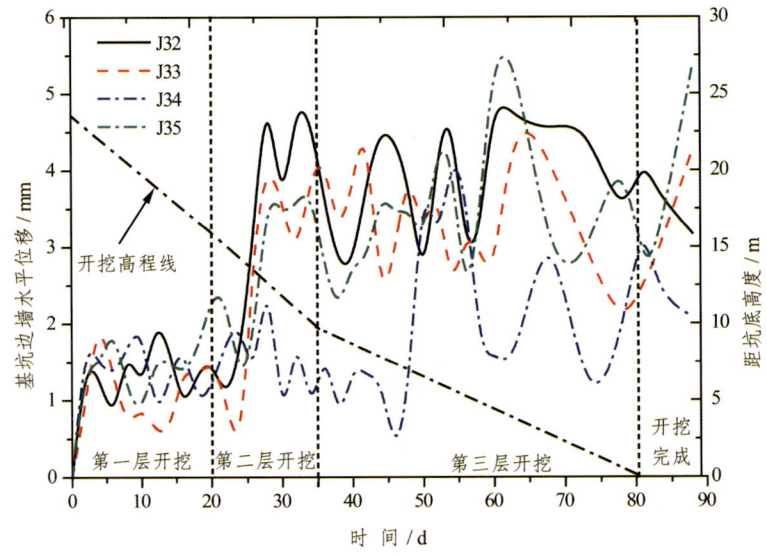

图 9-24 风井区域基坑边墙水平位移变化图

根据整个开挖过程边墙水平位移变化，可以得出：

（1）岩质基坑边墙水平位移变化，在开挖起始变形增长较快，在开挖深度达 50%左右，其边墙水平位移接近变形的峰值。

（2）岩土体开挖后，锚杆支护后岩质基坑边墙水平位移趋于稳定收敛状态。

根据基坑风井区域 J32～J35 在不同开挖阶段监测数据，统计得到外观测点在各个开挖阶段最大水平位移量，如表 9-7 所示。

表 9-7 风井区域基坑 J32～35 边墙水平位移　　　　　　　　单位：mm

	J32	J33	J34	J35
第一步开挖	2.092	2.179	2.035	2.369
第二步开挖	5.300	4.152	2.945	3.805
第三步开挖	5.034	4.884	4.163	5.651

图 9-25 给出当基坑开挖到不同深度时,边墙水平变形与开挖深度的关系。为了对比,图中同时给出了土质基坑开挖时边墙水平变形与开挖深度的关系,包括徐娜、司晓东等对于滨海地区长大深基坑,以及 Peck 和 Clough 等的研究结果。从中可以看出,沙坪坝基坑风井附近边墙水平位移约为 0.03%的开挖深度,小于国外学者 Peck 报道的 1.0%,Clough 报道的 0.60%,以及徐娜、司晓东等对于滨海地区基坑统计得到的 0.35%。显然,岩质基坑在开挖卸载中的边墙的水平位移变形量要远小于土质基坑,充分表明岩质基坑稳定性较好。

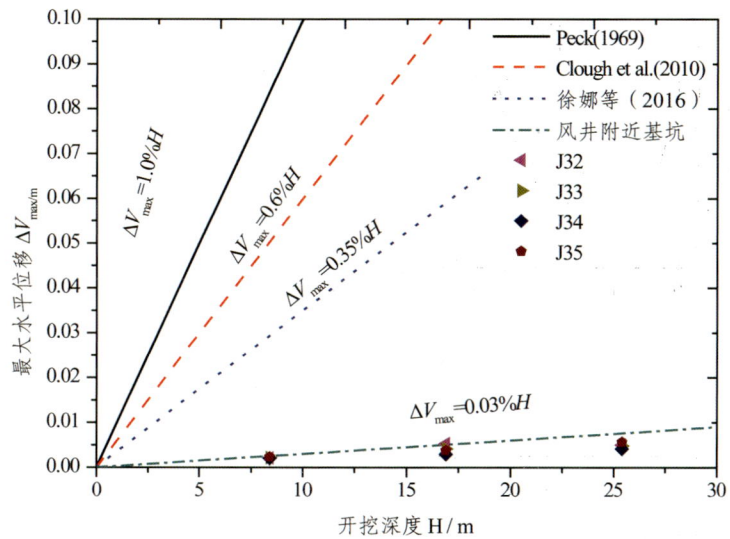

图 9-25　风井附近基坑边墙水平位移与开挖深度的关系

9.5.2　基坑地面沉降变形分析

图 9-26 给出了风井区域附近 J18/J25/J32、J19/J26/J33、J20/J27/J34、J21/J28/J35 四个剖面的顶部测点,随边坡开挖下切在竖直方向的变形演化情况。

在第一层和第二层开挖时,离边墙较近点大多表现为沉降变形,竖直位移的变化值在 $-2.0 \sim -3.0$ mm;其余测点表现为上抬变形,位移的变化值在 $1.0 \sim 4.0$ mm。第三层开挖边坡地表测点变形几乎全部表现为上抬变形,开挖完成后基本保持稳定。该部位基坑地表呈现的抬升变形主要是开挖卸荷诱发的弹性回弹变形。不同于土质基坑地表的沉降变形规律,在地质条件较好的岩质深基坑,由于岩体的塑性流动性较小或很少出现开挖诱发的塑性区,基坑的地表沉降一般较小,局部部位可能表现为上抬变形。根据四个剖面开挖完成后的测点变形,地表竖直向变形分布规律如图 9-27 所示,表现出地面的隆起变形。

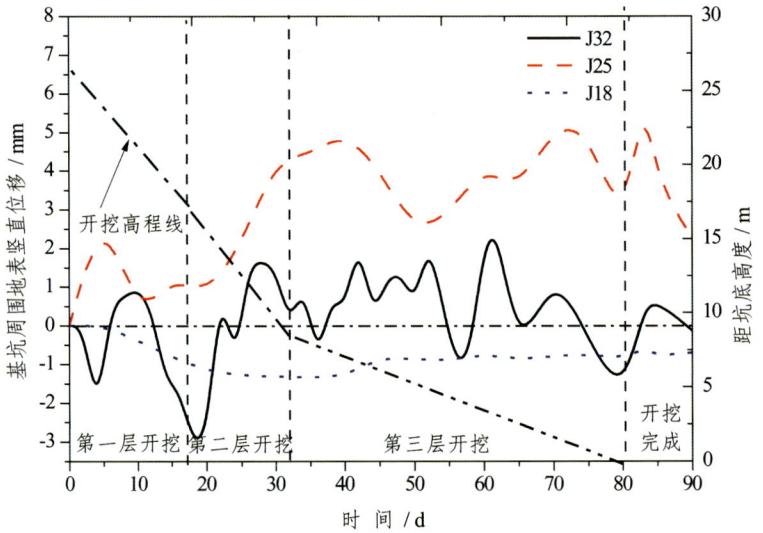

（a）J18/J25/J32 剖面地表竖直位移变化

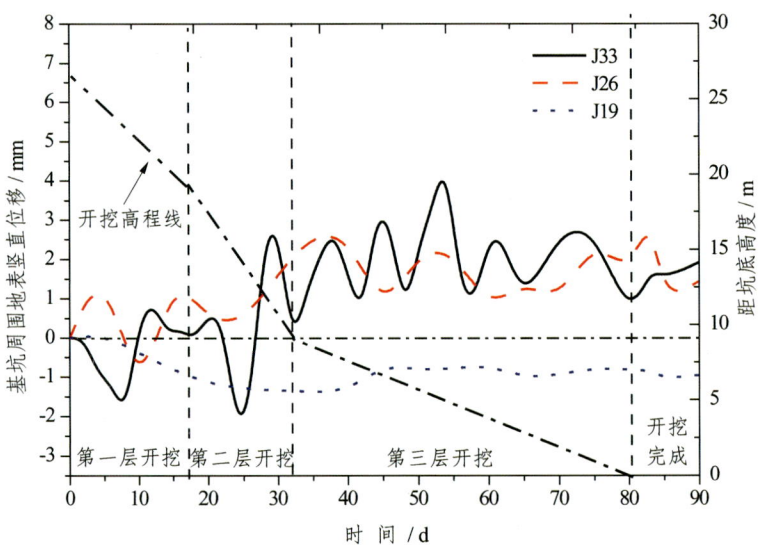

（b）J19/J26/J33 剖面地表竖直位移变化

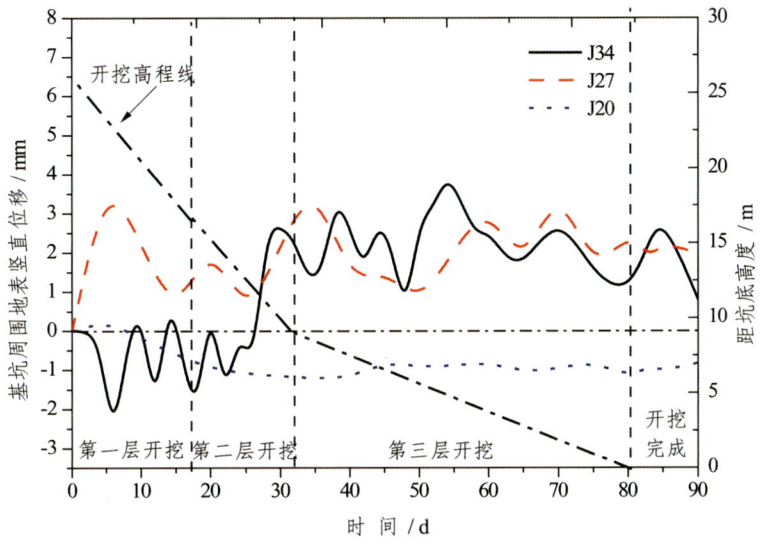

（c）J20/J27/J34 剖面地表竖直位移变化

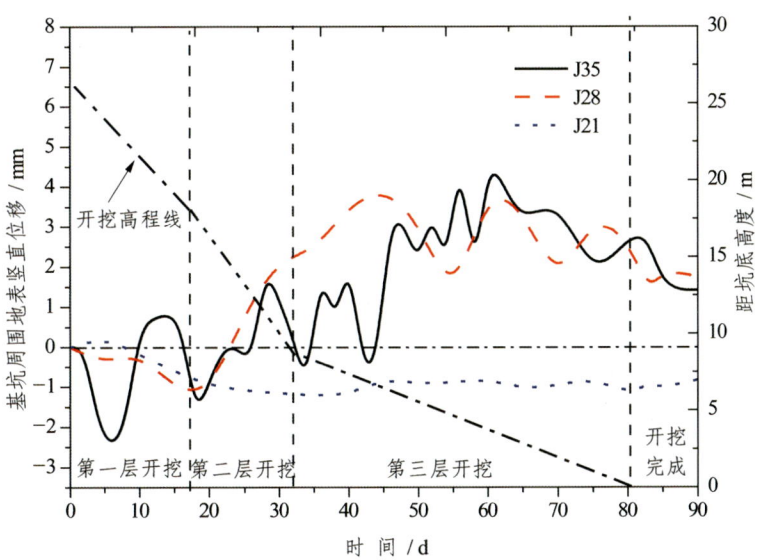

（d）J21/J28/J35 剖面地表竖直位移变化

图 9-26　风井附近基坑地表竖直向位移变化图

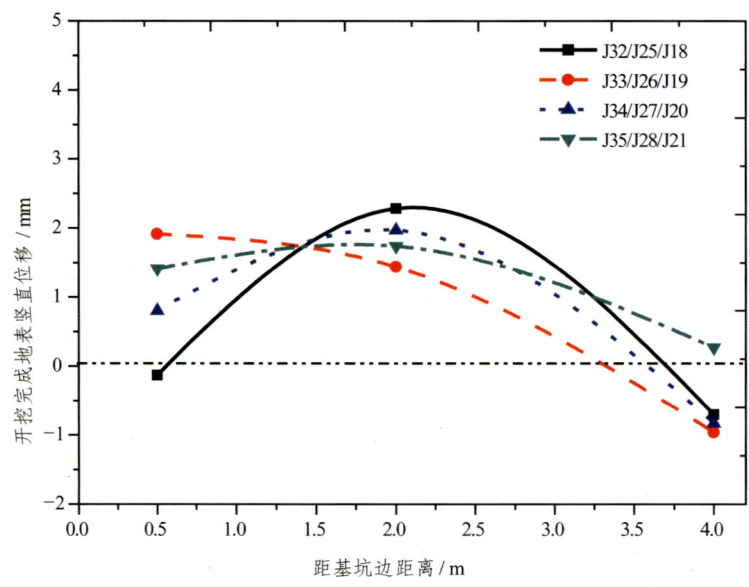

图 9-27　风井附近基坑开挖完成后地表竖直向位移分布

9.5.3　岩质基坑变形模式分析

（1）基坑地面沉降变形规律。

基坑整体开挖完成后，基坑地表沉降变形分布能够直观地反映出基坑在施工过程中对周边环境的影响范围和大小。通过分析地表沉降变化，总结岩石基坑开挖变形规律，对指导其他地区类似基坑的施工支护设计和临近建筑物的变形安全控制具有重要意义。

沙坪坝基坑全部开挖完成后，对基坑地面外观测点在竖直方向的变形量值进行统计分析（截止到 2017 年 11 月），图 9-28 给出了所有地面测点最终沉降变形与距基坑边墙距离的关系。由图 9-28 可知，沙坪坝基坑坑外地表大部分测点表现为沉降变形，最大沉降变形约为 –4 mm；另外有部分测点表现为上抬变形，最大抬升变形约为 3 mm。总体而言，地面沉降变形模式表现为"三角形"模式。

基坑地面变形范围主要集中在距离基坑边墙 10 m 范围内，大于 10 m 以外地面最终沉降变形微小，几乎可以忽略。因此，对沙坪坝岩质基坑而言，基坑开挖扰动对基坑地表沉降影响范围较小，约为 0.25 倍基坑深度范围，地表沉降最大值出现在基坑边缘。通过与土质基坑的沉降变形相比，如 Clough 等人研究得出土质基坑施工影响范围为 2 倍基坑深度，Hashash 等人研究得出的施工影响范围为 3 倍基坑深度，沙坪坝基坑的影响范围和沉降变形量值都远小于土质基坑。

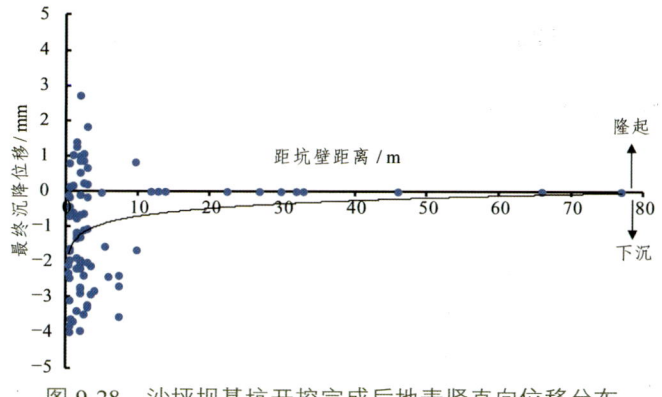

图 9-28 沙坪坝基坑开挖完成后地表竖直向位移分布

（2）基坑边墙水平变形规律。

图 9-29 给出当沙坪坝基坑开挖到不同深度时，基坑边墙所有外观测点的水平变形与开挖深度的关系。为了对比，图中同时给出了土质基坑开挖时边墙水平变形与开挖深度的关系，包括徐娜等、Peck 和 Clough 等的研究结果。从中可以看出，当开挖到不同基坑深度时，沙坪坝基坑边墙水平位移约为 0.07%的开挖深度，远小于国外学者 Peck 报道的 1.0%，Clough 报道的 0.60%，以及徐娜等对于滨海地区基坑统计得到的 0.35%。显然，岩质基坑在开挖卸载中的边墙的水平位移变形量要远小于土质基坑。基坑边墙水平位移是基坑开挖过程中最直接反应基坑变形趋势和变形量的监测项目，对基坑维护结构的安全评价和指导设计具有重要意义。本项目得出的沙坪坝基坑边墙变形与开挖深度的统计关系，可为具有类似工程地质条件的岩质基坑边墙变形预测和维护结构设计提供重要参考。

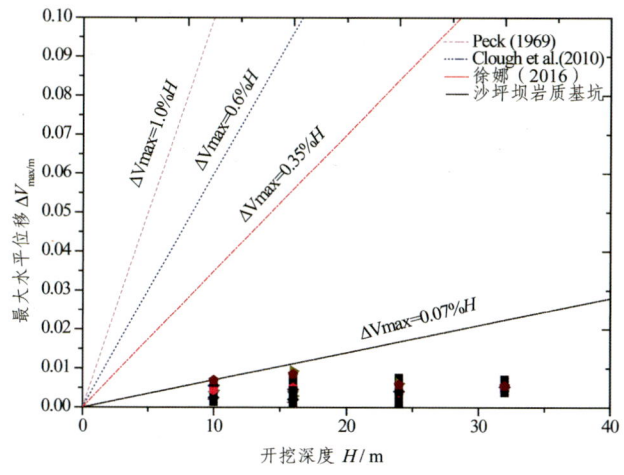

图 9-29 沙坪坝基坑边墙水平向位移与开挖深度的关系

9.6 基坑开挖对临近高层建筑影响分析

9.6.1 倾斜监测点的布置

根据国家标准《建筑基坑工程监测技术规范》(GB 50497—2009)，建筑物倾斜监测采用上下相对应监测点的相对变化位移计算出倾斜量、倾斜方向，根据建筑物的高度和时间得出倾斜角度和倾斜速率。本基坑重点关注的建筑物变形有：与基坑开挖边线距离较近的华宇广场的 C、D、E 栋建筑物与利得尔大厦，其中华宇大厦 E 栋距离基坑最近；火车站站台附近的翁达平安大厦；人员活动密集的重要位置学校重庆八中。临近建筑物倾斜监测点布置如表 9-8 所示。临近高层建筑物倾斜监测测点平面布置如图 9-30 所示，其中翁达平安大厦现场实际监测测点布置如图 9-31 所示。

表 9-8 临近建筑物倾斜监测点分布表

高层建筑物	倾斜度监测点编号
华宇大厦 C 栋	QX1/J66、QX2/J68、QX3/J69
华宇大厦 D 栋	QX4/J71、QX5/J72
华宇大厦 E 栋	QX6/J74、QX7/J75、QX8/J77
利得尔大厦	QX9/J79、QX10/J80
翁达平安大厦	QX11/J81、QX12/J83
重庆八中	QX13/QX13-1、QX14/J84

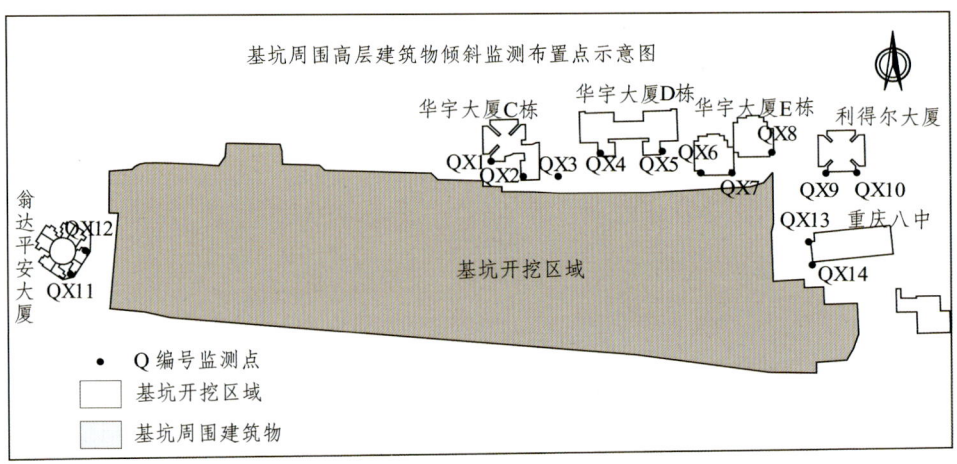

图 9-30 基坑周围高层建筑物倾斜监测布置点

图 9-31 翁达平安大厦倾斜监测测点现场布置

9.6.2 倾斜监测计算原理

临近高层建筑物倾斜监测的方法主要分为两类：一类测量建筑物顶部位移差法，通过高层建筑物顶部设置观测点的位移变化与建筑物本身高度之比来计算高层建筑的倾斜度。另一类是按照差异沉降的方法来计算建筑物主体的倾斜变化。图 9-32 给出了测量建筑物倾斜计算原理示意图。

（1）测量建筑物顶部位移差法。

$$i = \tan a = \frac{D}{H}$$

其中，i 为倾斜率；a 为倾斜角；D 为建筑物顶部偏移值（m）；H 为建筑物高度（m）。

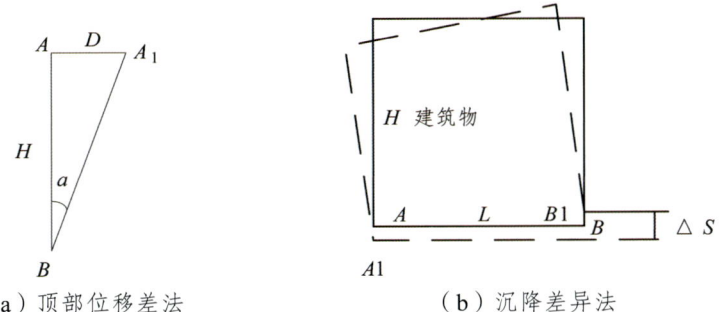

（a）顶部位移差法　　　　（b）沉降差异法

图 9-32 测量建筑物倾斜计算原理图

（2）差异沉降法。

差异沉降指的临近建筑物基础在不均匀竖直向下变形，表征着高层构筑物地基变形的重要指标，一般指相同结构物中，临近两个基础地基沉降量的差值。

$$\Delta D = \frac{\Delta S}{L} \times H \qquad (9-3)$$

其中，ΔD 为倾斜值（m）；ΔS 为基础两端点的沉降差（m）；L 为建筑物长度（m）；H 为建筑物高度（m）。

本工程中采用的为测量建筑物顶部位移差法，倾斜量是根据对应两观测点在水平面上位移变化，即为建筑物顶部位移偏移量 D，倾斜角度的变化为建筑物倾斜量与建筑物高度的比值的正切角度值 i。倾斜方向为建筑物倾斜与正北方向的方位角。

表 9-9 给出了沙坪坝基坑临近高层建筑物在基坑开挖结束后的最大倾斜值、累计倾斜率、以及基坑开挖过程中建筑物的最大倾斜变化速率。从中可以看出，临近建筑物的倾斜率和倾斜变化速率远小于规范控制值，这充分表明由于采取了优化的开挖支护工序和减震爆破开挖方法，基坑临近建筑物的变形和稳定性得到有效控制。

表 9-9 基坑临近高程建筑物变形安全控制

建筑物	高度/m	监测点好	与首次比较最大倾斜量/mm	最大倾斜率（Δ/H）	最大倾斜变化速率/（mm/d）	规范值：倾斜率	规范值：倾斜变化速率 0.1H/1 000/（mm/d）	评估结果
华宇大厦 C 栋	90	QX1/66 QX2/68 QX3/69	9.81 9.23 8.11	0.00011	1.17	0.002	9.00	满足规范要求
华宇大厦 D 栋	90	QX4/71 QX5/72	4.82 6.31	0.00007	0.87	0.002	9.00	满足规范要求
华宇大厦 E 栋	90	QX6/79 QX7/75 QX8/77	5.52 5.29 7.40	0.00008	1.02	0.002	9.00	满足规范要求
利得尔大厦	80	QX9/79 QX10/80	4.59 4.88	0.00006	0.71	0.002	8.00	满足规范要求
翁达平安大厦	75	QX11/81 QX12/83	5.44 5.14	0.00007	0.78	0.002	7.50	满足规范要求
重庆八中	40	QX13/Qx13-1 QX14/84	5.49 3.73	0.00014	0.72	0.002	4.00	满足规范要求

9.6.3 临近高层建筑物倾斜监测分析

选取翁达平安大厦作为建筑倾斜研究对象。根据施工资料，翁达平安大厦临近的基坑在 2014/04/14 开挖完成，因此，对翁达平安大厦自 2013/09/19 至 2014/04/14 以来近 200 天监测数据进行分析。由于基坑较大，施工的工序复杂，使得监测数据具有一定的波动性。

根据翁达平安大厦监测布置点 QX11/J81、QX12/J83 的监测位移观测数据，计算出倾斜量、倾斜角与倾斜方位。图 9-33 给出了翁达平安大厦在基坑开挖施工期内的倾斜量与倾斜量的变化速率。翁达平安大厦的在基坑的开挖施工过程中，其倾斜量逐渐增大，倾斜位移最大值达 4.5 mm 左右，建筑物倾斜位移量在基坑开挖施工后 20 天增大到最大值，在翁达平安大厦附近的基坑开挖完成后，其倾斜变形量和倾斜变形速率明显下降。由于沙坪坝基坑范围大、施工周期长，受远离翁达平安大厦其他部位基坑开挖影响，其倾斜变形量和倾斜变形速率仍呈现一定的波动。总体而言，施工期内翁达平安大厦满足规范倾斜监测值不超过 2/1 000，倾斜变化速率小于 0.1 H/1 000 mm/d 的要求。

根据翁达平安大厦倾斜监测，可以得出：

（1）岩质基坑临近建筑物在开挖施工中倾斜量远小于规范要求，说明岩质基坑开挖卸载对周围建筑物的影响较小，当然可能与翁达平安大厦与基坑的距离有关。

（2）岩质基坑开挖对周围建筑倾斜影响，在开挖起始的阶段，倾斜位移值变化较大，在开挖完成后，由于岩质基坑地面沉降很小，建筑物倾斜量基本处于稳定状态。

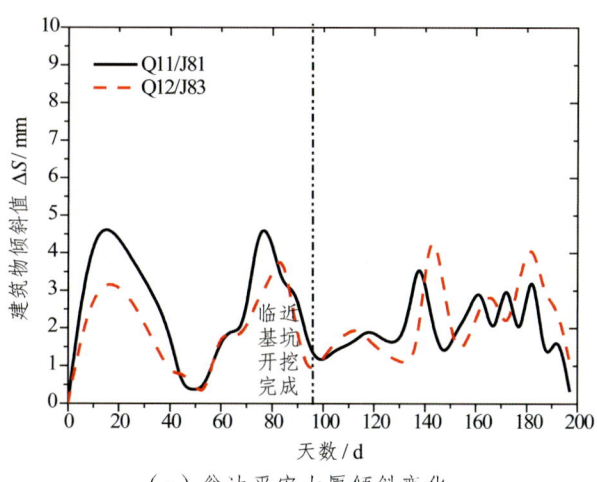

（a）翁达平安大厦倾斜变化

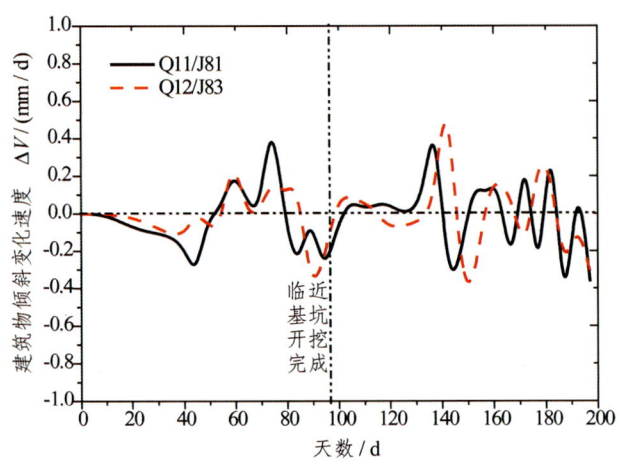

(b）翁达平安大厦倾斜速率的变化

图 9-33 翁达平安大厦倾斜监测

第 10 章

基坑开挖多目标全过程反演分析

10.1 反分析方法综述

在城市建设中，在建造住宅楼的地下空间，地下铁路运输系统站和地下停车场时都需要进行深基坑开挖施工。在基坑开挖过程中，必须要考虑基坑开挖造成临近建筑物的不均匀沉降。为了控制施工期间变形和防止工程地质灾害的发生，需要进行开挖全过程的安全风险评估。开挖工程的风险评估的可靠性和准确性主要取决于预估的位移结果。使用数值模拟进行变形预测主要依赖于岩土体物理力学参数的正确取值。尽管这些参数值可以直接通过现场测试和实验室试验进行测定，但当测试得到的参数不能很好地代表实际情况时，施工发生事故风险的概率就可能会增加。通过实验测试得到的力学参数往往会有一些不可避免的缺陷，比如采样点的代表性，测试样品的取样扰动和尺度效应等。

弥补实验参数不足的一种更合理的方法是使用基于现场监测数据的反演分析方法来进行岩土体力学参数辨识。反分析的过程首先是识别物理力学参数值，然后利用反分析得到的优化参数，对下一开挖阶段的变形进行正向预测和稳定性评估。一般而言，反分析被表达为目标函数的优化问题。目标函数通常由计算位移值与其相应的现场观测值之间误差的平方和所建立。目前可以使用不同种类的优化算法，来确定产生最小目标函数值时的一组材料参数。遗传算法（GA）或将GA 与其他优化算法组合的方法经常被用于参数识别。然而，尽管已经实施了全面的现场监测系统并且已经获得各种类型的现场测量数据，但是大多数反分析方法却仅利用其中一种类型的现场观测数据来反演岩土体力学参数。只考虑一种类型的现场观测数据不足以描述深基坑工程现场施工的重要特征。因此，这种做法可能会导致反分析结果的可靠性降低。此外，如果分别针对每种观测数据实施反分析，则可能导致反演计算得到的参数不一致。

使用多种现场观测数据来提高反分析结果的准确性和可靠性是更加合理的。

如果每一个目标方程代表一种类型的观测值,那么就需要同时优化多个目标方程。一些研究人员使用权重系数法将多目标问题转化为单目标问题,再反计算基岩的水力传导参数。然而,每个目标函数权重值的选择取决于设计人员自身的工程经验。因此,反分析的结果往往受到主观因素的影响。近年来,Pareto 多目标优化算法在各个工业领域得到了广泛的应用。然而,关于 Pareto 多目标优化算法在岩土工程中的研究和应用却很少。

10.2 多目标优化问题

首先举例说明在开挖过程中只应用一种现场观测来计算反演参数的情况。假设 R 是一个开挖工程的预测模型。那么,

$$Q = R(P)$$

式中,$P = \{p_1, p_2, p_3, \ldots, p_m\}$ 是一组需要反演识别的未知参数的 m 维向量,这组向量受限于特定的取值范围 $[p_i^{(L)} \leqslant p_i \leqslant p_i^{(U)}]$。这里,$p_i^{(L)}$ 和 $p_i^{(U)}$ 分别代表第 i 个参数取值范围的下边界和上边界。$Q = \{q_1, q_2, q_3, \ldots, q_n\}$ 是一组 n 维的预测模型输出值的向量。$Q' = \{q_1', q_2', q_3', \ldots, q_n'\}$ 是相对应的实际观测值向量。

例如,R 是一个计算由于开挖引起地面沉降的预测模型,Q' 和 Q 分别代表现场观测沉降和相应的计算结果。参数 n 是所选监测点的总数。q_i' 和 q_i 分别是第 i 个监测点的观测沉降值和相应的计算值。

评价预测模型的计算精度的一种通用的方法是,通过计算它们之间的误差向量 $e = \{e_1, e_2, e_3, \ldots, e_n\}$,来将现场观测值 Q' 与计算值 Q 进行对比:

$$e_i = q_i' - q_i$$

误差函数一般当作反演分析的目标函数,当目标函数达到最小值时,将解作为反分析的结果:

$$f(P) = \sum_{i=1}^{n}(e_i)^2 = \sum_{i=1}^{n}(q_i' - q_i)^2$$

然而,当要同时考虑多个不同类型的现场观测值时,反分析的目标函数将被表示为如下的多目标优化形式

$$\text{Minimize } F(P) = \{f_1(P), f_2(P), f_3(P), \cdots, f_l(P)\}$$

式中,$F(P)$ 表示目标函数的向量,$f_i(P)$,$i = 1, 2, \cdots, l$,表示第 i 个目标方程。

值得注意的是，单目标优化问题的最优解是不同于多目标优化问题的。目标函数之间是相互冲突的，因此不可能同时满足所有的目标。对于多目标优化问题，一般存在多个最优解。如果没有进一步更高级的选择信息，那么最优解集中的任何一个解都不能被认为比其他的解更优。因此，在多目标优化中，应该努力寻找一组能够考虑到所有目标重要性的权衡优化解的集合。在找到这样的解集之后，使用更高等级的信息从最优解集中选取最终的解。

权衡解集被称为 Pareto 最优解。下面给出了一个搜索多目标函数中最小值的例子来说明 Pareto 最优解。设 A 和 B 为两个解。如果下述的两个条件都能够满足，那么解 A 支配解 B。

（1）对于所有的目标方程 $f_i(A) \leqslant f_i(B), i = 1, 2, \cdots, l$。

（2）至少有一个目标方程 i 满足 $f_i(A) < f_i(B)$。

那就是说，如果由解 B 代入目标方程中得到的结果不比解 A 的结果小，并且至少有一个目标函数的结果使得解 A 比解 B 小。那么解 A 和解 B 的关系就可以被定义为解 B 被解 A 支配。若某一个解不被其他的解支配，那么这个解就被当作 Pareto 最优解。

Pareto 最优解的集合在解集空间中形成一个前沿称为 Pareto 前沿。图 10-1 描述了对于一个两目标优化问题的 Pareto 最优解集和 Pareto 前沿。对于这个多目标优化问题 Pareto 前沿是一条曲线。位于 Pareto 前沿的解都满足上述的两个条件。因此，这些解被认为是 Pareto 最优解。

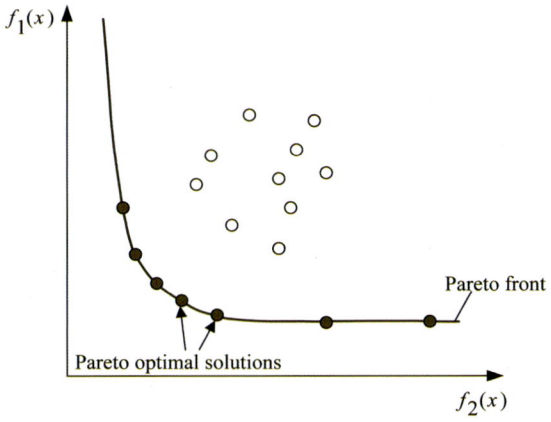

图 10-1　两个目标函数的 Pareto 最优解

10.3　多目标全过程动态反分析方法

本项研究提出了一种用于识别岩土力学参数的多目标全过程动态反分析方

法，以实现更准确的基坑开挖变形预测。首先，建立了一个基于现场地质条件的数值模型进行基坑开挖模拟；然后，使用正交设计方法生成了 BP 神经网络的训练样本集合。反演参数与计算位移之间的非线性关系可以通过训练 BP 神经网络来确定。这些非线性映射关系接着被带入相应的多目标方程。最后使用一种 Pareto 多目标优化算法-矢量评估遗传算法 VEGA 来反演未知参数。

10.3.1　基坑开挖模拟

基坑开挖区别于其他工程问题特点之一，是由于不断地开挖或建筑（回填、支护等）而使开挖前所界定的模型在几何上发生不断地变化。因此，无论对于线弹性材料，还是弹塑性材料以及弹脆塑性材料，均应模拟施工过程，按增量方式进行求解，下面给出开挖边坡增量型边值问题的提法。

设在瞬时 t，界定范围的岩质弹塑性体处于静态平衡且应力状态及全部加载历史已知，施工开挖后区域由 Ω_0 变为 Ω，在部份表面 $\partial\Omega_T$ 上给定外力增量 $\mathrm{d}T_i$，而在其余表面 $\partial\Omega_u$ 上给定位移增量 $\mathrm{d}\hat{u}_i$、$\mathrm{d}\sigma_{ij}$、$\mathrm{d}\varepsilon_{ij}$、$\mathrm{d}u_i$ 分别表示应力张量 σ、应变张量 ε 和位移向量 $\boldsymbol{u}$ 中各分量的增量，且是无限小的。问题表述为：给定某一时刻处于平衡状态的物体内 Ω 所有点的应力状态 σ_{ij} 和变形历史 u_i，确定 Ω 内的应力增量 $\mathrm{d}\sigma_{ij}$ 和位移增量 $\mathrm{d}u_i$，使它们满足下列控制方程：

$$\mathrm{d}\sigma_{ij} + \mathrm{d}T_i = 0 \quad \boldsymbol{x} \in \Omega$$

$$\mathrm{d}\varepsilon_{ij} + \mathrm{d}\varepsilon_{ij}^e + \mathrm{d}\varepsilon_{ij}^p = 0 \quad \boldsymbol{x} \in \Omega$$

$$\mathrm{d}\varepsilon_{ij} = \frac{1}{2}(\mathrm{d}u_{i,j} + \mathrm{d}u_{j,i}) \quad \boldsymbol{x} \in \Omega$$

$$\mathrm{d}\sigma_{ij} = D_{ijkl}^{ep}\mathrm{d}\varepsilon_{kl} \quad \boldsymbol{x} \in \Omega \tag{10-1}$$

$$\mathrm{d}\sigma_{ij} \cdot n_j = \mathrm{d}\hat{T}_i \quad \boldsymbol{x} \in \partial\Omega_T \tag{10-2}$$

$$\mathrm{d}u_i = \mathrm{d}\hat{u}_i \quad \boldsymbol{x} \in \partial\Omega_u \tag{10-3}$$

对于线弹性材料，式（10-1）中的 $\boldsymbol{D}_{ijkl}^{ep}$ 为弹性矩阵；对于弹塑性材料，式中的 $\boldsymbol{D}_{ijkl}^{ep}$ 为弹塑性矩阵；对于弹脆塑性材料，$\boldsymbol{D}_{ijkl}^{ep}$ 在屈服前为弹性矩阵，屈服后用残余强度计算弹塑性矩阵，屈服时应力应变关系按应力跌落模式考虑。式（10-2）中的 $\mathrm{d}\hat{T}_i$ 为由初始应力场确定的开挖释放荷载，式（10-3）为计算域的位移边界条件。在以上的公式中，位移为最基本的物理量，如在基坑边坡的开挖面附近布置一定的位移和应力的监测设备，获取开挖过程中的位移增量 $\mathrm{d}u_i$ 与应力增量 $\mathrm{d}\sigma_{ij}$，则可通过上述方程反求 $\boldsymbol{D}_{ijkl}^{ep}$ 和 $\mathrm{d}\hat{T}_i$，也即反求基坑岩体物性参数和初始应力场，此即基坑开挖位移反演问题的提法与表述。由此可见，基坑开挖位移反演就是由监测数据去推断岩体等效力学模型与参数，其实质上就是对监测数据、参数的试验结果、开挖模拟计算方法以及其他基础信息的综合利用。其中，基础信息的利用十分重要，几乎贯穿于反演求解全过程中。

10.3.2 BP 神经网络

岩土结构的复杂性决定了岩体力学参数与岩体位移之间的关系很难用显式数学表达式来描述，而人工神经网络特别适用于参数变量和目标函数值之间无数学表达式的复杂工程问题。在多目标反分析过程中，首先采用 BP 神经网络模型来建立岩体力学参数与岩体位移之间的非线性映射关系，由这一神经网络的外推预测可以替代位移反分析过程中的正向计算过程。

图 10-2 给出了一个 3 层的 BPNN 拓扑架构。它包含输入层、隐藏层和输出层。输入层的神经元数量与反演参数的数量相同。相应地，输出层中神经元的数量等于数值计算结果的数量。尽管输入和输出数据之间的映射关系很难用解析函数来描述，但使用 BPNN 就可以很容易地表达。BPNN 在运行前需要事先给定一

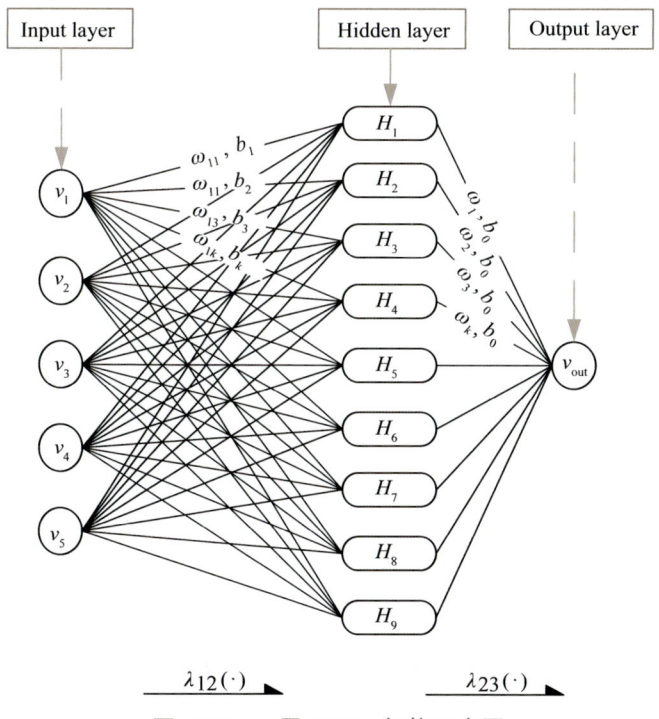

图 10-2 三层 BPNN 架构示意图

定数量的样本对神经网络进行训练。样本应能够涵盖全部可能发生的输入输出状态，即网络空间应该足够大。因为不可能试验所有的输入输出状态，所以必须结合适当的试验设计方法确定参数组合作为输入，并进行相应的正分析作为输出，如此构造样本，既能保证网络预测准确性，又减少了试验次数。

最常见试验设计方法——正交设计法是依据正交性原则来挑选试验范围（因素空间）内的代表点。若试验有 x 个因素，每个因素有 n 个水平，则全面试验的试验点个数为 n^x 个，而正交设计仅有 n^2 个。依据正交性原则来选择试验的正交试验设计可大大减少试验次数，并且具有"均衡分散性"和"整齐可比性"，非常适用于多因素、多水平的试验情况。例如，如果反演参数的数量是 5 个，并且每个参数的取值范围被分为 5 个水平（参数值范围内的五个区间值），那么一个完整的参数组合的反分析需要运行 5^5 次。然而，使用正交设计方法，只需要运行 25 次有限差分计算就可以。然后，相应的输出数据可以通过数值计算得到。

在 BPNN 模型的运行期间，输入和输出数据通常被归一化在 -1 到 1 的范围内。隐含层的数量以及每一层的神经元数量取决于需要求解的问题的复杂性。通常地，使用一个隐含层是必要的。对于精确的设置隐藏层中神经元的数量，目前尚不存在一个通用的规则，主要采用根据经验公式进行反复试算的方法。根据经验公式（10-4）和式（10-5），我们能够分别得到两者神经元数量的最小值 $N_{\text{hid}}^{\min} = \min\{N_{\text{hid}}^1, N_{\text{hid}}^2\}$ 和最大值 $N_{\text{hid}}^{\max} = \max\{N_{\text{hid}}^1, N_{\text{hid}}^2\}$。

$$N_{\text{hid}}^1 = 2N_{\text{in}} + 1 \tag{10-4}$$

$$N_{\text{hid}}^2 = \sqrt{N_{\text{in}} + N_{\text{out}}} + a \tag{10-5}$$

式中，N_{hid} 是隐含层神经元的数量，N_{in} 和 N_{out} 分别是输入层和输出层神经元的数量，a 是 1~10 范围内的手动确定的一个值。BPNN 模型的训练从隐含层神经元数量最小值开始。然后，每次训练都增加一个隐含层中神经元的数量，一共运行 $N_{\text{hid}}^{\max} - N_{\text{hid}}^{\min} + 1$ 次训练。最后，根据每次训练得到的均方差，就能够确定隐含层中最优神经元数量。

对于图 10-2 中所示的 3 层 BPNN 架构，输入和输出的非线性关系可由式（10-6）表达

$$v_{\text{out}} = \lambda_{23}[b_0 + \sum_{k=1}^{N_{\text{hid}}} \omega_k \lambda_{12}(b_k + \sum_{i=1}^{N_{\text{in}}} \omega_{ik} v_i)] \tag{10-6}$$

式中，ω_k 和 b_0 分别是隐含层 H 与输出层 v_{out} 传递函数的权值和阈值；ω_{ik} 和 b_k 分别是输入层 v_i 和隐含层 H 传递函数的权值和阈值；$\lambda_{12}(\cdot)$ 是输入层与隐含层之间的传递函数；而 $\lambda_{23}(\cdot)$ 是隐含层与输出层之间的传递函数。式（10-6）建立了输入和输出数据之间的映射关系，用于替代耗时的数值计算。有多种方法可以用来确定式（10-6）中的权值和阈值。本项研究采用基于一阶梯度下降的反向传播算法来优化权值。

10.3.3　VEGA 算法

矢量评估遗传算法（VEGA）是一种随机的多目标优化算法，它不依赖于设计者的先验判断来确定每个目标函数的权重系数。它是从遗传算法发展而来的，因此 VEGA 具有遗传算法的基本特征。VEGA 的目的是求解多目标问题，如图 10-3 所示。VEGA 首先将随机生成的初始种群划分为若干个相等的子种群，其数目与目标方程的数目相同，然后评价每个子种群中每个个体的适应度值。越优秀的个体，它将获得越大的选择概率，最优秀的个体就将得到最大的选择概率。之后，选择操作算子执行赌轮盘选择，这意味着更优秀的个体更有可能在下一代子种群中被选择。遵循这种方法来保持种群的多样性并确保优秀的个体存在。在前一迭代步中得到的优秀子种群被合并成一个种群。接着，使用交叉和变异操作产生一个新的种群。当计算迭代步骤超过最大规定遗传代数，停止迭代计算。最佳的解是最终迭代步骤中具有最大适应值的个体。

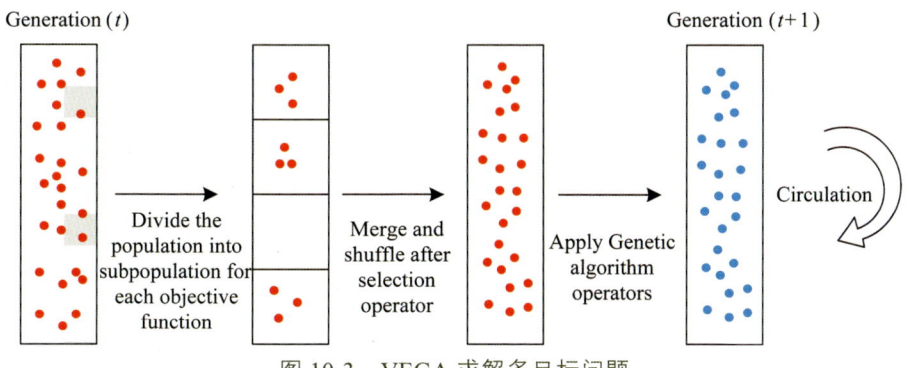

图 10-3　VEGA 求解多目标问题

10.3.4　多目标遗传算法计算流程

结合正交设计、数值模拟、BPNN 和 VEGA 的多目标反分析方法的工作流程如图 10-4 所示。由于待求解的物理力学参数与预测位移之间的关系是黑盒问题，在执行优化之前必须建立它们之间的非线性关系。首先，在要计算的参数取值空间构建正交阵列，然后通过数值模拟正向计算产生输出数据。输入和输出数据将用作 BPNN 的训练样本。BPNN 的作用是作为一个连接反演参数和预测位移的桥梁，最后通过应用 VEGA 求解多目标问题，得到 Pareto 优化解。

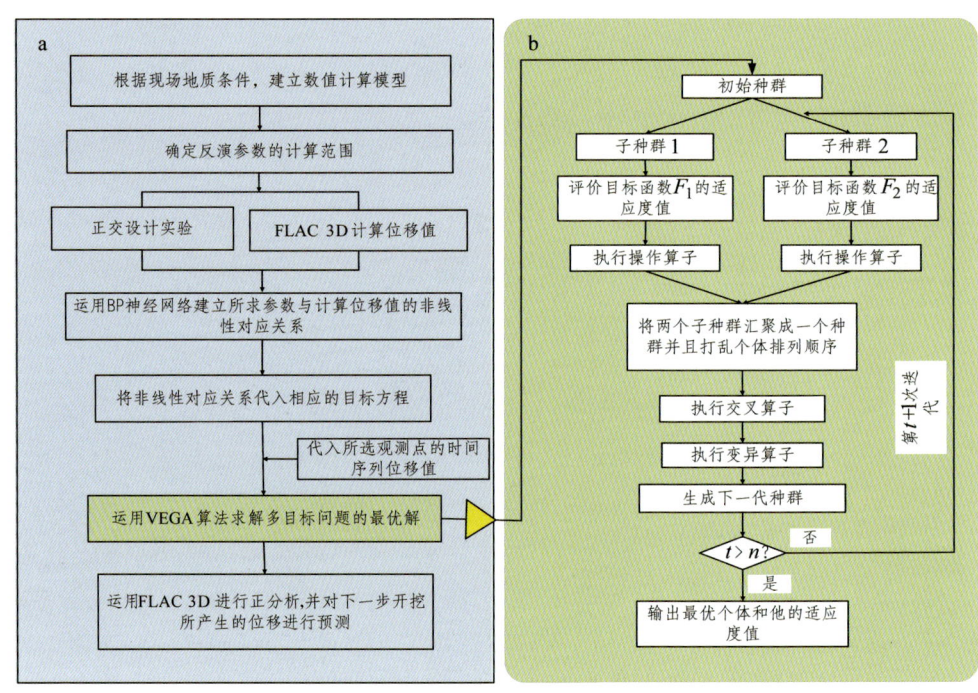

图 10-4　多目标反分析工作流程

10.4　沙坪坝基坑开挖反演分析

提出的多目标反演分析方法被应用到重庆沙坪坝基坑开挖工程。沙坪坝基坑开挖工程实施了全面的现场监测系统并获得了各种类型的现场监测数据。反分析中考虑了两种类型的测量值：x 方向的位移（正北方向）和 y 方向的位移（正东方向）。5 个岩土体的力学参数被选作需要被反演确定的参数。为了验证所提出的多目标反分析方法的可靠性和求解精度，传统的单目标和基于加权和的多目标方法也应用于在相同条件下反演参数辨识。

10.4.1 工程概况

沙坪坝车站交通枢纽是城市综合交通中心的地下空间，主要用于连接地铁系统和高速铁路。在基坑开挖工程周边分布着三峡广场、重庆第八中学、重庆师范大学和其他住宅小区。开挖范围东西长 540 m、南北宽 120 m。施工开挖被概化为 6 个开挖步，最终开挖完成后的最大开挖深度为 38 m。

根据现场地质勘察，研究区域的地层按岩土特征划分为 5 层，分别为人工填土层，粉质黏土层，强风化粉砂层，砂岩层，泥岩层。通常使用锚杆作为有效的加固措施。为提高开挖边坡的稳定性，采用锚杆和挡土墙作为支撑结构，如图 10-5 所示。基坑开挖和监测点起始观测时间如表 10-1 所示。

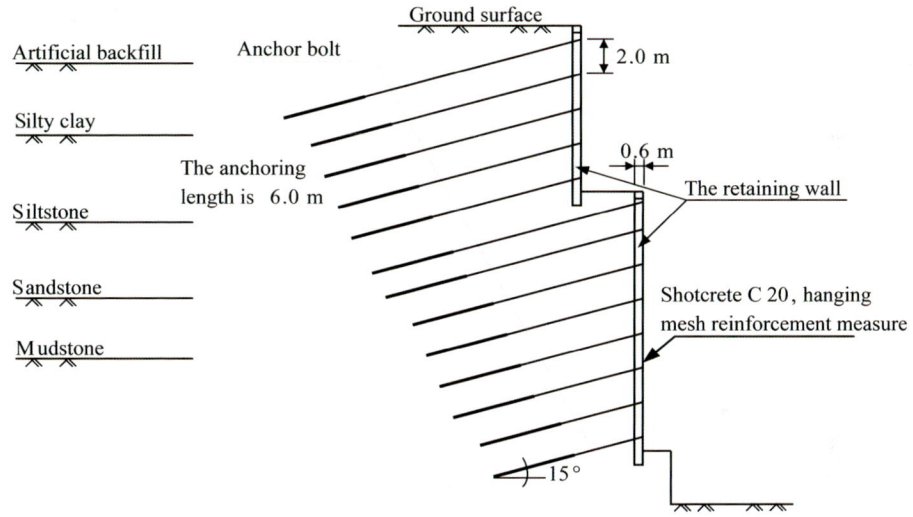

图 10-5 典型开挖断面与支护结构

图 10-6 给出了沙坪坝基坑外观监测点的平面布置。在监测数据中值得注意的是，有一些监测点安置的时间较晚，所以在其较短的监测时间内只能提供非常有限的变形数据，还有一些监测仪器在基坑开挖期间受到强烈的施工干扰导致数据损坏。因此，通过分析和对比所有监测点测得的位移变形，9 个具有好的代表性和可靠性的监测点被选择作为反演目标测点。在 9 个监测点中，其中 5 个编号为 J12，J21，J90，J92 和 J100 安装在地面上，其余编号为 J68，J69，J83 和 J84 的安装在周围的建筑物上。按照实际施工程序，基坑开挖被概化为 6 个开挖阶段。如图 10-7 所示，截面 1—1 表示在沙坪坝基坑开挖的一个典型的开挖程序。表 10-1 给出了详细的开挖阶段以及每个监测点的起始监测时间。

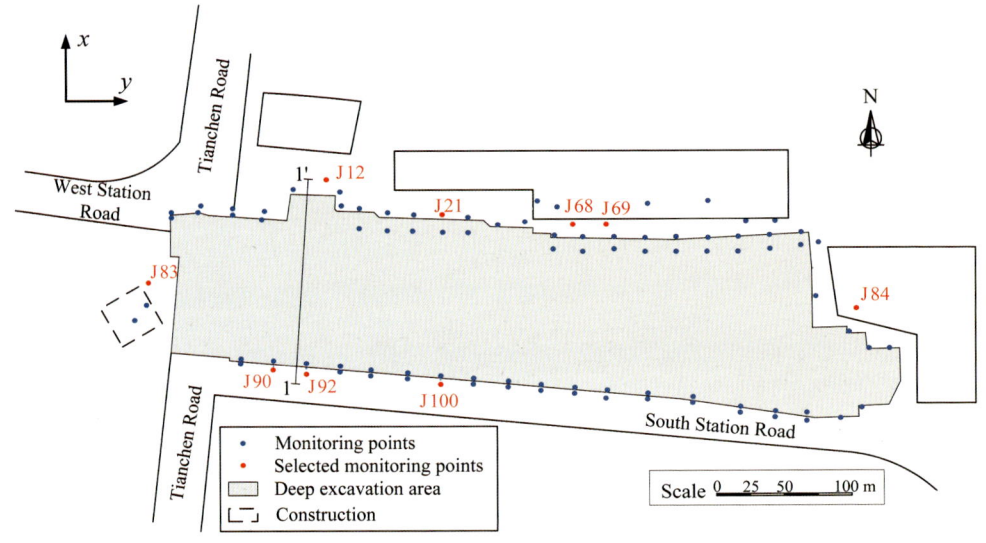

图 10-6 监测点的安置位置.

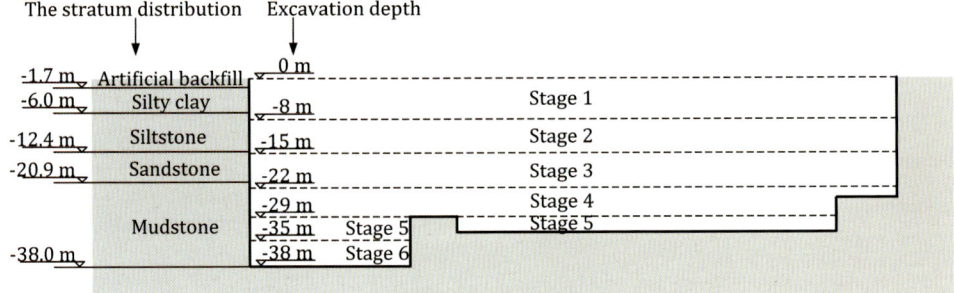

图 10-7 1—1 横断面的地质剖面和开挖顺序

表 10-1 基坑开挖和监测点起始观测时间

开挖阶段	开挖深度	开挖日期	监测日期
Stage 1	8 m	September 2013	J68, J69, J83, J84 starting in August 2013
Stage 2	15 m	December 2013	J21, J12, J90, J92, J100 starting in October 2013
Stage 3	22 m	May 2014	
Stage 4	29 m	February 2015	
Stage 5	35 m	July 2015	
Stage 6	38 m	February 2016	

10.4.2 计算模型

根据沙坪坝基坑的工程地质特征,使用FLAC3D软件建立了沙坪坝基坑三维数值模型。初始应力场中仅考虑重力作用,本构方程采用理想弹塑性模型、强度准则采用莫尔-库仑准则。对于岩土体开挖变形分析,一般采用理想弹塑性模型和弹塑性应变软化模型来描述岩土体的变形。从实验室测试结果来看,开挖区域的5种岩土材料(人工回填土、粉质黏土、粉砂岩、砂岩和泥岩)在峰值后显示出不同的应变软化行为,理论上,对于不同类型的岩土材料采用相应的应变软化模型更为合理。然而,应变软化模拟经常遇到数值不稳定问题,另外,考虑到峰值后岩体软化参数难以确定,应变软化模型尚未纳入该反演分析。

基坑的支护结构,锚杆和挡土墙,分别采用FLAC3D中的bolt和plate模型进行模拟。如图10-8所示,数值模型的范围为南北向415.3 m,东西向755.5 m,高度为143 m。该模型被划分为134 255个六面体单元和100 871个节点。在底部边界上,水平位移和垂直位移采用固定约束,基坑模型的四个侧面边界采用法向位移约束。

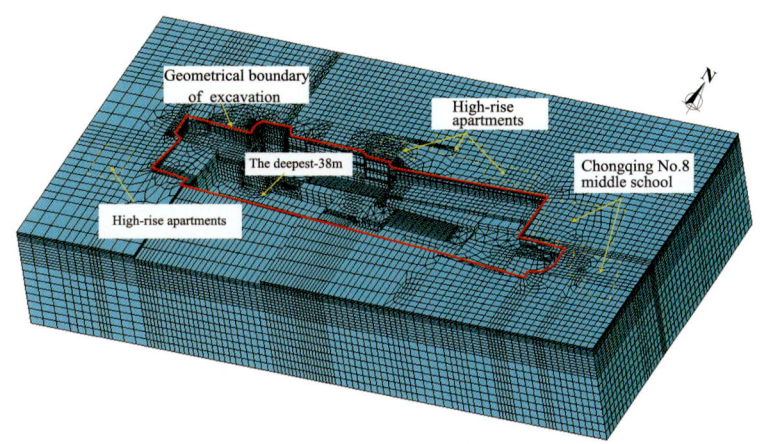

图10-8 用于反分析的3D数值模型

根据岩土材料的实验数据和开挖工程地质勘察报告中提供的推荐值,五个反演参数的取值范围如表10-2所示。

通过直剪试验得到每种材料的内聚力 c 和内摩擦角 φ。由于强度参数的测试值离散度较小,因此被认为是相对准确的,被作为确定值而不参与反分析。另外,对于五种类型的岩土材料,泊松比 v 和容重 γ,在大多数反分析中通常被认为是已知的参数,通过实验室的物理力学实验均可获得。表10-3显示了未参与反分析的确定性参数。

表 10-2 反演变形模量参数的取值范围和分区水平　　　单位：MPa

		Artificial backfill zone (E_1)	Silty clay zone (E_2)	Siltstone zone (E_3)	Sandstone zone (E_4)	Mudstone zone (E_5)
Value range of parameters		3~7.5	20~40	200~400	2 000~3 800	500~2 000
Levels of parameters	1	3	20	200	2 000	500
	2	4.125	25	250	2 450	875
	3	5.250	30	300	2 900	1 250
	4	6.375	35	350	3 350	1 625
	5	7.5	40	400	3 800	2 000

表 10-3 未参与反演的岩土材料参数取值

Soil layer	γ/(kN/m³)	φ/(°)	c/kPa	υ
Artificial backfill soil	19.8	17.8	16	0.28
Silty clay	19.5	18	26	0.31
Siltstone	20	28	100	0.3
Sandstone	24.6	37.3	1200	0.25
Mudstone	25.9	32.2	324	0.33

表 10-4 由 L25(5)⁵ 正交设计表设计的样本　　　单位：MPa

Pattern no.	1	2	3	4	5	6	7	8	9	10
E_1	3	3	3	3	3	4.125	4.125	4.125	4.125	4.125
E_2	20	25	30	35	40	30	35	40	20	25
E_3	200	250	300	350	400	350	400	200	250	300
E_4	2 000	2 450	2 900	3 350	3 800	2 450	2 900	3 350	3 800	2 000
E_5	500	875	1 250	1 625	2 000	500	875	1 250	1 625	2 000
Pattern no.	11	12	13	14	15	16	17	18	19	20
E_1	5.25	5.25	5.25	5.25	5.25	6.375	6.375	6.375	6.375	6.375
E_2	40	20	25	30	35	25	30	35	40	20
E_3	250	300	350	400	200	400	200	250	300	350
E_4	2 900	3 350	3 800	2 000	2 450	3 350	3 800	2 000	2 450	2 900
E_5	500	875	1 250	1 625	2 000	500	875	1 250	1 625	2 000

续表

Pattern no.	21	22	23	24	25
E_1	7.5	7.5	7.5	7.5	7.5
E_2	35	40	20	25	30
E_3	300	350	400	200	250
E_4	3 800	2 000	2 450	2 900	3 350
E_5	500	875	1 250	1 625	2 000

10.4.3 反演目标函数

使用两个目标函数对现场测量值与预测位移值的匹配程度进行评价。F_1 和 F_2，分别代表所选择的监测点处的 x 方向（正北方向）和 y 方向（正东方向）位移值的误差平方和。5 个变形模量参数当作反演参数：E_1，E_2，E_3，E_4 和 E_5。反演目标函数 F_1 和 F_2 如下：

$$\begin{cases} \min \ F_1 = \sum_{i=1}^{9}\sum_{j=1}^{6}[d_{ijx}(E_1,E_2,E_3,E_4,E_5)-\delta_{ijx}]^2 \\ \min \ F_2 = \sum_{i=1}^{9}\sum_{j=1}^{4}[d_{ijy}(E_1,E_2,E_3,E_4,E_5)-\delta_{ijy}]^2 \end{cases} \quad (10\text{-}7)$$

E_1，E_2，E_3，E_4 和 E_5 分别是未确定的人工填土，粉质黏土，粉砂岩，砂岩和泥岩的变形模量参数。表 10-2 显示了这 5 个反演参数的取值范围。δ_{ijx} 和 δ_{ijy} 分别代表第 i 个监测点在第 j 个开挖阶段的 x 方向和 y 方向的现场观测值。d_{ijx} 和 d_{ijy} 分别代表相应的计算位移值。

10.4.4 反演分析流程

所提出多目标反分析方法被应用于沙坪坝基坑开挖工程案例。首先，在反演参数的取值范围内确定了五个水平，如表 10-2 所示。通过正交设计，表 10-4 中给出了 25 组参数组合。对应每组参数，使用 FLAC3D 正向计算可以获得目标监测点在每个开挖阶段的位移量。

其次，构建图 10-2 中所示的具有 5-9-1 神经元结构的 BPNN 模型，以建立反演参数与计算位移之间的非线性关系。9 个监测点，6 个开挖阶段和 2 个方向的位移值被用作反分析。因此，对于输出层只有一个节点的 BPNN 结构，所需要的 BPNN 模型的总数量是 $9 \times 6 \times 2 = 108$。对每个 BPNN 模型而言，训练样本包括表

10-4 中的 25 组参数以及相对应的计算位移。BPNN 模型训练完成后所建立的非线性映射关系 $d_{ijx}(E_1, E_2, E_3, E_4, E_5)$ 和 $d_{ijy}(E_1, E_2, E_3, E_4, E_5)$ 被代入式（10-7）。最后，应用 VEGA 算法搜索最优的反演参数值。VEGA 的种群数设置为 100，最大迭代数为 50，种群代沟设置为 0.9。

10.4.5 反演分析结果

1. 反演参数辨识

图 10-9 给出了采用多目标反分析方法计算得到的 30 个 Pareto 优化解，在一条平滑的曲线上被串联起来，在解空间中被视为 Pareto 前沿。如果没有进一步更高级的选择，那么最优解集中的任何一个解都不能被认为比其他的解更优。因此，需要更高级别的选择来确定优化解集中的最终解。对于基坑工程而言，工程师可能会更加关注基坑全部开挖完成后的变形情况，因此，将基坑开挖完成后目标测点实测位移和计算位移之间的相对误差作为更高级别的选择，可以表示为

$$\xi_j = \frac{\sum_{i=1}^{n}\left|d_{ijx} - \delta_{ijx}\right| + \left|d_{ijy} - \delta_{ijy}\right|}{\sum_{i=1}^{n}\left|\delta_{ijx}\right| + \left|\delta_{ijy}\right|} \times 100\% \quad (j = 6) \qquad (10\text{-}8)$$

式中，ξ_j 表示第 j 个开挖阶段后位移的相对误差；n 表示反演目标测点的数目。

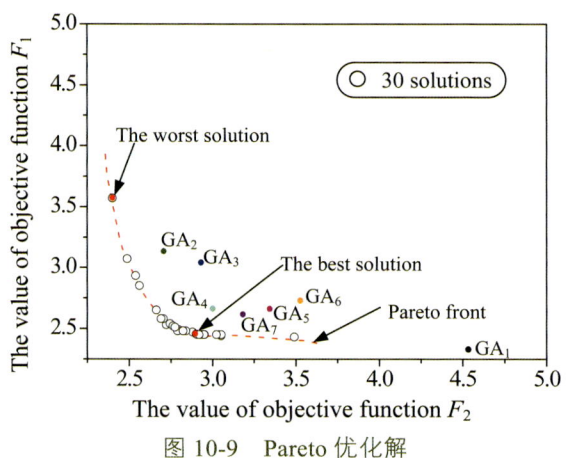

图 10-9 Pareto 优化解

根据式（10-8），可以计算得到 Pareto 优化解的预测位移的相对误差。在 30 个 Pareto 优化解集合中，具有最小和最大相对误差的解被定义为最优解和最差解，

见图 10-9。表 10-5 给出了最优和最差解计算得到的位移误差的比较。表 10-5 还给出了 30 个 Pareto 优化解的位移误差的平均值。根据高级别考虑定义的最优解将作为最终的多目标优化结果，如表 10-6 所示。

表 10-5　开挖完成后测量值与计算值的误差

		The best		The worst		The average	
		X	Y	X	Y	X	Y
Absolute error /mm	J12	0.19	0.22	0.08	0.35	0.15	0.26
	J21	0.09	0.03	0.13	0.09	0.11	0.05
	J68	0.02	0.19	0.13	0.38	0.06	0.24
	J69	0.07	0.08	0.18	0.17	0.14	0.1
	J83	0.13	0.12	0.16	0.4	0.15	0.27
	J84	0.15	0.21	0.24	0.36	0.19	0.29
	J90	0.18	0.35	0.28	0.38	0.2	0.36
	J92	0.14	0.13	0.61	0.31	0.16	0.15
	J100	0.19	0.24	0.35	0.32	0.21	0.27
Relative error		5.47%		9.86%		6.73%	

表 10-6　反演得到的变形模量参数　　　　　　　单位：MPa

	回填土	粉质黏土	粉砂岩	砂岩	泥岩
Best solution	4.3	26.5	289.3	2 884.5	754.7

为了进一步说明在整个开挖的时间序列过程中基于最优解计算得到的位移精度，定义了以下相对误差公式：

$$\xi_i = \frac{\sum_{j=1}^{m}|d_{ijx}-\delta_{ijx}|+|d_{ijy}-\delta_{ijy}|}{\sum_{j=1}^{m}|\delta_{ijx}|+|\delta_{ijy}|} \times 100\% \quad （10\text{-}9）$$

式中，ξ_i 表示第 i 个监测点在整个开挖阶段的相对误差；m 表示开挖步数目。

根据式（10-9），可以计算得到相对于最优解和最差解，每个反演目标测点的时间序列位移的相对误差，如图 10-10 所示。图 10-10 中还给出了全部开挖完成后每个反演测点在 x 和 y 方向计算位移和实测位移的绝对误差和。从图 10-10 中可以看出，J84 监测点的相对误差最高（7.2%），而 J68 监测点的相对误差最低（2.98%）。在反演目标测点中有 6 个点的误差小于 5%，其他 3 个点的误差大于 5%。这表明反分析结果具有较高的精度，能反映整个开挖过程中基坑变形趋势。

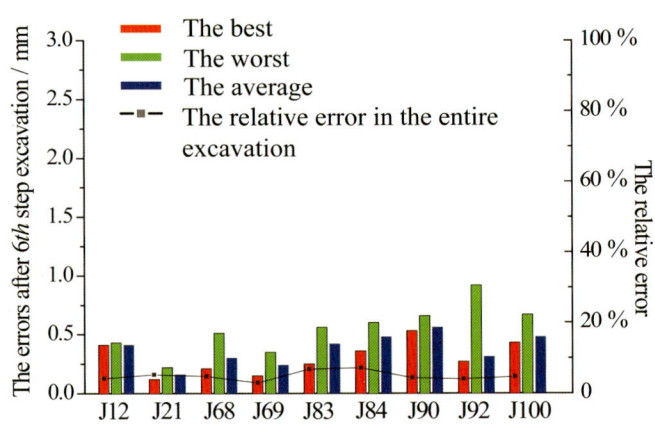

图 10-10　反演目标测点的实测位移和计算位移的误差分布

2. 与加权系数法的对比

为了验证所提方法的优越性，基于 7 种加权系数组合方案的多目标反分析方法也被应用于沙坪坝基坑，包括 GA_1（$w_{F1}=1$，$w_{F2}=0$），GA_2（$w_{F1}=0$，$w_{F2}=1$），GA_3（$w_{F1}=0.2$，$w_{F2}=0.8$），GA_4（$w_{F1}=0.4$，$w_{F2}=0.6$），GA_5（$w_{F1}=0.6$，$w_{F2}=0.4$），GA_6（$w_{F1}=0.8$，$w_{F2}=0.2$）和 GA_7（$w_{F1}=0.5$，$w_{F2}=0.5$）。$GA_1 \sim GA_7$ 计算参数的设置与建议方法一致。图 10-11 和图 10-12 分别给出了目标函数 F_1 和 F_2 的值随迭代次数的演化规律，所有的加权系数方法和建议的多目标反分析方法在预设的迭代范围内收敛。GA_1 得到的目标函数 F_1 的值是最小的，而目标函数 F_2 的值是最大的。相比之下，GA_2 在目标函数 F_2 中得到最好的结果，而在目标函数 F_1 中得到最差的结果。其他加权系数方案的计算结果都劣于建议的多目标反分析方法。因此，所提出的反分析方法的结果优于其他所有加权系数方案。为了进一步比较，不同加权系数方案得到的优化解也显示在图 10-9 中，从中可以看出，大多数加权系数方案得到的优化解都不属于 Pareto 前沿。该结果表明难以通过主观定义的权重系数组合找到多目标问题的最优解。与加权求和方法相比，所提出的多目标反分析方法产生了更优的结果，并且在其计算过程中无需确定确定目标函数的权重系数。

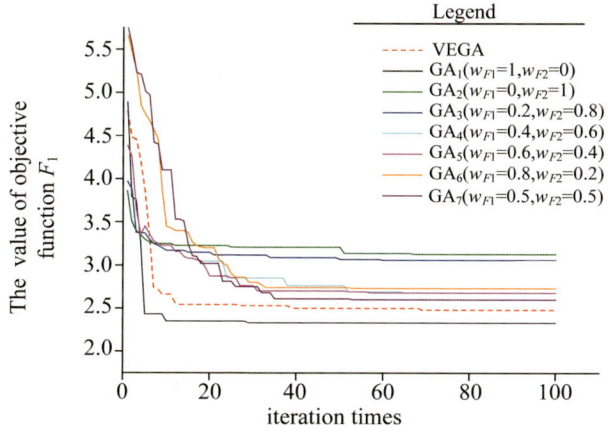

图 10-11 目标函数 F_1 随迭代次数的演化

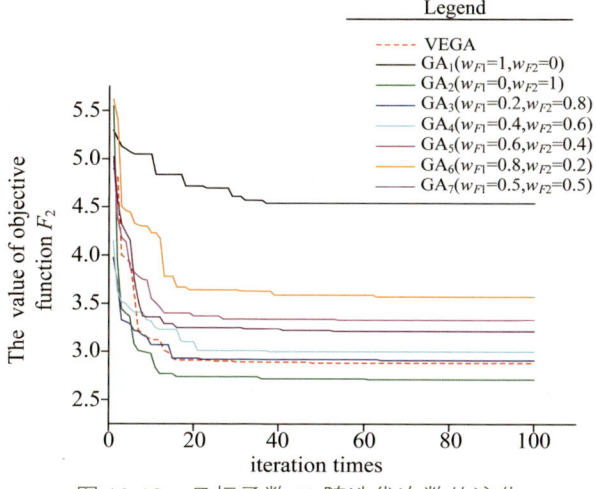

图 10-12 目标函数 F_2 随迭代次数的演化

采用相对误差 ξ 评价多种反分析方法的求解精度，定义如下：

$$\xi = \frac{\sum_{i=1}^{n}\sum_{j=1}^{m}\left|d_{ijx}-\delta_{ijx}\right|+\left|d_{ijy}-\delta_{ijy}\right|}{\sum_{i=1}^{n}\sum_{j=1}^{m}\left|\delta_{ijx}\right|+\left|\delta_{ijy}\right|}\times 100\% \qquad (10\text{-}10)$$

通过公式（10-10），能够计算得到不同反分析方法的相对误差，如表 10-7 所示。从表中看出，建议方法得到的相对误差最低，为 4.63%。在 7 种加权系数组合方案中，GA_1 和 GA_2 的相对误差值比其他方案更高。该结果表明，仅基于一种现场观测值的单目标反分析方法可能导致更差的求解结果。

表 10-7 不同多目标算法的计算位移与测量位移的误差比较.

		GA1	GA2	GA3	GA4	GA5	GA6	GA7	Proposed method
Absolute errors /mm	J12	4.13	5.86	1.45	3.98	2.56	3.67	3.15	1.35
	J21	2.68	2.32	2.12	2.52	1.05	2.56	1.79	0.44
	J68	1.82	4.38	2.15	2.03	1.79	2.22	1.97	0.91
	J69	2.44	5.45	2.47	2.15	1.38	2.82	1.81	0.68
	J83	3.76	3.41	3.54	3.66	2.25	1.77	1.51	0.97
	J84	3.51	4.22	2.95	3.42	1.94	2.91	3.12	1.21
	J90	2.12	2.89	1.94	1.86	2.28	1.95	2.53	1.70
	J92	1.95	3.13	1.56	1.75	2.35	1.81	1.98	1.64
	J100	2.51	5.21	2.01	1.96	3.15	1.69	2.25	1.34
Sum of absolute Errors/mm		24.92	36.87	20.19	23.33	18.75	21.4	20.11	10.24
Relative error		11.27%	16.68%	9.13%	10.55%	8.48%	9.68%	9.09%	4.63%

3. 反演计算和测量位移的对比

采用建议方法反演得到的力学参数进行 FLAC 正分析,图 10-13 ~ 图 10-15 显示了目标测点在整个施工期间的变形发展规律,为了对比,同时给出了目标测点的实测位移。显然,建议方法的得到计算位移吻合目标测点的实际观测位移。这一结果表明,所提出的 BPNN 和 VEGA 相结合的多目标反分析方法是有效的,可以应用于实际工程的位移反分析。为了对比加权系数法,加权系数方案 GA_7 得到的计算位移也绘制在图 10-13 ~ 图 10-15 中。从图中得出,所提出的方法的计算位移更接近现场测量值,明显优于加权系数法。

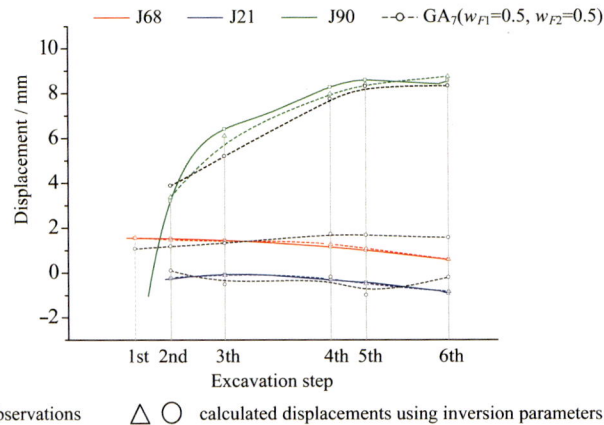

(a) x-direction

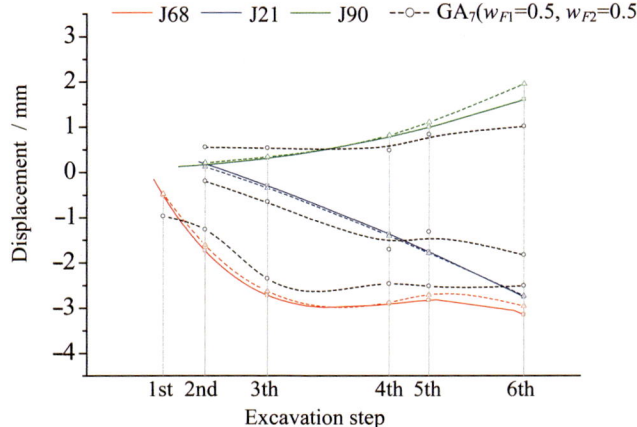

□ observations △ ○ calculated displacements using inversion parameters
Solid line: the time series of observations   Dash line: the fit curve of predictions

（b）y-direction

图 10-13　监测点 J21，J68 和 J90 的计算值与测量值的比较

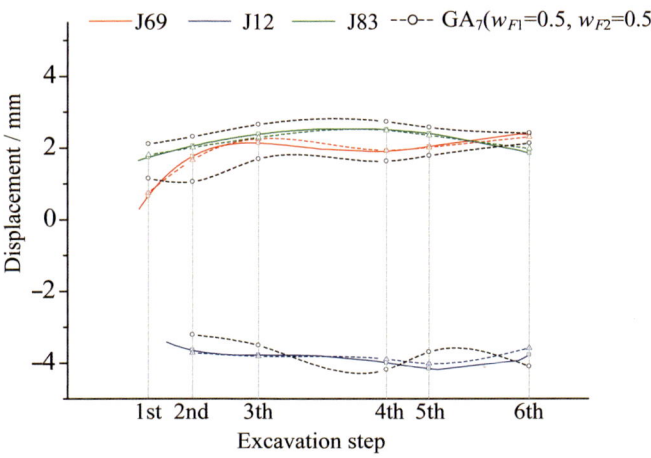

□ observations △ ○ calculated displacements using inversion parameters
Solid line: the time series of observations   Dash line: the fit curve of predictions

（a）x-direction

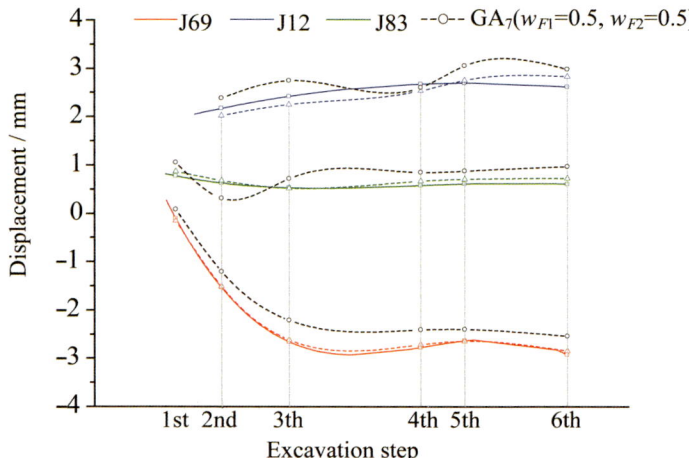

（b）y-direction

图 10-14　监测点 J21，J68 和 J90 的计算值与测量值的比较

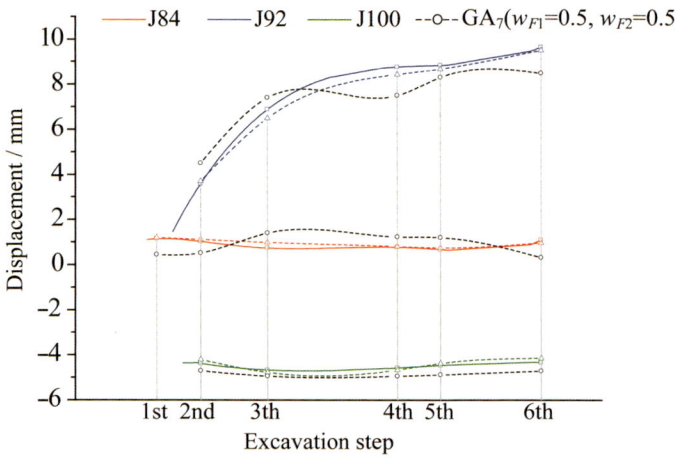

（a）x-direction

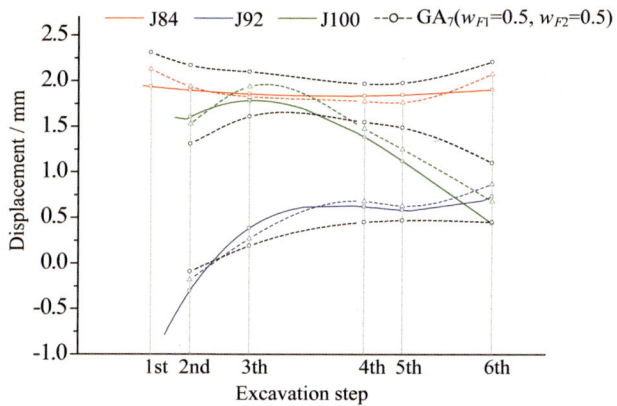

（b）y-direction

图 10-15　监测点 J21，J68 和 J90 的计算值与测量值的比较

图 10-16 和图 10-17 分别给出了反演目标测点的 x 方向和 y 方向处的测量位移和计算位移。红点和黑点分别表示建议方法和加权系数法（GA$_7$ 方案）得到的计算结果。蓝色线表示当测量位移等于计算位移的情况。红色线表示红点的拟合曲线。建议方法预测和实测位移的相关系数 R^2 在 x 方向等于 0.996 3，在 y 方向等于 0.987 8。从图 10-16 和图 10-17 还可以看出，红色点比黑色点更接近蓝色线，并且红色拟合曲线也与蓝色线非常吻合。这一结果表明，建议方法的结果明显优于加权系数方法。

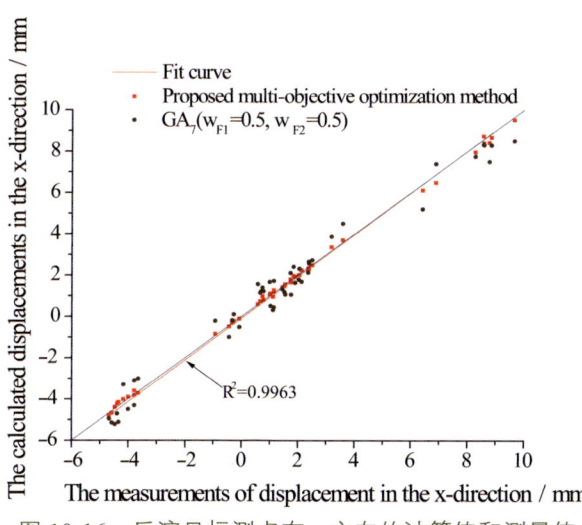

图 10-16　反演目标测点在 x 方向的计算值和测量值

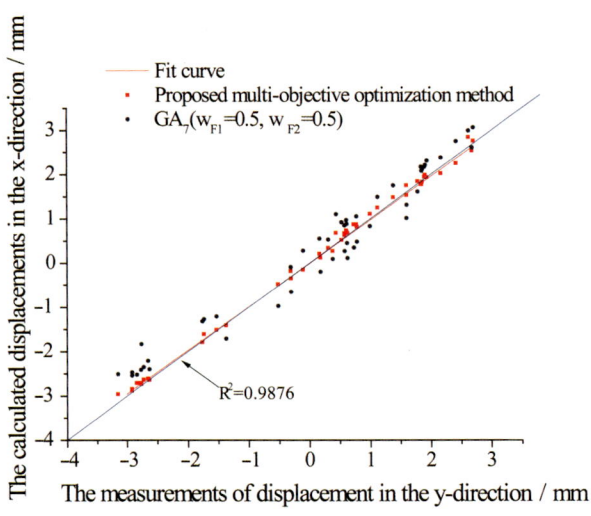

图 10-17 反演目标测点在 y 方向的计算值和测量值

10.5 小　结

　　计算效率和可靠性是反分析方法的两个主要方面。本项研究提出了多目标全过程的动态反演分析方法，该方法采用 BPNN 模型建立反演参数和计算位移之间的非线性映射关系来代替耗时的数值模拟，从而提高了反分析方法的计算效率。同时，建议方法采用多种现场观测数据来提高反演结果的可靠性，基于矢量评估遗传算法搜索得到 Pareto 优化解。此外，建议方法采用整个开挖过程中的时间序列位移构造目标函数，实现了基坑开挖全过程的动态反演分析，进一步提高了反演结果的求解精度。通过对重庆沙坪坝基坑案例研究，验证了所提出的多目标反分析方法的有效性和优点。

　　（1）所提出的多目标全过程反分析方法综合运用了正交设计，数值模拟，BPNN 模型和 VEGA 优化算法，有效地提高了反分析方法的计算效率和反演结果的可靠性与求解精度。

　　（2）通过与单目标方法以及基于加权系数的多目标方法对比，建议方法得到的计算结果最优，因为它消除了设计者的先验知识对确定不同目标函数的权重系数的影响，具有广泛的适用性和应用价值。

　　（3）建议方法成功应用于沙坪坝基坑的岩土体参数识别和开挖变形预测。采用反分析得到的优化参数进行 FLAC 正分析计算后，预测结果与实际变形趋势一致。因此，建议的多目标反分析方法能够根据深基坑动态监测信息预测基坑开挖在下一阶段诱发的变形并及时反馈，从而确保工程安全施工。

第 11 章

超大深基坑监测信息管理与预警预报系统

超大深基坑的信息化施工是保证基坑及临近建筑物安全的重要的举措。基坑工程的信息化施工主要包含监测数据采集、整理、处理、变化分析和评估反馈等方面。由于监测物理量多、数据繁杂，各种监测物理量与施工进度、地质条件的相关关系，依靠人工分析耗时耗力，难以满足信息化施工要求。而计算机软件自动化、批量化和快速处理分析数据能够很好地克服这一问题，并且利于工作人员及时查询监测物理量的变化。超大基坑的施工监测及预警预报对基坑信息化施工具有重要意义。

目前国内基坑监测数据管理主要有常规通用的数据处理软件和特定的监测信息系统。常规通用的数据处理软件，如用 Microsoft Excel 来处理监测数据的处理，用 Microsoft Access 来存储监测成果并作为查询工具。这种数据管理的方法在较小的深基坑的中采用较多，难以满足大型深基坑的信息化施工要求，其不足之处在于：监测成果分析片面化严重，缺少综合数据分析和数学建模的功能；数据处理效率难以满足施工反馈需求；难以实现数据库支持，检索困难和难以实现专家系统。

以沙坪坝深基坑为依托，研制开发了超大深基坑开挖及临近建筑物安全监测与预警系统软件平台（MoniWarningSys V1.0，软件登记号：2017SR256377）。该软件平台具有以下几个主要特点：

① 数据存储与自动处理，结合某些智能化的监测仪器可以实现数据的自动的采集功能；

② 监测数据成果的自动生成，包括数据报表、变形趋势图、变形速率图等，实现了基坑监测成果的计算机化和可视化；

③ 预测与安全预警，在信息监测管理系统中加入的变形预测模块，可以对基坑的变形趋势进行预测。

④ 通过设立预警阈值，软件平台对数据处理分析后，对基坑及临近建筑物监测值变化异常时进行自动化的预警和预报。

11.1 软件平台运行界面

超大深基坑开挖及临近建筑物安全监测与预警系统软件平台基于 Microsoft.NET Framework 编写，为多种类、多数量的深基坑工程施工监测信息进行快速的管理、准确的检索、直观的可视化和及时的分析、反馈和预测预警提供系统的解决方案，并基于系统的处理结果进行分析用以指导施工设计的工程需求。该软件平台运行的主界面如图 11-1 所示。

采用类似 Office2010 的 Ribbon 界面，主要有"基础数据""多源信息""性能评估""安全控制"四个选项卡。各选项卡子菜单如图 11-2 所示。

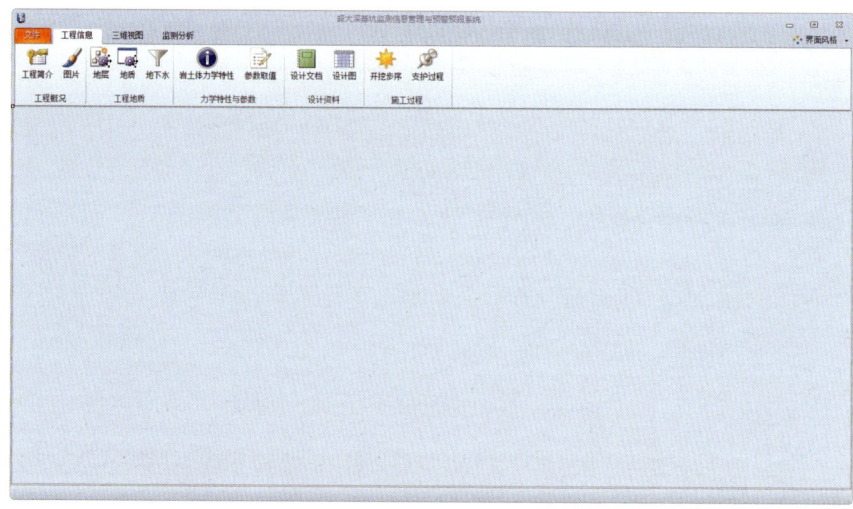

图 11-1　软件平台主界面

图 11-2　软件平台主要功能选项图

该软件平台系统主要功能选项包括：

（1）在工程信息部分，可以对工程概况、工程地质、力学特性与参数、设计资料等基础数据进行分类管理，实现快捷调取查询，基础数据可以 PDF 文档、Word 文档、Excel 和图片的形式存储，如图 11-3 所示。

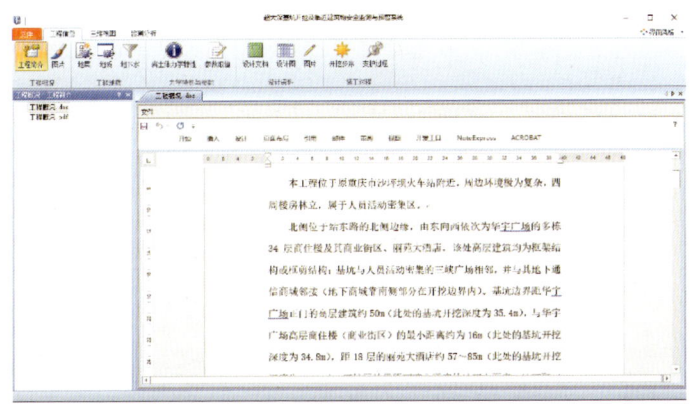

（a）工程概况——工程简介（Word 格式）

（b）工况概况——图片展示

图 11-3　基坑工程信息概况显示图

（2）在三维视图模块，设计了数值计算网格输入接口设计，通过编写的程序代码实现数值计算网格的读入和显示，并将测点显示在模型上（图 11-4）。同时集成基坑边坡变形、地面沉降、周边建筑物变形等监测数据，如图 11-5 为基坑测点 J106 的监测原始数据，位移曲线和测点的属性信息，可以实时对基坑的变形、稳定性和支护受力情况进行评价，并对变形、应力等进行预测，从而跟踪项目实施动态，全面掌握工程建设进程，对后续开挖、支护参数进行调整。

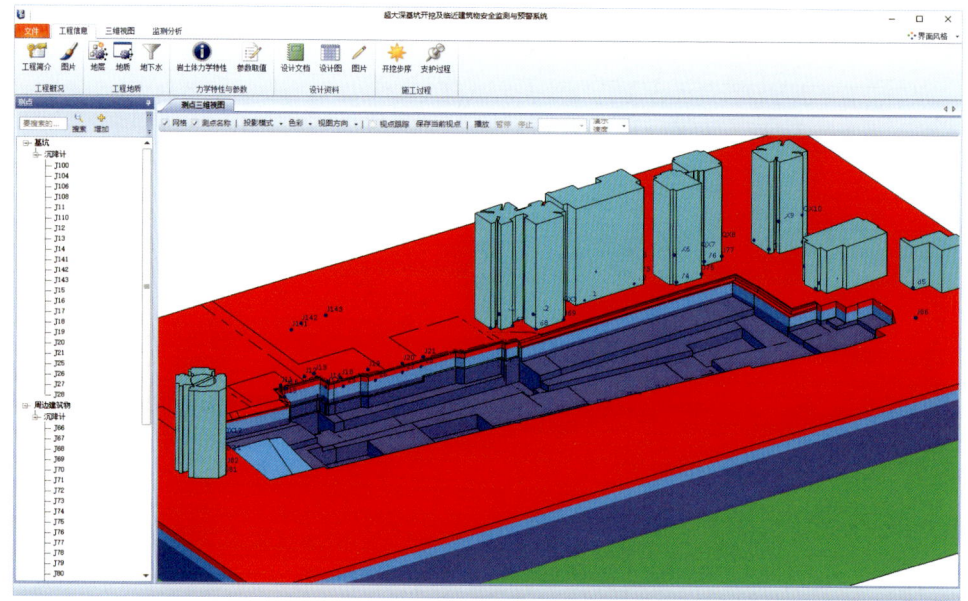

图 11-4　三维可视化显示图

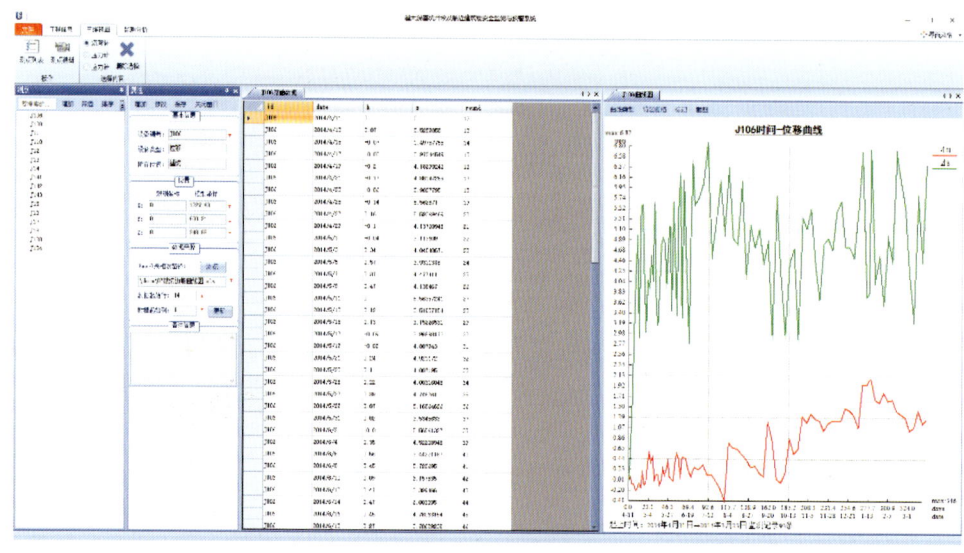

图 11-5　监测点列表、属性、原始数据及曲线图

（3）信息输出，将在窗体中生成的图形以图片格式的形式输出，在前面讲述前面二维图形可视化设计时，绘制的每种图形后的菜单设计中都包括"保存为图片"的选项，以多点位移时间曲线图为例，点击此选项后会弹出对话框如图 11-6 和图 11-7 所示。图片保存的格式有多种，包括.png、.bmp、.jpg 格式。

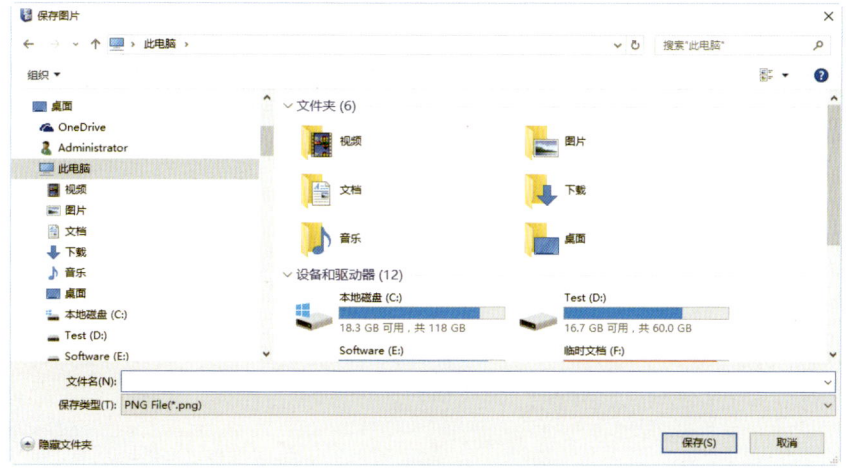

图 11-6　保存图片对话框

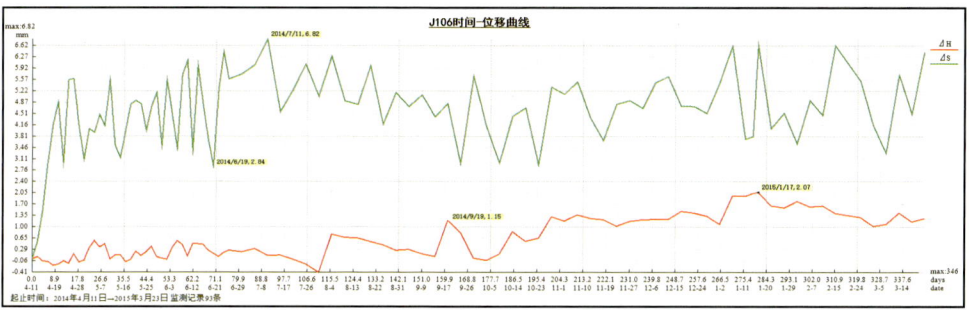

图 11-7　保存后生成的图片

11.2　软件平台开发工具

11.2.1　开发平台及语言

超大深基坑开挖及临近建筑物安全监测与预警系统软件主要是在 .NET Framework 4.5 框架下，以 Visual Studio 2013 为开发平台，运用 C#语言编写的 Windows 窗体应用程序。.NET Framework、C#和 Visual Studio 2013 三者的特点所述如下：

（1）.NET Framework。

.NET Framework 是由微软公司开发的一个致力于敏捷软件开发（Agile software development）、快速应用开发（Rapid application development）、平台无关性和网络透明化的软件开发平台。

.NET Framework 具有两个主要组件：公共语言运行库和 .NET Framework 类库。

公共语言运行库是.NET Framework 的基础。公共语言运行库可以看作一个在执行时管理代码的代理，它提供内存管理、线程管理和远程处理等核心服务，并且还强制实施严格的类型安全以及可提高安全性和可靠性的其他形式的代码准确性。这类似于 Java 的虚拟机。事实上，代码管理的概念是公共语言运行库的基本原则。以公共语言运行库为目标的代码称为托管代码，而不以公共语言运行库为目标的代码称为非托管代码。

.NET Framework 的另一个主要组件是类库，它是一个综合性的面向对象的可重用类型集合，您可以使用它开发多种应用程序，这些应用程序包括传统的命令行或图形用户界面（GUI）应用程序，也包括基于 ASP.NET 所提供的最新创新的应用程序（如 Web 窗体和 XML Web services）。

（2）C#语言。

C#是一种安全的、稳定的、简单的、优雅的编程语言，由 C 语言和 C++语言衍生而来的面向对象的编程语言。它在继承 C 语言和 C++语言强大功能的同时去掉了一些它们的复杂特性（例如没有宏和模板，不允许多重继承）。C#综合了 VB 简单的可视化操作和 C++的高运行效率，以其强大的操作能力、优雅的语法风格、创新的语言特性和便捷的面向组件编程的支持成为.NET 开发的首选语言。

并且 C#成为 ECMA 与 ISO 标准规范。C#是基于 C++建立起来的一种语言，但又融入了其他语言如 Pascal、Java、VB 等。

（3）Visual Studio 2013。

微软公司打破了 Visual Studio 两年升级一次的传统，Visual Studio 2012 发布还不足一年，微软公司就计划发布了 Visual Studio 2013 了。

Visual Studio 2013 新增了代码信息指示（Code information indicators）、团队工作室（Team Room）、身份识别、.NET 内存转储分析仪、敏捷开发项目模板、Git 支持以及更强力的单元测试支持。

11.2.2 开发平台及语言

本软件的开发主要是以 Microsoft Acces2016 作为数据库平台，首先介绍一下 SQL 语言和 Acces 数据库。

（1）SQL 语言。

SQL（Structured Query Language，结构化查询语言）的主要功能就是同

各种数据库建立联系，进行沟通。按照 ANSI（美国国家标准协会）的规定，SQL 被作为关系型数据库管理系统的标准语言。SQL 语句可以用来执行各种各样的操作，例如更新数据库中的数据，从数据库中提取数据等。绝大多数流行的关系型数据库管理系统都采用了 SQL 语言标准。虽然很多数据库都对 SQL 语句进行了再开发和扩展，但是包括 Select、Insert、Update、Delete、Create 以及 Drop 在内的标准的 SQL 命令仍然可以被用来完成几乎所有的数据库操作。

SQL 语言集维护数据、查询数据、操纵数据和定义数据功能于一身，其主要特点包括一体化、高度非过程化、简洁、能以多种方式使用等。

（2）Microsoft Access 2016 数据库平台。

Microsoft Access 是由微软发布的关系数据库管理系统。它结合了 MicrosoftJet Database Engine 和图形用户界面两项特点，是 Microsoft Office 的系统程序之一。

Microsoft Access 是微软把数据库引擎的图形用户界面和软件开发工具结合在一起的一个数据库管理系统，以它自己的格式将数据存储在基于 Access Jet 的数据库引擎里。它还可以直接导入或者链接数据（这些数据存储在其他应用程序和数据库）。

软件开发人员和数据架构师可以使用 Microsoft Access 开发应用软件，"高级用户"可以使用它来构建软件应用程序。和其他办公应用程序一样，Access 支持 Visual Basic 宏语言，它是一个面向对象的编程语言，可以引用各种对象，包括 DAO（数据访问对象）、ActiveX 数据对象，以及许多其他的 ActiveX 组件。可视对象用于显示表和报表，他们的方法和属性是在 VBA 编程环境下，VBA 代码模块可以声明和调用 Windows 操作系统函数。

11.3 软件平台的总体设计

11.3.1 设计思路

以超大基坑及临近建筑物的监测数据为依据，在数据库中设计相应的数据结构对其进行存储，通过接口设计，实现对监测数据的管理；利用 GDI+绘图技术和 OpenGL 三维编程技术将抽象的数据以图形的方式直观地展现，实现数据可视化功能；利用数学、统计学等理论对监测数据进行评价、统计和预测，提出监测数据的科学处理方法。总体设计的技术路线图如图 11-8 所示。具体设计内容包括：

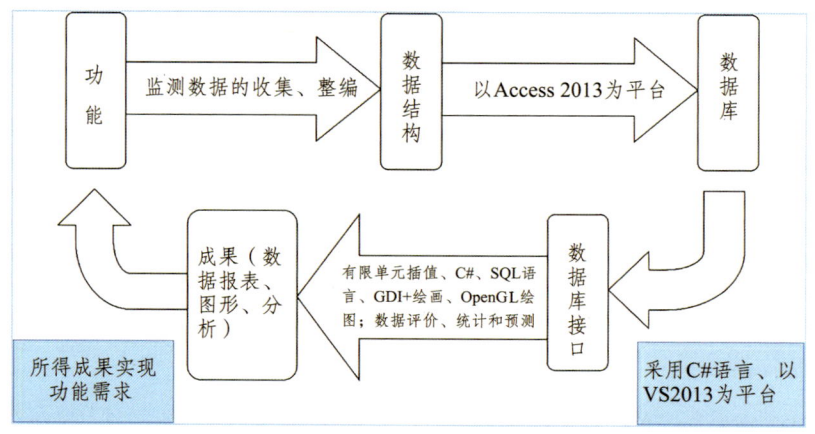

图 11-8 技术路线图

（1）功能的设计：调查从事监测方面工作的工程人员所需要的数据处理和分析功能，以此为基础进行数据库功能的设计。

（2）数据储存结构：对监测资料收集分类、整编，根据所要实现的功能不同来设计不同的数据储存结构。

（3）构建数据库：以 SQL 语言和 C#语言为编程工具，批量导入满足已设计好的数据结构的监测数据到数据库中形成开发系统所需要的监测数据库。

（4）软件接口的设计：采用 C#语言，基于.NET，以 VS2013 为开发平台来设计软件与数据库、Excel、Word、Acrobat 等的接口程序，从数据库、Excel、Word 中读取软件功能所需要的数据同时导出软件处理和计算的成果。

（5）可视化设计：利用有限单元进行插值处理数据表格，再利用 Windows 提供的一套图形设备接口 GDI+ 进行绘制二维曲线图〔位移（应力）-时间曲线、位移（应力）变化速率-时间曲线、结果对比图〕，并利用 OpenGL 三维图形接口，绘制超大基坑的有限元网格模型三维视图，并根据需要对有限元网格整体或局部显示。

11.3.2 平台数据库设计

超大基坑监测数据库系统主要的操作对象是大量的监测数据，数据是系统的基础，对数据的任何操作都建立在数据这个基础上，设计一个具有结构精炼、便于扩展、冗余少等特点的数据结构，来存储监测数据，对本系统的开发而言是极其重要的。

本系统对数据库设计的主要思路是通过掌握有关基坑的大量的监测资料，长时间对监测资料的整理及综合分析，基于基坑监测资料的特点及组织规律，设计不同的数据表来存储不同类型的监测信息。

在超大基坑的监测工程中，与监测相关的资料信息主要包括：监测设备及测点的属性信息、工程分期信息、原始监测数据。为了方便有效地存储数据，根据各类信息的特点，设计了"监测设备信息表""原始监测数据表"。

（1）监测设备信息表。

在超大基坑监测工程中，会选取特殊的断面或代表性强的断面进行监测，布置的监测设备的种类具有多样性，数量也较多，为便于管理，会人为地对其进行编号，同时每个监测设备布置的位置不同，基于这些信息，设计的"监测设备信息表"包含监测设备的基本信息，具体表的设计如图11-9所示。

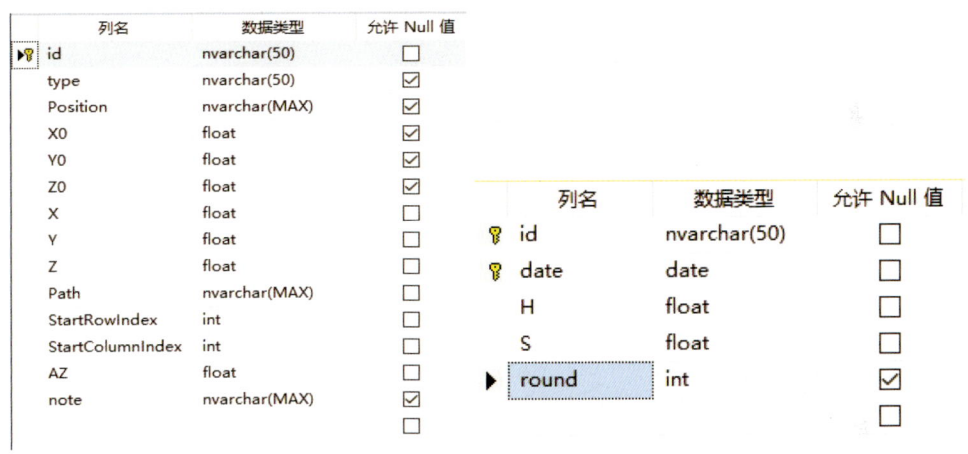

图11-9　监测设备信息表设计　　　　图11-10　测点数据表设计

（2）原始监测数据表。

在基坑监测工程中，每个监测设备上的各个测点，在不同的监测时间点上获得的监测数据值，构成了原始的监测数据。每一个监测设备都有一个原始数据表，存储的是该监测设备的原始监测数据信息，它是监测工程分析的依据和重要信息。基于此类信息，设计的原始监测数据表，包括的信息有监测的时间点和对应的各个测点的监测数据。具体表的设计如图11-10所示。数据之间的逻辑关系，可以清楚地描述事物的性质，同时数据之间清晰的结构关系可以大大提高工作效率，为软件的开发提供方便。本数据库数据结构比较简单、清晰。监测设备信息表与测点数据表通过设备编号结合起来。具体表之间的联系如图11-11所示。

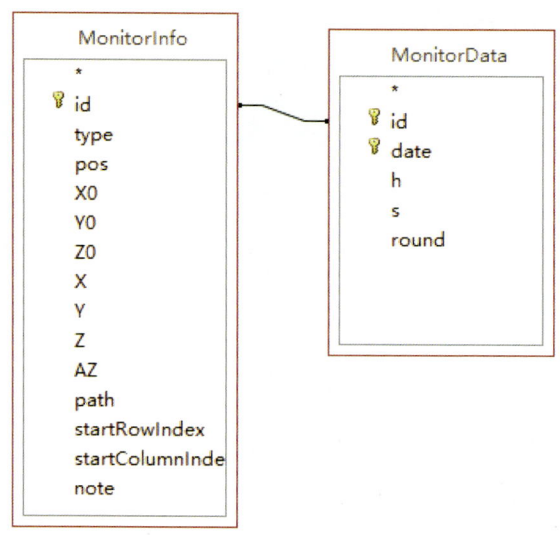

图 11-11　数据表之间的联系

11.3.3　平台架构设计

从设计概念来讲，系统主要分为四层：接口层、数据层、界面层和显示层。四层架构间的接口设置合理，层间的联系清晰明朗。

（1）接口层：通过 ADO.NET 以及 COM 技术，建立数据库及 Word、Excel、AutoCAD 等文件和软件之间的快速读写通道。在此层次实现的功能主要包括数据的录入、查询、查错，xps 文档信息的输入数据统计结果的 Excel 表格输出，计算与监测对比成果的 Word 文档输出等。

（2）数据层：设计合理的多维动态数组、多级链表等数据结构，存储监测数据库系统所需的大量数据，并实现各功能模块之间的数据传递。包括在 Access 数据库平台中，将监测数据信息存储到设计好的数据表中，动态生成工程监测信息数据库；此外在程序中将从数据库中调用的数据保存到指定的 List 表中，作为实现其他功能模块的数据基础。

（3）界面层：在系统的主界面和子界面中根据人机交互操作产生的指令，完成数据的管理、计算、统计、分析等工作。本系统界面借鉴 Office 2010 软件主界面的布局格式，图中给出的是系统各窗口的默认位置，用户可以根据需要来移动、调整、打开或关闭，其中大部分窗口还可以通过选项卡的方式切换，如图形显示区域可一次打开多个窗口，这就能最大程度地利用有限的屏幕空间。

（4）显示层：把数据操作完成后的结果，以表格、图形（二维、三维）等形式展现出来。在此层次实现的功能主要是图形功能,包括各种曲线图的绘制和三维视图的显示。

11.3.4 平台模块设计

超大深基坑开挖及临近建筑物安全监测系统由数据库管理功能模块、数据库操作功能模块、数据分析功能模块、三维模型可视化功能模块及预警功能模块组成,如图 11-12 所示。

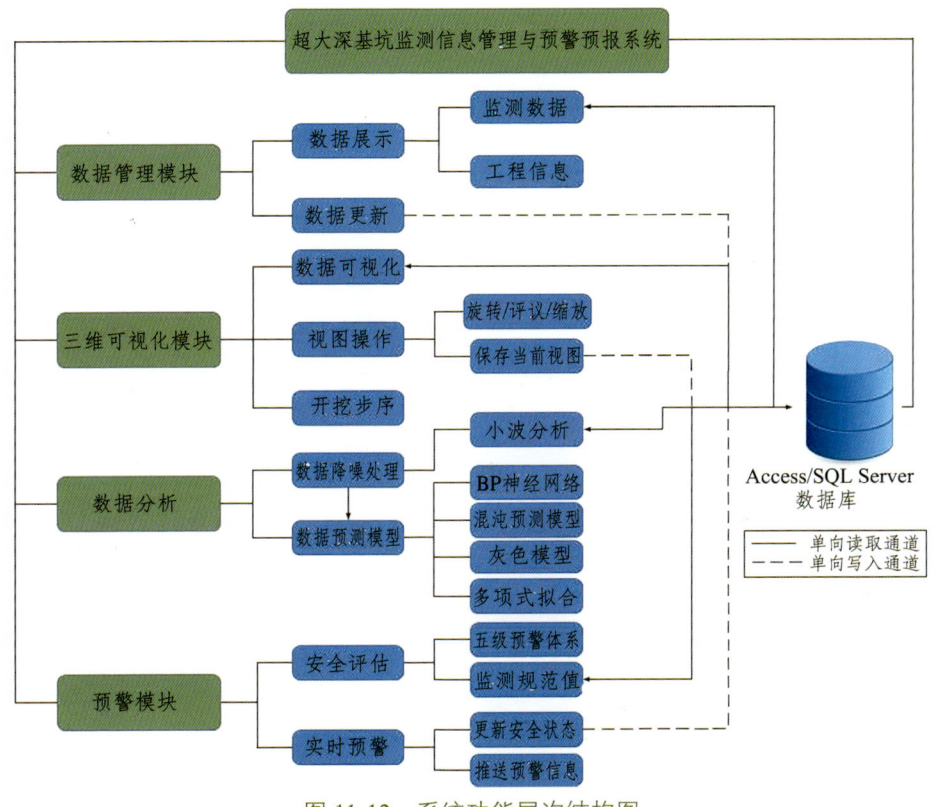

图 11-12 系统功能层次结构图

11.4 软件平台功能与应用

11.4.1 数据库管理功能

基础数据管理对超大深基坑的基本资料进行分类管理,基坑的工程概况、地勘资料、基坑支护等设计信息的管理、保存及查看功能。基坑监测方案及临时调整、施工方案和施工的进度管理。

通过将某个工程结构虚拟为某个监测对象作为主体，将监测仪器作为其一级从属对象，监测点为其二级从属对象。某监测对象属性包含该工程结构的对象编号、结构名称、地理位置及施工信息等。某一级从属对象包含该仪器的对象编号、上级从属对象编号、三维模型坐标及监测类型编号，并另设有监测类型表及规范控制表，监测类型表用于存储各种监测类型及监测仪器功能描述信息，规范控制表存储相应监测规范指定的预警值。某二级从属对象属性包含该监测点的对象编号以及上级从属对象编号、三维模型坐标、安全等级及超过控制量等信息，并设有数据表用于存储监测点监测数据。

在关系数据库中，主表与参照表之间通过主键和外键的关联建立关系。数据库各表关系如图 11-13 所示。

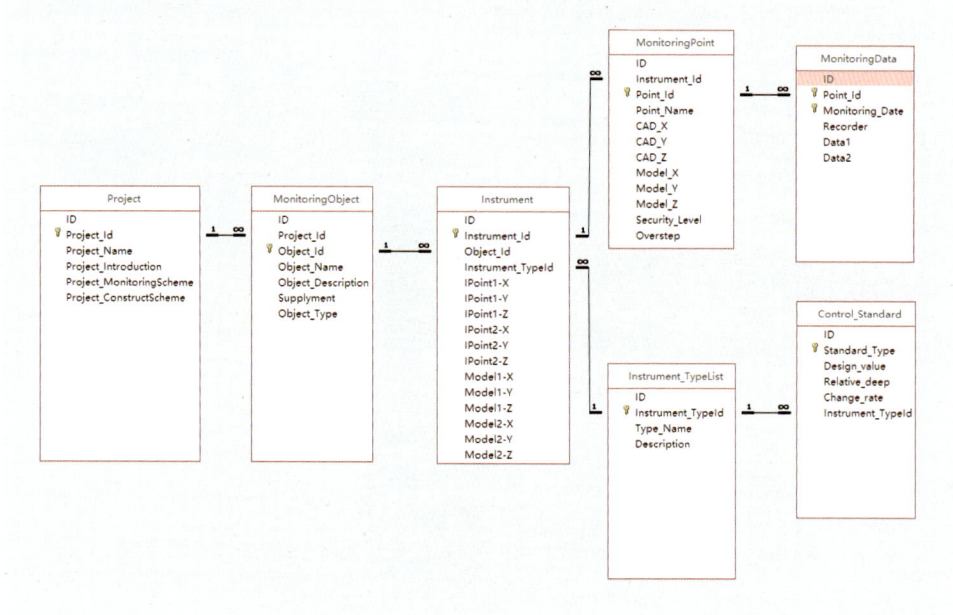

图 11-13　数据库各表关系图

Project 表为工程表，MonitoringObject 表为监测对象表，Instrument 表为监测仪器表，MonitoringPoint 表为监测点表，Instrument_TypeList 表为监测仪器类型表，MonitoringData 表为监测数据表，Control_Standard 表为规范控制表。它们之间的关系如表 11-1 所示。

表 11-1　关系表

主表	参照表	关系
MonitoringObject	Project	一对多
Instrument	MonitoringObject	一对多
Instrument	Instrument_TypeList	一对多
MonitoringPoint	Instrument	一对多
MonitoringData	MonitoringPoint	一对一/一对多
Control_Standard	Instrument_TypeList	一对多

11.4.2　数据库操作功能

1. 监测数据存储

软件系统以 Access 为数据平台，将大量的 Excel（如测点沉降表、钢筋应力计、挡土墙测力计等）中的数据按照一定的数据结构存入 SQL 数据库，通过程序计算把标注在 CAD 图上的测点、测试信息（例如：测点坐标、类型、更新路径等）按照一定的数据结构存入数据库。系统提供两种方式读取数据：单元组输入形式、批量读取 Excel 形式。

（1）单元组输入形式。

该形式采用系统与数据库接口，使用 SQL 语句以数据库表的元组形式插入数据，如图 11-14 所示。

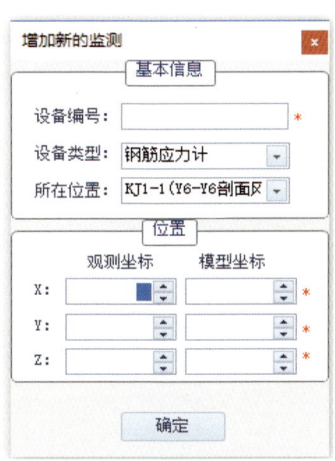

图 11-14　单元组输入

（2）批量读取 Excel 形式。

通过系统与 Excel 接口以及数据库接口，将 Excel 工作表中数据以数据流形式读出，并通过 SQL 语句快速插入数据库，如图 11-15 和图 11-16 所示。

图 11-15　批量读取监测仪器

图 11-16　批量读取监测点数据

2. 监测数据查询和可视化

（1）监测数据查询功能。

当数据按照规定的格式存入数据库中之后，通过程序实现数据查询功能，这样可以方便地读取查询所需要的数据。图 11-17 和图 11-18 给出了监测对象及其时间序列监测信息查询。

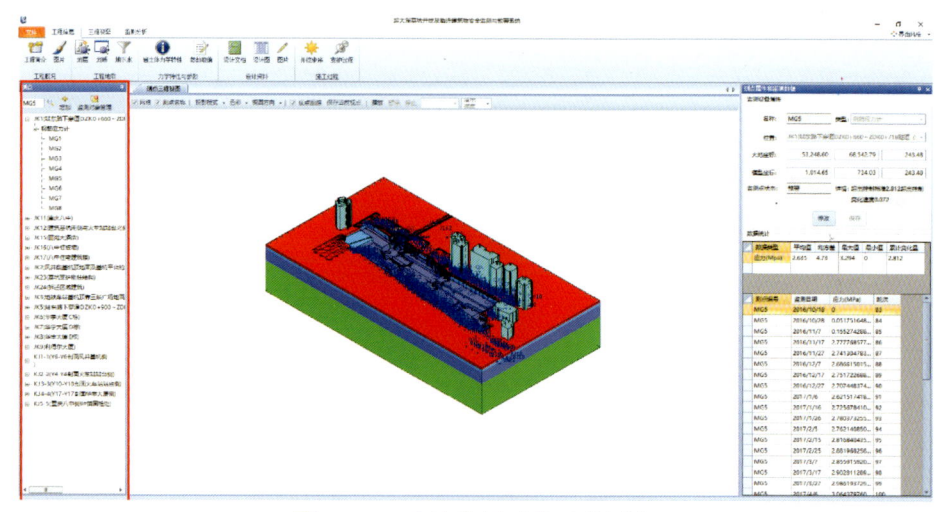

图 11-17　查询监测对象及监测点

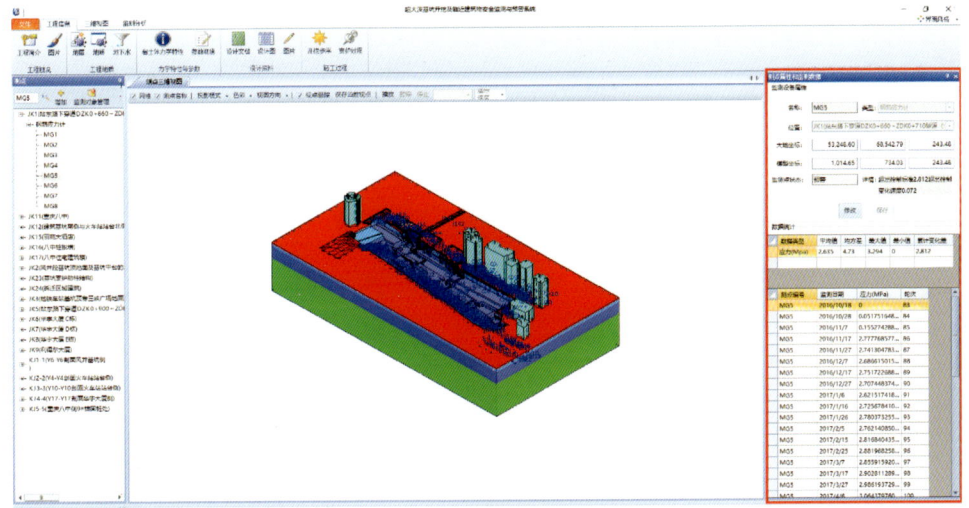

图 11-18　查询监测点信息

（2）监测数据查错功能。

在存储的过程中不免会出现一些人为的输入错误，程序实现的修改数据的功能很好地解决了这个问题。

（3）监测数据可视化显示功能。

利用数据库接口读取监测点的监测数据，通过 GDI + 图形接口，绘制监测数据与时间的时序曲线以及监测物理量的变化速率与时间的时序曲线，如图 11-19 和图 11-20 所示。

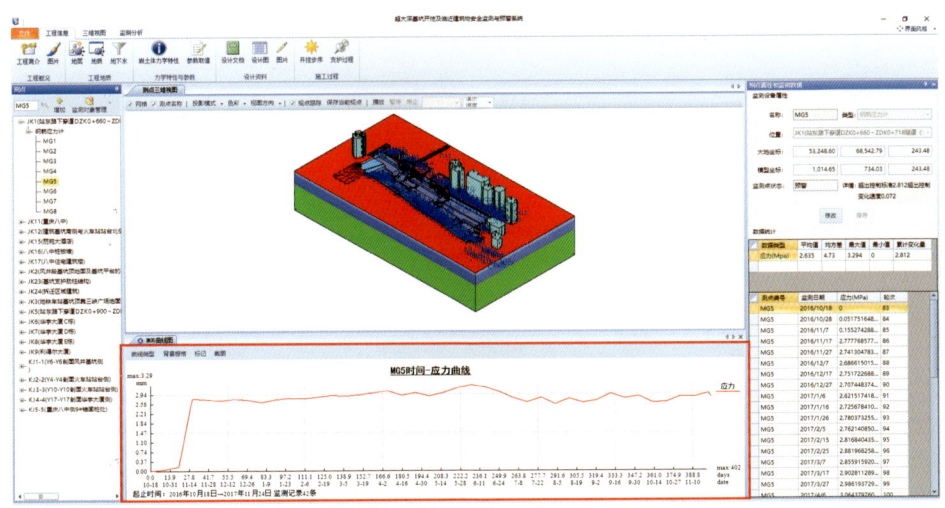

图 11-19　应力时序曲线

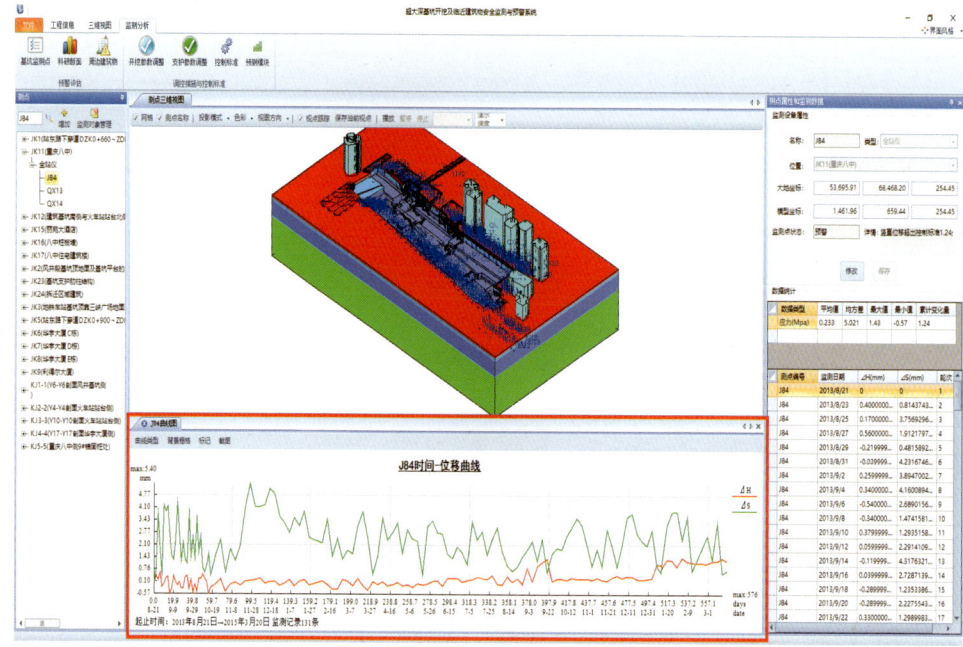

图 11-20　位移时序曲线

11.4.3　数据分析与预测功能

在工程监测中，监测仪器在日常工作工程中受到噪声污染，其所得到的监测数据不具完全可靠性，而小波分析在时域和频域上都有良好的局部化能力，被誉为数学显微镜。它能够在不同的时间尺度上以不同的频率分辨率去观察信号。基于这个特点，小波分析可以把耦合在一起的不同性质的信号分离开，从而实现趋势项提取，周期性成份的识别以及分离误差和评定观测精度，使得它既能够从整体上观察数据序列的变化趋势，同时也能够观察到变化的细节，并且可以恢复被强噪声掩盖的微弱信号。通过小波分析消除监测数据中的噪音，还原出更接近工程现场的数据，大大提高了监测系统的观测精度。

MoniWarningSys 软件提供多种小波基函数以及自由选择分解层数，在高频系数阈值量化时还提供两种小波去噪算法：硬阈值去噪和软阈值去噪。通过运用小波分析方法对监测数据进行降噪处理，在此基础上开展监测数据的建模与预测分析。本系统通过和 MATLAB 实现数据接口转换程序（图 11-21），实现了基于一次指数平滑模型、多项式拟合模型、混沌时间序列预测模型、基于 BP 神经网络的滚动预测模型以及基于 SVM 的滚动预测模型的监测数据变形预测功能。

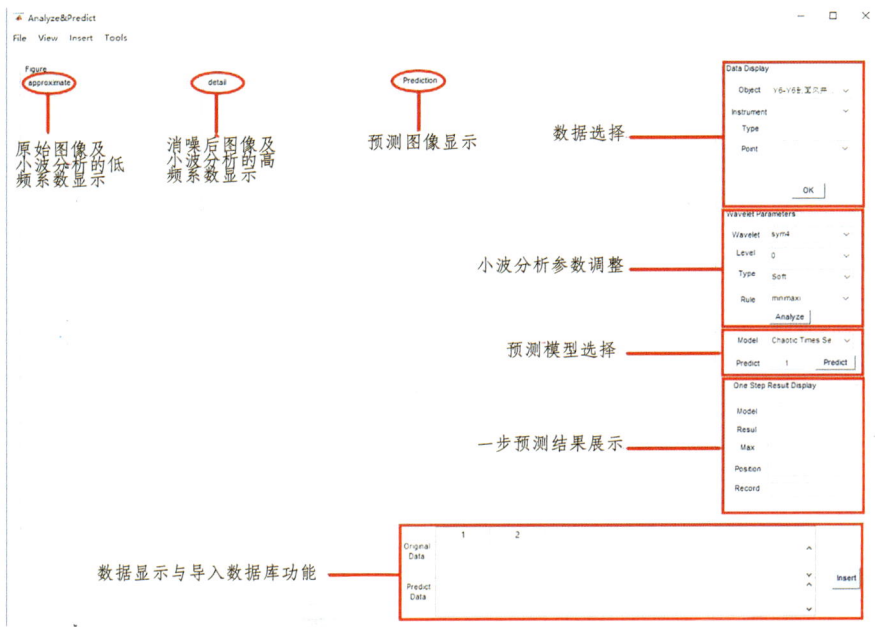

图 11-21 数据导入与分析模块

（1）数据转换：通过接口程序实现和 MATLAB 软件的监测数据交互和输入输出，如图 11-22 和表 11-2 所示。

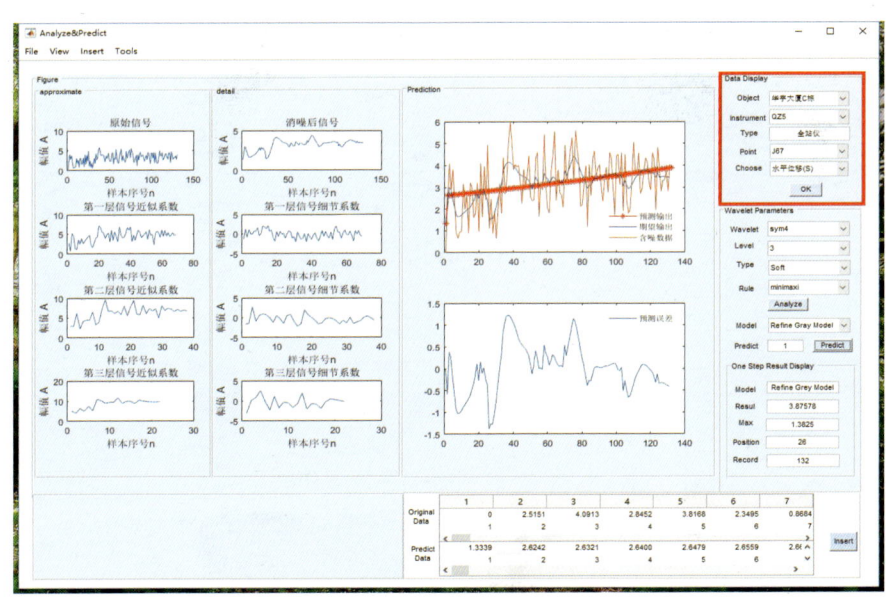

图 11-22 数据读取模块

表 11-2 模块标签释义

界面标签	含 义	释 义
Object	工程监测对象	由监测方案确定，主要为某段基坑或者某临近建筑
Instrument	监测仪器	隶属于监测对象，负责监测对象
Type	仪器类型	隶属于监测仪器
Point	监测点	隶属于监测仪器
Displacement	位移类型	分为竖直位移、水平位移。该选项只在数据为位移时显示

（2）小波分析：该模块为用户提供小波分析功能，通过小波分析可以有效去除系统误差和偶然误差。该模块不仅提供多种小波基函数，还提供两种小波去噪算法：硬阈值去噪和软阈值去噪，如图 11-23 和表 11-3 所示。

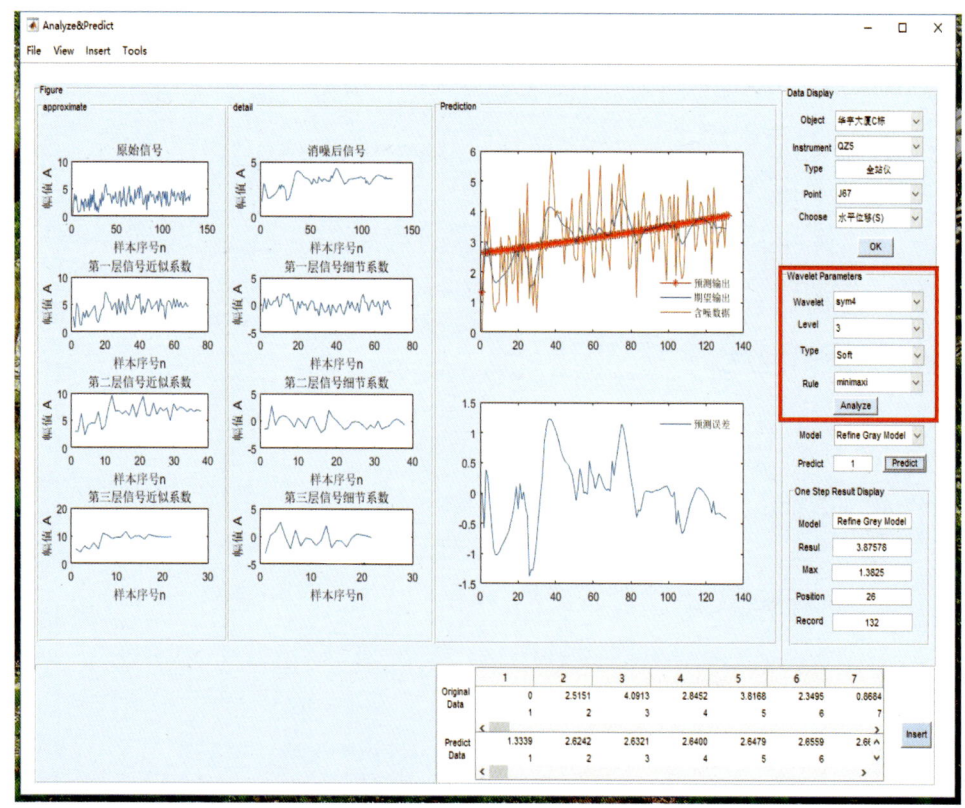

图 11-23 小波分析模块

表 11-3　模块标签释义

界面标签	含　义	释　义
Wavelet	小波分析	选择合适的小波分析函数，推荐"sym4"
Level	分解层数	选择数据分解层数，推荐"3"
Type	类型	选择阈值选取规则，分为软、硬阈值
Rule	阈值选取规则	推荐"minimaxi"

（3）变形预测：选择沙坪坝基坑 J67 监测点的水平位移数据作为分析对象，选择 sym4 基函数、分解层数为 3、软阈值去噪、最大极大方差阈值（Minimaxi）规则。进行小波分析得到其低频、高频信号以及重构后的信号数据，再选择灰色模型计算其一步预测值，操作结果如图 11-24 所示，表 11-4 给出了图中模块变量定义。

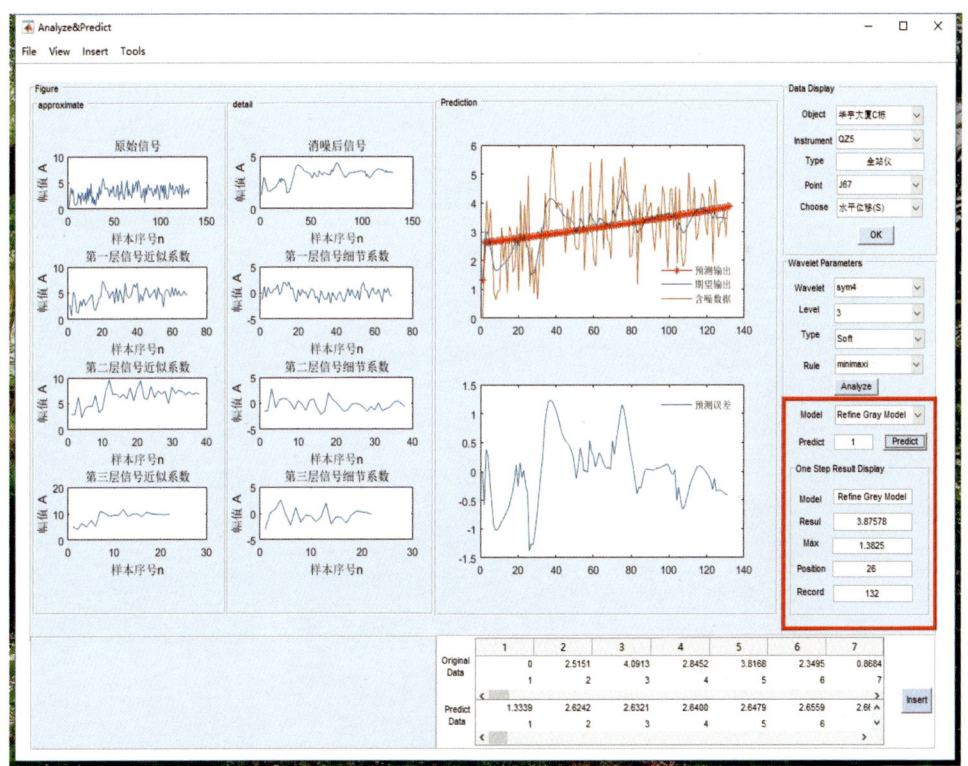

图 11-24　模型预测模块

表 11-4　模块标签释义

界面标签	含　义	释　义
Model（1）	预测模型	选择预测模型，模型分为：混沌时间序列预测、BP 神经网络、灰色系统预测。
Predict	预测步数（一步为一个日期间隔）	例如："1"对应明日
Model（2）	预测模型	显示当前预测数据为何种模型
Result	一步预测结果	原时间序列的一个日期间隔数据
Max	预测最大误差	预测数据的最大误差
Position	当前最大误差位置	误差所处时间序列的位置
Record	一步时间序列	原时间序列的一个日期间隔日期

该模块还为用户提供多种预测模型，如混沌时间序列预测模型，如图 11-25 所示；BP 神经网络滚动预测模型，如图 11-26 所示。

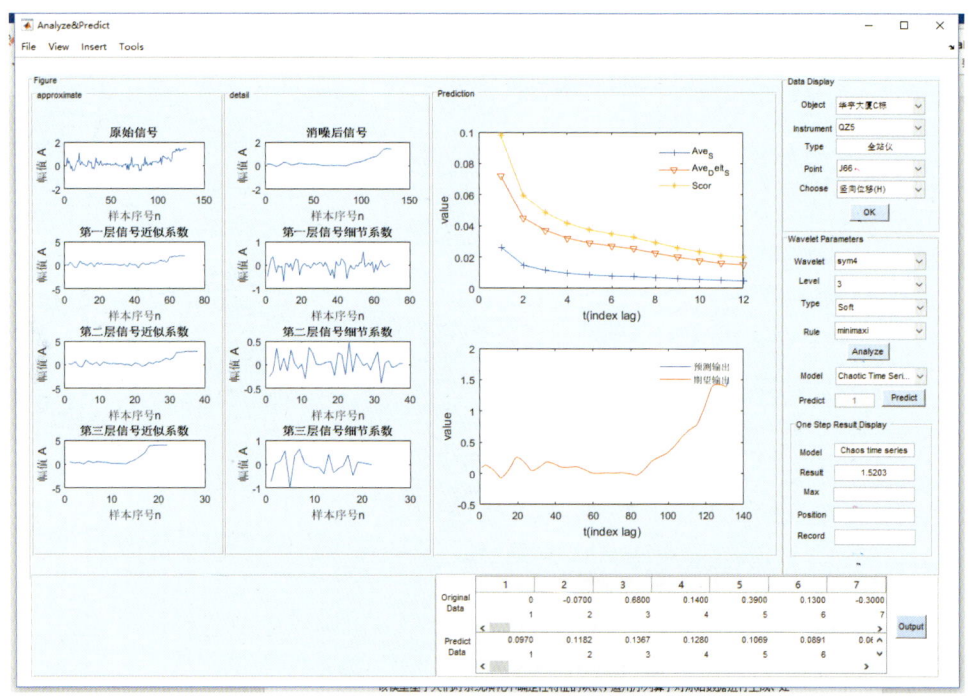

图 11-25　混沌时间序列模型

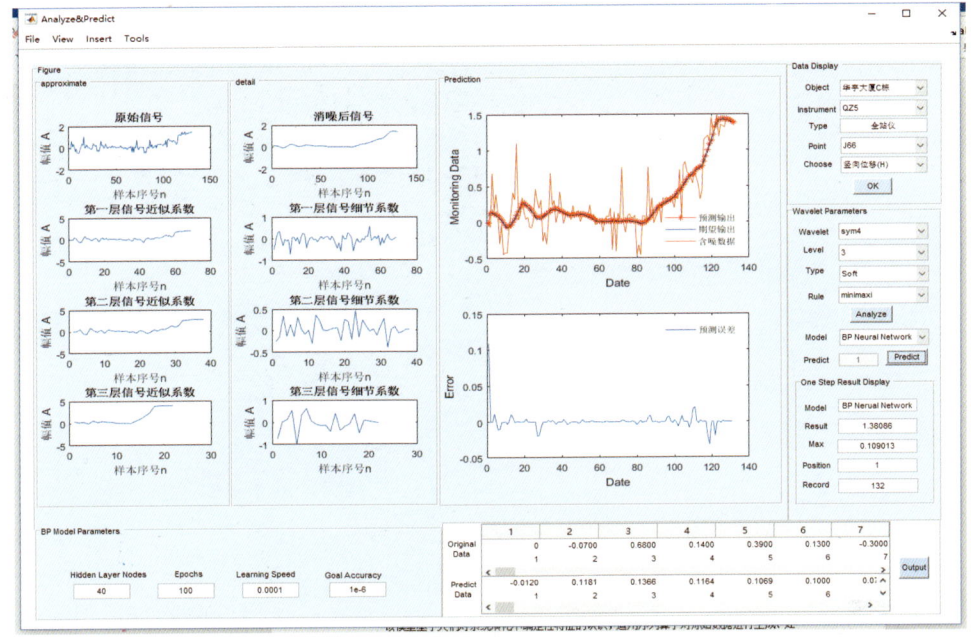

图 11-26 BP 神经网络模型

11.4.4 数值模拟结果的三维可视化表达

将事先建成的三维数值计算模型，通过系统接口设计和编写代码实现计算模型及计算分析成果的三维可视化表达，包括基坑变形、应力、塑性区、维护结构应力应变分析。三维可视化显示根据需求进行整体和局部显示。同时，在三维模型中可进行平移、旋转、缩放以及监测点双向联动选择操作，如图 11-27 所示。

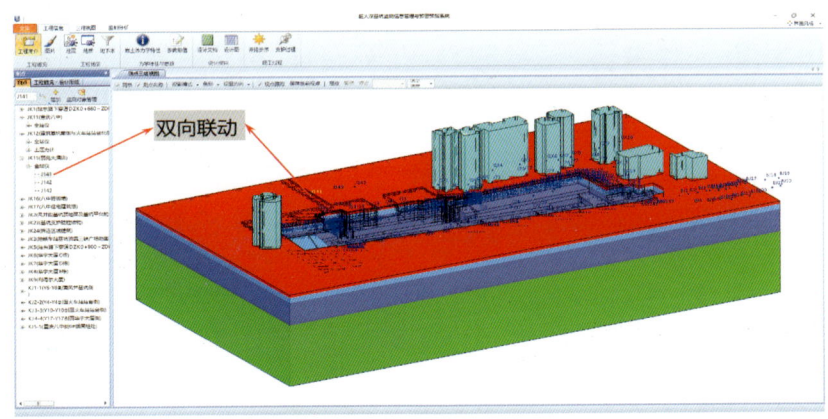

图 11-27 三维模型图

在实际施工中，数值计算分析成果对基坑支护设计优化具有非常重要的意义。为了将设计剖面、设计参数与基坑三维模型相关联，系统通过开发设计图纸管理功能，从而可以在三维可视化模型中直接查看不同剖面、不同部位的设计图和设计参数，从而为加固设计的修改、调整和优化提供计算依据，具体界面如图11-28所示。

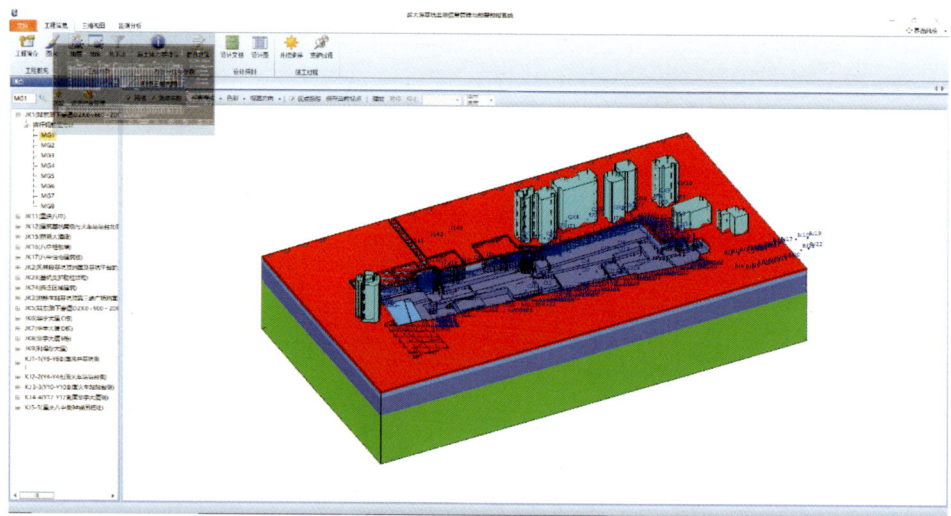

（a）三维模型及支护剖面

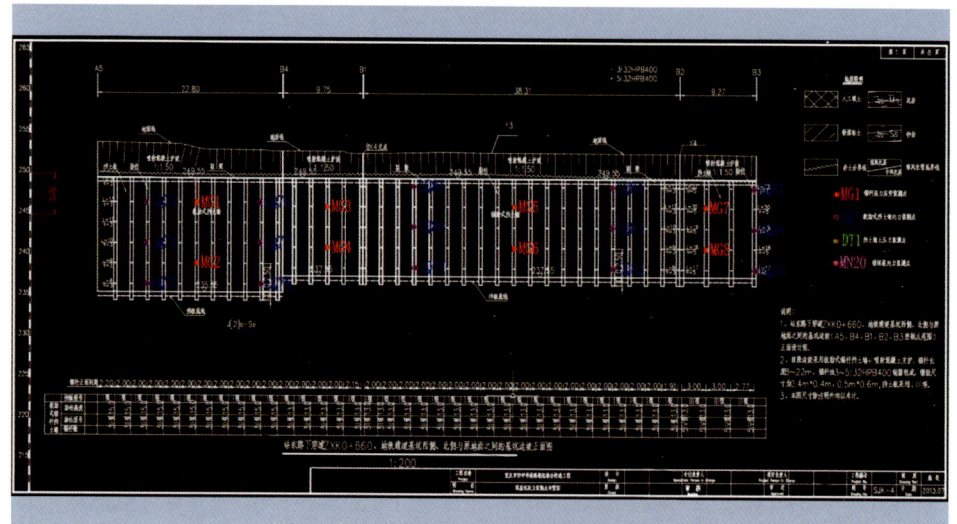

（b）设计图纸及加固布置

图11-28　三维模型和设计图纸相关联

另外在实际工程中，往往需要查看工程现场及周边实际环境。而三维计算模型无法满足这一需求。因此，本系统通过搭载 Google Earth API 插件，开发了实时定位功能，用户可以在本系统中迅速定位到现场，快速了解现场整体施工进度以及周边环境情况。具体实现界面如图 11-29 所示。

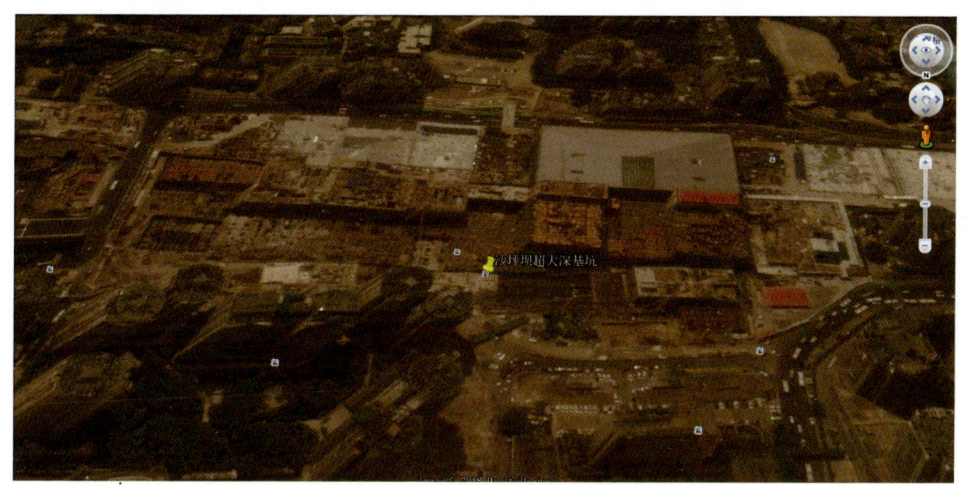

图 11-29　沙坪坝基坑俯瞰图

11.4.5　预警分析功能

1. 预警控制指标

深基坑工程预警值的确定，主要依据相关监测规范，同时根据实际情况结合深基坑工程设计值、地下主体结构设计要求及监测对象的控制要求来确定具体的预警限值，主要从累计变化量和变化速率两个方面来达到控制的目的。针对沙坪坝超大深基坑，MoniWarningSys 系统采用表 11-5 定义的监测预警控制指标。

2. 反馈预警体系

针对沙坪坝深基坑工程中，为了保证监测工作能够真正起到安全保障的作用，还应该制订适当的预警体系，MoniWarningSys 系统定了表 11-6 所示的 5 级反馈预警体系。

表 11-5　基坑监测预警指标

序号	监测项目	基坑类别：一级		变化速率 / (mm/d)
		累计值		
		绝对值/mm	相对基坑深度（h）控制值	
1	围护墙（边坡）顶部水平位移	20	0.2%	2~3
2	围护墙（边坡）顶部竖向位移	10~20	0.1%~0.2%	2~3
3	深层水平位移	20	0.4%~0.5%	2~3
4	立柱竖向位移	20	—	2~3
5	基坑周边地表竖向位移	20	0.15%	2~3
6	土压力	60%~70% f_1		—
7	围护墙内力			
8	立柱内力	60%~70% f_2		—
9	锚杆内力			

注：f_1 为荷载设计值；f_2 为构件承载能力设计值

表 11-6　五级预警体系

预警等级	预警指标	相应措施
安全	所有测线或测点位移小于允许值的 50%，变化速率小于 1 mm/d	正常施工
Ⅲ级	任意测线或测点位移超过允许值的 50%，或变化速率达到 3 mm/d	监测单位引起注意，增加监测频率，密切关注发展情况，通报监理及施工单位
Ⅱ级	任一测线或测点位移达到允许值的 75%，或变化速率连续三天超过 3 mm/d	布设临时测点，通报有关各方，查找原因，研究临时应对方案
Ⅰ级	一个以上测线或测点位移达到允许值，或变化速率连续三天超过 5 mm/d	通报项目部，业主牵头召开紧急会议，商议确定保护措施
抢险	三个以上测线或测点位移超过允许值的 150%	停止施工，加强临时支护，研究抢险方案和对策

3. 预警响应功能

如图 11-30 所示，用户可以在 MoniWarningSys 软件系统中设定基坑、维护结构以及建筑物安全控制预警指标。

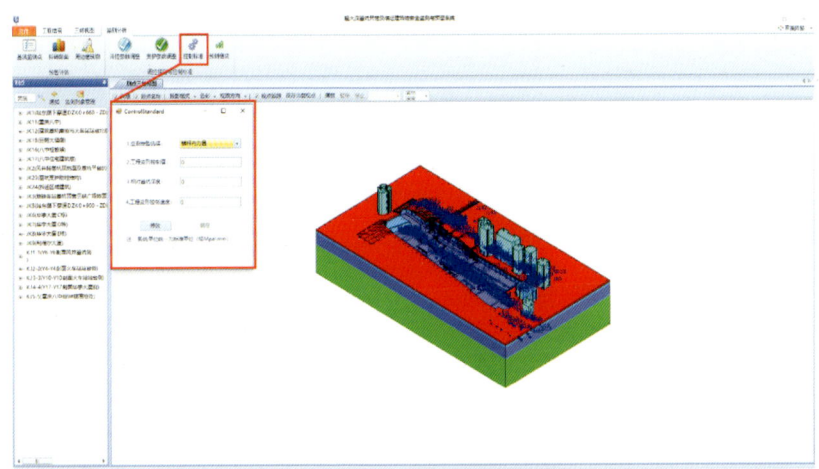

图 11-30　控制参数调整

根据系统设定的预警控制值，用户在实际操作过程中可以依据工程施工进度及监测数据的发展趋势，对基坑边墙、地面变形、维护结构受力、建筑物的倾斜变形情况进行变形与稳定性评价。如图 11-31 中的三个按钮（基坑、科研断面、周边建筑物），用户可以选择是否进行评估。是否进行评估取决数据库是否更新了数据，若用户更新了数据则可以重新评估，数据库会记录最后一次评估的预警信息。

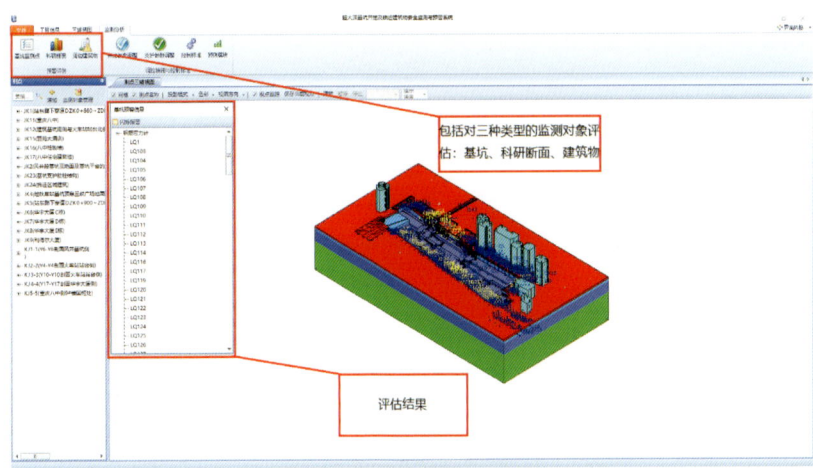

图 11-31　预警功能模块

短信实时预警功能是借助第三方服务器以及在 Visual Studio 2013 平台上使用 C#高级编程语言实现，用户可通过手机移动设备接收实时预警信息，如图 11-32 所示。预警信息来源于数据库中存储的动态预警信息，因此，具有良好的时效性，其内容包括测点名称及编号，测点安全等级和预警值及预警日期等，如果发生预警则启动应急响应和抢险施工。通过定时功能，每隔一段时间即向用户发送预警日志，使得基坑工程和临近建筑物的变形与稳定处于可控范围，确保工程的施工安全。

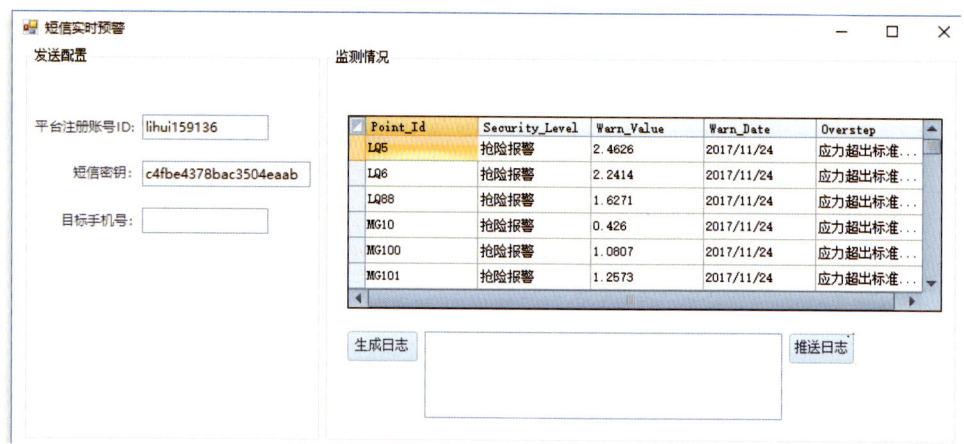

图 11-32　短信实时预警界面

参考文献

[1]　TERZAGHI K. Theoretical Soil Mechanics. New York: John Wiley and Sons, 1943.

[2]　BOLTON M D. The strength and dilatancy of sands[J]. Geotechnique, 1986, 36(2): 219-226.

[3]　BOLTON M D, POWRIE W. Behaviour of diaphragm walls in clay prior to collapse[J]. Géotechnique, 1988, 38(2): 167-189.

[4]　RICHARDS D J, POWRIE W. Centrifuge model tests on doubly propped embedded retaining walls in over consolidated kaolin clay[J]. Géotechnique, 1998, 48(6): 833-846.

[5]　YUN, G. J., BRANSBY, M. F. Centrifuge modeling of the horizontal capacity of skirted foundations on drained loose sand [A]. BGA International Conference on Foundations, Innovations, Observations, Design and practice[C], 2003, 975-984.

[6]　LEUNG C F, ONG D E L, CHOW Y K. Pile behavior due to excavation-induced soil movement in clay. II: Collapsed wall[J]. Journal of Geotechnical and Geoenvironmental Engineering, ASCE, 2006, 132(1): 45-53.

[7]　ZHOU Y J, YAO A J, LI H B, et al. Correction of earth pressure and analysis of deformation for double-row piles in foundation excavation in Changchun of China[J]. Advances in Materials Science and Engineering, 2016(6): 1-10.

[8] PECK R B. Deep excavations and tunnelling in soft ground[J]. Proc.int.conf.on Smfe, 1969: 225-290.

[9] LAME K. Relation between Process of Cutting and uniqueness of Solution. Soils and Found. 1970.

[10] BOWLES J., Foundation Analysis and Design. McG-H. 1990.

[11] CLOUGH G. W., O'ROURKE T. D., Construction Induced Movement of Onsite Walls. Design and Performance of Earth Retaining. ASCE. 1990, 29 (8).

[12] HOLZT R. D., Stress Distribution and Shallow Foundation. Foundation Engineering Handbook, Fang, ed. Van Nostrand Reinhold. New York. 1991, 27 (2).

[13] POULOS H. G., Piles Subjected to Extremely-Imposed soil Movements. No. R689. The University of Sydney. 1994.

[14] BOONE S. J., WESTLNAD J, NUSINK R. Comparative Evaluation of Building Responses to an Adjacent Braced Excavation [J]. Canadian Geotechnical Journal. 1999, 10 (3): 210-223.

[15] HAMDY, FAHEEM, FEI C., Three dimensional base stability of rectangular excavations in soft soils using FEM[J]. Computers and Geotechnics. 2004.

[16] ZDRAVKOVIC L. Modelling of a 3D excavation in finite element analysis[J]. Geotechnique, 2005, 55 (7): 497-513.

[17] JARDINE R J, POTTS D M, FOURIE A B, et al. Studies of the influence of non-linear stress-strain characteristics in soil structure interaction [J]. Geotechnique, 2015, 36 (3): 377-396.

[18] ZHOU Z, CHEN S, TU P, et al. An analytic study on the deflection of subway tunnel due to adjacent excavation of foundation pit[J]. Journal of Modern Transportation, 2015, 23 (4): 287-297.

[19] MALEKI Y S. KHAZAEI J. A Numerical Comparison of the Behavior of a Braced Excavation Using Two and Three-Dimensional Creep Plastic Analyes[J]. Geotechnical & Geological Engineering. 2017 (011): 1-19.

[20] TERZAGHI K, PECK R B. Soil Mechanics in engineering practice. 2nd ed, John Wiley % Sons, Inc. New York, 1997（48）: 149-150.

[21] BJERRUIN L, EIDE O. Stability of strutted excavations in clay. Geotechnique, 1956, 6（1）: 32-47.

[22] MANA A I, CLOUGH G W. Prediction of movements for braced cuts in clay[J]. Geotechnical Special Publication, 1981, 107（118）: 1840-1858.

[23] HASHASH Y M A, WHITTLE A J. Ground Movement Prediction for Deep Excavations in Soft Clay[J]. Journal of Geotechnical Engineering, 1996, 122（6）: 474-486.

[24] ANDREW J.W. and Youssef M. A Analysis of Deep Excavation in Boston[J]. Journal of Geotechnical Engineering, 2001, Vol.119（1）: 69-89.

[25] ROBOSKI J. F., Three-dimensional performance and analysis of deep eacavation [D]. Northwestern University, Evanston Illinois, America, 2004.

[26] SMETHURST J A, POWRIE W. Effective-stress analysis of berm-supported retaining walls[J]. Geotechnical Engineering, 2008, 161（1）: 39-48.

[27] KUNG T C. Comparison of excavation-induced wall deflection using top-down and bottom-up construction methods in Taipei silty clay[J]. Computers & Geotechnics, 2009, 36（3）: 373-385.

[28] ANTHONY T.C. GOH, W.G. Zhang, K.S. Wong.Deterministic and reliability analysis of basal heave stability for excavation in spatial variable soils[J]. Computers and Geotechnics, 2019（108）: 152-160.

[29] WILKINS R, BASTIN G, CHRZANOWSKI A, et al. A fully automated system for monitoring pit wall displacements[J]. Mining Engineering, 2003.

[30] LUDWIG C, CONSTABLE E. Wireless Tiltmeters Monitor Stability during Trench Excavation for Reno Transportation Rail Access Corridor[J]. Geotechnical News, 2005.

[31] HASHASH Y M A,WHITTLE A J. Ground Movement Prediction for Deep Excavations in Soft Clay[J]. Journal of Geotechnical Engineering,1996,122(6):474-486.

[32] PITTS W. A logical calculus of the ideas immanent in nervous activity[J]. Bull.math.biophys,1990,52(1-2):99.

[33] GOH A T C,WONG K S,BROMS B B. Estimation of lateral wall movements in braced excavations using neura. [J]. Canadian Geotechnical Journal,1995,32(6):1059-1064.

[34] LEE I M,LEE J H. Prediction of pile bearing capacity using artificial neural networks[J]. Computers & Geotechnics,1996,18(3):189-200.

[35] SUYKENS J A K,VANDEWALLE J. Recurrent least squares support vector machines[J]. Circuits & Systems I Fundamental Theory & Applications IEEE Transactions on,2000,47(7):1109-1114.

[36] FARMER J. D.,SIDOROWICH J. J.,Predicting chaotic time series [J]. Physical Review Letters,1987,59(8):845-848.

[37] SU S F,LIN C B,HSU Y T. A high precision global prediction approach based on local prediction approaches [J]. IEEE Transactions on Systems Man & Cybernetics Part C,2002,32(4):416-425.

[38] KUNG G T C,JUANG C H,HSIAO E C L.Simplified model for wall defleetion and Ground-surface settlement caused by braeed exeavation in clay.Joumal of Geotechnical and Geoenvironmental Engineering,ASCE,2007,133(6):731-747.

[39] 孙铁成,张明聚,杨茜. 深基坑复合土钉支护模型试验研究[J]. 岩石力学与工程学报,2004,15:2585-2592.

[40] 夏华宗,吕建国,王贵和. 微型钢管桩超前支护复合土钉墙模型试验测试系统的研究[J]. 铁道建筑,2008,2:61-64.

[41] 田静成. 高层邻建下基坑工程模型试验研究[D]. 中国地质大学（北京）,2009.

[42] 李术才,宋曙光,李利平,张乾青,王凯,周毅,张骞,王庆瀚. 海底隧道流固耦合模型试验系统的研制及应用[J]. 岩石力学与工程学报,2013,05:883-890.

[43] 张定邦，周传波，贺丹，孙金山，张志华. 超高陡边坡与崩落法地下开采物理模型相似材料研制[J]. 中南大学学报（自然科学版），2013，44（10）：4221-4227.

[44] 董洪国. 北京地区土钉作用机理及土钉墙工作特性的试验研究[D]. 中国矿业大学（北京），2015.

[45] 李智. 钢管桩基坑支护稳定性模型试验及数值模拟[D].中国矿业大学，2017.

[46] 侯学渊，陈永福. 深基坑开挖引起周围地基土的沉降的计算. 岩土工程师，1989，34（12）.

[47] 孙钧. 市区地下连续墙基坑开挖对环境的病害的预测与防治[C]. 中国土木工程师协会第六届年会论文集，中国建筑工业出版社，1993，67-78.

[48] 俞建霖，赵荣欣，龚晓南. 软土地基基坑开挖地表沉降量的数值研究[J]. 浙江大学学报（自然科学版），1998，01：95-101.

[49] 杨天鸿，张哲，唐春安. 基坑开挖引起围岩变形破坏过程的数值模拟分析[J]. 岩土工程技术，2002，05：293-296.

[50] 曾远,李志高,王毅斌. 基坑开挖对临近地铁车站影响因素研究[J]. 地下空间与工程学报，2005，04：642-645.

[51] 胡斌，郭利娜，李方成，等. 武汉地铁名都站深基坑围护结构水平变形分析与仿真模拟研究[J]. 工程勘察，2012，40（8）：7-12.

[52] 郑刚，李志伟. 不同围护结构变形形式的基坑开挖对临近建筑物的影响对比分析[J]. 岩土工程学报，2012，34（06）：969-977.

[53] 李佳宇，陈晨. 坑角效应对基坑周围建筑物沉降变形影响的研究[J]. 岩土工程学报，2013（12）：92-100.

[54] 宋广，宋二祥. 基坑开挖数值模拟中土体本构模型的选取[J]. 工程力学，2014，31（5）：86-94.

[55] 陈昆，闫澍旺，孙立强，王亚雯.开挖卸荷状态下深基坑变形特性研究[J]. 岩土力学，2016，37（04）：1075-1082.

[56] 程聪. 基坑开挖临近浅基础变形控制结构性能研究[D]. 南昌航空大学，2017.

[57] 夏祥忠. 深基坑开挖对临近既有刚性支挡结构的影响分析及研究[D]. 湘潭大学, 2017.

[58] 宋伟. 环形内支撑深基坑开挖引起的变形及对既有建筑物影响研究[D]. 西南交通大学, 2017.

[59] 李浩, 宋园园, 周军, 等. 深基坑桩锚支护结构受力与变形特性现场试验[J]. 地下空间与工程学报, 2017（1）.

[60] 张黎明, 贺俊征, 宋全锋, 王在泉. 花岗岩深基坑边坡稳定性分析与加固设计[J]. 青岛建筑工程学院学报, 2004（02）: 24-27.

[61] 雷建海. 贵州岩溶地区层状岩质基坑失稳机理及稳定性评价理论研究[D]. 贵州大学, 2007.

[62] 何志宇. 层状岩质基坑破坏模式及开挖理论研究[D]. 贵州大学, 2008.

[63] 刘红军, 李东, 孙涛, 刘小丽. 二元结构岩土基坑"吊脚桩"支护设计数值分析[J]. 土木建筑与环境工程, 2009, 31（05）: 43-48.

[64] 张启军, 李斌, 蒋成军. 城区岩石基坑支付设计与施工[M]. 重庆, 2010: 355-363.

[65] 刘涛, 刘红军. 青岛岩石地区基坑工程设计与施工探讨[J]. 岩土工程学报, 2010, 32（S1）: 499-503.

[66] 王中达. 软岩深基坑爆破开挖的边坡稳定性分析[D]. 西南交通大学, 2011.

[67] 朱志华, 刘涛, 单红仙. 土岩结合条件下深基坑支护方式研究[J]. 岩土力学, 2011, 32（S1）: 619-623.

[68] 刘小丽, 李白. 微型钢管桩用于岩石基坑支护的作用机制分析[J]. 岩土力学, 2012, 33（S1）: 217-222.

[69] 肖俊华, 钟邑桅, 朱林锋. 深厚杂填土-岩石深基坑支护技术[J]. 施工技术, 2013, 42（S2）: 59-62.

[70] 孙建波. 基坑最佳开挖方式与变形控制的研究与应用[D]. 昆明理工大学, 2013.

[71] 王宏. 岩质深基坑工程板肋式锚杆围护结构应用研究[D]. 重庆交通大学, 2014.

[72] 马军锋. 深基坑顺向岩层高边坡的支护施工[J]. 交通标准化，2014，42（16）：78-80.

[73] 欧阳萌. 顺层岩质边坡上倾斜基坑的开挖方式数值模拟[D]. 西南交通大学，2015.

[74] 宋享桦. 济南市区岩质基坑稳定性分析及支护技术研究[D]. 济南大学，2016.

[75] 孙明刚，马雷，王鹏. 双排桩加斜撑结合支护下基坑开挖及变形数值模拟分析[J]. 齐齐哈尔大学学报（自然科学版），2019，35（02）：53-56+80.

[76] 胡友健，李梅，赖祖龙，谭先康，沈江涛，王晓玲. 深基坑工程监测数据处理与预测报警系统[J]. 焦作工学院学报（自然科学版），2001，02：130-135.

[77] 贾明涛，王李管，潘长良. 基于监测数据的边坡位移可视化分析系统[J]. 岩石力学与工程学报，2003，08：1324-1328.

[78] 吴振君，王浩，王水林，葛修润. 分布式基坑监测信息管理与预警系统的研制[J]. 岩土力学，2008，09：2503-2507+2514.

[79] 周二众，刘星，青舟. 深基坑监测预警系统的研究与实现[J]. 地下空间与工程学报，2013，01：204-210.

[80] 孙愿平，姚培军，刘洪臣. 基坑三维变形监测一体化数据采集处理系统设计与应用[J]. 岩土工程技术，2016，02：70-73.

[81] 陈诚，徐帮树，崔宇鹏，张海平，崔伟. 深基坑监测信息分类及编码研究[J]. 土工基础，2016，30（06）：677-681.

[82] 付秋平. 基于SuperMap的基坑预警管理系统的设计与实现[D]. 北京工业大学，2016.

[83] 邓聚龙. 灰色控制系统[J]. 华中工学院学报，1982，03：9-18.

[84] 杨志强，李菊华，李亚红. 基于灰色理论的滑坡变形反演与预测研究[J]. 地球科学与环境学报，1999，02：56-58+62.

[85] 高玮，冯夏庭. 基于灰色—进化神经网络的滑坡变形预测研究[J]. 岩土力学，2004，04：514-517.

[86] 李恒凯，刘传立. 基于灰色理论的变形智能预测模型库研究[J]. 岩土力学，2011，10：3119-3124.

[87] 郭江，王全才，程国平，陈剑. 灰色新陈代谢 GM（1，1）模型在高速公路滑坡中的变形预测研究[J]. 地质灾害与环境保护，2016，01：86-90.

[88] 徐卫亚，蒋晗，谢守益，姜平. 三峡永久船闸高边坡变形预测人工神经网络分析[J]. 岩土力学，1999，02：27-31.

[89] 刘晓，曾祥虎，刘春宇. 边坡非线性位移的神经网络 时间序列分析[J]. 岩石力学与工程学报，2005，19：101-106.

[90] 程壮，陈星，董艳华，党莉. 基于 BP 神经网络的堆石坝参数二次反演与变形预测[J]. 长江科学院院报，2012，08：112-117+124.

[91] 李彦杰，薛亚东，岳磊，陈斌. 基于遗传算法-BP 神经网络的深基坑变形预测[J]. 地下空间与工程学报，2015，S2：741-749.

[92] 赵洪波，冯夏庭，李邵军，尹顺德. 福宁高速公路八尺门滑坡变形演化规律预测研究[J]. 岩土力学，2003，04：631-633+643.

[93] 马文涛. 基于灰色最小二乘支持向量机的边坡位移预测[J]. 岩土力学，2010，05：1670-1674.

[94] 胡军，王凯凯，董建华. 文化鱼群优化支持向量机在隧道围岩变形预测中的应用[J]. 公路，2016，03：221-225.

[95] 王娟，王兴科. 组合预测及 R/S 分析在基坑变形趋势判断中的应用研究[J]. 长江科学院院报，2017，34（05）：103-108.

[96] 于玲，王晓光等，基于灰色理论的基坑桩顶水平位移监测[J]. 沈阳建筑大学学报（自然科学版），2016，32（3）：459-465.

[97] 李远禧. 深基坑智能监测工程管理方案与应用[D].

[98] 刘琼，李能. 基于 BIM 技术的深基坑可视化建模技术初探[J]. 江西测绘，2019，119（01）：8-10.